Jetzt helfe ich mir selbst

Motor
buch
Verlag

Einbandgestaltung: Andreas Pflaum

Bilder/Zeichnungen: *frisch* CONSULTING GmbH; Friedrich Schröder; Sven Schröder; Motor-Presse Stuttgart; Ford; Bosch; Dunlop; Hella.

Alle Angaben und Tipps in diesem Ratgeber wurden nach bestem Wissen und Gewissen erteilt. Eine Haftung der Autoren, des Verlags und seiner Beauftragten für Personen-, Sach- und Vermögensschäden ist ausgeschlossen.

Der Inhalt dieses Bands entspricht dem Kenntnisstand zum Zeitpunkt der Drucklegung. Abweichungen durch Weiterentwicklung der beschriebenen Fahrzeuge, geänderte Anweisungen des Fahrzeugherstellers bzw. neue gesetzliche Bestimmungen sind möglich.

ISBN 3-613-02139-0

1. Auflage 2001

Grafische Gestaltung: Andreas Pflaum
Herstellung: Maisch & Queck
Druck: Maisch & Queck, 70839 Gerlingen
Bindung: Karl Dieringer, 70839 Gerlingen
Printed in Germany

Friedrich Schröder

FORD KA

1,3 Liter (60 PS)

ab November 1996

Inhaltsverzeichnis

Die Bremsanlage

Die Fahrzeugelektrik

Der Innenraum

Die Karosserie

Technische Daten

Stichwortverzeichnis

Schnelle Hilfe – was tun bei Störungen

Störungs-beistände

Ein Ratgeber stellt sich vor

»Jetzt helfe ich mir selbst« ist ein Ratgeber rund ums Auto. Er zeigt, wie die Technik funktioniert und wie Sie Ihr Fahrzeug optimal selbst pflegen und warten können. Sie werden sehen: Do it yourself macht Spaß und entlastet obendrein noch Ihren Geldbeutel. Mit dem richtigen Know-how wird so manche Panne zur Bagatelle – oft reichen schon wenige Handgriffe um ein malades Auto wieder flott zu machen.

Ein Ratgeber mit System

Jedes Kapitel dieses Ratgebers gliedert sich stets in die Abschnitte Theorie, Wartung, Störungsbeistand und Reparatur.

Theorie: Hier gibt's allgemeine Informationen zu Technik und Funktionen. Neben ausführlichen Beschreibungen beinhaltet dieser Part ein **Techniklexikon** mit Hintergrundwissen zu speziellen Problemen.

Wartung: Step by Step begleitet Sie eine detaillierte Anleitung bei allen Arbeiten. **Arbeitssymbole** verdeutlichen Zeitaufwand, Schwierigkeitsgrad sowie mögliche Gefahren für Sicherheit und Umwelt. Eine detaillierte **Illustration** veranschaulicht Arbeitsabläufe und Probleme.

Reparatur: Die einzelnen Arbeitsschritte folgen dem gleichen Muster wie bei den Wartungsarbeiten. **Praxistipps** helfen Ihnen bei der Umsetzung und möglichen Problemen. Der Reparaturteil beinhaltet häufig auch einen **Störungsbeistand** der Störungen, Ursachen und Abhilfen auflistet.

Technik-Themen und Störungsbeistände erschließen Sie gleichermaßen in der Inhaltsübersicht und dem Stichwortverzeichnis. Das Inhaltsverzeichnis enthält zudem Hinweise auf Wartungs- und Reparaturarbeiten der verschiedenen Baugruppen: Auf der ersten Seite des jeweiligen Kapitels steht generell eine Übersicht mit Seitenangaben, die Sie direkt zu den Arbeitsschritten führt.

Wartung

Reparatur

Eine Übersicht der Wartungen und Reparaturen finden Sie auf der ersten Seite jedes Kapitels. Die Seitenangaben führen Sie direkt zu den Arbeitsschritten.

Die Bauteile des Motors

Technik-lexikon

Motorblock. Hier sind die beweglichen Teile gelagert. Er besteht bei vielen Motoren aus Grauguss. Der Motorblock trägt auch Aggregate wie Lichtmaschine, Anlasser und Zündanlage.

Zylinderkopf. Schließt den Zylinder nach oben ab. Er enthält Kanäle für Frisch- und Abgas, Ventilsitze, Lager und Führungen für Teile der Ventilsteuerung, Zündkerzengewinde, Wasserkanäle und Brennraum.

Technik auf den Punkt gebracht: Knappe und präzise Infos über Begriffe, Funktionen und Zusammenhänge.

Arbeits-schritte | **30.000 km 2 Jahre**

① Ansauggeräuschdämpfer abbauen. Beim Diesel: Luftansaugleitung abbauen. Bei allen Motoren: elektrische Steckverbindungen lösen.

② Sechs Schrauben der Zylinderkopfhaube lösen und Haube vorsichtig abnehmen. Sitzt der Deckel fest, lösen Sie ihn durch Schläge mit Handballen oder Hammerstiel.

③ Für die Messung von Ein- und Auslassventil eines Zylinders müssen beide Ventile entlastet sein. Dazu den Motor durchdrehen, bis an der Nockenwelle die Spitzen beider Nocken von Zylinder 1 (in Fahrtrichtung rechts) symmetrisch nach links und rechts oben zeigen (OT-Markierung beachten). Diese Position entspricht dem Oberen Totpunkt.

Die Arbeitsschritte führen Sie Step by Step durch Ihre Wartungen und Reparaturen. Hier steht, wo Sie den Hebel ansetzen und worauf Sie dabei achten müssen.

Kühlsystem

Störungsbeistand

Störung	Ursache	Abhilfe
A Temperatur-Anzeigenadel steht im roten Bereich	**1** Keilrippenriemen zu schwach gespannt oder gerissen	Riemenspannung kontrollieren oder Riemen ersetzen
	2 Zu wenig Flüssigkeit im Kühlsystem	Auffüllen, notfalls aus der Scheibenwaschanlage
	3 Kabel zur Temperaturanzeige hat Masseschluss	Kabel am Temperaturgeber abziehen, Zeiger muss zurückgehen, sonst Masseschluss; Kabelverlauf kontrollieren

Der ideale Pannenhelfer: Der »Störungsbeistand« hilft Ihnen, Fehlern und Defekten an Ihrem Fahrzeug systematisch auf den Grund zu gehen. Außerdem finden Sie hier Tipps, wie Sie mit einer Störung fertig werden.

Praxistipp

Kompressions-druckluft strömt aus

Wenn Kompressionsdruckluft an einer der folgenden Stellen ausströmt, hat dies meist diese Ursachen:

- Ansaugkrümmer oder Luftfiltergehäuse: defektes Einlassventil.
- Geöffneter Kühler oder Kühlmittel-Ausgleichsbehälter: defekte Zylinderkopfdichtung oder Riss im Zylinderkopf.

Praxistipps für Schrauber: Hier steht, wie Sie schnell und effektiv Fehler erkennen und Probleme lösen.

Kein Do it yourself innerhalb der Garantiezeit

Wenn Sie einen neuen Ka fahren, halten Sie unbedingt die Wartungsintervalle des Herstellers ein. Vor allem verzichten Sie aufs Do it yourself: Selbst berechtigte Garantieansprüche erfüllt Ford nur, wenn eine Vertragswerkstatt die Wartungsarbeiten an Ihrem Ka regelmäßig und rechtzeitig erledigt hat. Das gilt übrigens auch für Garantieansprüche an Austauschaggregaten wie beispielsweise Motor oder Getriebe.

Ratgeberservice: Checklisten

Auf die vordere und hintere Umschlaginnenseite dieses Ratgebers haben wir diverse **Checklisten** gestellt, die Sie unterstützen, Ihren Ka für Alltag, Winter und TÜV/DEKRA fit zu machen. Hier sind die erforderlichen Checks mit den entsprechenden Arbeitsanleitungen aufgeführt. Kopieren sich vor dem Check die benötigte Liste und haken die Arbeiten dann einfach Punkt für Punkt ab.

Die Arbeitssymbole

Der Umweltbaum soll Sie hinsichtlich Umweltschutz

sensibilisieren. Er taucht immer dann auf, wenn eine Arbeit oder dabei anfallende »Abfälle« für die Umwelt problematisch sind.

Die Zahl der Schraubenschlüssel signalisiert den

Schwierigkeitsgrad. 1 Schlüssel = leichte Arbeit; 2 Schlüssel = anspruchsvolle Arbeit; 3 Schlüssel = schwierige Arbeit.

Das Uhrensymbol berücksichtigt den durchschnitt-

lichen Zeitaufwand für Hobbyschrauber. Die kalkulierte Zeit bezieht Ihre fehlende Routine und die Möglichkeit einer nicht optimalen Ausrüstung ein. Ein Teilstrich steht für eine Viertelstunde – bei einer gefüllten Uhr müssen Sie also mit rund einer Stunde Arbeit rechnen.

Das Ausrufezeichen steht grundsätzlich für Arbeiten,

die Einfluss auf die Betriebssicherheit Ihres Fahrzeugs haben. Sollten Sie nicht rundum versiert sein: Hände weg von Arbeiten mit Ausrufezeichen! Die Arbeit ist dann »**IMMER**« ein Fall für die Werkstatt.

Die Prüfplakette klassifiziert Vorsorgearbeiten zur

Hauptuntersuchung. Sie sparen mitunter eine Menge Geld und Zeit, wenn Sie die markierten Wartungs- und Prüfarbeiten vor dem TÜV- oder DEKRA-Termin selbst durchführen.

Die Wartungsplakette bezeichnet jene Wartungsarbei-

ten an Ihrem Ka, die auch Ford-Werkstätten beim Kleinen und Großen Kundendienst durchführen. Sämtliche Punkte entsprechen dem offiziellen Ford-Wartungsplan.

DER Ford Ka

Ford Ka:
Mit dem Ka kreierte Ford bereits 1996 das New-Edge-Design. Es gab dem Kompaktwagen-Design weltweit neue Impulse. Für Ford sind hierzulande seither bei allen Neuerscheinungen die »neuen Kanten linienführend«.

Er war der heimliche »Riese« des 94er Ford-Auftritts auf dem Genfer Automobilsalon: Ein »Winzling« namens Ka. Rund 24 Monate später, im November '96, mutierte das Concept-Car zur »Ka First-Edition« mit der Ford seinerzeit als erster deutscher Hersteller ein »wieder entdecktes« Marktsegment bediente. Seither »tummelt« sich der Ka in immer wieder aktualisierten »Zeitgeist-Auflagen« unterhalb der Kompakten vom Schlage eines Fiesta, Corsa, Polo, Uno und Co. Seinen Auftritt prägen runde, geschwungene Flächen in Kombination mit betonten Kanten und Winkeln. Ford's professionelle »Linienrichter« kreierten am und im Ka ihr neues New-Edge-Design (wörtlich: neues Kanten Design), das mittlerweile längst als Markenzeichen der neuen Ford Modelle »herhält«. Hinsichtlich Fahrverhalten, Raumökonomie und Unterhaltskosten hat der »New-Edge-Zwerg« seine Szene beharrlich aufgemischt: Allein in Deutschland schickte Ford seit '96 rund 200.000 Ka ins Land – er gehört damit längstens zum Straßenbild.

Im Ka geboten – gute Raumökonomie

Mit 3,62 Meter Länge ist der Ka »konsequente« 21 Zentimeter kürzer als der Fiesta. Doch dort, wo die »Gene« fürs Fahrverhalten liegen, trumpft der Ka auf wie ein Klassenprimus: Sein Radstand ist mit 2,448 Meter für ein Auto dieser Spezies ungewöhnlich groß geraten. Das kommt natürlich der Fahrdynamik, dem Fahrkomfort und last but not least den Platzverhältnissen zugute.

Der Ka mobilisiert bis zu vier »ausgewachsene« Mitteleuropäer in einem praktischen Umfeld – auch auf gelegentlichen Fernreisen. Mit seinem variablen Gepäckraum, dem asymmetrischen Instrumententräger mit diversen Ablagemöglichkeiten für Krimskrams und Co. sowie mit angenehmen Innenraummaterialien und Polsterstoffen bietet der Ford Ka gleichermaßen praktische Problemlösungen und viel »fürs Auge«. Auch das Crashverhalten des modernen »Buckel-Ford« ist up to date – nach wie vor: Bei der Konstruktion der Karosserie legten die Ka-Macher neben hoher Torsionssteifigkeit einen besonderen Schwerpunkt auf die Optimierung energieabsorbierender Details, um damit klassische Crash-Defizite von Kleinwagen zu »entschärfen«.

Absorbieren Aufprallenergie – Crash-Kegel im vorderen Querträger

Typisches Beispiel für besagte Ambitionen sind Verformungselemente (Crash-Cones), die beidseitig in den vorderen Querträger integriert sind. Im Falle eines Frontalaufpralls schieben sich die etwa fünf Zentimeter großen Crash-Cones zusammen und »vernichten« bei dieser »Staucharbeit« einen beträchtlichen Teil der Aufprallenergie. Auf ähnliche Art und Weise »funktionieren« auch die vorderen Längsträger: Zur gezielten Energieabsorption tragen sie Crash-Initiatoren.

Das Ergebnis der Detailarbeit ist vorzeigbar: Schon seit 1996 erfüllt der Ka die europäische Crash-Norm ECE 98, sie war erst ab 1998 für alle Neuwagen verbindlich. Der kleinste Ford bewältigt bei 56 km/h sowohl den Frontalaufprall mit 40prozentiger Überdeckung gegen eine deformierbare Barriere als auch den Seitenaufpralltest – bei dem der Aufbau einer mit 50 km/h heranrasenden Barriere trotzen muss. Der »verformbare Unfallgegner« trifft sein Ziel im Winkel von 90°. Die Dummys hätten im Ka überlebt – »beruhigend« für den hoffentlich nie stattfindenden Ernstfall auf der Straße.

Die Basis für die relativ »sichere Burg« schafft ein integriertes Sicherheitssystem. Es umfasst neben einer speziellen Karosseriestruktur mit Seitenaufprallschutz serienmäßig Fahrer-Airbag, Gurtstopper, Anti-Dive-Sicherheitssitze sowie einen Sicherheitsschalter, der bei einem Unfall automatisch die Benzinzufuhr unterbricht. Front- und Seitenairbags sind mittlerweile Standard in allen Ka, nicht so ein Antiblockierbremssystem (ABS), dafür müssen Käufer tiefer in die Tasche greifen.

Dennoch »fliegen« dem Ka die »Käuferherzen« zu: Zu den Kunden zählen jüngere Familien mit einem oder zwei Kindern, die den Ka überwiegend als Zweitwagen nutzen. Gleichermaßen erfüllt der Ka offensichtlich auch die Mobilitätsbedürfnisse berufstätiger Singles und Paare, die ihn überwiegend auf dem Weg zur Arbeit, zum Einkauf, in die Freizeit und gelegentlich auf Langstrecken einsetzen. Besonders attraktiv ist der kleine Ford erfahrungsgemäß auch für junge Fahrer, die nach dem ersten »Gebrauchten« im Ka ein attraktives und wirtschaftliches Auto sehen.

Auf einen Blick – die Ka-Modellübersicht

Das Modellprogramm des Ka wurde im Laufe der Zeit immer mal wieder retuschiert: Hierzulande gibt's den Ka derzeit als 1,3 Liter Variante (44 kW/60 PS) und Servolenkung, die 1,3 Liter (37 kW/50 PS) -Alternative ist nicht mehr verfügbar. Wir beschreiben in diesem Band die Technik der derzeit aktuellen Ka-Modelle:

- Ford Ka – der preisorientierte Kleine
- Ford Ka Royal – der luxuriöse Kleine

Doch saisonal gab's immer wieder Editionsmodelle, die hinsichtlich Ausstattung für neue Akzente im Ka-Alltag sorgten. Technisch entsprachen die »Sonderlinge« allesamt der Basis. Die Tradition »lebt« weiter: Die beiden aktuellen Editionsmodelle tragen die Namen »Ford**Ka** Futura^2« und »Ford**Ka**-ribik«.

Ford Ka – erste Wahl für preisorientierte Käufer

Die preisorientierte Ka-Variante orientiert sich – ganz im Sinne fairer Preisgestaltung – konsequent am Wesentlichen. Doch das »Wesentliche« legt Ford traditionsgemäß großzügig aus: Goodies wie Fahrer-, Beifahrer-, Seitenairbags, Seitenaufprallschutz, Gurtstraffer und -stopper, elektronische Wegfahrsperre, Heckscheiben-Wischwaschanlage, höhenverstellbarer

Fahrersitz, umlegbare Rücksitzbank, Servolenkung, Innenraum Staub- und Pollenfilter, akustische Licht (an) Warnanlage, Drehzahlmesser, Analoguhr, höhenverstellbare Kopfstützen auf allen Plätzen oder getönte Wärmeschutzverglasung und ein vollwertiges Ersatzrad – ab Modelljahr 2000 ist jeder Ka damit »gesegnet«.

Darüber hinaus bietet Ford den »Basis Ka« mit fünf weiteren Ausstattungspaketen an: Das »Komfort-Paket« beinhaltet elektrisch betätigte Fensterheber und eine Zentralverriegelung. Eine beheizbare Frontscheibe und in Wagenfarbe lackierte elektrisch einstellbare Außenspiegel sind die »Give aways« des »Sicht-Pakets«. Augen und Ohren spricht das »Plus-Paket« per Metallic-Lackierung und Ford-Audiosystem 1000 an. Der Ka im Outfit »Style-Paket« rollt auf fünf Zoll breiten Leichtmetallfelgen im 6-Speichen-Design sowie mit 165/60 R 14" Reifen. In Wagenfarbe gefärbte Stoßfänger gehören gleichfalls dazu. Das »Kool-Paket« lockt mit einer Klimaanlage, elektrischen Fensterhebern und einer Zentral- inklusive Gepäckraumfernentriegelung.

Ford Ka Royal – erste Wahl für luxusorientierte Käufer

Das was die Ford-Nomenklatur gewöhnlich mit »Ghia« adelt, heißt im Ka-Segment jetzt »Royal«. Ka Royal-Käufer haben automatisch das Komfort- und Kool-Paket mit an Bord. Darüber hinaus verwöhnt der »Adelige« seine Eigner sicht- und hörbar. Beide Stoßfänger und Außenspiegel sind in Wagenfarbe lackiert, die Spiegel zudem elektrisch verstellbar. Jeden Royal schmückt Metallic Make-up, die »Ford-Pflaume« prangt auf einem chromfarbigen Kühlergrill und seine Abgase entweichen aus einer verchromten Auspuffzierblende. Den »königlichen« Auftritt realisieren Leichtmetallfelgen im Format 5 J x 14" mit 6x2-Speichen-Design. Seine »Gäste« lullt der Royal mit dem Ford 5000 Audiosystem inklusive perfekter Lautsprecher ein. Sie nehmen Platz auf Ledersitzen, der Fahrer zudem noch vor einem Ledervolant und einer beige-metallic oder silberfarben unterlegten Instrumententafel. Doch bevor es soweit ist, kreuzen die Mitfahrer Edelstahl-Einstiegszierleisten mit KA-Schriftzug und »parkieren« ihre Füße auf Teppichfußmatten mit dem gleichen Emblem. Geht's auf Reisen, nimmt das Gepäck ein beleuchteter und mit Teppichboden ausgeschlagener Kofferraum auf.

Wahlprogramm – die Zusatzausstattungen

Von der Qual der Wahl sind Ka-Käufer überwiegend schon ab Werk befreit: Doch nicht alle möglichen Zusatzausstattungen sind innerhalb der Ausstattungskombinationen verfügbar. So zum Beispiel das Mobilfunk-Basispaket mit Freisprech-Mikro, Scheibenantenne, Anschlusskabel und Telefon-Konsole oder das RDS/EON Satelliten-Navigationssystem »Becker Traffic Pro 4720«. Bei diversen Optionen lohnt mitunter der Preisvergleich im Zubehörhandel. So zum Beispiel bei Anhängerkupplung oder Dachtransportsystemen mit unterschiedlichen Aufsätzen. Das Grundträgersystem sollten Ka-Käufer allerdings besser beim Ford-Händler ordern: Dann ist zumindest die erforderliche Sicherheitsbasis für weitere »Aufbauten« gewährleistet – zumindest bei ordnungsgemäßer Montage.

Der Motor

Das aktuelle Ottomotoren-Angebot innerhalb der Ka-Modellreihe ist schnell aufgezählt: Von den ursprünglich zwei Vierzylindern »überlebte« hierzulande nur die 1,3 Liter OHV-Variante mit 44 kW/60 PS. Mit Multi-Point Kraftstoffeinspritzung und elektronischem Motormanagement ist er ein relativ »verdienter« Bekannter aus dem Ford-Motorenbaukasten. Bevor er freilich im Ka erste Wahl wurde, legten Ford-Ingenieure gründlich Hand an seinem Innenleben an: Tiefgreifende konstruktive Maßnahmen zur Emissionsminderung sowie zu komfortablerem Geräusch- und Vibrationsverhalten hatten vor der Implantation oberste Priorität. Werksintern trägt der Ka-Treibsatz den Namen Endura-E.

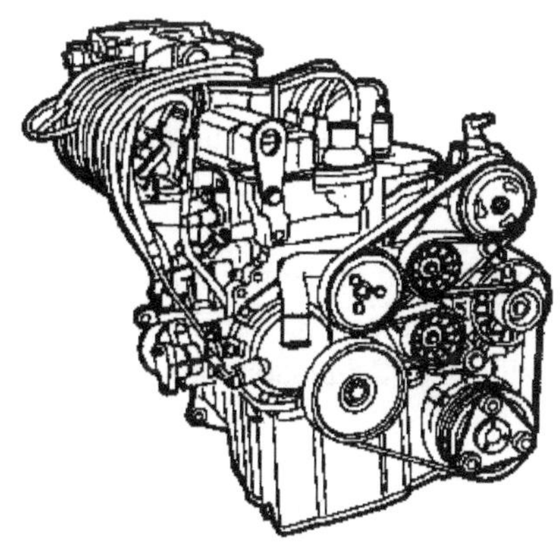

Endura-E 1,3 Liter 44 kW/60 PS.

Die Modellpflege

Fast 700.000 Ka hat Ford seit 1996 im spanischen Valencia auf die Räder gestellt. Eine vergleichsweise geringe »Ka-Zahl mit brasilianischem Pass umkreist seit geraumer Zeit den Zuckerhut oder staut in anderen südamerikanischen Metropolen«. Die Grundkonzeption des Ka blieb in Europa weitgehend unangetastet.
Für ständige Aktualität und neue Kaufanreize im Ka-Programm sorgen regelmäßig aktualisierte Editionsmodelle. Diese besonders attraktiv eingerichteten »Sonderlinge« mischen immer wieder den in dieser Klasse üblichen Ausstattungsstandard auf. Nicht zuletzt ein Grund dafür, dass der moderne »Buckel-Ford« in relativ kurzer Zeit zu einem klassenlosen Auto avancierte: Der Ka parkt auf zugigen Hinterhöfen, im spärlichen Lichtschein öffentlicher Straßenlaternen und neben Luxuslimousinen in beheizten Doppelgaragen.

1994

Präsentation als Concept-Car auf dem Genfer Automobilsalon.

1996

Einführung im November als »First-Edition« mit 1,3 Liter (44 kW/60 PS) Motor. Serienausstattung: Seitenaufprallschutz; Fahrer-Airbag; Anti-Dive-Sicherheitssitze; Gurtstopper; Servolenkung; elektronische Wegfahrsperre; Sicherheitsschalter, der bei Unfällen automatisch die Benzinzufuhr unterbricht.

1997

Markteinführung des 1,3 Liter (37 kW/50 PS) Motors im Juli '97 (nur ohne Servolenkung lieferbar).

Februar
Ka-Kool (Serie u. a.: AC, Leichtmetallräder).

Mai
Ka-Prosieben (Serie u. a.: Panther-Schwarz Metallic, schwarze Lederpolster, AC, Audiosystem 6000 mit CD-Player, silberner Schlüsselanhänger).

Juli
Ka1 (Serie, u. a.: zwei Airbags).

August
Ka-Lufthansa (Serie, u. a.: ABS, elektrische Fensterheber, Zentralverriegelung, CD-Radiosystem, Lederausstattung im LH Business Class-Design, 10.000 Meilen Miles & More Gutschein).

1998

Ab Oktober beide Motoren nach D4 eingestuft – vorher D3.

Januar
Ka-Color-Line (Serie u. a.: Indiagelb, Exoticgrün, Arizonaorange, 2 Airbags, Servolenkung, Audio 1000).

Februar
Ka-Blueline (Serie u. a.: Luganoblau, Audiosystem 6000 mit CD-Player, Servolenkung, Innenraumdesign in Blau, 2 Airbags).

April
Ka-K2 (Serie u. a.: Indigagelb, Dachspoiler, Leichtmetallfelgen, 2 Airbags, Servolenkung, AC, Audiosystem 6000 mit CD-Player, silberner Schlüsselanhänger, Gutschein für 2 Inline-Skates + Schutzkleidung).

November
Ka K2-Snow (Serie u. a.: Amalfiblau-Metallic, AC, 2 Airbags, Servolenkung, Audiosystem 6000 mit CD-Player, Polsterstoffe in Grau, Dachspoiler, K2-Snowboard mit Clicker-Bindung).

1999

April
Ka D2-CallYa (Serie u. a.: Hellblau, AC, Lederausstattung in Schwarz, Komfortpaket, Sitzpaket, Audio 1000, D2-CallYa mit Freisprecheinrichtung, Startguthaben und Nokia 5110, Dachspoiler, Leichtmetallfelgen).

2000

Februar
Ka-Futura (Serie u. a.: AC, Audiosystem 1000, Leichtmetallfelgen).

September
Nach Euro4 eingestuft – ausschließlich mit 1,3 Liter (44 kW/60 PS) Motor lieferbar. Ka-Royal (Serie u. a.: siehe Abschnitt Ford Ka-Royal, Seite 11).

2001

März
Erweiterte Ausstattung: Seitenairbags; elektrisches Faltdach (gegen Aufpreis). Editionsmodelle: Karibik, Ka Futura[2] (zur Jahresmitte).

Die Abmessungen des Ford Ka

»Kompakte« 3.620 mm Gesamtlänge lassen keine Zweifel zu: Der Ka gehört unbestreitbar zur Spezies der Kompaktwagen. Und das, obwohl er mit 1.413 mm in der Höhe, 1.639 mm in der Breite und 2.448 mm zwischen Vorder- und Hinterachse locker ins nächst größere Fahrzeugsegment passen würde. Breite, Höhe und Radstand kommen dem Innenraum zugute: Vier Erwachsene macht der Ka mobil – wenn's denn unbedingt sein muss, auch schon mal auf Überlandstrecken mit erweitertem »Handgepäck«. Der Gepäckraum des Ka schluckt nach VDA-Norm und je nach Stellung der Rückbanklehne 186/205 Liter. Mit komplett umgelegter Rückbank passen 451 Liter bis auf Fensterhöhe und 724 Liter bis zum Dachhimmel ins Ka-Heck.

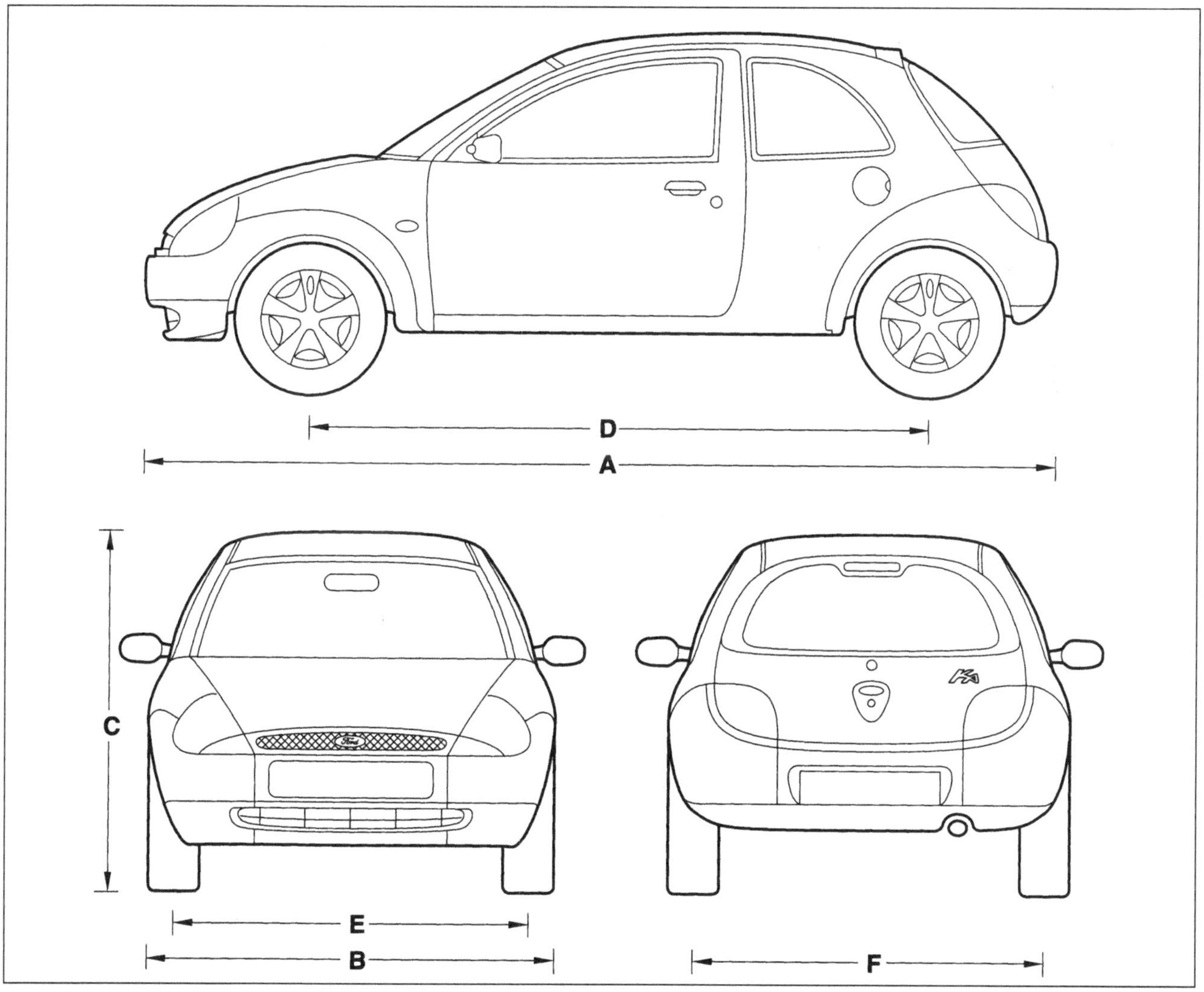

A *Gesamtlänge – 3620 mm,* **B** *Gesamtbreite (ohne Außenspiegel) – 1639 mm,* **C** *Gesamthöhe (abhängig von Bereifung) – 1413 mm,* **D** *Radstand – 2448 mm,* **E/F** *Spurweite v./h. – 1395 mm/1411 mm.*

DIE AUSRÜSTU

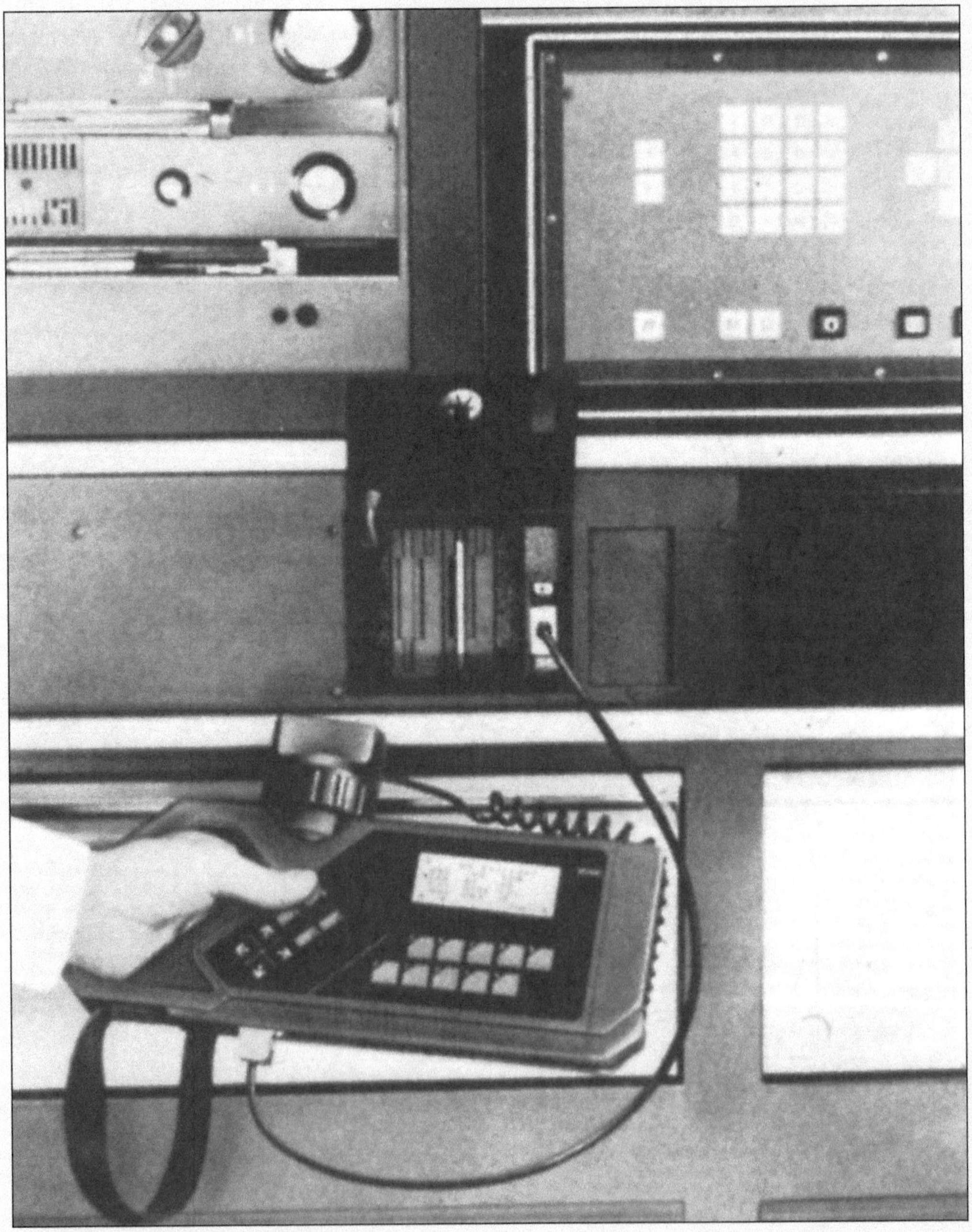

NG

***Wunschvorstellung**: Computer unterstütztes Service-Equipment in der heimischen »Bastelstube«. Doch »schrauben« macht auch dann schon Spaß, wenn der Arbeitsplatz aufgeräumt und trocken ist, die Ausrüstung stimmt und die erforderlichen Ersatzteile parat liegen. Es muss nicht immer vom Feinsten sein …*

Der Arbeitsplatz

Als Hobbymechaniker brauchen Sie zunächst einen »passenden« Arbeitsplatz, schließlich möchten Sie sich ganz aufs Schrauben konzentrieren. Do it yourselfers Platz an »der Sonne«: Eine ausreichend breite und gut beleuchtete Garage mit eigenem Stromanschluss. Schrauben unter freiem Himmel macht bei gutem Wetter natürlich noch mehr Spaß. Doch legen Sie grundsätzlich Wert auf eine ebene und gepflasterte Fläche – handeln Sie bei allen Arbeiten »pingelig» nach der Devise: **Safety first.**

Do it yourself unter Aufsicht – in Mietwerkstätten möglich

Mietwerkstätten sind in aller Regel eine gute Empfehlung für Hobbyschrauber. Neben Hebebühnen und umfangreicher Werkzeugausstattung gibt es dort häufig auch kompetente Hilfestellung mit fundierten Praxistipps: Probleme am Fahrzeug und mit der Technik sind unter fachkundiger Anleitung ohnehin leichter lösbar. Die meisten Mietwerkstätten bieten mehrere Arbeitsplätze. Mit freien Hebebühnen ist unter der Woche allerdings eher zu rechnen als an Wochenenden – dann greifen erfahrungsgemäß die meisten Hobbyschrauber zum Schraubenschlüssel. Mietwerkstätten berechnen ihren Kunden für eine Arbeitsstunde zwischen 25 bis 40 Mark – inklusive Werkzeug. Adressen finden Sie übrigens auf den gelben Seiten Ihres Telefonbuchs, im Kleinanzeigenteil Ihrer Tageszeitung, im Internet oder in regionalen Anzeigenblättern. Oft hat auch Ihr Tankwart einen Tipp zur »neuesten» Hobbywerkstatt in nächster Umgebung parat.

Gut vorbereiten – den Werkstattbesuch

Der »Besuch« in Mietwerkstätten lohnt freilich nur, wenn Sie die Reparatur reibungslos erledigen. Denn bei umfangreichen Arbeiten, die Sie erstmalig angehen möchten, bezahlen Sie in Mietwerkstätten häufig »unfreiwillig« eine Menge »Lehrgeld«: Mitunter sogar mehr, als Ihnen Fach- bzw. Vertragswerkstätten für die gleiche Reparatur »abknöpfen« würden. Dazu machen Ihnen in Hobbywerkstätten wartende Schrauber zusätzlichen Stress – Hebebühnen und Arbeitsboxen sind halt begehrte »Plätzchen«: Wenn Sie Ihren Wagen nicht auf einer teuren Hebebühne »parken« möchten, zwingt die Praxis Sie förmlich zu akribischer Planung am grünen Tisch – es macht keinen Sinn, erst während der Reparatur anfallende Ersatzteile oder andere Hilfsmittel zu beschaffen. Fazit: Wenn Sie in einer Mietwerkstatt erst einmal »eingemietet« sind, geben Sie bei der Arbeit »Gas«.

Rechtzeitig besorgen – die Ersatzteile

Spätestens dann, wenn Sie die Arbeit in »die Hand« nehmen möchten, sollten sämtliche Ersatzteile vor Ort sein. Stellen Sie darum rechtzeitig eine Ersatzteilliste mit allen zur Reparatur erforderlichen Teilen zusammen. Berücksichtigen Sie in der Liste nicht nur direkt betroffene Teile, sondern auch jenes Zubehör (Dichtungen, Sicherungsringe, Radialwellendichtringe, selbstsichernde Muttern, Fett, flüssiges Dichtmittel, etc.), das zur Reparatur-Pheripherie gehört. Fragen Sie sicherheitshalber den Ersatzteilverkäufer – er kennt die meisten Arbeitsabläufe und stellt Ihnen das richtige Reparaturset zusammen. Sollten Sie den Reparaturumfang nicht genau überblicken können, legen Sie Ihren Termin so, dass Ihnen noch Zeit für einen außerplanmäßigen Besuch beim Zubehör- oder Ford-Vertragshändler bleibt. Gehen Sie auch niemals davon aus, dass eine Vertragswerkstatt immer gerade »Ihre« Teile auf Lager hat – planen Sie Bestellzeiten ein.

Praxistipp

So arbeiten Sie effektiv

- Damit Sie erst gar nicht in Versuchung kommen, Ihrem Ka »falsche« Ersatzteile unterzujubeln, säubern Sie vorab den Arbeitsplatz von »alten Hinterlassenschaften«.
- Legen Sie demontierte Teile grundsätzlich in der Ausbaureihenfolge ab. Sie tun sich mit der Montage dann erheblich leichter.
- Kleinteile deponieren Sie besser in separate Schachteln oder andere Behältnisse. Drehen Sie nach dem Ausbau »einmalige« Schrauben gleich wieder in »ihr« Gewinde ein. Damit vermeiden Sie ein Schraubenpuzzle, jede Schraube sitzt dann am angestammten Platz.
- Falls sich ein Gully oder Ölabscheider in der Nähe befindet, decken Sie ihn während der Arbeit ab – offene Gitterroste üben auf Kleinteile eine »magische Anziehungskraft« aus.
- Studieren Sie **vor** Arbeitsbeginn die mitgelieferten Reparatur- oder Montageunterlagen. Werfen Sie dort auch während der Arbeit immer wieder einen Blick hinein.
- Fertigen Sie bei umfangreichen Arbeiten Skizzen Ihrer einzelnen Arbeitsschritte an: Die »Bildchen« verkürzen Ihnen Montage und erleichtern die Fehlersuche.
- Arbeiten in den Radkästen, an den Stoßfängern oder unter dem Wagen erledigen Sie besser nicht vom nackten Boden aus: Eine alte Decke schützt Sie gegen Bodenkälte. Und damit auch Öl oder Feuchtigkeit nicht an Ihnen bzw. der Decke »hochkriecht«, isolieren Sie die Unterlage noch mit einer Plastikfolie.
- Ölspuren auf dem Boden »killt« ein scharfer Haushaltsreiniger oder ein Geschirrspülmittel. Wirksamer sind freilich spezielle Ölfleckentferner aus dem Zubehörhandel.

Abhängig vom Nummerncode – das »richtige« Ersatzteil

Im Laufe der Produktionszeit haben sich am Ka manche Details geändert. Deshalb entscheidet oft das Modelljahr, welches Ersatzteil passt. Sie erleichtern sich und dem Verkäufer die Arbeit, wenn Sie ihm den Fahrzeugschein vorlegen oder die Daten des Typenschilds auf einem Blatt notiert haben. Ein geschulter Ersatzteilverkäufer erkennt das passende Teil mühelos aus den Nummerncodes. Doch wenn Sie ganz auf Nummer Sicher gehen wollen, »packen« Sie dem Verkäufer das gereinigte Altteil auf den Tresen.

Safety First – vergleichen Sie Original- und Fremdteile

Alle Ersatzteile, die Sie im Reparaturfall für Ihren Ka benötigen, erhalten Sie beim Ford-Händler: Häufig werden Sie auch im Zubehörhandel fündig, darunter sogar mit Teilen, die Ford in der Erstausrüstung verbaut. Vergleichen Sie also die Preise – vorausgesetzt

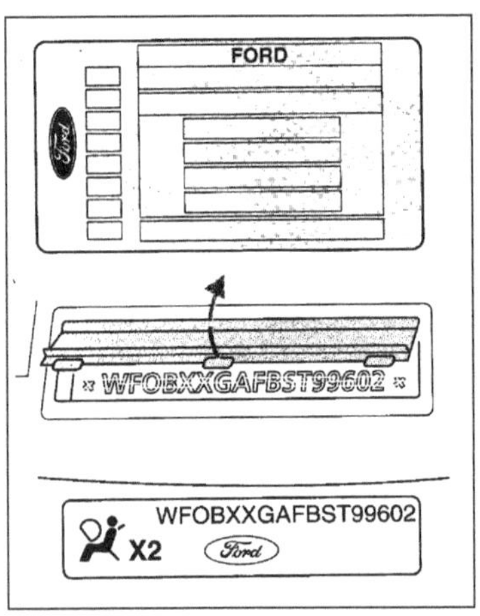

***Die »Geburtsurkunde«:** Der Ka »trägt« seine Typenschilder auf dem oberen Querträger unterhalb der Motorhaube. Sie dokumentieren das Produktionsdatum, den Fahrzeugtyp, das Gewicht, die Identifizierungsnummer sowie den »Steckbrief« der montierten Aggregate. Von außen durch die Frontscheibe gut sichtbar ist die Fahrzeug-Identifizierungsnummer links oberhalb des Armaturenbretts eingeschlagen. Sie »wiederholt sich«, versteckt unter dem Bodenteppich, in der Bodengruppe vor den Sitzen.*

Service, Qualität und Lieferfähigkeit sind tatsächlich vergleichbar. Gehen Sie allerdings niemals Risiken mit No-name-Produkten ein. Das was Sie dort sparen, gleicht bei weitem die Qualitätsunterschiede und das Sicherheitsmanko nicht aus. **Sicher** im Sinne von **SICHER** fahren Sie nur mit Ersatzteilen im Qualitätsmaßstab des Erstausrüsters.

Einleuchtend – billig ist nicht preisgünstig

Bei sicherheitsrelevanten Ersatzteilen ist übertriebene Sparsamkeit mit »Sicherheit« fahrlässig: Sicherheitsrelevantes Zubehör, etwa Bremsbeläge, Bremsscheiben, Bremstrommeln, Radlager, Antriebswellen und Gelenke, sollten Sie grundsätzlich in Erstausrüster- oder Originalqualität mit ABE-Prüfnummer kaufen. Die meisten Billigprodukte sind weit von der geforderten Mindestqualität entfernt: Mit einem zu »dicken Rotstift« provozieren Sie unweigerlich ein Vabanquespiel mit Ihrer eigenen und der Sicherheit anderer. Was bringen Ihnen beispielsweise »billige« Bremsscheiben aus undurchsichtigen Herkunftsquellen, die beim Bremsen »flattern« und damit teure Folgereparaturen initiieren oder – schlimmer noch – bei einer plötzlichen Vollbremsung geradezu verglühen?
Ford stimmt beim Ka die »Mixtur« der Reibbeläge auf die Materialbeschaffenheit der Bremsscheiben ab. Die Codenummer(n) dafür finden Sie in der »Allgemeinen Betriebserlaubnis« (ABE). Falls Ihr Ka nach einem ernsteren Unfall begutachtet wird und der Gutachter beispielsweise nicht freigegebene Bremsenteile entlarvt, kann Ihre Kfz-Versicherung Sie für Ihren »Sparsinn« regresspflichtig machen. Schauen Sie nicht unüberlegt auf jeden Pfennig – Ihre Sicherheit und auch die der ANDEREN sollte Ihnen das wert sein.

Austauschteile – eine preiswerte Alternative

Second hand lohnt bei einer Reihe von Ersatzteilen. Fachmännisch aufbereitete Austauschteile haben die gleiche Qualität wie ein Neuteil, sind deutlich billiger und unterliegen den gleichen Garantiebestimmungen wie entsprechende Neuteile. Solide Austauschteile bekommen Sie selbstverständlich bei Ihrem Vertragshändler, doch auch der Zubehörhandel ist erstaunlich gut sortiert. Bosch vertreibt weltweit zum Beispiel aufbereitete Elektroaggregate über autorisierte Bosch-Werkstätten an. Aber auch »vertrauenswürdige« Autoverwerter sind in vielen Fällen eine gute Adresse. Zumindest dann, wenn Sie eine Reparatur besonders preisgünstig ausführen wollen und Äußerlichkeiten nicht die große Rolle spielen. Das gilt etwa für Karosseriebauteile wie Kotflügel, Türen, Stoßfänger und Motorhauben. Der Kauf gebrauchter Verschleißteile lohnt allerdings nur dann, wenn Sie deutlich besser als die im Wagen verbauten Teile sind. Rechnen und prüfen Sie das mit »spitzem« Bleistift, denn bisweilen müssen Sie das gewünschte Ersatzteil vor Ort ja noch selbst demontieren. Fragen Sie vorher nach dem Preis, trauen Sie sich zu feilschen, auf »Autofriedhöfen« ist allenfalls der halbe Neupreis akzeptabel. Gebrauchte Verschleißteile sind bereits mit einem Viertel des ursprünglichen Neupreises gut bezahlt.

Teileeinkauf

Original-/Fremdteile	
Anlasser	Reparaturbleche
Motordichtungen	Lack
Ölfilter	Kupplung
Zündkabel	
Lichtmaschine	**Austauschteile**
Zündkerzen	Anlasser
Glühlampen	Lichtmaschine
Zündkerzenstecker	Scheibenbremssättel
Scheinwerfer	Kupplungsdruckplatte
Gelenkwellen	Kupplungsmitnehmerscheibe
Keilriemen	Schwungscheibe
Hauptbremszylinder	Getriebe
Stoßdämpfer	Antriebswellen
Bremsleitungen	Motorblock mit Kolben
Radbremszylinder	Kurbelwelle mit Lagern
Bremsscheiben	Teilmotor
Bremsschläuche	Zylinderkopf

Mit »spitzem« Bleistift rechnen – Teil- oder Austauschmotor?

Bei kapitalen Schäden an Kurbeltrieb, Kolben und Ölwanne rechnet sich der Kauf eines Teilmotors als wirtschaftliche Alternative. Zur Endmontage können Sie sämtliche »guten« Nebenaggregate vom alten Motor gefahrlos übernehmen. Ein kompletter Austauschmotor macht dagegen bei einem jüngeren und gut erhaltenen Fahrzeug Sinn. Bevor Sie agieren, fragen Sie auf jeden Fall Ihren Ford-Händler: Mitunter »schlummert« unter seinem Dach sogar ein passendes »Schätzchen« aus einem neuwertigen Unfalltotalschaden. Außerdem gibt's eine Reihe spezialisierter Firmen, die ausschließlich komplett- und teilüberholte Motoren anbieten. Ein Anschriftenverzeichnis dieser Betriebe erhalten Sie beim Verband der Motoren-Instandsetzungsbetriebe e.V., Christinenstraße 3, 40880 Ratingen; Telefon: 02102/447222.

Das Werkzeug

Gute Arbeitsergebnisse erzielen Sie nur mit vollständigem und gepflegten Werkzeug: Überprüfen Sie daher Ihre Ausrüstung vor Arbeitsbeginn. Billiges Werkzeug, das schon vor der ersten verrosteten Schraube kapituliert oder sich kurzerhand verbiegt, schafft Probleme und verdirbt Ihnen die gute Laune. Achten Sie beim Werkzeugkauf auf Qualität – gutes Werkzeug hat seinen Preis und verirrt sich höchst selten auf Wühltische in Baumärkten und Kaufhäusern. Ganz sicher finden Sie es im Fachhandel. Sollten Sie nur gelegentlich selbst Hand anlegen, sind Sie mit folgender Grundausstattung bestens bedient:

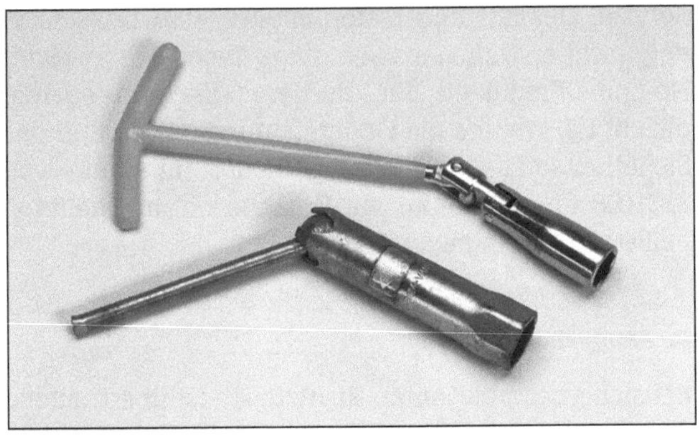

Zündkerzenschlüssel. Ein spezieller Steckschlüssel mit Gummieinsatz.

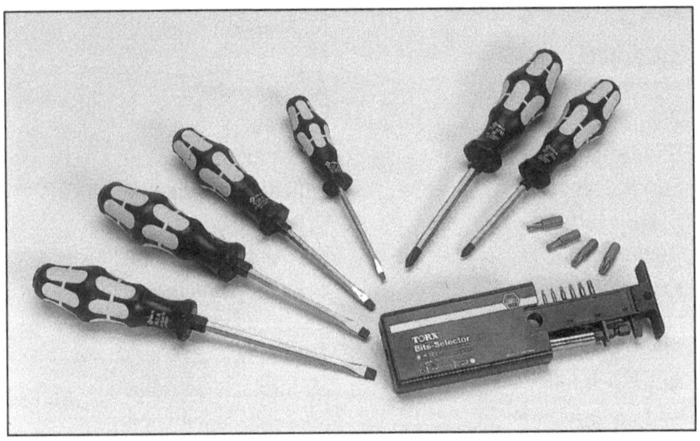

Ein Sortiment Schraubendreher mit stabilem, rutschfestem Griff für Schlitz-, Kreuzschlitz- und Torxschrauben.

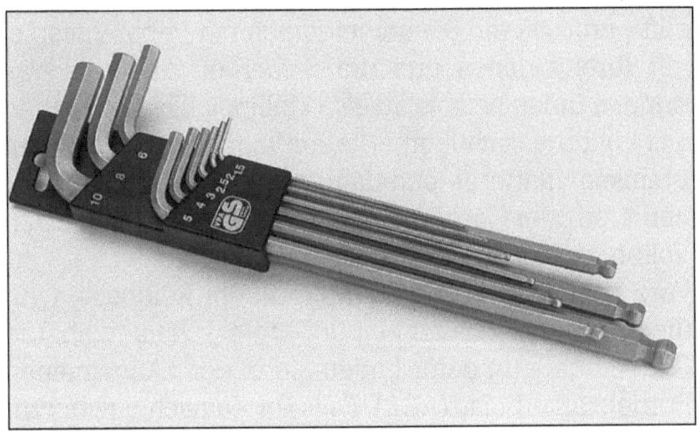

Innensechskantschlüssel (Inbusschlüssel) am Ring in den Größen 2 – 8 Millimeter.

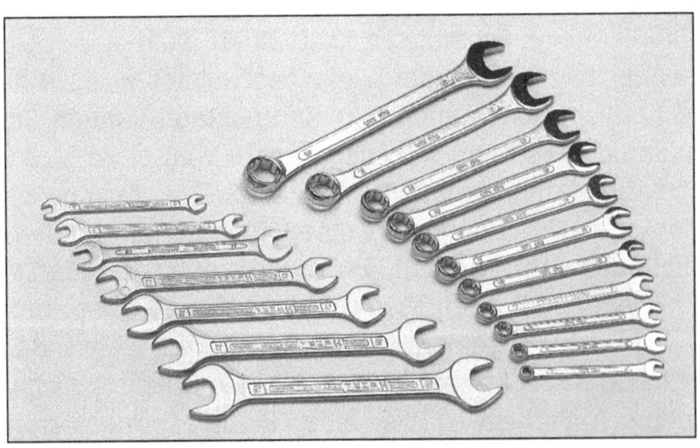

Ein Satz Gabel- und Ringschlüssel. Sinnvoll sind Doppelgabelschlüssel mit Maulweiten zwischen sechs und 19 Millimetern. Ring-/Gabelschlüssel mit den Schlüsselweiten 10, 13, 17 und 19 Millimeter sollten Sie für gekonterte Schraubverbindungen in doppelter Ausführung anschaffen.

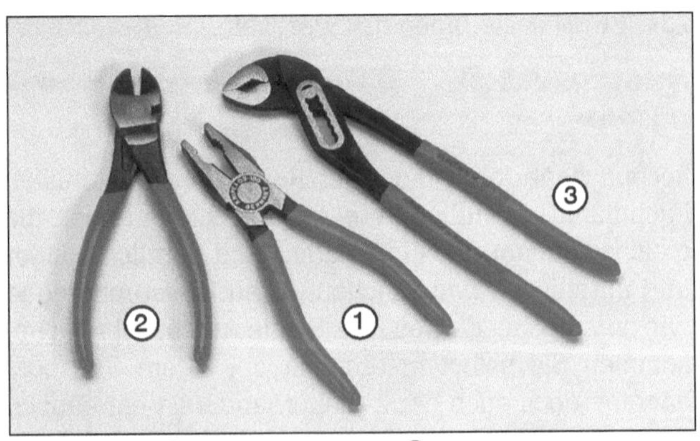

Kombizange ❶, Seitenschneider ❷ und Wasserpumpenzange ❸ (Länge mindestens 240 mm). Damit biegen, fixieren, drehen und trennen Sie fast alle Materialien an Ihrem Auto.

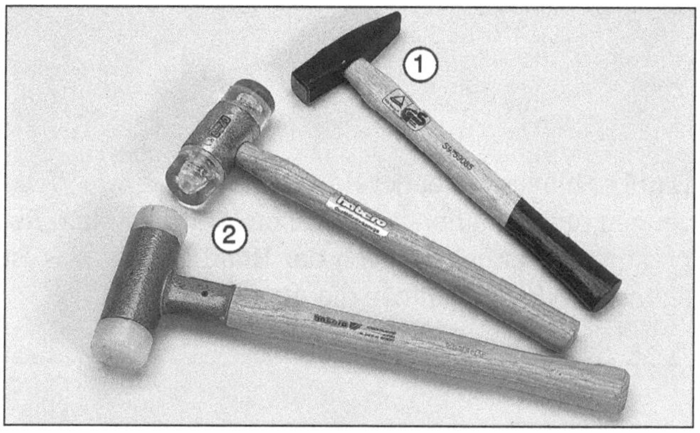

Schlosserhammer ❶ (empfohlenes Gewicht ca. 300 g). Zusammen mit einem Durchschlag löst er beispielsweise festsitzende Bolzen. Empfindliche Bauteile wie Lager, gegossene oder gehärtete Teile werden mit einem Kunststoff- oder Gummihammer ❷ bearbeitet.

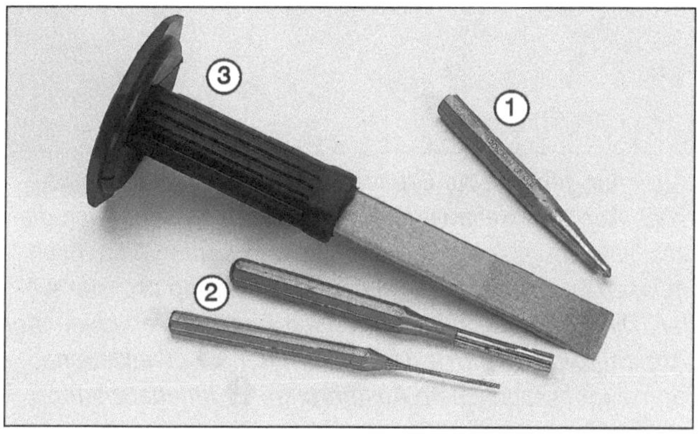

Mit einem Körner ❶ schlagen Sie Bohrlöcher an. Durchschläge ❷ (Durchmesser 3 und 6 mm) sind bei Montage- und Demonagearbeiten an Fahrwerk, Motor und Bremsen universell einsetzbar. Mit einem Flachmeißel ❸ (gehärtete Schneide) werden Sie zur Not auch mit deformierten oder festgerosteten Schraubverbindungen fertig.

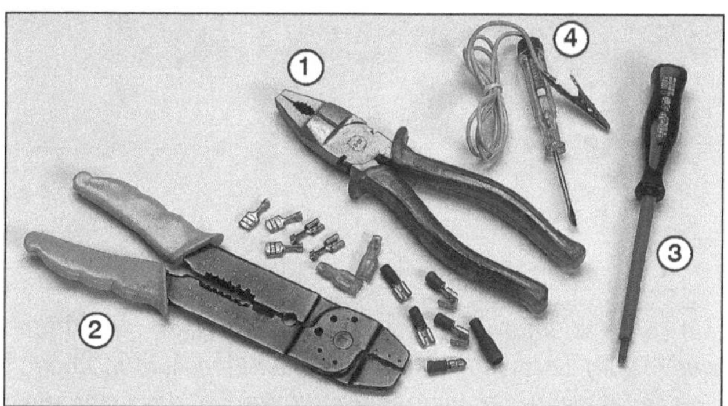

Arbeiten an Kabelbäumen oder der Elektrik setzen – als Grundausstattung – isolierte Kreuz-/Schlitzschraubendreher ❸ (Größe 1, 2, 3), eine Phasenprüflampe ❹ sowie eine isolierte Kombi- ❶ und Quetschzange ❷ voraus.

Praxistipp

Bordwerkzeug komplett?

Checken Sie das Bordwerkzeug Ihres Ka. Die beste Grundausstattung in der Garage ist völlig wertlos, wenn Ihnen die »Schlüssel« unterwegs bei einer Panne fehlen. Sind Wagenheber, Radkreuz ❶ und Schraubendreher an Bord? Bei einem Wackelkontakt oder einer gelösten Kabelverbindung helfen Kombizange ❷, Ersatzkabel ❸ und Isolierband ❹. Ebenfalls sinnvoll: ein Lampenset ❺ und Ersatzsicherungen ❻, Abschleppseil ❼ oder -stange, Starthilfekabel ❽ und Taschenlampe ❾.

»Auch dieses Reparaturhandbuch ist an Bord sinnvoller aufgehoben, als Zuhause im Bücherregal.«

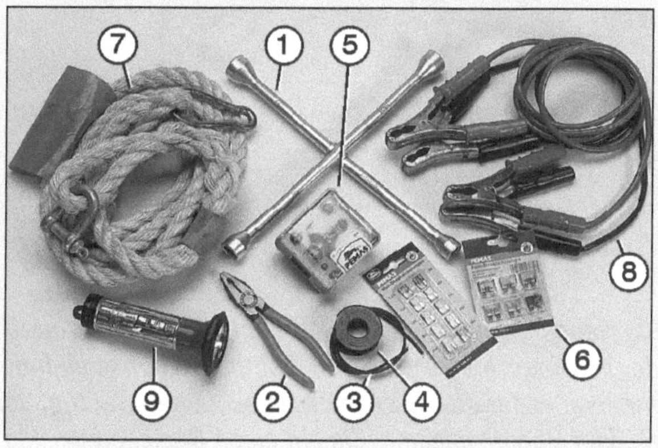

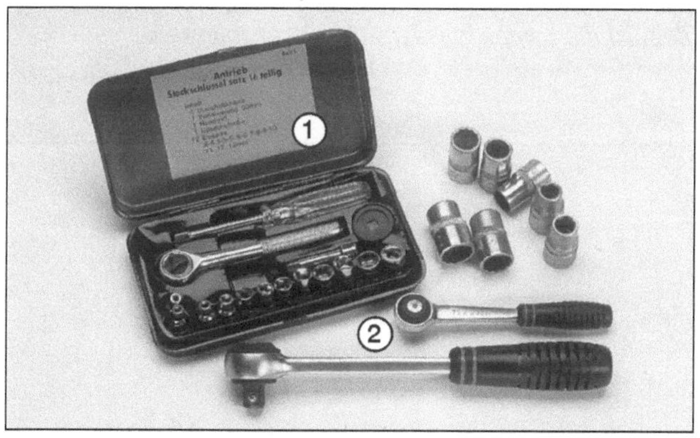

Arbeiten im Motorraum, unter dem Fahrzeug, am Fahrwerk sowie an den meisten Nebenaggregaten erledigen Sie am besten mit einer Umschaltknarre ❷ (1/2-Zoll-Antrieb) und den entsprechenden Schlüsselaufsätzen (Nüsse). In der Regel kaufen Sie einen kompletten »Knarrenkasten« ❶ (Aufsätze 10–32 Millimeter, Gelenkstück, lange/kurze Verlängerung, Knebel) günstiger als einzelne Teile. Für Arbeiten im Innenraum ist ebenfalls ein »Knarrenkasten« sinnvoll. Hier reicht allerdings ein kleinerer 1/4-Zoll-Antrieb. Neben Kreuz-, Torx-, Schlitzschrauben und Kunststoffclips verbauen die Hersteller überwiegend Schrauben mit Schlüsselweiten (SW) 6 bis 13 Millimeter.

Erleichtert die Arbeit – Spezialwerkzeug

Mit einer vernünftigen Grundausstattung können Sie viele Wartungs- und Reparaturarbeiten selbst erledigen. Für einige Arbeiten brauchen Sie jedoch spezielles Werkzeug.

Darüber hinaus bietet der Handel eine Reihe von Werkzeugen und Geräten an, mit denen Wartungs- und Reparaturarbeiten leichter von der Hand gehen. Was ist sinnvoll? Wir geben Ihnen die Antwort:

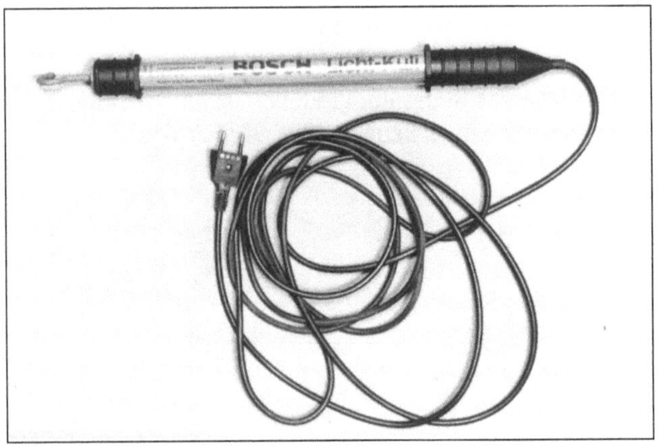

Eine Handstablampe ist fürs Schrauben unter dem Auto oder im Motorraum eine große Sichthilfe. Ebenso im Innenraum und in der oft nur spärlich beleuchteten Garage. Vorteil einer Handstablampe: Sie hat einen Blendschutz, das Anschlusskabel ist resistent gegen Öl, der Leuchtkörper ist mit schlagsicherem Kunststoffgehäuse geschützt. Außerdem ist die Lampe wasserdicht abgeschlossen.

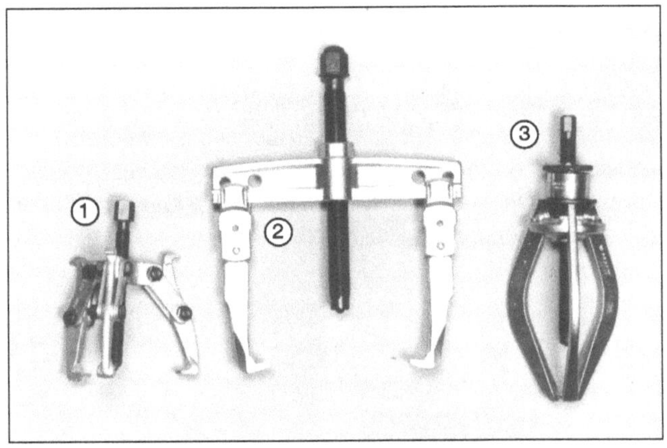

Abzieher gehören zur Grundausstattung jeder Autowerkstatt. Auch für Heimwerker lohnt sich die Anschaffung dieses Werkzeugs – zum Beispiel wenn Sie Radnaben lösen müssen oder Achsgelenke aus Ihrer Führung pressen wollen. Die Abbildung zeigt eine kleine Auswahl verschiedener Abziehertypen. ❶ Dreiklauen-Abzieher. ❷ Zweiklauenabzieher (gebräuchlichste Ausführung). ❸ Innenabzieher.

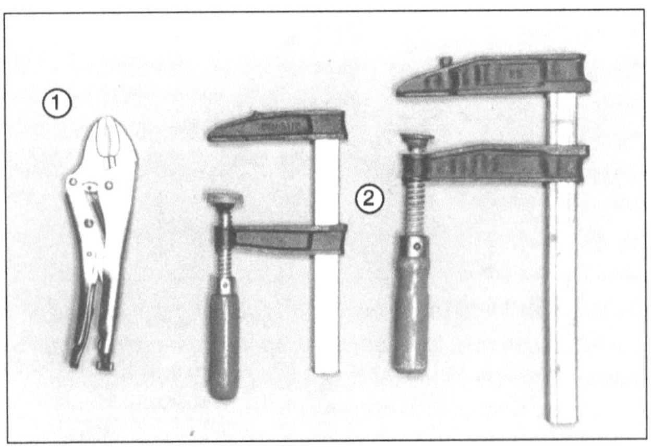

Eine Klemm- oder Gripzange ❶ kann in ihrer Maulweite mit einer Einstellschraube am Griffteil exakt eingestellt werden. Eine Schraubzwinge ❷ ersetzt Ihnen bei einer Reihe von Arbeiten – zum Beispiel beim provisorischen Fixieren größerer Teile – die fehlende dritte Hand. Schraubzwingen gibt es in allen erdenklichen Größen für ein paar Mark in Baumärkten und im Zubehörhandel.

Ein kurzer, kleiner Rangierwagenheber ist eine gute Alternative zum Bordwagenheber. Ideal ist eine Ausführung mit Fußpedal zum Hochpumpen. Beachten Sie, dass sich ein Heber mit zu kleinen Rädern unter Last nicht mehr bewegen lässt. Wichtiges Zubehör beim Anheben sind ein Hartgummiaufsatz ❶ gegen Schäden am Wagenboden und ein lastverteilendes Hartholz ❷.

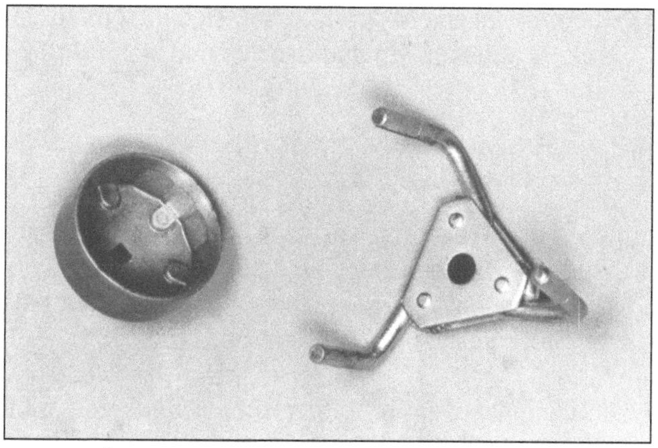

Für den Ölwechsel brauchen Sie einen Ölfilterschlüssel, den es je nach Preis in den verschiedensten Ausführungen gibt. Im Bild der fahrzeugspezifische Schlüssel (links) und ein Universalschlüssel (rechts).

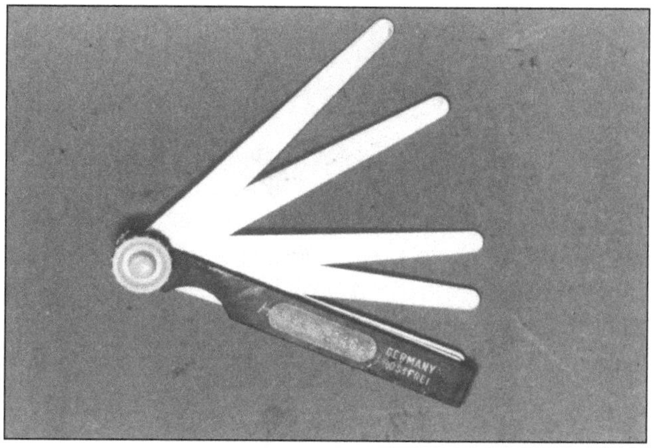

Eine Fühlerblattlehre brauchen Sie, wenn Sie das Ventilspiel prüfen oder etwa das Spaltmaß von Zündsystem-Drehzahlgeber oder ABS-Radsensoren messen wollen.

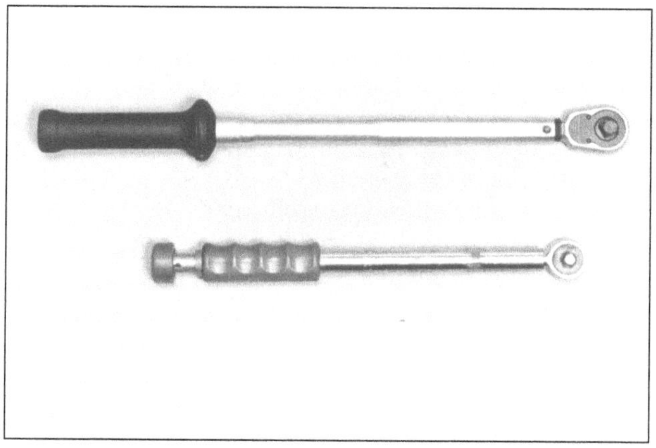

Ein Drehmomentschlüssel ist für fortgeschrittene Hobbymechaniker unentbehrlich. Ein Automatikschlüssel löst bei Erreichen des eingestellten Drehmoments vernehmlich aus.

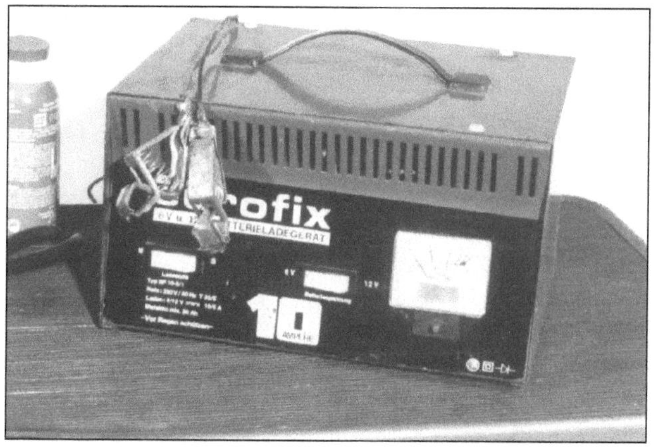

Ein Batterie-Ladegerät mit automatischer Ladestromanpassung ist besonders im Winter bei Kurzstreckenfahrzeugen wichtig, falls die stark beanspruchte Batterie von der Lichtmaschine nicht mehr voll geladen werden kann.

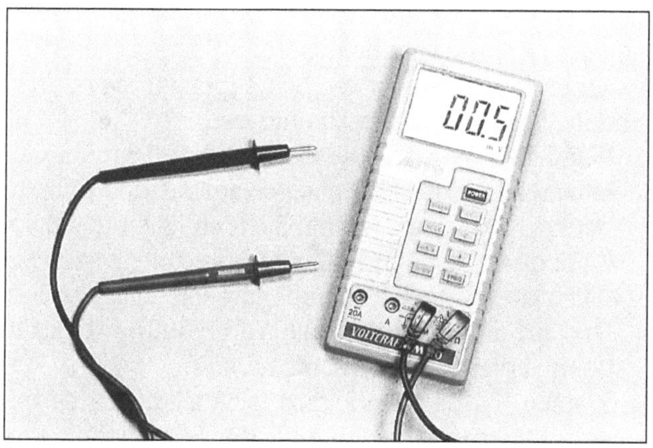

Für exakte Messwerte bei elektronischen Bauteilen ist das Multimeter zuständig. Ambitionierte Schrauber kommen ohne dieses Messgerät nicht aus.

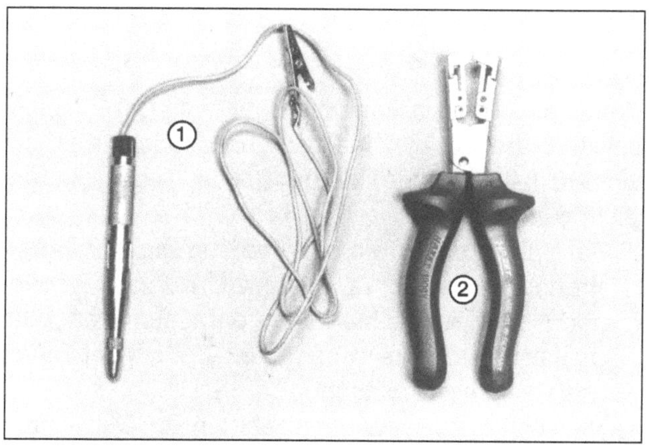

Durchgangsprüfer mit Krokodilklemme und Kontaktspitze ❶. Mit einer Abisolierzange ❷ ziehen Sie die Gummi-Isolierung der Kabel ab, ohne dass der Kupferdraht beschädigt wird.

Erfahrungssache – Profitipps für Hobbyschrauber

»Festgebackene« oder abgerissene Schrauben haben schon so manchem Hobbyschrauber das Erfolgserlebnis gründlich verdorben. Damit Sie sich irgendwann nicht in die gleiche Reihe stellen, an dieser Stelle ein paar Tipps und Kniffe der Profis.

Verrostete Schrauben lösen

Bevor Sie eine festgerostete Mutter bzw. Schraube lösen, sollten Sie freiliegende Gewindegänge von Schmutz und Rost befreien. Andernfalls wird nämlich die Reibung auf den Gewindeflanken zu groß und der Gewindebolzen schert ab.

- Gewinde mit Drahtbürste säubern und anschließend mit Rostlöser einsprühen.
- Bei Schnellrostlösern drehen Sie sofort die Mutter los. Andere Rostlöser (Öl, Petroleum, Diesel, Cola, etc.) lassen Sie besser erst einige Zeit einwirken.

Praxistipp

Umgang mit selbstsichernden Muttern

Selbstsichernde Muttern klemmen satt auf dem Gewinde und lockern sich auch bei Vibrationen nicht. Eine Kunststoffeinlage am oberen Ende oder eine leicht verschränkte Gewindepassage macht's möglich. Verwenden Sie selbstsichernde Muttern grundsätzlich nur einmal – die »sichere« Sperrwirkung lässt bei mehrfachem Gebrauch nach.

Beschädigte Muttern lösen

Wenn Sie eine Sechskantmutter mit dem Gabelschlüssel rund drehen oder Rost die Anlageflächen bereits zerstört hat, kommen Sie an »Gewalt« oder »Feuer« nicht vorbei.

- Bei kleineren Muttern hilft mitunter eine »scharfe« Hartlötflamme oder eine stabile Gripzange. Entweder dehnen Sie die Mutter mit der Flamme oder Sie greifen den angefressenen Sechskant mit der Zange und lösen die Verbindung.
- Hilft das nicht weiter, meißeln Sie die Mutter mit einem scharfen Meißel auf. Werkstätten lösen widerspenstige Muttern gelegentlich auch mit einem Muttersprenger.
- Gut zugängliche Muttern lassen sich außerdem mit einer Metallsäge entlang des Gewindes aufsägen.

Innensechskant- und Innenvielzahnschrauben lösen

Ehe Sie das Werkzeug ansetzen, reinigen Sie gründlichst das Schraubenloch von jeglichem Schmutz.

- Zum Lösen solcher Schrauben eignen sich am besten Steckeinsätze mit langem Sechskant bzw. Vielzahn.
- Im Gegensatz zu gebräuchlichen Winkelschlüsseln (bei denen die Kraft immer schräg ansetzt) vertragen Steckeinsätze auf der Adapterseite auch einen Hammerschlag. Der Schlag – im Notfall sogar direkt auf den Schraubenkopf – »erschüttert« die Schraube meistens ein wenig und erleichtert das Lösen.

Praxistipp

Schraube fällt aus dem Werkzeug

Möchten Sie eine Schraube an einer schwer zugänglichen Stelle ansetzen, fixieren Sie den Kopf vorher mit etwas Karosseriekitt, zähem Schmierfett oder einem Klebestreifen im bzw. am Werkzeug.

Schlitz- und Kreuzschlitzschrauben lösen

Schon nach relativ kurzer Zeit können Schrauben so fest sitzen, dass ein normaler Schraubendreher schlichtweg überfordert ist. Bei Kreuzschlitzschrauben kommt erschwerend hinzu, dass sich der Schraubendreher – auch bei starkem Druck auf den Griff – aus dem Kreuzschlitz herausdreht. Folge: Schon nach wenigen Versuchen ist der Schraubenkopf vermurkst und die Schraube praktisch unlösbar.

- Versuchen Sie eine »festgebackene« Schraube mit einem knackigen Hammerschlag auf den Schraubenkopf zu lösen. Wenn Sie den Schraubenkopf nicht direkt mit dem Hammer erreichen, setzen Sie einen passenden Schraubendreher mit stabilem Griff an und versuchen die Verbindung mit Schlägen auf den Griff zu lösen.
- Bleiben Sie damit erfolglos, versuchen Sie es mit einem Schlagschrauber und dem passenden Einsatz. Schlagschrauber setzen Ihren Hammerschlag an der Schraube in eine Drehbewegung um – dem widersteht praktisch keine Schraube.

Blechschrauben ausbohren

Können Sie in einem Schraubenkopf kein Werkzeug mehr ansetzen, bohren Sie die Schraube eben aus.

- Zunächst mit einem entsprechend großen Bohrer den Schraubenkopf ausbohren. Bei großen Köpfen unbedingt mit einem kleineren Bohrer vorbohren.
- Ohne Kopf lässt sich die Schraube entweder mit einem Durchschlag aus dem Bohrloch schlagen oder von der Rückseite mit einer Gripzange herausdrehen.
- In besonders hartnäckigen Fällen bohren Sie den gesamten Gewindebolzen mit einem Bohrer aus. Wählen sie den Bohrer möglichst so klein, dass er das umschließende Material möglichst nicht angreift. Ansonsten passt hernach nur noch eine größere Blechschraube in das Bohrloch.

Lösen und Festdrehen von Stehbolzen

Stehbolzen (Gewindestange) bieten einem Schraubenschlüssel meist keine Anlagefläche. Sollten Sie in Ihrem Werkzeugsortiment keinen Stehbolzenausdreher haben, schaffen Sie auf dem Stehbolzen kurzerhand eine Schraubmöglichkeit.

- Schweißen Sie auf dem überstehenden Bolzengewinde eine Mutter fest oder drehen zwei Muttern gegeneinander fest (kontern). Zum Lösen gekonterter Muttern setzen Sie den Schraubenschlüssel an der unteren Mutter an. Zum Festziehen nutzen Sie grundsätzlich die obere Mutter.

Abgerissene Schrauben ausbohren

Wichtig: Schonen Sie möglichst das Außengewinde.

- Geben Sie exakt in die Mitte des Schraubenstumpfs einen Körnerschlag.
- Bohren Sie den Schraubenstumpf an: Bis Schraubengröße M 8 schafft das ein so genannter Kernlochbohrer. Als Kernloch wird der Durchmesser einer »rasierten« Schraube, also der Durchmesser ohne Gewindeflanken, bezeichnet. Bis zur Schraubengröße M 6 gilt die Faustregel: Gewindedurchmesser multipliziert mit 0,8. Beispiel: Verschraubung M 6 x 0,8 = Kernlochdurchmesser 4,8. Ab Schrauben > M 8 sollten Sie mit einem dünneren Bohrer vorbohren.
- Die in den Gewindegängen verbliebenen Metallreste lassen sich bisweilen mit einer Reißnadel oder einem Stabmagneten entfernen, andernfalls schneiden Sie das Gewinde nach.

Gewinde schneiden

Da Leichtmetall eine geringere Festigkeit als etwa Stahl hat, reißen Gewinde hier besonders leicht aus. Solange um das alte Gewinde herum noch genügend Materialsubstanz vorhanden ist, schneiden Sie ein größeres Gewinde ein. Andernfalls lassen Sie sich in der Fachwerkstatt eine Gewindebuchse (z. B. Heli-Coil) einsetzen. Gewinde schneiden Sie in drei Stufen – die entsprechenden Gewindeschneider sind der »Vorschneider« (ein Ring am Schaft), der »Mittelschneider« (zwei Ringe am Schaft) und der »Fertigschneider« (ohne bzw. drei Ringe am Schaft).

- Drehen Sie in das vorgebohrte Kernloch die drei Gewindeschneider – unter ständigem Ölen – nacheinander rein und raus.
- Um die Schneider nicht abzureißen, muten Sie ihnen immer nur kleine Vorwärtsdrehungen (max. 1/8 des Umfangs) zu. Danach drehen Sie den Schneider immer soweit zurück, bis die Schneidspäne abbrechen und der Schneider nicht mehr klemmt.

Schraubengröße und Drehmoment

Technik-lexikon

Für normale Schrauben und Muttern reichen Standard-Drehmomente. Versierte Hobbyschrauber haben bei einfachen Verschraubungen das Drehmoment im »Handgelenk«. Falls Sie jedoch Ihrem Handgelenk misstrauen, schrauben Sie mit einem Drehmomentschlüssel immer auf der sicheren Seite. Für die gebräuchlichsten Schraubverbindungen gelten folgende Drehmomente:

Gewindedurchmesser (mm)	6	8	10	12	14
Drehmoment (Nm)*	10	25	49	85	135

*Die angegebenen Drehmomente gelten nicht für Sonderschrauben und für Schrauben, die in Leichtmetall eingedreht sind.

Tipps für den Werkstattbesuch

Inspektion und Garantie

Praxistipp

- Bei Inspektionen werden in erster Linie Zustand und Funktion von Baugruppen geprüft die für die Zuverlässigkeit und Sicherheit Ihres Fahrzeugs wichtig sind. Falls nötig werden auch Verschleißteile ersetzt.
- Schon nach einer Laufzeit von 20.000 Kilometern kann unter widrigen Umständen an Bremsanlagen, Radaufhängungen, Reifen und der Lenkung deutlicher Verschleiß auftreten. Regelmäßige Wartung hält also nicht nur Ihren Ka fit, sie dient vor allem auch Ihrer eigenen Sicherheit.
- Ford empfiehlt für den Ka alle 15.000 Kilometer eine Sicherheitskontrolle mitsamt Ölwechsel. Zur Inspektion fahren Sie Ihren Ka nach 45.000 Kilometern.
- Wenigfahrer sollten dennoch einen jährlichen Motorölwechsel einplanen.
- Wenn Sie einen neuen Ka fahren oder gerade einen Austauschmotor haben montieren lassen: Halten Sie unbedingt die vorgeschriebenen Wartungsintervalle ein und verzichten aufs Do it yourself. Ford erfüllt berechtigte Garantieansprüche nur dann, wenn die Wartungsarbeiten in einer Vertragswerkstatt erledigt wurden.

Auch Ihr Ka kommt nicht ganz ohne Werkstatt aus – zum Beispiel anlässlich der regelmäßigen Wartung. Zumindest jedoch so lange, wie die Neu- oder Gebrauchtwagengarantie noch greift. Ihr Ka unterliegt als Neuwagen einer einjährigen, allgemeinen Fahrzeuggarantie ohne Kilometerbegrenzung. Gegen durchgerostete Karosseriebleche übernimmt Ford eine sechsjährige Garantie.

Nach Ablauf der Neuwagengarantie bietet der Schutzbrief im zweiten Jahr – bis maximal 50.000 Kilometer – Hilfe bei Schäden an allen wichtigen Aggregaten. Für das zweite Jahr bis zum vierten Jahr gilt die Zusage bis maximal 100.000 Kilometer. Für die ersten zwölf »Lebensmonate« Ihres Ka leistet Ford eine Euro-Service Mobilitätsgarantie inklusive Kunden-Hotline, Abschlepp-, Hotel- und Mietwagenservice. Danach gilt das Mobilitätsversprechen der Ford-Servicestützpunkte. Sollte sich demnach eine Reparatur länger hinausziehen als vom Ford-Händler vorhergesagt, steht Ihnen ein Leihwagen, Vorführwagen oder Transportservice zu.

Nicht vergessen – Werkstattauftrag präzise erteilen

Um vermeidbaren Ärger mit der Werkstatt aus dem Weg zu gehen, oder wenn Ihnen einfach mal die Zeit fürs Do it yourself, die nötige Erfahrung oder teures Spezialwerkzeug fehlt, kommen Sie an der Werkstatt ohnehin nicht vorbei. In jenen Fällen haben Sie selbst allerdings großen Einfluss darauf, ob Sie zufrieden aus der Werkstatt fahren. Beachten Sie schon bei Ihrem nächsten Werkstattbesuch die Spielregeln und Tipps in der folgenden Übersicht.

Vertragswerkstatt und freie Werkstatt

- Welche Werkstatt Sie mit Ihrem Ka aufsuchen, steht Ihnen grundsätzlich frei. Neben der Vertragswerkstatt können auch freie Werkstätten durchaus eine gute Adresse sein. Viele Reparaturen führen »Freie« mit vergleichbarer Kompetenz wie Vertragswerkstätten aus. Ölwechsel, neue Bremsbeläge, Bremsscheiben, Reifen und Stoßdämpfer sind dort häufig sogar günstiger. Achten Sie jedoch grundsätzlich darauf, dass die Werkstatt ein Meisterbetrieb ist und der Kfz-Innung angehört.
- Innerhalb der Garantiezeit ist Ihr Ka jedoch grundsätzlich ein Fall für die Ford-Vertragswerkstatt. Das gilt für Inspektionen wie für die meisten Aggregatereparaturen. Einfache Blech- oder Lackschäden können Sie – trotz Garantie – durchaus in Eigenregie beheben oder von einer freien Werkstatt erledigen lassen. Bei späteren Reparaturproblemen haben Sie dann jedoch die Werksgarantie verloren.

Schriftlich formulieren – Reparaturauftrag

- Stellen Sie eine Liste der Symptome und Mängel zusammen, die Sie bemerkt haben. Gehen Sie die Liste Punkt für Punkt mit dem Werkstattmeister oder einem Vertreter durch. Wenn Ihnen dabei etwas unklar bleibt, fragen Sie nach. Demonstrieren Sie die Mängel direkt am Fahrzeug.
- Formulieren Sie präzise Reparaturaufträge: Pauschalaufträge wie »TÜV-fertig machen« oder «für den Urlaub herrichten« programmieren geradezu spätere Unstimmigkeiten. Etwa dann, wenn Sie Arbeiten bezahlen sollen, die Ihrer Meinung nach unnötig waren.
- Erteilen Sie Reparaturaufträge stets schriftlich. Der

Auftrag sollte die auszuführenden Arbeiten möglichst genau umreißen. Lassen Sie sich von der Werkstatt immer eine Auftragsbestätigung aushändigen.

Damit Sie nicht auf »den Rücken« fallen – vorher nach den Reparaturkosten fragen

- Bevor Sie einen Reparaturauftrag erteilen, lassen Sie sich die voraussichtlichen Lohn- und Materialkosten splitten. Für eventuell erforderliche Zusatzarbeiten legen Sie eine Preisgrenze fest. Lassen sich Umfang und Aufwand einer Reparatur vorab nicht genau bestimmen, nennen Sie der Werkstatt Ihr eigenes Kostenlimit für die Reparatur.
- Fragen Sie nach den voraussichtlichen Diagnosekosten. Wenn Ihr Auto beispielsweise zuviel Kraftstoff verbraucht oder schlecht anspringt, wenn der Motor stottert oder Sie merkwürdige Geräusche an den Rädern hören, ist die Diagnose häufig teurer als die eigentliche Reparatur. Begrenzen Sie daher auch die Fehlersuche mit einem Preislimit.
- Damit Sie bei Rückfragen auch erreichbar sind, geben Sie der Werkstatt Ihre Telefonnummer. Ein Rückruf muss dann stattfinden, wenn die Reparatur umfangreicher oder teurer als vereinbart wird. Lassen Sie auch zusätzliche Absprachen schriftlich auf dem Werkstattauftrag festhalten.
- Bei umfangreichen Reparaturen bitten Sie die Werkstatt um einen schriftlichen Kostenvoranschlag. Solide Werkstätten berechnen den Kostenvoranschlag in der Regel nur dann, wenn Sie die anschließende Reparatur nicht ausführen. Bei unvorhersehbaren Arbeiten darf die Werkstattrechnung den Kostenvoranschlag um maximal 15-20 Prozent überschreiten.

Bis zu 30 Prozent günstiger – spezielle Teile- und Serviceangebote

- Sobald Ihr Ka in die Jahre kommt, lohnt es sich, nach speziellen Teile- und Serviceangeboten zu fragen. Nicht nur Ford Vertragswerkstätten bieten oft Servicepakete inklusive im Preis reduzierter Originalteile an – Sie können hier locker bis zu 30 Prozent sparen. Fragen Sie Ihren Händler beispielsweise mal nach der »Rein, rauf, runter, raus« Aktion.
- Ist ein Aggregateaustausch fällig, muss für Sie nicht immer das Neuteil erste Wahl sein. Fragen Sie darum nach aufbereiteten und geprüften Austauschteilen. Die sind billiger – bei vergleichbarer Qualität. Prädestinierte Austauschteile sind Motor, Kraftstoffeinspritzanlage, Getriebe, Kupplung, Lichtmaschine, Anlasser und die Wasserpumpe.
- Ein Ölwechsel in der Werkstatt oder an der Tankstelle geht mitunter ins Geld: Dort wird Ihrem Auto gerne das teuerste Öl aus dem Angebot spendiert. Fragen Sie nach billigeren Ölsorten mit der gleichen Spezifikation – in der Regel läuft Ihr Ka damit nicht schlechter.

Gemeinsam mit dem Werkstattmeister prüfen – die Reparaturrechnung

- Gehen Sie nach der Reparatur zusammen mit dem Meister oder Kundendienstberater die Werkstattrechnung durch. Lassen Sie sich unverständliche Abkürzungen und Fachbegriffe erklären.
- Auf der Rechnung sollten Posten wie Arbeitslohn, Material und Mehrwertsteuer separat aufgeschlüsselt sein. Fehler in der Rechnung können Sie noch innerhalb sechs Wochen nach Erhalt reklamieren.

Rechtzeitig monieren – mangelhafte Reparaturen

- Mangelhafte Reparaturen sollten Sie umgehend monieren. Die Werkstatt muss für die Arbeit sechs Monate gerade stehen (Gewährleistung). Für Schäden, hervorgerufen durch unsachgemäße Reparaturen, haften autorisierte Werkstätten natürlich auch.
- Wenn Ihnen bei der Fahrzeugübernahme bereits die ersten Mängel auffallen, kann die Werkstatt Ihnen trotzdem den vollen Reparaturumfang berechnen. Vermerken Sie in solchen Fällen auf der Rechnung, dass Ihre Zahlung ausschließlich unter Vorbehalt und nach Aufforderung erfolgte.
- Reklamationen sollten Sie dem Werkstattmeister in einem sachlichen Gespräch vortragen. Lassen sich Unstimmigkeiten vor Ort nicht ausräumen, helfen Schiedsstellen der Kfz-Innung kostenlos weiter – vorausgesetzt, Ihre Werkstatt ist Innungsmitglied. Adressen von Kfz-Schiedsstellen nennen Ihnen zum Beispiel die Zentrale für Verbraucherberatung, Ihr Automobilclub oder der ZDK e.V., Franz-Lohe-Straße 21, 53129 Bonn.

Sicherheit geht vor

Wir haben es bereits mehrfach erwähnt und wiederholen uns ganz bewusst: Räumen Sie der Sicherheit – erst recht beim Do it yourself am eigenen Auto – absolute Priorität ein. Muten Sie sich darum nur Arbeiten zu, die Sie wirklich beherrschen. Nehmen Sie handwerkliche Tätigkeiten, mit denen Sie in der Praxis bislang wenig oder gar keine Erfahrung hatten, bitte niemals auf die leichte Schulter. Unsachgemäß ausgeführte Reparaturen haben früher oder später fatale Folgen – übrigens nicht nur für Sie, sondern gleichermaßen auch für unbeteiligte Dritte im öffentlichen Straßenverkehr.

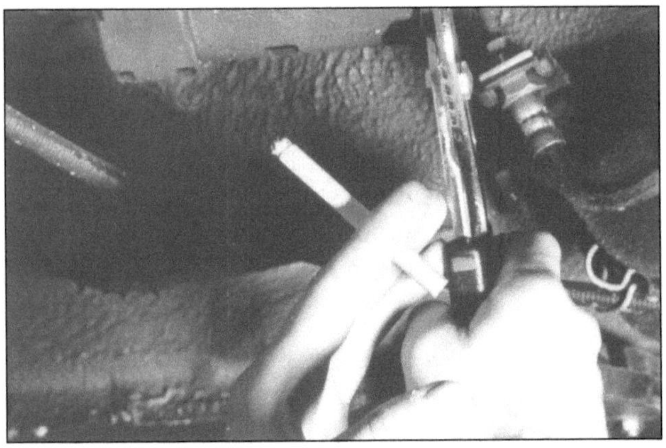

Rauchen und Kraftstofffilter ersetzen – warum nicht gleich russisches Roulette spielen? Also: Bei allen Wartungs- und Reparaturarbeiten bleibt der Glimmstengel in seiner Verpackung.

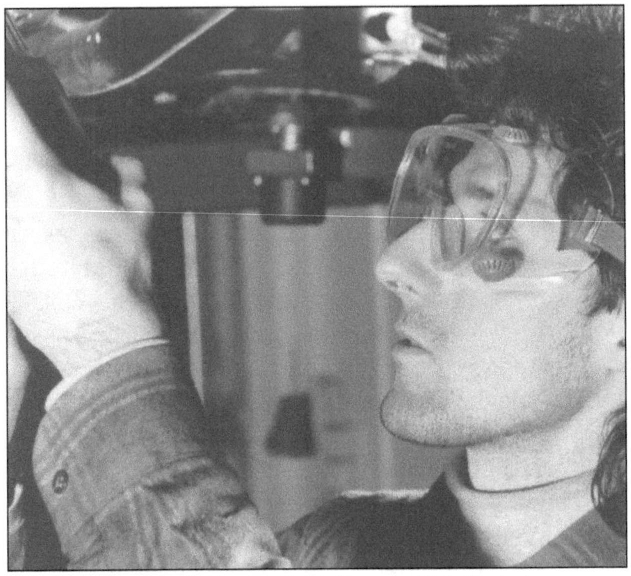

Tragen Sie beim Bohren, Schleifen und Meißeln immer eine Schutzbrille. Der Augenschutz ist auch dann empfehlenswert, wenn Sie unter dem Fahrzeug an der Kraftstoffanlage arbeiten oder den Unterboden säubern. Bei Schweißarbeiten sollten Sie eine spezielle Schweißbrille aufsetzen.

Micky-Maus sieht lustig aus. Aber Ihre Ohren werden es Ihnen danken, wenn Sie beim Blechtrennen oder bei Arbeiten mit laufendem Motor einen Ohrenschützer tragen.

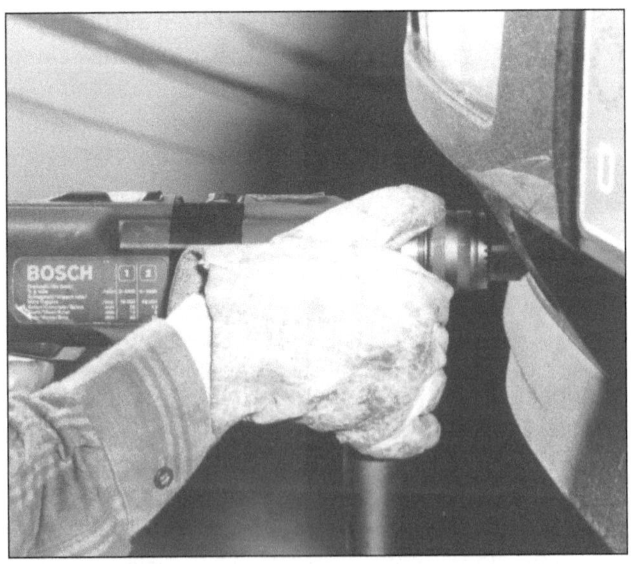

Arbeitshandschuhe schützen zwar vor Schmutz oder Schürfwunden am scharfen Blech. An der Bohrmaschine sind sie jedoch eher gefährlich. Wenn das Bohrfutter Ihren Handschuh zu fassen bekommt, gibt zuerst die Hand nach, was ihr meistens schlecht bekommt.

Vorsicht bei der Arbeit in einer schlecht belüfteten Montagegrube. Hier können sich Benzindämpfe und Auspuffgase sammeln. Bei laufendem Motor herrscht Lebensgefahr durch Vergiftung.

Durchgebrannte Sicherungen müssen Sie immer durch neue Sicherungen desselben Typs und identischer Stromstärke (A = Ampere) ersetzen. Niemals Draht oder Büroklammern zum Überbrücken verwenden. Die Beschädigung der nachfolgenden Bauteile oder – viel schlimmer – ein Kabelbrand können die Folge sein.

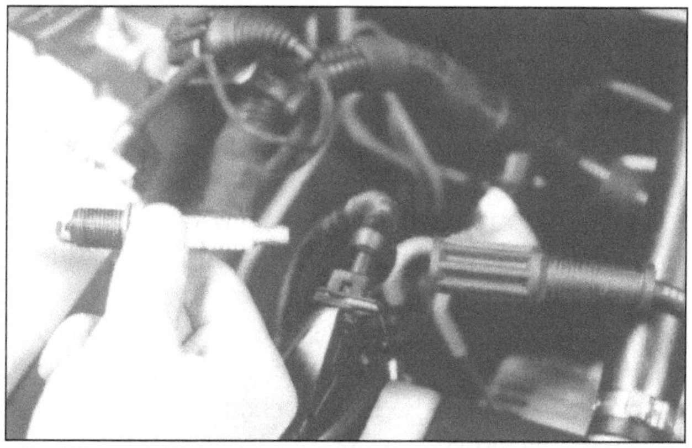

Vorsicht bei allen Arbeiten an der Zündanlage! Bei laufendem Motor steht die Anlage hochspannungsseitig (Primärstromkreis) mit bis zu 30 000 Volt unter Spannung. Führen Sie Prüfungen an der Zündung deshalb nur bei Motorstillstand durch. Oder richten Sie den Prüfaufbau so aus, dass Sie während des Motorlaufs nicht die Hand anlegen müssen.

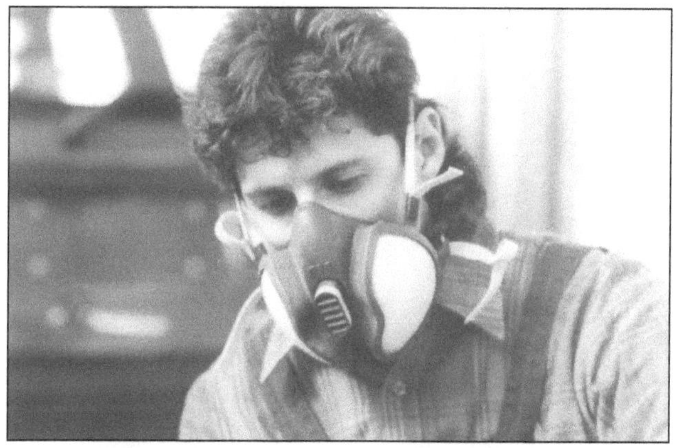

Wenn Sie größere Flächen an Ihrem Fahrzeug lackieren, sollten Sie eine spezielle Lackiererschutzmaske tragen. Sorgen Sie außerdem dafür, dass der Lackierraum ausreichend belüftet wird.

Sprühdosen, Altöl, Bremsflüssigkeit, Farbdosen oder alte Bremsbeläge geben Sie sauber getrennt an den Sondermüll-Annahmestellen Ihrer Stadt oder Gemeinde ab. Gebrauchte (Starter-)Batterien übernimmt der Händler.

Praktisch zum Liften – der Wagenheber

Ford stattet den Ka serienmäßig mit einem Scherenwagenheber aus, der an dafür vorbereiteten Stellen unter den Türschwellern angesetzt wird. Die richtigen »Hebepunkte« sind vorne und hinten in die Schweller eingeprägt. Für die meisten kleineren Arbeiten reicht die Hubhöhe des Bordwagenhebers völlig aus, mit einer stabilen Unterlage zwischen Wagenheberfuß und Standfläche können Sie die Hubhöhe, falls erforderlich, auch geringfügig vergrößern. Ein kleines Brett sollten Sie übrigens grundsätzlich unterlegen. Der Wagenheber steht dann stabiler, sein Fuß drückt sich nicht in den Untergrund ein. Doch Vorsicht, ein Wagenheber ist – wie der Name schon sagt – ausschließlich dazu da, den Wagen anzuheben: Eine stabile und rüttelsichere »Arbeitsbühne« ersetzt er in keinem Fall.

Nur außen unter den Seitenschwellern ansetzen: Bordwagenheber.

Zu Ihrer eigenen Sicherheit – stabile Unterstellböcke

Stützen Sie daher, auch in größter Eile, Ihren Ka bei Arbeiten unter dem Auto niemals nur mit dem Wagenheber ab: Schlimmstenfalls »bezahlen« Sie Ihren Mut mit »Ihrem« Leben. Auf Nummer sicher gehen Sie mit Unterstellböcken, die der Zubehörhandel in verschiedenen Größen und Ausführungen anbietet. Zwei Böcke reichen für die meisten Reparaturen völlig aus. Beim Kauf sollten Sie sich für praktische Dreibeinböcke mit einklappbaren Füßen entscheiden. Achten Sie zudem auf das GS-Prüfzeichen und auf eine für Ihren Ka adäquate Traglast.

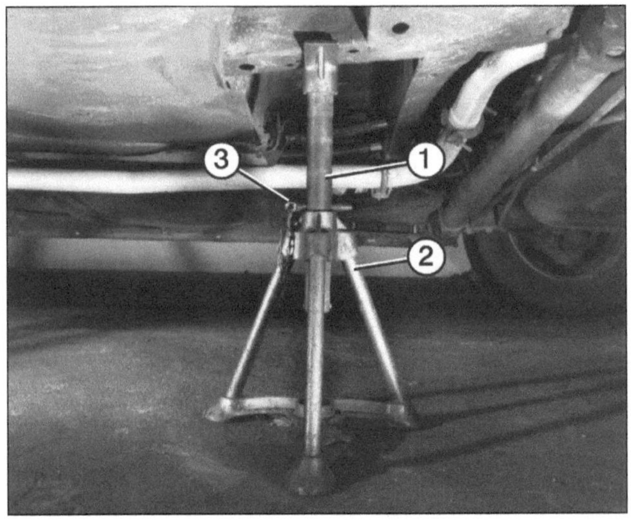

***Stabil aufstellen: Dreibein-Unterstellbock.** Platzieren Sie den Unterstellbock ❷ an geeigneter Stelle mit zwei Beinen nach innen unter dem Wagenboden und ziehen den Säulenauszug ❶ soweit aus, dass sie den Sicherugsbolzen ❸ bequem in die passende Bohrung der Stützsäule schieben können. Lassen Sie den Wagen danach langsam ab und checken, ob die Stützstelle auch vollflächig auf dem Unterstellbock aufliegt und der Bock unverspannt steht.*

Platzfrage – Fahrzeug sicher aufbocken

Arbeitsschritte

① Stellen Sie Ihr Auto grundsätzlich auf einem festen ebenen Untergrund ab und entfernen – vor Arbeitsbeginn – alle schweren Gegenstände aus dem Innen- und Kofferraum.

② Ziehen Sie vor Arbeitsbeginn die Handbremse an und sichern mit Unterlegkeilen mindestens ein ungebremstes Rad mit Bodenkontakt: Notfalls reichen auch größere Steine aus. Eine angezogene Handbremse allein bietet keine ausreichende Sicherheit, bei manchen Arbeiten muss sie sogar gelöst bleiben.

③ Den Bordwagenheber finden Sie mitsamt Radmutternschlüssel im Kofferraum hinten links. Bevor Sie den Heber an den Einprägungen unterhalb der Türschweller ansetzen, liften Sie den Heber soweit an, bis sein Ausleger fast die Höhe des Schwellers erreicht hat. Sie sollten generell darauf achten, dass der Heber immer möglichst senkrecht zur Karosserie steht. Wichtig: Setzen Sie den Bordwagenheber nur an den gekennzeichneten Aufnahmepunkten an. Einen Rangierwagenheber sollten Sie nur mit lastenverteilendem Kantholz mittig unter den Türschweller bzw. einem anderen geeigneten Aufnahmepunkt (z. B. Traverse) ansetzen.

④ Bringen Sie den Wagenheber auf die gewünschte Arbeitshöhe und stützen die Karosserie an geeigneter Stelle des Unterbodens mit einem Unterstellbock ab. Verwenden Sie auch Unterstellböcke nur mit lastverteilender Zwischenauflage (z. B. Hartgummi, Kantholz).

⑤ Bevor Sie Unterstellböcke ansetzen, inspizieren Sie genau die Abstützstelle: Sind evtl. Blechfalze, Kabelbäume, Kraftstoff- oder gar die Bremsleitungen im Weg?

⑥ Dreibein-Unterstellböcke stehen am sichersten, wenn eines ihrer Ausstellbeine nach außen und zwei zur Wagenmitte hin zeigen. Achten Sie unbedingt auf die Stellung, wenn Sie den Ka aufbocken. Wenn Sie mehrere Böcke verwenden, kann es passieren, dass Ihnen beim Anheben der bereits angesetzte Unterstellbock seitlich weg kippt.

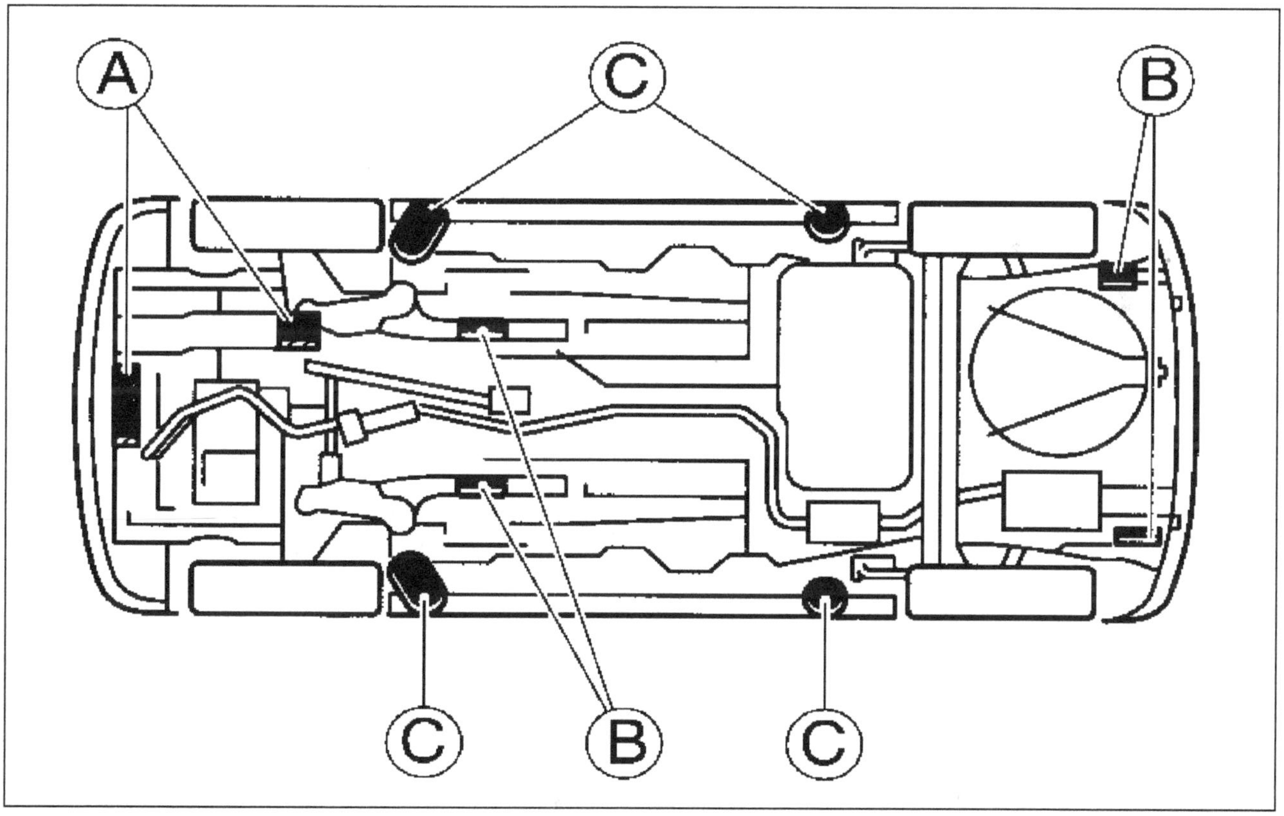

Die am Vorderwagen mit **A** *markierten Punkte sind prädestiniert für einen Rangierwagenheber. Verzichten Sie dennoch keinesfalls auf eine stabile Hartholzunterlage zwischen Auflagefläche und Wagenheber.*
Den gelifteten Ka können Sie mit Unterstellböcken auf den mit **B** *gekennzeichneten Punkten »abstellen«. Achten Sie darauf, dass jeweils ein Standbein des Unterstellbocks zum Außenrand der Karosserie weist.*
Wenn Sie Ihren Ka mit dem serienmäßigen Bordwagenheber oder einer Hebebühne anheben möchten, nutzen Sie die vier mit **C** *gekennzeichneten Punkte unter den Seitenschwellern.*

DIE WAGENPFLEGE

***Werterhaltend**: Regelmäßige Wagenpflege, denn Ihr Fleiß zahlt sich spätestens beim Wiederverkauf in Mark und Pfennig aus. Abgesehen davon, in einem gepflegten Auto lässt sich's zudem angenehmer reisen. Als Do it yourselfer haben Sie es selbst in der Hand – packen Sie's an ....*

Wartung

Reparatur

Mit einem gepflegten Auto fährt sich's angenehmer als in einem schmuddeligen Vehikel. Zudem bereichert gute Pflege Ihr Bankkonto, spätestens beim Verkauf, mit einem oder zwei zusätzlichen Tausendern. Außerdem haben bei den Prüfern von TÜV und DEKRA gepflegte Autos bessere Chancen auf ein neues Prüfsiegel. Am besten, Sie sehen jede Wagenwäsche als willkommene Kür, die Ihren Ka mit sauberem Wasser auf Hochglanz bringt. Doch vor der Kür kommt die Pflicht – und die beginnt im Innenraum. Bleiben Sie hier regelmäßig »am Ball«, ansonsten verschleiern Staubwölkchen aus Polstern und Fußmatten, Nikotin und Ausdünstungen der Kunstoffoberflächen den Innenraum Ihres Ka gnadenlos in ein schmuddeliges Braun/Grau.

Spezielle Pflegemittel – erste Wahl für die Innenreinigung

Für die Innenraumpflege verwenden Sie am besten spezielle Autopflegemittel. Vergessen Sie ab sofort Seifenlauge und Haushaltsreiniger: Scheiben, Polster und Kunststoffe sind durch Sonneneinstrahlung, Staub, Schmutz und Feuchtigkeit extremen Belastungen ausgesetzt – spezielle Pflegesubstanzen gehen einfach besser und schonender damit um. Wirkungsvolle Spezialreiniger werden erfahrungsgemäß nicht verramscht, gute Mixturen sind jedoch ihr Geld allemal wert.

Praxistipp

Pflegemittel für den Innenraum

Plastikreiniger: Reinigen Kunststoffflächen und frischen Farben auf. Solide Produkte sorgen nicht nur für neuen Glanz, sondern wirken zudem antistatisch: Die Oberflächen sind somit für längere Zeit gegen Schmutz- und Staubbefall geschützt.

Textilreiniger: Reinigen Polster, Teppiche, Tür- und Innenverkleidungen. Sie lösen zuverlässig Staub und Schmutz, verblasste Polsterfarben »leuchten« nach der Reinigung wieder in altem Glanz. Gute Reiniger entfernen zudem auch hartnäckige Flecken.

Glasreiniger (auch als Schaumreiniger): Reinigen alle Glasflächen und lösen auch hartnäckige Verschmutzungen. So zum Beispiel Insektenreste, Nikotin, Kunststoffausdünstungen und Ölablagerungen (ungeeignet für lackierte Flächen).

Gummipflegemittel: Reinigen und pflegen Tür-, Fenster- und Kofferraumdichtungen sowie Fußmatten. Ihr hoher Siliconanteil hält das Gummi über Jahre geschmeidig – Silikon verhindert Festfrieren an der Karosserie und frischt Farben auf.

Antibeschlagspray: Konserviert, je nach Witterung, für einige Tage oder Wochen die Glasflächen im Innenraum. Auf die Scheibe gesprüht, bildet sich nach kurzer Zeit ein Schaumbelag, den Sie mit einem trockenen Küchenpapier abreiben können. Antibeschlagtücher oder Fensterschwämme sind dagegen nur ein Notbehelf.

Innenreinigung – so wird Ihr Ka »porentief clean«

Zur gründlichen Innenreinigung Ihres Fahrzeugs brauchen Sie:

- Lappen (nicht flusend) zum feuchten und trockenen Ab- und Auswischen
- Kleider- oder Polsterbürste
- Staubsauger mit Polster- und Teppichdüse
- Handfeger und Kehrschaufel
- Feinporigen Schwamm für Kunststoffteile
- Fensterleder

Arbeitsschritte

① Räumen Sie den Innenraum aus und leeren bei dieser Gelegenheit gleich den Ascher. In einer Seifenlauge »gebadet« wird er wie neu.

② Die Fußmatten falten Sie zunächst nach innen zusammen, nehmen sie dann heraus und klopfen oder saugen sie ab.

③ Gummimatten wischen Sie nass ab und lassen sie außerhalb des Autos trocknen. Feuchte Matten können im Auto üble Gerüche, Schimmelpilze und Stockflecken im Textilbelag verursachen.

④ Den Grobschmutz im Innenraum entfernen Sie mit einem Staubsauger. Für weiche Textilbeläge verwenden Sie starre Düsenaufsätze – harte Kunststoffoberflächen säubern Sie mit Borstendüsenaufsätzen. Glatte Gummibeläge wischen Sie mit einem feuchten Tuch ab.

⑤ Sitzpolster können Sie ausbürsten oder absaugen. Von den Kunststoffoberflächen wischen Sie den Staub mit einem fusselfreien Lappen ab. In unzugängliche Ecken und Falzen kommen Sie punktgenau mit einem Pinsel.

⑥ Bürsten Sie Sicherheitsgurte nur trocken ab. Bei starker Verschmutzung wenden Sie eine milde Seifenlösung an.

⑦ Kunststoffteile und Armaturenträger wischen Sie mit einem feuchtem Leder ab. Verwenden Sie grundsätzlich kein Reinigungsbenzin oder andere Lösungsmittel – Sie bleichen damit den Kunststoff aus und greifen die Oberflächen an. Verwenden Sie besser einen handelsüblichen Kunststoffreiniger und sprühen damit die Flächen ein. Wischen Sie den Reiniger nach der Einwirkzeit mit einem feuchten Schwamm ab und trocknen das Ganze mit einem fusselfreien Tuch. Bei regelmäßiger Reinigung reicht allemal ein – in warmem Wasser aufgelöstes – mildes, fettlösendes Reinigungsmittel.

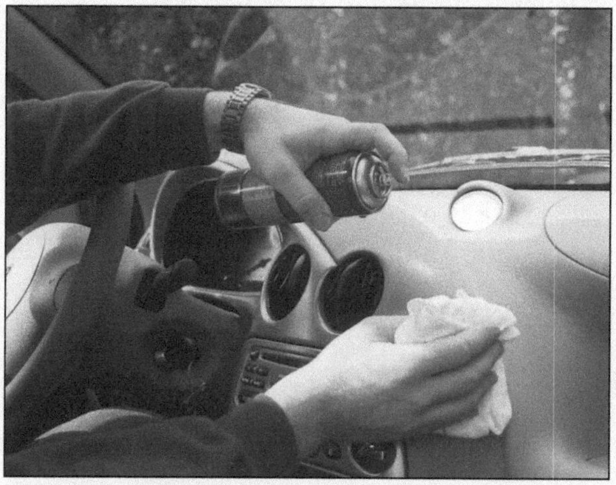

Kunststoffpflegemittel sprühen Sie sparsam auf die Oberfläche des Armaturenbretts auf und verteilen es dann mit einem feuchten Tuch in kreisenden Bewegungen. Entfernen Sie überflüssige Pflegemittel von Scheiben, Lenkrad oder Instrumentengläsern unmittelbar mit viel Wasser, Kunststoff- oder Glasreiniger.

In einem »Abwasch« reinigen – Dachhimmel

⑧ Reinigen Sie den Dachhimmel, meist ein mit Textilgewebe beschichtetes Formteil, nur bei starker Verschmutzung. Sprühen Sie den Himmel dann zunächst großflächig mit Textilreiniger ein und wischen die Fläche nach der Einwirkzeit mit einem feuchten Schwamm und Frottierhandtuch nach.

⑨ Bei Bedarf wiederholen Sie die Behandlung. Vorsicht: Niemals nur verschmutzte Passagen reinigen, es können hässliche Flecken mit dunklen Rändern entstehen.

⑩ Behandeln Sie Sitzpolster und Textileinsätze in Seitenteilen sowie Innenverkleidungen mit einem handelsüblichen Polsterschaumreiniger. Saugen Sie dazu die Polster, solange sie noch feucht sind, gründlich ab – der Schmutz löst sich so am besten. Ledersitze reinigen Sie zweckmäßigerweise nur mit speziellen Lederpflegemitteln: Gute Produkte halten das Leder geschmeidig und die Nähte flexibel.

⑪ Türdichtungen mit siliconhaltigem Gummipflegemittel einsprühen bzw. einreiben.

⑫ Fensterinnenseiten reinigen Sie mit einem feuchten Waschleder vor, danach sprühen Sie einen Scheibenreiniger auf und polieren die Flächen dann mit trockenem Küchen- oder Zeitungspapier blank. In »Raucherautos« sind nach der Reinigung oft noch Schlieren und Graubelag sichtbar. Hier wirkt eine Lackpolitur oft wahre Wunder. Vorsicht: Politur nicht auf unversiegelten Kunststoff tropfen lassen, dadurch können hässliche und dauerhafte Flecken entstehen.

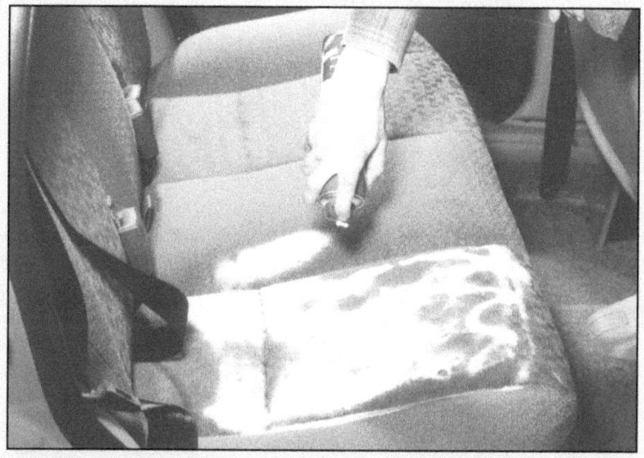

Polsterreiniger beseitigt Feinschmutz, Staub und frische Flecken. Reinigungsschaum aufsprühen und mit feuchtem Schwamm verteilen. Reiben Sie nicht zu fest, Sie pressen die Schmutzpartikel wieder ins Gewebe. Beachten Sie die Gebrauchsanweisung auf der Dose. Tipp: Sie können übrigens auch preiswerten Teppichschaum nehmen.

Nach den Dichtgummis der Türen sollten Sie nicht erst schauen, wenn die Türen schon zugefroren sind. Regelmäßige Kontrolle und Pflege mit silikonhaltigen Substanzen verlängert ihre Lebensdauer entscheidend. Der Ersatz solcher Dichtungen kann teuer werden.

Nicht grundsätzlich erlaubt – Autowäsche vor der Haustür

In vielen Städten und Gemeinden dürfen Sie Ihr Auto nicht mehr vor der Hautür waschen. Das hat gute Gründe: Mit dem Schmutzwasser gelangen Ölrückstände und andere umweltschädigende Substanzen in die Kanalisation. Eine saubere Sache ist dagegen die Wagenwäsche in einer automatischen Waschanlage. Die verwendeten Wassermengen sind in der Regel großzügig, die Wäsche ist also schonend. Ölabscheider und Wasseraufbereitungsanlagen schonen die Umwelt. Moderne Waschanlagen bieten übrigens individuelle Reinigungs- und Pflegeprogramme.

Nicht vergessen – Feinputz nach der Waschanlage

Trotzdem sollten Sie nach dem Waschgang Ihr Fahrzeug nachreinigen. Die Waschbürsten behandeln Radhäuser, Radläufe und die Türschweller oft nachlässig. Auch an Türrahmen und Karosseriefalzen ist bisweilen nachträgliche Handarbeit mit Schwamm und Putztuch angesagt. Im Winter, wenn streusalzhaltiges Wasser sich am Lack, an den Innenseiten der Kotflügel und am Unterboden festsetzt, sollten Sie öfter in der Waschanlage vorfahren. Ihr Ka ist zwar nach kurzer Zeit wieder schmutzig, der Rost hat jedoch keine Chance, sich an kritischen Stellen einzunisten.

Praxistipp

Nach der Wäsche – Bremsen trockenfahren

Machen Sie nach jeder Wagenwäsche eine kurze Bremsprobe. Dabei verdampft die Feuchtigkeit, die während der Wäsche auf die Bremsscheiben bzw. in die Bremstrommeln gelangt ist. Auch nach längeren Regenfahrten oder über winterliche Straßen mit Streusalz sollten Sie, bevor Sie Ihr Fahrzeug für mehrere Tage abstellen, die Bremsen immer erst trocken fahren. Es reicht völlig aus, auf den letzten hundert Metern Wegstrecke das Bremspedal leicht zu treten. Mit dieser »Übung« entfernen Sie einen feuchten Schmutzschleier von den Bremsscheiben und in den Bremstrommeln. Im Ernstfall verschlechtert die »Mixtur« die Ansprechzeit Ihrer Bremsen.

Alternativangebot – Waschplatz oder Selbstwaschanlage

Wenn Sie Ihren Wagen lieber selbst waschen möchten, fragen Sie Ihren Tankwart nach einem Waschplatz. Auch Selbstwaschanlagen sind eine gute Alternative: Servicefreundliche Anlagen bieten Ihnen sogar vom Hochdruckreiniger bis hin zum Staubsauger alle Hilfsmittel, die Ihnen die Arbeit erleichtern. Kontrollieren Sie vor Arbeitsbeginn auf Selbstwaschplätzen jedoch den Zustand der Waschbürsten. Möglicherweise hat Ihr Vorgänger nach einer Schlammfahrt gerade seinen Unterboden oder seine Radkästen gereinigt und die Bürsten mit grobem Dreck verschmutzt – ärgerliche Kratzer im Lack wären die Folge. Waschen Sie Ihr Auto auch niemals in der prallen Sonne. Das schadet dem Lack: Kleine Wassertropfen wirken wie Brenngläser auf dem Lack – Staubteilchen und Kalk fühlen sich darunter richtig »wohl« und brennen sich in die Lackoberfläche ein.

Praxistipp

Vorsicht im Umgang mit Hochdruckreinigern

- Wassertemperatur maximal 60 Grad. Zu heißes Wasser greift Gummi und Unterbodenschutz an.
- Druckregler auf maximal 30 bar einstellen. Abstand zum Auto 60 bis 80 Zentimeter. Bei geringerem Abstand und zu großem Druck kann sich der Lack Ihres Ka ablösen. Nach Motorwäschen mit dem Hochdruckreiniger kann Wasser die Motorelektronik lahmlegen oder durch den Luftfilter in den Motor gelangen – ein kapitaler Schaden wäre die Folge.
- Reinigen Sie Reifen niemals mit Rundstrahldüsen – das gefährdet die Reifenflanken.
- Selbst bei relativ großem Spritzabstand und kurzer Einwirkzeit können Schäden auftreten, die auf den ersten Blick nicht erkennbar sind.

Do it yourself-Wäsche – so sind Sie erfolgreich

- Jede Menge Wasser ist kein Fehler, denn Wagenwäschen mit wenig Wasser ruinieren den Lack. Feine Staub- und Sandkörnchen setzen sich im Waschschwamm fest und hinterlassen auf der Oberfläche mikroskopisch kleine, spinnwebartige Kratzer.
- Gartenschlauch, wenn möglich mit Sprühdosierdüse. Ohne fließendes Wasser sollten Sie mindestens zwei Wassereimer für die Grundreinigung kalkulieren.
- Schlauchbürste, bei der fließendes Wasser den Schmutz wegschwemmt.
- Waschhandschuh oder Schwamm. Halten Sie die Sprühdosierdüse möglichst nah an die Waschfläche, Schmutzpartikel werden dann zuverlässig weggeschwemmt. Tauchen Sie den Waschhandschuh oder Schwamm nach jedem zweiten oder dritten Waschstrich in den vollen Wassereimer und drücken ihn aus. Dann setzt sich der Schmutz erst gar nicht darin fest.
- Langstielige Waschbürste – eignet sich besonders für Felgen und Radkästen.
- Großporiger Viskoseschwamm – ideal für große Flächen.
- Fliegenschwamm – beseitigt Insektenrückstände.
- Fensterleder – poliert die Scheiben und trocknet die Lackoberfläche.
- Wassereimer – praktisch für Shampoowäsche und zur Reinigung von Schwamm, Waschhandschuh und Fensterleder.

Pflegemittel für die Außenwäsche

Technik-lexikon

Autoshampoo: Reinigt den Lack und entfernt ölige Rückstände.
Waschwachs: Ähnliche Eigenschaften wie Autoshampoo, schützt nach dem Trocknen jedoch den Lack gegen Umwelteinflüsse und verlängert den Zeitraum bis zur nächsten Politur.
Felgenreiniger: Löst festgebackenen Bremsstaub und Straßenschmutz.
Kunststoffpflegemittel: Enthält neben Pflegesubstanzen auch Farbstoffe. Frischt ausgebleichte Kunststoffstoßfänger wieder auf. Mit sauberem Schwamm auftragen und verteilen. Nach kurzer Einwirkzeit überschüssige Flüssigkeit mit feuchtem Lappen abwischen.

Außenwäsche

Arbeitsschritte

① Schließen Sie alle Türen und Fenster. Durchnässte Polster sind kein Vergnügen.
② Säubern Sie zuerst die Radhäuser, Felgen und Türschweller. Vorteil: Den Restschmutz müssen Sie dann nur einmal wegspülen.
③ Reinigen Sie den Unterboden gelegentlich mit Dampfstrahler oder Wasserschlauch mit Sprühdosierdüse. Im Winter sollten Sie den Bauch Ihres Ka bei jeder Wagenwäsche reinigen. Lassen Sie Ihr Fahrzeug ein oder zweimal im Jahr auf einer Hebebühne hochnehmen (Ford-Werkstatt oder Tankstelle), um optisch den Zustand des Unterbodenschutzes zu prüfen.
④ Die vorderen Felgen sind stärker dem Schmutz ausgesetzt. Weil sie bei jedem Bremsvorgang den Bremsenabrieb mitbekommen, sollten Sie die Vorderräder häufiger mit Felgenreiniger pflegen. Achten Sie unbedingt auf umweltverträgliche Produkte und beachten die Gebrauchsanweisung. Nach der Reinigung auf jeden Fall mit kräftigem Wasserstrahl nachspülen.

***Porentief sauber:** Ihre Räder reinigen Sie am schonendsten mit Kaltreiniger, evtl. Shampoo, Schwamm und einer »Wurzelbürste«. Nachdem Sie den Kaltreiniger aufgetragen haben, geben Sie »dem Wässerchen« einige Minuten Einwirkzeit, um es dann mit dem Schwamm abzuwaschen.*

⑤ Leichtmetallfelgen sollten Sie regelmäßig mit einer Wasser/Spülmittellösung reinigen. Gehen Sie vorsichtig mit Felgenreinigern um: Alufelgen sind sehr empfindlich gegen ätzende Reinigungsmittel.
⑥ Ecken und Falzen an filigranen Felgen säubern Sie am effizientesten mit einer Zahnbürste. Um das Ergebnis länger genießen zu können, versiegeln Sie die Oberfläche nach der Reinigung mit klarem Sprühwachs. Bremsenabrieb und Schmutz lagern auf der Wachsschicht ab. Vorsicht: Bremsscheiben oder -beläge nicht mit Sprühwachs benetzen.

Immer gut einweichen – Straßenschmutz

⑦ Wagen mit geringem Wasserdruck gut vorsäubern. In Selbstwaschanlagen mit Hochdruckreiniger dazu das Programm »Spülen« wählen.

⑧ Bei Handwäsche immer nur ganze Flächen waschen und vom Dach nach unten beginnen.

Geizen Sie nicht mit Wasser: *Das A und O während einer Schwammwäsche ist ein sauberer Schwamm. »Baden« Sie ihn regelmäßig und gründlich in sauberem Waschwasser – verdreckte Schwämme verkratzen die Lackoberfläche wie Schmirgelpapier.*

⑨ Reinigungsschaum mit kreisenden Bewegungen und wenig Druck verteilen. Den Schaum kurz einwirken lassen.

⑩ Schmutzbrühe mit Wasserschlauch abspülen. In der Selbstwaschanlage: Programm »Spülen« wählen.

⑪ Im letzten Waschgang reinigen Sie die Räder mit Waschbürste und Schlauch.

⑫ Nach der Wäsche den Wagen sofort abledern. An der Luft getrocknete Wassertropfen hinterlassen einen grauen Kalkbelag, der den Lack angreifen kann.

⑬ Leder vor Gebrauch gut in sauberem Wasser spülen. Danach auswringen, großflächig auf die Karosserie legen und langsam zu sich heranziehen.

Wasser marsch: *Waschbürsten gehen besonders pfleglich mit der Lackoberfläche um. In Waschbürsten mit »Dosiertank« können Sie dem Waschwasser sogar spezielle Waschzusätze beimischen. Servicebewusste Tankstellenpächter bieten ihren Kunden mitunter Selbstwaschplätze an. Hier gibt's dann keine Probleme mit dem Abwasser.*

Schlierenfrei: *Der »Glanzpunkt« nach jeder gründlichen Wagenwäsche ist das Abledern. Weichen sie das Fensterleder gut in sauberem Wasser ein, nutzen Sie es großflächig und spülen es regelmäßig aus. Nach dieser Behandlung steht Ihr Auto schlierenfrei in der Sonne.*

⑭ Vor dem Auswringen Leder immer durchspülen. Schonen Sie Ihr gutes Leder, Schmutzrückstände würden es schnell ruinieren. Darum schlecht zugängliche Ecken (etwa am Radkasten) mit Baumwolllappen oder altem Trockenleder pflegen.

Keine Frage – auf den Durchblick kommt's an

⑮ Zum Schluss sind die Außenseiten der Fensterscheiben an der Reihe. Gehen Sie vor wie bei der Reinigung der Innenseiten. Kontrollieren Sie dabei die Frontscheibe auf Steinschläge, Kratzer und Risse.

⑯ Wischerblätter mit Schwamm oder Trockenleder reinigen. Prüfen Sie die Gummilippen auf Beschädigungen und Elastizität – verhärtete Gummis erneuern.

⑰ Nach der Wäsche Lack, Scheinwerfergläser und Frontstoßfänger auf hartnäckigen Schmutz hin kontrollieren: Insektenreste, Vogelkot, Blütenpollenrückstände und Teerspritzer wirken aggressiv und sollten daher mit Spezialreiniger entfernt werden.

⑱ Teerentferner nicht auf frischem oder frisch ausgebesserten Lacken verwenden – darin enthaltene Lösungsmittel können die Lackoberfläche angreifen.

Praxistipp

Gutes Licht – nur mit sauberen Scheinwerfern

Die Scheinwerfer sollten Sie häufiger waschen als die Karosserie Ihres Ka. Schmutzpartikel auf den Abdeckgläsern behindern die Lichtstrahlen und leiten sie in die Irre. Folge: Unkontrolliertes Streulicht, geringere Sichtweite, starke Blendung, vornehmlich bei Nebel. Schon nach einer halben Stunde Fahrt auf feuchter Straße können die Scheinwerfer Ihres Ka zu über 60 Prozent verschmutzt sein. Entsprechend dürftig ist dann die Lichtausbeute der Scheinwerfer. In Zahlen: Die Leuchtweite der Scheinwerfer nimmt um etwa 35 Meter ab – wichtige Meter allemal, erst recht, wenn Sie Ihnen im Notfall bei einer Vollbremsung fehlen.

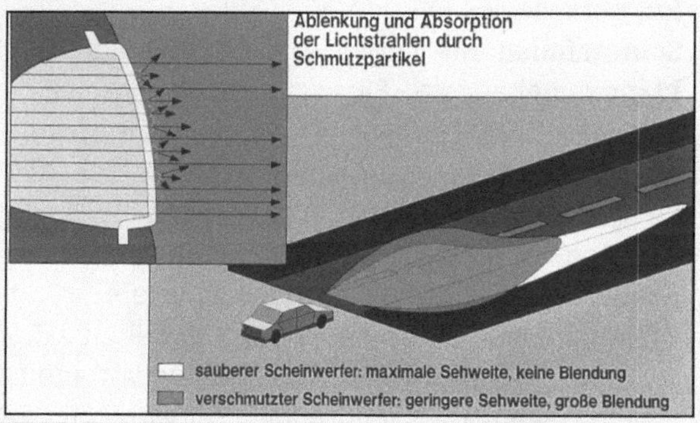

Motorwäsche

Mit der Zeit verbinden sich Öl, Staub und Insekten im Motorraum Ihres Ka zu einem unansehnlichen Schmutzfilm, der sich nicht nur über den Motor und andere Teile legt, sondern auch die Leistung des Kühlers stark beeinträchtigen kann. Die Motorwäsche löst also nicht nur ästhetische, sondern gleichermaßen auch technische Probleme. Ein verdrecktes Kühlernetz kann zur Überhitzung des Motors und somit zu kapitalen Motorschäden führen. Und außerdem geht ein durchfahrener Winter auch nicht spurlos an den Aggregaten unter der Motorhaube vorüber. Also machen Sie es sich zur Gewohnheit, den Frühjahrsputz mit einer gründlichen Motorwäsche zu beginnen.

Beschleunigen Rostfraß – alte Salzkrusten

Denn Streusalz bekämpft nicht nur erfolgreich Eis und Schnee, sondern gleichfalls auch die Innereien Ihres Ka. Durch Ritzen und Schächte dringt es tief in den Motorraum und lagert sich an Kühler, Karosseriefalzen und Kanten sowie an Kabelbäumen, Elektroantrieben und Steckverbindern ab. Salzkrusten binden zudem Feuchtigkeit und fördern die Korrosion. Eine Motorwäsche dürfen Sie allerdings nur an Orten mit Ölabscheider erledigen. Am besten Sie machen sich in einer Selbstwaschanlage oder auf einem Waschplatz selbst ans Werk, oder vergeben die Arbeit an eine Fachwerkstatt. Kontrollieren Sie nach der Motorwäsche, ob Teile unter der Motorhaube (Gaszug, Kupplungszug, Stellmotoren, Umlenkhebel, etc.) nicht trocken laufen. Überall dort, wo Sie an beweglichen Teilen Fett- oder Ölmangel entdecken, helfen Sie mit einem Ölkännchen oder etwas Schmierfett maßvoll nach.

Arbeitsschritte

① Motor abstellen und Zündung ausschalten.

② Der Motor sollte möglichst ausgekühlt sein – ansonsten verdampft der Kaltreiniger noch bevor er Wirkung zeigt.

③ Schirmen Sie empfindliche Bauteile wie Zündung, Lichtmaschine und Kraftstoffsystem mit Lappen oder Plastiktüten ab. Machen Sie das ordentlich, Sie programmieren sonst unfreiwillig Störungen an Zündung und Bordelektrik.

④ Nehmen Sie sich zuerst die Innenseite der Motorhaube vor. Mit viel Wasser einweichen, dann mit Schwamm und Shampoo reinigen und wieder abspritzen. Vergessen Sie nicht die Kanten an den Doppelprofilen, Schmutznester sind dort immer vorhanden.

⑤ Kühlernetz mit reichlich Wasser aus Richtung Motorraum nach außen durchspülen. Vorher Insektenreste mit eiweißlösendem Mittel (z. B. Geschirrspülmittel) einweichen und gleichfalls aus Richtung Motorraum abspülen. Vorsicht: Kühlernetz nicht mit harten Bürsten behandeln – deformierte Lamellen vermindern die Kühlleistung.

⑥ Motorraum an allen Falzen, Trägern und ungeschützten Stellen abduschen.

⑦ Stärker verschmutzte Teile an Motor und Motorraum mit einem Kaltreiniger einsprühen. Nach kurzer Einwirkzeit mit scharfem Wasserstrahl nachspülen.

***Wasserfall**: Halten Sie den Wasserstrahl möglichst nicht direkt auf die Zündkerzen und die Lichtmaschine.*

⑧ Motorraum, Motor und sämtliche Nebenaggregate vorsichtig mit Druckluft trocknen. An Selbstwaschanlagen oder autorisierten Waschplätzen sind meistens Druckluftnetze vorhanden. Druckluftpistolen werden gleichfalls dort verliehen.

Damit alles in Bewegung bleibt – Schmierdienst

Wer gut schmiert, der gut fährt – ein Tröpfchen Öl, eine wohl dosierte Prise Fett oder ein Spritzer Silikon wirken manchmal Wunder: Leichtgängig bleibt, was

Praxistipp

Versiegelt die Oberfläche – Motorschutzlack

Denken Sie schon nach der Wäsche an die nächste Motorwäsche und versiegeln darum den Motor – nebst Technikperipherie – mit einem besonders hitzefesten Motorschutzlack. Der nächste Schmutzfilm haftet dann mit Sicherheit weniger intensiv als der gerade entfernte. Für den restlichen Motorraum reicht ein Konservierungsspray oder Konservierungswachs.

Make-up unter der Haube: Hält die Oberflächen ansehnlich.

sonst quietscht, klemmt, reißt oder rostet. Folgende Faustregel sollten Sie beherzigen: Überall dort, beispielsweise an Scharnieren und Gelenken mit engen Passungen, wo kein Fett eindringen kann, ist Öl oder Schmierspray die erste Wahl. Gegeneinander reibende Flächen fetten Sie dagegen besser mit einer Schmierpaste oder Silikongleitmittel.

- Die Scharniere an **Türen, Motorhaube** und **Heckklappe** können ab und an einen Spritzer Öl vertragen.
- Die **Türfeststeller** bleiben mit etwas Mehrzweckfett geräuschlos in Form.
- **Schlossfallen an Türen, Motorhaube** und **Heckklappe** behandeln Sie zweckmäßigerweise mit Sprühfett oder Gleitpaste. Dort wo Seilzüge sichtbar sind, zum Beispiel an der Schlossplatte der Motorhaube, etwas Fett auftragen und durch mehrmalige Hebelbewegung in die Zugumhüllung ziehen.
- **Schließzylinder** inklusive der **Schlüsselführungen** sollten Sie spätestens zu Beginn der kalten Jahreszeit mit Silikonspray auf den Winter vorbereiten: Silikon schmiert, verdrängt Feuchtigkeit und

schützt vor Rost. Der Frost hat somit keine Chance das Schloss zu blockieren.

- **Arretierbügel** der Motorhaube am unteren Lagerbolzen mit Öl schmieren.
- **Motorhaubenscharniere** einölen oder mit Schmierspray benetzen.

Werterhaltend – Lackpflege

Die regelmäßige Lackpflege ist eine lohnende Arbeit. Denn stumpfe, verwitterte Lackoberflächen machen Ihren Ka für Sie und andere unansehnlich: Spätestens beim Wiederverkauf »rächt« sich ein ungepflegter Lack schnell mal mit ein paar »Tausendern«. Neue Lacke sind zunächst pflegeleicht, regelmäßiges Waschen und die prompte Beseitigung von Steinschlägen, Teerflecken und Insektenresten reichen völlig aus. Doch spätestens wenn Wassertropfen nur noch mit unscharfen Rändern auf dem frisch gewaschenen Auto abperlen, wird es Zeit zur Lackpflege. Sonne, Regen, Streusalz, Schmutz und andere Umweltgifte haben dann der Lackoberfläche »zugesetzt«.

Wirkt häufig Wunder – Lackreiniger

Welches Lackpflegemittel für Ihren Ford das richtige ist, hängt von seinem Zustand ab. Einem neuen, noch gut erhaltenen Lack genügt eine milde Politur. Sie glättet die durch Umwelteinflüsse und mechanische Einwirkungen leicht angegriffene Lackoberfläche. Außerdem sind moderne Polituren mit Wachskomponenten aufbereitet, die das Blechkleid konservieren. Für neue Lacke sind scharfe Lackreiniger eher reines Gift – für alte und verwitterte Lacke jedoch genau das richtige Mittel, für glänzende Ergebnisse.

Immer einen Versuch wert – gründliche Lackpflege

Ein Lackreiniger funktioniert zunächst wie eine Politur, seine Mixtur enthält jedoch Schleifmittel, die auch mit stärkeren Verschmutzungen fertig werden. Bevor Sie Ihrem verwitterten Ka also freiwillig eine Neulackierung spendieren, sollten Sie es zunächst mit einem guten Lackreiniger versuchen: Zur Lackpflege ist es nie zu spät. Konservierende Komponenten enthalten Lackreiniger in der Regel allerdings keine. Sie sollten den aufbereiteten Lack daher in einem zweiten Arbeitsgang mit Autowachs versiegeln.

»Gift« für Lackpflegemittel – pralles Sonnenlicht

Bei neuen und aufbereiteten Lacken empfiehlt es sich übrigens, die Konservierung zwei- oder dreimal im Jahr zu erneuern. Das erhält den Glanz und optimiert den Langzeitschutz. Die meisten Polituren und Lackreiniger wirken in praller Sonne freilich ziemlich aggressiv. Arbeiten Sie deshalb lieber im Schatten oder in einer Garage, dort haben die chemischen Verbindungen in der Politur keine Chance, den Lack Ihres Ka über Gebühr anzugreifen.

Lack pflegen und konservieren

Arbeitsschritte

① Vor der Lackpflege das Fahrzeug gründlich waschen und trocknen.

② An einer relativ unauffälligen Stelle prüfen Sie zuerst, ob der Lack sich mit der Politur verträgt. Vorsicht bei Lackreinigern: Tragen Sie immer nur eine dünne Schicht auf, zuviel Reiniger schleift mehr Decklack ab als nötig. Reinigen Sie lieber in mehreren Durchgängen.

③ Politur oder Lackreiniger mit Baumwoll- oder Synthesewatte (handballengroße Stücke) oder weichem Tuch (kein Kunstfaserlappen) auftragen. Mit sanftem Druck in kreisförmigen Bewegungen einreiben. Nehmen Sie sich immer nur kleine Flächen vor.

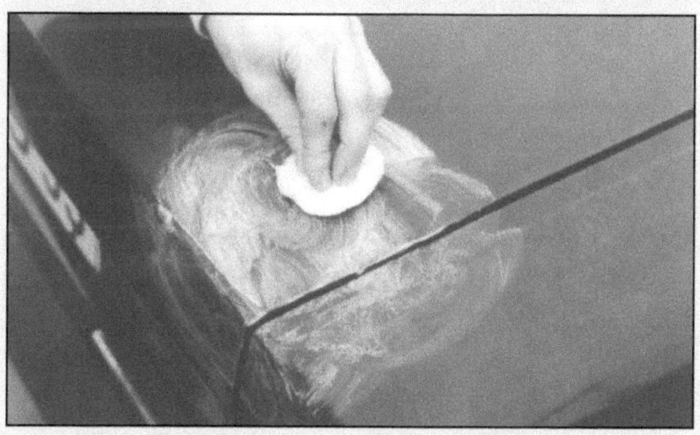

Teilen Sie die Karosserie in Abschnitte von etwa einem halben Quadratmeter ein. Bei größeren Flächen kommen Sie mit dem Auspolieren nicht nach. Eingetrocknete Politur lässt sich nur schwer verarbeiten.

④ Schon nach kurzer Einwirkzeit bildet sich ein trockener weißer Belag, der mit einem Wattebausch in kreisenden Bewegungen auspoliert wird. Bei stark verwittertem Lack

Vorsicht an Kanten: Nicht zu lange die gleiche Stelle bearbeiten, Sie könnten sonst den Lack bis auf die Grundierung abtragen.

⑤ Den Watteballen regelmäßig wenden oder erneuern, da sich seine Oberfläche nach einiger Zeit mit Wachs- und Pflegemittelpartikeln zusetzt.

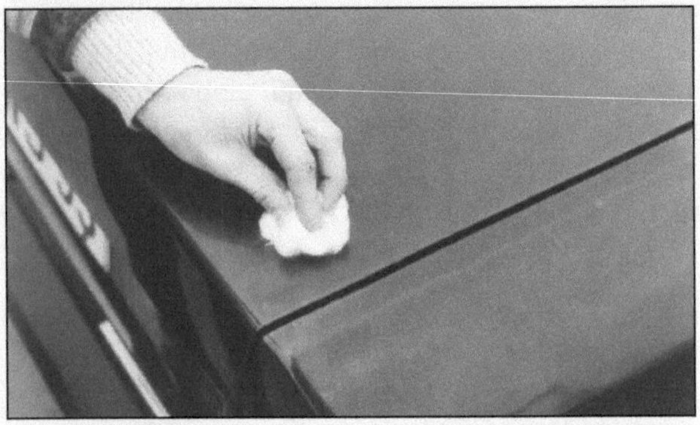

Damit der Lack klar und schlierenfrei erscheint, reibt man den weißen Belag mit großen Watteballen unter Druck glänzend. Wird die Polierbewegung schwerer, den Watteballen wenden oder erneuern.

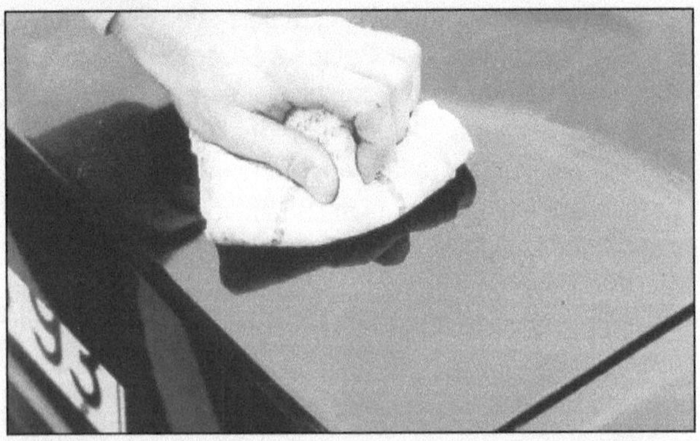

Reiben Sie die polierte Lackfläche zum Schluss noch mit einem sauberen Baumwolllappen ab. Damit entfernen Sie eventuell noch vorhandenen Belag und natürlich auch die Watteflusen.

⑥ Um zurückgebliebenes Poliermittel und Watteflusen zu entfernen, zum Abschluss die polierte Lackoberfläche mit sauberem Baumwollappen abreiben.

Basis für Tiefenglanz – Lackkonservierungsmittel

⑦ Autowachs mit Watte auftragen. Die Größe der zu bearbeitenden Fläche hängt vom verwendeten Produkt ab. Vorsicht: Konservierer haben einen hohen Lösemittelanteil. Sorgen Sie in geschlossenen Räumen daher für ausreichende Belüftung.

⑧ Den Konservierer unter leichtem Druck mit Watteballen in kreisenden Bewegungen auftragen: Gleichmäßiger Auftrag steigert den Tiefenglanz.

Wenn der Konservierer beim Auftragen fast vom Lack abperlt, ist die Oberflächenspannung des Lacks noch zu groß. Versuchen Sie es in diesem Fall vor der Konservierung mit einer milden Politur.

⑨ Die Watte muss mit wenig Widerstand leicht über den Lack gleiten. Deshalb die Watte häufig wenden und rechtzeitig wechseln.

⑩ Weist der Lack nach dem Konservieren noch Streifen oder Wolken auf, liegt das meist an verschmierten Farbpartikeln, die eine vorhergehende Politur hinterlassen hat. An diesen Stellen wiederholen Sie den Vorgang.

Wertmindernd – hässliche Lackschäden

Während der Fahrt ist Ihr Ka einem »Dauerbeschuss« diverser Fremdkörper ausgesetzt. Kleine aufwirbelnde Steinchen, selbst winzige Sandkörner werden bei hohem Tempo zu Geschossen, die wie Meteoriten auf dem Lack einschlagen. Auf winterlichen Straßen sind vor allem die Frontpartie und Motorhaube stark gefährdet – feste Streumittelbestandteile prasseln dann hörbar gegen die Karosserie. Steinschlagschäden sind jedoch kein Drama. Auch ein leichter Parkrempler mit Kratzern und Schrammen bietet keinen Anlass zur Panik. Solche Stellen lassen sich, ebenso wie der Fremdlack des »Gegners«, meistens einfach mit Lackreiniger oder Schleifpolitur auspolieren.

Praktisch nach Steinschlägen – Ford Reparaturset

Viele Hersteller bieten für »kleine« Steinschlagschäden praktische Reparatursets an. Sie lassen sich ähnlich leicht handhaben wie eine Flasche Nagellack. Eine gebräuchliche Alternative ist Tupflack, mit dem Sie Steinschlagkrater in mehreren Lackschichten auffüllen können. Bei normalen Lacken und kleinen Beschädigungen helfen übrigens auch Wachsstifte in Wagenfarbe. Das Reparaturwachs hält freilich nur einige Wagenwäschen lang und muss danach wieder erneuert werden. Sollten Sie die Lackbezeichnung und den Code der Wagenfarbe vergessen haben, kein Problem: Ihr Ford-Händler entschlüsselt die Angaben anhand des Nummerncodes im Kfz.-Schein.

Sofort beseitigen – Lackschäden

Ignorieren Sie auch winzige Macken im Lack nicht: Rost leistet in kurzer Zeit ganze Arbeit – bei ungünstigen Bedingungen (Nässe, Wärme oder unter Salzeinfluss) sogar schon in wenigen Tagen. Und hat sich der Rost erst über Monate oder Jahre ungehindert ausgebreitet, sind große Krater oder Rostlöcher das traurige Resultat. In diesem Fall helfen nur noch aufwendige Restaurierungsarbeiten. Die können wir Ihnen hier freilich ebenso wenig vorstellen wie die Behebung eines Blechschadens. Für solche Arbeiten empfehlen wir Ihnen Ihre Ford-Werkstatt oder den Band 175 aus der Reihe »Jetzt helfe ich mir selbst«. Fachleute informieren Sie darin umfassend über alle Arbeiten rund um die Autokarosserie.

Damit klappt's – die richtigen Hilfsmittel

- Abklebeband (nur Profimaterial verwenden)
- Zeitungen oder Folie zum Abkleben
- Schleifklotz aus Holz oder Kork für flächiges Schleifen
- Nass- und Trockenschleifpapier in verschiedenen Körnungen
- Spachtel, Spachtelmasse und Härter. Spritzspachtel zum Ausgleich kleinerer Unebenheiten
- Haftgrund, als Grundlage für den neuen Lackaufbau
- Decklack
- Lackreiniger, Konservierer, Politur

Steinschlagschäden ausbessern

Arbeits-schritte

① Abstehende Ränder rund um den Lackkrater mit einer feinen Nadel oder einem Uhrmacherschraubenzieher beseitigen.

② Den Rost kratzen Sie erfahrungsgemäß mit einem spitzen Messerchen vorsichtig aus. Danach einen Tropfen Rostumwandler auf die Stelle tupfen und etwa eine Stunde einwirken lassen.

③ Jetzt die Schadstelle mit Lackverdünner reinigen und gründlich trocknen.

④ Etwas Haftgrund in den Sprühdosendeckel spritzen und mit Tupfpinsel oder Fingerkuppe dünn auftragen. Haftgrund gut austrocknen lassen.

⑤ Mit Fingerkuppe oder kleinem Kunststoffmesser ein wenig Spachtel bündig zur umgebenden Lackfläche in den Krater drücken und austrocknen lassen. Spachtelflecken auf dem Lack wischen Sie mit einem Lappen sofort ab.

⑥ Überflüssige Spachtelmasse schleifen Sie mit einem schmalen, um ein Bleistiftende gespannten Streifen aus feinem Schleifpapier vorsichtig aus. Bleistift dabei immer zwischen den Handflächen drehen.

⑦ Decklack in den Dosendeckel sprühen und ca. eine Minute ablüften lassen. Den verdickten Lack mit Fingerkuppe oder spitzem Pinsel dünn auftragen.

⑧ Den vollständig ausgetrockneten Lack (im Sommer nach etwa zwei, im Winter nach rund fünf Tagen) mit Politur bzw. Lackreiniger großflächig beipolieren.

Auspolieren – macht kleine Schrammen unsichtbar

Arbeits-schritte

① Schadstelle gründlich mit Waschbenzin oder Verdünner reinigen.

② Polieren Sie die Fremdfarbe (falls vorhanden) in mehreren Arbeitsgängen mit Polierwatte, Schleifpolitur oder Lackreiniger aus dem Decklack. Halten Sie die Polierfläche möglichst klein.

③ »Ausgerissene« Schrammenränder schleifen Sie zunächst mit einem kleinen Streifen Wasserschleifpapier (mindestens Körnung 800) behutsam glatt. Dabei Schleifpapier ständig wässern und Schleifstelle mit Wasser spülen. Vorsicht: Durchschleifen Sie nicht die Decklackschicht.

④ Die Schadstelle mit einer milden Politur nachpolieren. Dabei verteilen sich Farbpartikel aus der unmittelbaren Lackumgebung in die Schramme.

⑤ Zuletzt die bearbeitete Stelle mit Konservierer versiegeln.

⑥ Wenn Sie auf gleichmäßigen Glanz Wert legen, polieren Sie anschließend das ganze Auto auf.

So verschwinden größere Schrammen

Arbeitsschritte

① Bei tiefen Schrammen an Stoßfänger, Kotflügel oder Tür, bauen Sie vor der Reparatur das Karosserieteil besser aus. Das Ergebnis wird dann besser, denn die Arbeit geht leichter von der Hand.

② Schadensfläche mit Schleifpapier (Körnung 80 oder 100) anschleifen. Bei Rost bis aufs blanke Blech herunterschleifen. Dann Rostumwandler auftragen und ca. eine Stunde einwirken lassen.

③ Die Stelle mit Lackverdünner reinigen, entfetten und abtrocknen lassen.

④ Spachtel und Härter mischen. Die Spachtelmasse gleicht Höhenunterschiede zu den angrenzenden Flächen aus. Vorsicht: Zweikomponentenspachtel bleibt, je nach Temperatur, nur einige Minuten verarbeitungsfähig. Deshalb immer nur kleine Mengen anmischen. Bei geringen Unebenheiten ist Spritzspachtel aus der Sprühdose die bessere Wahl.

⑤ Dazu die Spachtelmasse gleichmäßig und zügig in mehreren dünnen Schichten auftragen. Nach etwa einer Stunde ist der Spachtel ausgehärtet.

⑥ Unebenheiten mit Trockenschleifpapier (Körnung 180) egalisieren. Den Feinschliff erledigen Sie mit Nassschleifpapier (Körnung 400). Fläche mit viel Wasser und wenig Druck beischleifen.

⑦ Verbliebene Riefen erneut mit Spritzspachtel ausgleichen, aushärten lassen und mit Nassschleifpapier (Körnung 600) nachschleifen.

⑧ Vor dem Lackieren Schleifstaub sorgfältig mit Wasser abspülen.

Lackieren wie ein Profi – mit etwas Geschick möglich

⑨ Die gründlich vorbereitete Schadstelle mit wasserfestem Lackierer-Klebeband, einer Folie oder alten Zeitungen abkleben. Unbedingt billiges Klebeband vermeiden, es weicht schnell durch und lässt dann sogar Farbe durch. Vorsicht: Beim Lackieren entstehen giftige Dämpfe. Lüften Sie deshalb Ihren Arbeitsplatz gut durch.

⑩ Haftgrund (Füller) als Grundlage für den Decklack spritzen. Sauber arbeiten – Unebenheiten und Lacknasen verschwinden nicht mit zunehmenden Lackauftrag, sondern vergrößern sich. Haftgrund trocknen lassen, mit Nassschleifpapier (Körnung 600) planschleifen. Schleifrückstände mit Wasser abwaschen.

⑪ Decklack aus der Sprühdose gleichmäßig und zügig in mehreren Schichten auftragen. Der Abstand vom Sprühkopf zur Lackierfläche sollte etwa 20 bis 30 Zentimeter betragen. Erwärmen Sie die Sprühdose vor dem Lackieren kurz in heißem Wasser. Die Farbpartikel entweichen dann unter höherem Druck. Vorteil: Die Oberfläche wird glatter und der Lackverlauf gleichmäßiger.

⑫ Klebebandränder um die Reparaturstelle lösen, umknicken und diese Stellen nachsprühen. Der Übergang zum Originallack wird dann unscharf und lässt sich leichter beipolieren.

⑬ Sobald der Reparaturlack vollständig ausgetrocknet ist (im Sommer nach etwa zwei, im Winter nach fünf Tagen), die ausgebesserte Stelle mit Politur und die Übergänge mit Lackreiniger bearbeiten. Die besten Ergebnisse erzielen Sie, wenn anschließend das gesamte Fahrzeug aufpoliert wird.

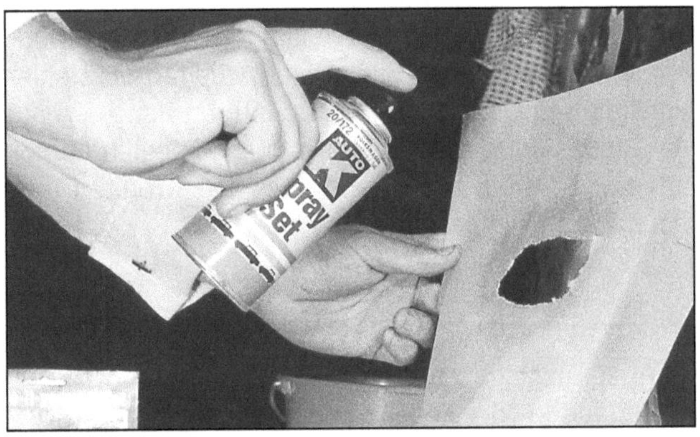

Wenn Sie mit der Spraydose lackieren: Schneiden Sie in ein großes Stück Pappe ein Loch in Größe der Schadensstelle. Der Sprühstrahl deckt dann nur die vorgesehene Fläche ab.

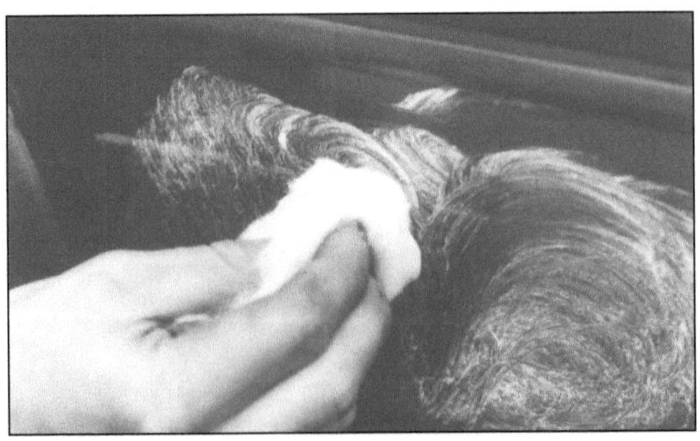

Kratzer oder Schrammen lassen sich mit Schleifpolitur oder Lackreiniger beseitigen, wenn noch ein Hauch Decklack vorhanden ist. Verwenden Sie nur hochwertiges Arbeitsmaterial aus dem Zubehörhandel.

Schleifpapier um Schleifklotz wickeln, die Schadensfläche durch gleichmäßige Bewegungen in eine Richtung glatt schleifen. Den Klotz immer wieder in Wasser tauchen, damit der Schleifstaub herausgeschwemmt wird.

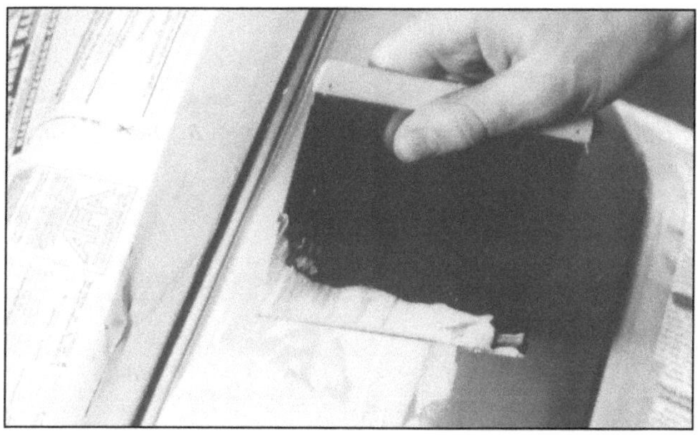

Wenn Sie zum ersten Mal mit Spachtel umgehen, sollten Sie erst üben, bevor Sie ernst machen. Machen Sie auf einem alten Stück Autoblech einen Probedurchlauf. Das bringt das nötige Gefühl und Sicherheit im Umgang mit diesem Material.

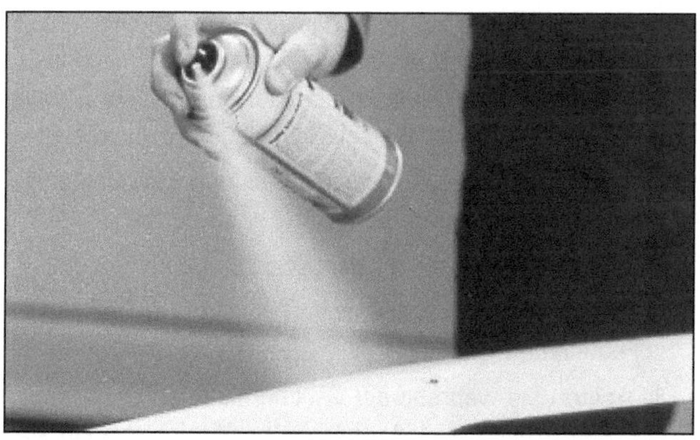

Halten Sie die Spraydose möglichst ruhig über der Lackierfläche. Führen Sie den Sprühstrahl am Lackierobjekt vorbei, nicht absetzen oder im Oval zurückführen – das vermeidet Lacknasen.

Praxistipp

Sondermüll – Farbreste, leere Spraydosen, schmutzige Putzlappen, alte Pinsel

Farb- und Lösungsmittelreste gehören nicht in den Haus- sondern in den Sondermüll. Das gilt auch für verschmutzte Lappen, Pinsel und Spraydosen. In vielen Städten und Gemeinden gibt's heute mobile Annahmestellen. Fragen Sie bei Ihrem Umweltamt nach den Abholterminen oder den Öffnungszeiten der Deponie

Die Scheibenwaschanlage

Ohne »Durchblick« keine Sicherheit: Eine gute Rundumsicht ist die Grundvoraussetzung für jeden Automobilisten. Damit Ihnen in Ihrem Ka auch bei Regen, Matsch und Schnee der »Durchblick« nicht abhanden kommt, hat Ford dem Ka zwei Scheibenwaschanlagen mit auf die Straße gegeben.

Die Frontscheibe säubert der Scheibenwischer grundsätzlich in zwei Geschwindigkeiten. Bei schwachem Nieselregen oder Nebel erweist sich eine zusätzliche Wischintervalleinrichtung als komfortabel, im Ka löst sie die beiden Wischer etwa alle vier Sekunden automatisch aus. Zusätzlich »putzt« ein Wischer mitsamt Scheibenwaschanlage die Heckscheibe. Stark verschmierte Scheiben sind – bevor Sie den Wischer einschalten – grundsätzlich ein Fall für die Scheibenwaschanlage: Die besten Reinigungsergebnisse erhalten Sie, wenn die Spritzdüsen das Waschwasser im oberen Drittel des Wischfelds zerstäuben – die Scheibenwischer haben dann leichteres Spiel den Schmutz zu entfernen.

Für Profis kein Thema – neue Wischergummis im Frühjahr und Herbst

Die Lebensdauer von Wischergummis ist begrenzt: Bei jeder Wischbewegung malträtieren »öliger« Straßenschmutz, verhärtete Insektenreste sowie Salzrückstände die Gummis. Ozon und UV-Strahlen härten die Wischergummis zusätzlich aus. Profis wechseln Wischergummis daher vorbeugend im Frühjahr und Herbst gegen neue aus.

Bei korrektem Anpressdruck der Wischerarme auf die Scheibe sind lästige Schlieren der sichtbarste Beweis für verschlissene Wischergummis – der fällige Austausch bereitet keinerlei Probleme. Wie übrigens auch die meisten Arbeiten an der Scheibenwaschanlage, die Sie in der Regel selbst erledigen können. Schenken Sie bei Störungen zunächst den Sicherungen und elektrischen Zuleitungen zu den Wischermotoren einen prüfenden Blick. Sollten Sie dabei bereits Fehler entdecken, informieren Sie sich vor der anstehenden Reparatur bitte im Kapitel »Die Fahrzeugelektrik«.

Scheibenwischer und Waschanlage prüfen:

Arbeitsschritte | W ständige Kontrolle

① Zündung einschalten, Wischermotor einschalten.

② Läuft der Scheibenwischer in beiden Geschwindigkeiten?

③ Funktioniert die Wischer-Intervallschaltung?

④ Arbeitet die Scheibenwaschanlage?

⑤ Funktioniert der Heckwischer?

⑥ Gehen – nach dem Ausschalten – die Wischerarme automatisch in Parkstellung zurück?

Scheibenwaschwasser auffüllen

Arbeitsschritte | W ständige Kontrolle

① Im Sommer den Waschwasservorrat mit klarem Wasser ergänzen. Ein Anteil Reinigungsmittel steigert die Waschwirkung erheblich. Im Winter sollten Sie der Waschlösung zusätzlich Gefrierschutz beimengen oder bereits vorgemischtes »Scheibenklar« verwenden.

② Damit im Vorratsbehälter sofort eine homogene Mischung entsteht, zuerst das (die) Zusatzmittel einfüllen und dann bis zur Einfüllöffnung mit klarem Wasser ergänzen.

③ Minustemperaturen frieren die Scheibenwaschanlage ein. Ergänzen Sie den Waschwasservorrat in der kalten Jahreszeit darum immer zu rund einem Drittel mit handelsüblichem Frostschutzmittel oder Brennspiritus. Und damit auch die Zuleitungen und Spritzdüsen geschützt sind, betätigen Sie nach dem Füllvorgang die Waschanlagen, so lange bis die Mischung auf den Scheiben sichtbar wird.

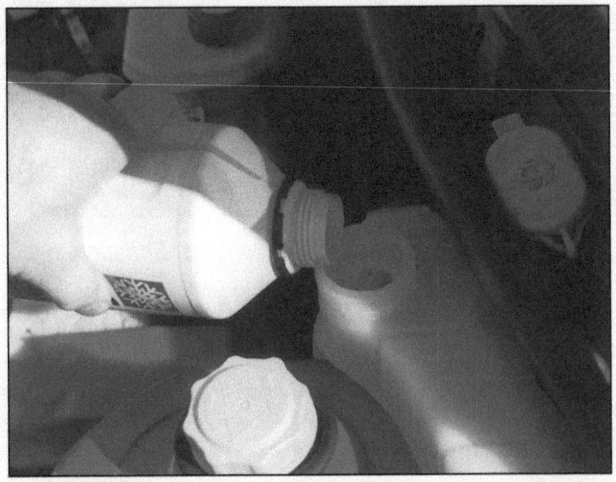

Bequeme Lösung: *Vorgemischte Reinigungsflüssigkeit.*

Wischergummi wechseln

Arbeitsschritte | W 20.000 km 12 Monate

① Wischerarm von der Scheibe klappen.

② Arretierfeder des Wischerblatts soweit vom Wischerarm abziehen, bis die Kerbe sichtbar wird.

③ Wischerblatt nach unten drücken und aus dem Arm herausschwenken.

④ An einer Seite fixiert das Wischerblatt den Gummi mit zwei Halteklammern. Drücken Sie mit einem Lüsterklemmenschraubendreher die Erhebungen am Gummi soweit zurück, bis der Gummi aus den Halteklammern ausrastet.

⑤ Wischergummi nun zusammen mit den beiden Metallfederstreifen in die andere Richtung herausziehen.

⑥ Metallfederstreifen aus dem Wischergummi ziehen.

⑦ Montage des neuen Wischergummis in umgekehrter Reihenfolge erledigen.

⑧ Achten Sie während der Wischerblattmontage darauf, dass die Arretierungsfeder hörbar im Wischerarm einrastet. Prüfen Sie das auch optisch – ansonsten »fliegen« Ihnen die Wischerblätter beim nächsten Regen von der Scheibe.

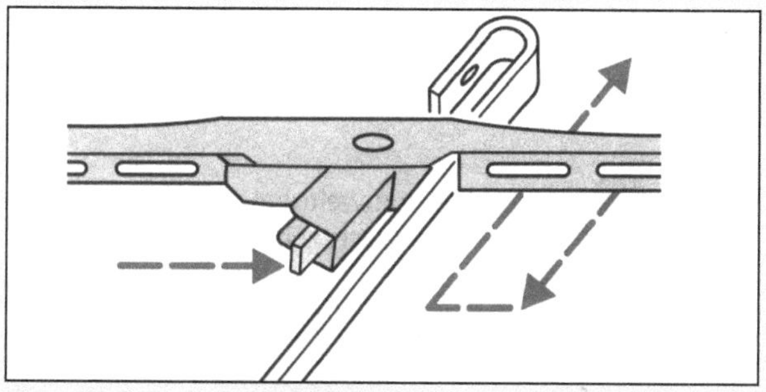

Wechsel des Wischerblatts: *Erst den Wischerarm abklappen, dann das Gelenk des Wischerblattes an der kleinen Zunge (Pfeil) entsichern. Das Blatt kann jetzt aus dem »U« des Wischerarms geschoben werden.*

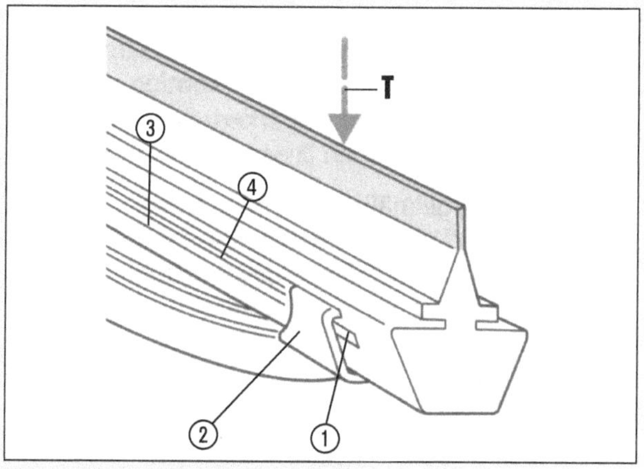

Wechsel des Wischergummis:
❶ *Führungsnasen der Wischerblattschiene.*
❷ *Arretierungsklammern für das Wischergummi.*
❸ *Führungsprofil des Gummis.* ❹ *Nuten für Federstreifen.* **T** *Wischlippe.*

Waschwasserdüsen einstellen

Die Düsen stellen Sie mit einer Nadel oder Büroklammer punktgenau ein.

Arbeitsschritte

① Düsenöffnungen mit Nadel oder Büroklammer verdrehen. Dazu die Drahtspitze vorsichtig in die Düsenöffnung führen und in die gewünschte Spritzrichtung drehen.

② Um mit möglichst wenig Waschwasser gute Reinigungswirkung zu erzielen, die Düsen etwa auf das obere Drittel des Wischfelds ausrichten.

Oberes Scheibendrittel: *Richten Sie den Sprühstrahl auf das obere Scheibendrittel aus. So benetzen Sie auch bei höheren Tempi immer das gesamte Wischfeld.*

Scheibenwaschdüse demontieren

Verstopfte Waschdüsen bauen Sie zweckmäßigerweise sofort aus und blasen Sie in Richtung Schlauchanschluss mit Druckluft aus. Hartnäckige Verstopfungen durchstoßen Sie vorsichtig mit einem dünnen Draht – gleichfalls in Richtung Schlauchanschluss. Klappt das nicht, erneuern Sie die Düse und setzen bei der Gelegenheit gleich einen handelsüblichen Kraftstofffilter in die Waschwasserzuleitung ein. Der feinporige Filter hält fürderhin die Düsen clean.

Arbeitsschritte

① Motorhaube öffnen und Dämmmaterial von der Haube abziehen (Clips mit Schraubendreher ausheben).

② Bevor Sie den Waschwasserschlauch von der Düse abziehen, erwärmen Sie ihn kurz mit einem Feuerzeug.

③ Haltezungen mit den Fingern zusammendrücken, dabei gleichzeitig Düse aus der Motorhaube drücken (evtl. Düse mit Schraubendreher aus der Haube heraushebeln – Lackierung dann mit Unterlage schützen).

④ Zur Montage Düse von außen in die Motorhaube »einrasten«. Unbedingt darauf achten, dass die Düse fest sitzt, ansonsten gibt's Probleme mit der Einstellung.

⑤ Wasserschlauch aufschieben, Düse wie beschrieben einstellen.

⑥ Isolationsmaterial an der Motorhaube befestigen.

Scheibenwischerarm demontieren und montieren

Arbeits-schritte

Frontwischer

① Die Ruhestellung der Wischerblätter mit Klebeband auf der Scheibe markieren. Abdeckkappen über den Wischerarmachsen mit kleinem Schraubendreher anheben und hochklappen.

② Haltemutter ca. zwei Umdrehungen mit Ringschlüssel lösen.

③ Wischerarm aufstellen und gefühlvoll seitlich etwas hin- und herhebeln, damit er sich vom Konus der Wischerachse löst. Festsitzende Arme vorsichtig mit zwei Schlitzschraubendrehern von der Wischerachse hebeln. Damit der Lack nicht verkratzt, legen Sie bitte einen Putzlappen um die Befestigung.

④ Wischerarm zurückklappen, Mutter ganz lösen.

⑤ Wischerarm mit Unterlegscheibe von der Welle abziehen.

⑥ Wischerarm so montieren, dass er mit Markierung auf der Scheibe korrespondiert. Überprüfen Sie nach der Montage den korrekten Lauf. Die Blätter dürfen nicht ineinander verheddern oder über die Scheibenfläche hinauslaufen.

Heckwischer

① Mit Klebeband die Ruhestellung des Wischerblatts auf der Scheibe markieren.

② Abdeckkappe hochklappen, Haltemutter ca. zwei Umdrehungen mit Ringschlüssel lösen.

③ Wischerarm aufstellen und – damit er sich vom Konus der Wischerachse löst – gefühlvoll seitlich etwas hin- und herhebeln. Evtl. festsitzenden Arm vorsichtig mit zwei Schlitzschraubendrehern von der Wischerachse hebeln. Damit der Lack nicht verkratzt, legen Sie bitte einen Putzlappen um die Befestigung.

④ Arm zurückklappen, Mutter ganz lösen.

⑤ Wischerarm mit Unterlegscheibe von der Welle abziehen.

⑥ Heckwischerarm in markierter Stellung montieren.

Frontwischermotor demontieren und montieren

Arbeits-schritte

Demontage

① Sicherstellen, dass der Scheibenwischermotor in Parkposition steht. Batteriemassekabel abklemmen.

② Wischerarme wie beschrieben demontieren.

③ Windlaufgrill demontieren. Dazu Abdeckkappen ausclipsen und Befestigungsschrauben herausdrehen.

Modelle mit Servolenkung

④ Servolenkungsvorratsbehälter demontieren und inklusive Ölfüllung zur Seite legen.

alle Modelle

⑤ Kühlmittelausgleichbehälter demontieren (Pfeile) und inklusive Füllung zur Seite legen.

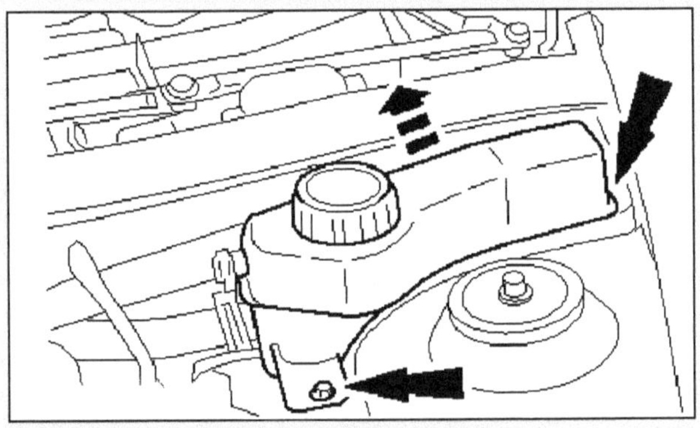

Kühlmittelausgleichbehälter demontieren.

⑥ Acht Schrauben an der Stirnwandverlängerung demontieren. Stecker des Motorkabelstrangs ❶ und Motorkabelstrang (Pfeile) ausclipsen. Relais ❷ abziehen. Kennzeichnen Sie die Lage der Schläuche zur Scheibenwaschanlage.

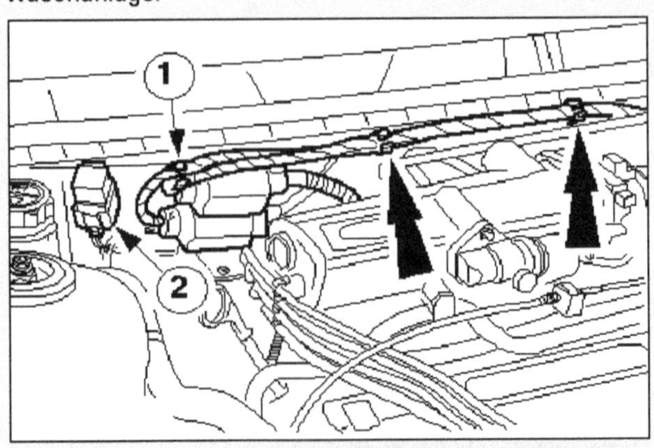

❶ Stecker des Motorkabelstrangs (Pfeile), ❷ Relais.

⑦ Scheibenwaschanlage komplett mit Vorratsbehälter demontieren und zur Seite legen.

⑧ Hebelstellung (Pfeil) zur Montageplatte markieren.

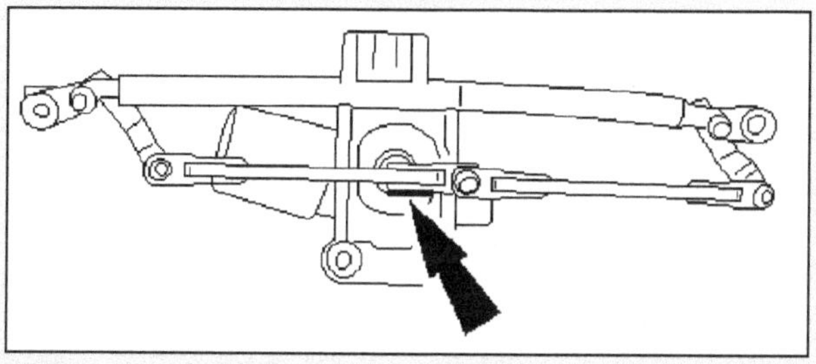

Pfeil = Hebelstellung zur Montageplatte.

⑨ Scheibenwischermotor inklusive Hebel demontieren. Um die Hebelbefestigungsmutter zu lösen, blockieren Sie den Hebel.

Montage

① Scheibenwischergestänge in Parkposition bringen. Montage in umgekehrter Reihenfolge beenden.

② Wischermotor zur Probe laufen lassen und Lage der Wischerarme eventuell korrigieren.

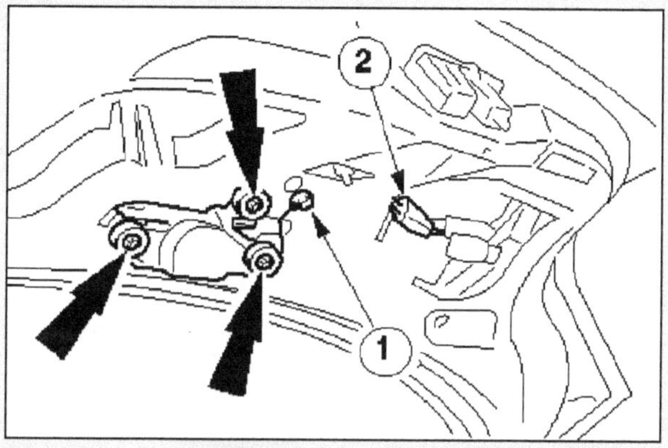

❶ Massekabel, ❷ Steckverbindung zum Wischermotor, Pfeile = Befestigungsschrauben.

⑦ Motor von Montageplatte abschrauben.

⑧ Montage in umgekehrter Reihenfolge beenden. Wischermotor vorab in Parkposition bringen. Befestigungsmutter mit 20 Nm anziehen.

⑨ Probelauf starten, evtl. Wischerarm auf der Scheibe ausrichten.

Heckwischermotor demontieren und montieren

Arbeitsschritte

① Scheibenwischermotor in Parkposition bringen. Batterie abklemmen. Heckwischerarm wie beschrieben demontieren.

② Befestigungsmutter der Antriebswelle abdrehen (auf die Reihenfolge der Montageteile achten).

③ Heckklappe öffnen, Innenverkleidung abnehmen (eine Schraube, 8 Clips). Mit einer breiten Schraubendreherklinge und untergelegtem Lappen das Formteil vorsichtig aus dem Heckklappenausschnitt bzw. den Klammern hebeln.

④ Massekabel ❶ abschrauben.

⑤ Steckverbindung ❷ zum Wischermotor trennen.

⑥ Drei Befestigungsschrauben (Pfeile) demontieren. Motor komplett mit Halterung aus dem Heckklappenausschnitt herausnehmen.

Wischerblatt

Störungs-beistand

Störung	*Ursache*	*Abhilfe*
A Wasser und Schmutz verteilen sich gleichmäßig über das Wischfeld.	**1** Scheibe mit Lackpflegemitteln, ölhaltigen Rückständen oder Insektenresten verschmutzt.	»Sidol« o. ä. Reinigungsmittel auf Scheibe auftragen, antrocknen lassen, mit einem sauberen Lappen abreiben.
	2 Wischergummi verschlissen.	Austauschen.
	3 Wischerarm am Anlenkpunkt des Wischerblattes verdreht und nicht parallel zur Scheibe.	Wischerarmende nachbiegen (in sich verdrehen).
B Im Wischfeld bleiben feine Wasserstreifen stehen.	Siehe A2.	Austauschen.
C Im Wischfeld bleiben feine Wassertropfen zurück.	Neigungswinkel des Wischergummis zu flach zur Scheibe.	Wischergummi austauschen.
D Im Wischfeld bleibt breiter Wasserfilm zurück.	Ungleicher Auflagedruck – verbogene oder defekte Anpressfeder im Wischergummi.	Wischerblatt austauschen.
E Im Wischfeld bleiben mehrere Wasserfelder zurück.	**1** Anpressdruck des Wischerarms zu gering.	Anpressdruck überprüfen. Feder leicht einölen, Wischerarm stärker vorspannen, ggf. erneuern.
	2 Scheibenwischerantrieb verschlissen.	Kontrollieren, defekte Teile ersetzen.
	3 Wischerarm lose auf seiner Achse.	Befestigen.
	4 Wischerarm verbogen.	Nachbiegen.
	5 Wischerblatt verbogen.	Austauschen.
F Im oberen Wischfeld bleiben Wasserfelder zurück.	**1** Siehe E1.	
	2 Siehe D.	
G Wischerblatt rattert.	**1** Zuviel Spiel im Scheibenwischergestänge.	Verschleißteile auswechseln.
	2 Wischerarm lose.	Befestigen.
	3 Wischerarm in sich verdreht.	Wischerblatt demontieren und Wischerarm richten.

Scheibenwischer

Störungs-beistand

Störung	*Ursache*	*Abhilfe*
A Frontscheiben-wischer ohne Funktion.	**1** Sicherung defekt.	Erneuern.
	2 Intervallrelais defekt.	Anschlüsse prüfen, Intervallrelais austauschen.
	3 Wischerarmantriebskurbel lose.	Festziehen.
	4 Kabel zum Wischerschalter unterbrochen.	Steckverbindungen und Zuleitungen überprüfen.
	5 Kabel zum Wischermotor unterbrochen.	Steckverbindungen und Zuleitungen überprüfen.
	6 Wischermotor durchgebrannt bzw. Kohlen verschlissen.	Austauschen.
B Heckscheiben-wischer ohne Funktion.	**1** Siehe A1.	
	2 Siehe A4 und A5.	
	3 Siehe A6.	
C Scheiben-wischer in Stufe I ohne Funktion.	**1** Kontaktschwäche.	Anschlüsse auf Stromdurchgang prüfen.
	2 Spannungsaufnahme im Motor unterbrochen.	Motor austauschen.
	3 Spannungsdurchgang im Wischerschalter unterbrochen.	Schalter austauschen.
D Scheiben-wischer in Stufe I ohne Funktion.	**1** Spannungsdurchgang am Wischerschalter unterbrochen.	Zuleitung überprüfen.
	2 Kontakte im Wischerschalter verschlissen.	Schalter austauschen.
	3 Spannungsaufnahme am Wischermotor defekt.	Motor austauschen.
E Wischer laufen nicht automatisch in Parkstellung zurück.	**1** Leitung Klemme 53E zwischen Wischer-schalter und Motor unterbrochen.	Zuleitung kontrollieren.
	2 Wischermotor defekt.	Mit Prüflampe kontrollieren: Zwischen Klemme 53E und Masse (Klemme 31) muss die Lampe dauernd brennen. Zwischen Klemme 53E und Klemme 31 muss Lampe kurz vor Erreichen der Parkstellung verlöschen. Gegencheck zwischen Klemme 53E und Batterieplus (Klemme 30) vornehmen: Prüflampe muss dann kurz vor Erreichen der Parkstellung aufleuchten. Falls nicht, Wischermotor austauschen.
F Scheiben-wischerintervall ohne Funktion.	**1** Intervallrelais defekt.	Austauschen.
	2 Zuleitung zwischen Wischerschalter und Relais unterbrochen.	Zuleitung überprüfen.
	3 Kontakt im Wischerschalter defekt.	Schalter austauschen.
	4 Verbindung zwischen Sicherungskasten zum Intervallrelais bzw. zwischen Relais zum Wischermotor unterbrochen.	Sicherung prüfen, Zuleitung inkl. Steckverbindungen prüfen.
G Intervallbetrieb lässt sich nicht ausschalten.	**1** Siehe E1.	
	2 Siehe F1.	
	3 Kontakte im Wischerschalter verschlissen.	Schalter austauschen.
H Wischer bleiben nach dem Abschalten nicht oder nur kurz in Parkstellung stehen.	Verschmutzter bzw. verklebter Kontakt im Wischermotor.	Motorabdeckung abschrauben, Kontakte reinigen, ggf. Motor austauschen.

DER MOTOR

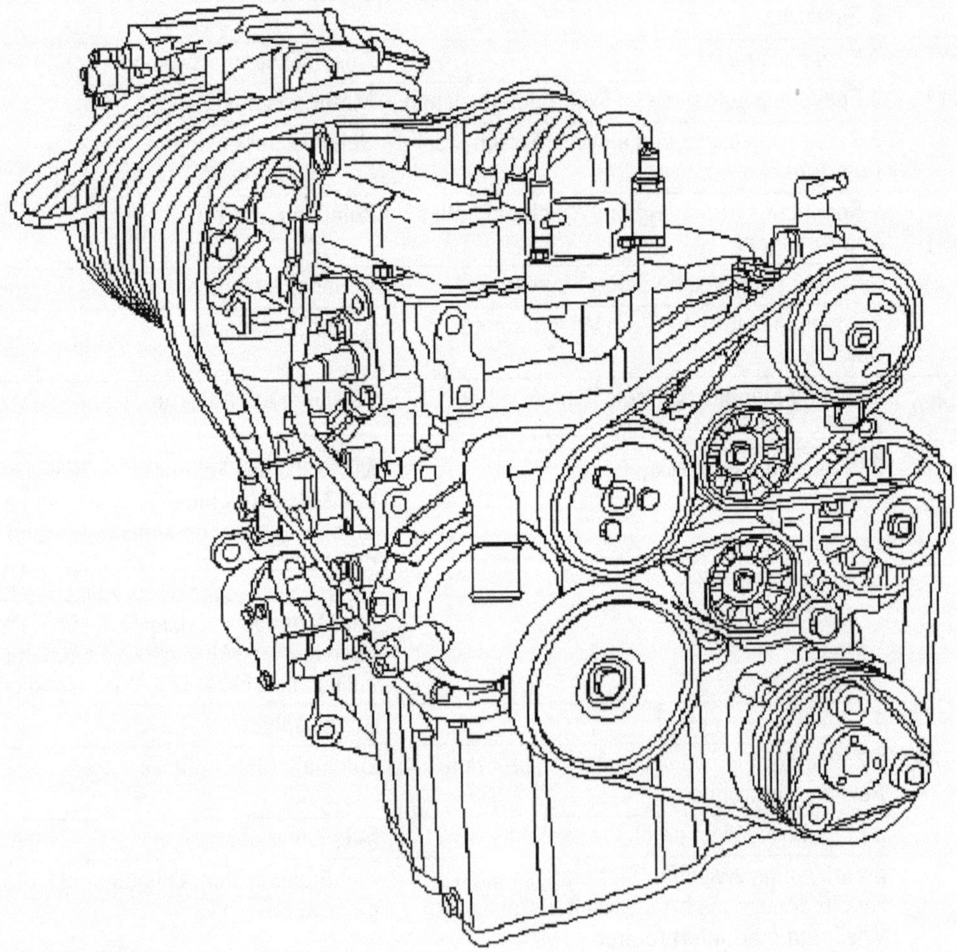

Endura-E mit 44 kW (60 PS):
Seit Modelljahr '99 der Standardantrieb in Deutschland und Österreich. Auf den übrigen Märkten bietet Ford eine zweite, weitgehend identische Variante mit 37 kW (50 PS) an.

Wartung

Reparatur

Seit Modelljahr '99 mobilisiert den Ford Ka ein kompakter, quer über der Vorderachse eingebauter 1,3 l Reihen-Vierzylinder Ottomotor mit zwei Ventilen pro Zylinder und 44 kW (60 PS) Leistung bei 5000 $min.^{-1}$. Sein maximales Drehmoment beträgt 105 Nm bei 2500 $min.^{-1}$. Das aktuelle Triebwerk entstammt der Endura Motorenfamilie, es trägt den werksinternen Motorcode J4K. Ein elektronisches Motormanagement (Ford EEC-V) mit kontaktloser 3-D Kennfeldzündung, elektronischer Kraftstoffeinspritzung (SEFI) und geregeltem Katalysator »entgiftet« den KA-Treibsatz im Sinne der Abgasnorm Stufe II/Europa und D4/Deutschland.

Standard ab Modelljahr '99 – Endura-E mit 44 kW (60 PS)

Als Basistriebwerk aller Ka-Varianten kommt ab Modelljahr '99 der 44 kW (60 PS) Endura-E Motor mit 1,3 l Hubraum zu Ehren. Der leistungsschwächere 37 kW (50 PS) Endura Ableger wurde ad acta gelegt. Wir beschränken uns daher auf das aktuelle Aggregat, zumal die 50 PS-Version im Ka ohnehin immer nur eine untergeordnete Rolle spielte und ihr technischer Grundaufbau weitgehend identisch mit der des jetzigen Basismotors ist. Sollten Sie also einen 50 PS Ka fahren, orientieren Sie sich im Folgenden an den Beschreibungen der neuesten Ka-Variante.

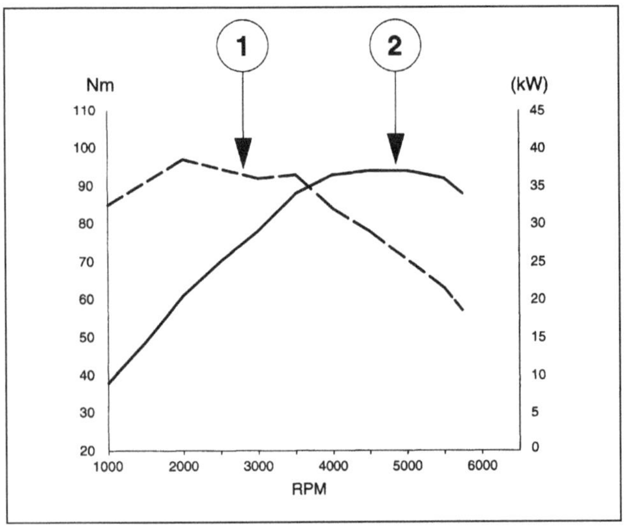

Leistungsdiagramm ❷ und Drehmomentkurve ❶: 1,3 l Endura-E (37 kW/50 PS).

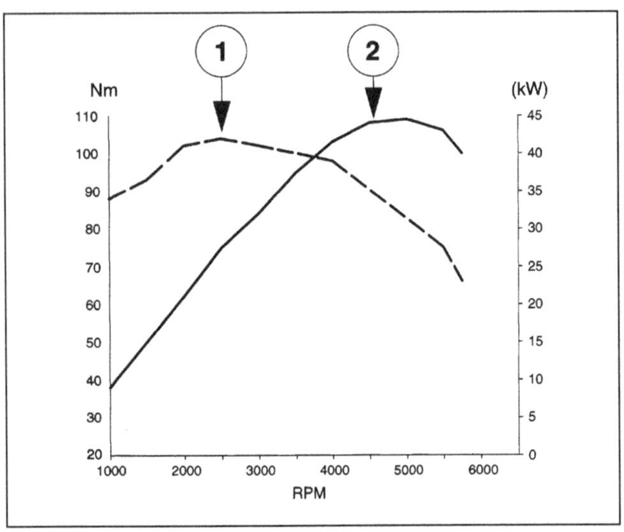

Leistungsdiagramm ❷ und Drehmomentkurve ❶: 1,3 l Endura-E (44 kW/60 PS).

Die modifizierte aktuelle Endura-E Ausführung basiert auf dem OHV-HCS-Einspritzmotor (**o**ver-**h**ead-**v**alve, **h**igh-**c**ombustion-**s**ystem) der weiland im Fiesta debütierte. Doch im Vergleich zum millionenfach bewährten »Original« hat Ford, hinsichtlich Elastizität, Laufruhe und Abgaswerten, dem '99er Endura-E Ableger im Ka erhebliche Verbesserungen angedeihen lassen.

Verbessert den Gasdurchsatz – geglätteter Ansaugkrümmer aus thermoplastischem Kunststoff

Um den Wirkungsgrad möglichst effizient zu steigern, spendierte Ford dem Ka-Motor einen modifizierten Zylinderkopf mit Drallöffnungen und kompakteren Brennräumen. Auf der Ansaugseite kommt zudem ein Kunststoff-Ansaugkrümmer mit glatteren Innenflächen und einer besseren Wärmeisolation zum Einbau. Das gelegentlich bei den OHV-HCS Motoren auftretende Symptom des Magerruckelns gehört damit der Vergangenheit an: Die Frischgase passieren den »geglätteten« Kunststoffkrümmer jetzt ohne Kondensatbildung, zudem verbessert die geringere Wärmeabsorption das Warmstartverhalten. Gewollter Nebeneffekt: Verbesserte Abgasemissionen – der Ka erfüllt nunmehr die Abgasnorm nach D4.

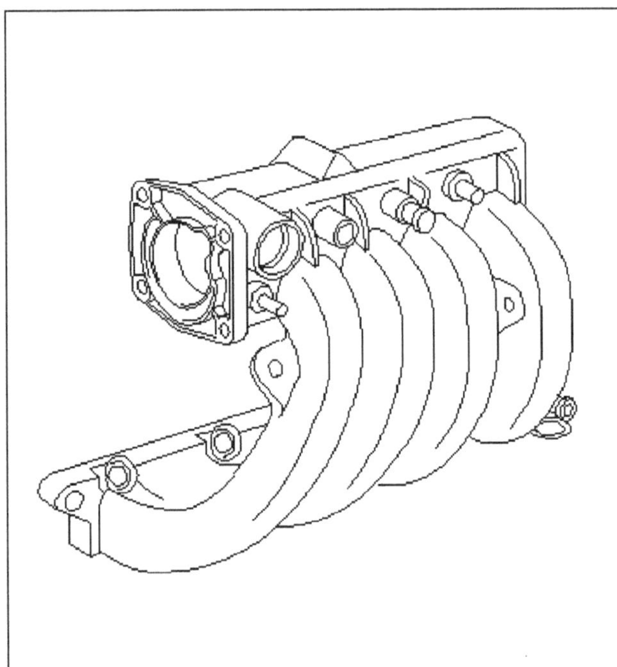

Verbessert die Strömungseigenschaften und senkt die Kondensate beim Kaltstart: Thermoplastischer Ansaugkrümmer.

Standard unter der Ka-Motorhaube – sequentielle Kraftstoffeinspritzung

Als weiteren Fortschritt bietet der Endura-E eine sequentielle Kraftstoffeinspritzung, das neueste EEC-V-Motorsteuerungsmodul, einen motornah eingebauten Katalysator, eine Aluminiumguss-Ölwanne sowie neue Motoraufhängungen. Insgesamt führen die »Ford-Schritte« zu einem erheblich besseren Ansprechverhalten und zu einem deutlich geringeren Innenraumgeräuschpegel.

Technik-lexikon

Die Bauteile des Motors

Motorblock: Hier sind sämtliche rotierenden und oszillierenden Bauteile des Kurbeltriebs und der Ölversorgung zusammengefasst. An seiner Peripherie trägt der Motorblock Nebenaggregate wie Lichtmaschine, Anlasser und Zündanlage. Der Endura-E Motorblock besteht aus Grauguss.

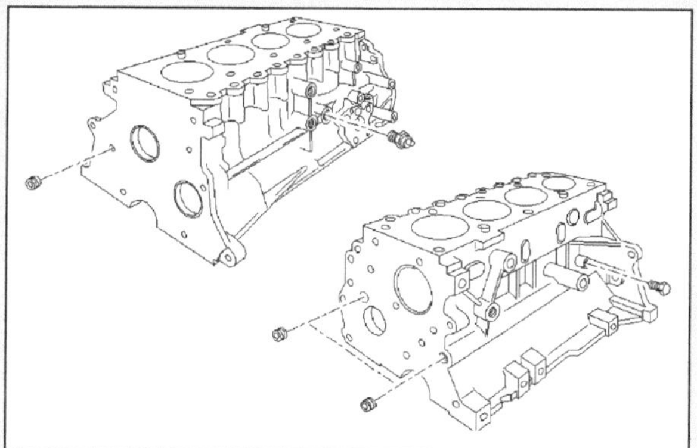

Verwindungssteif und gut zu bearbeiten: Der Grauguss-Motorblock des Endura-E mit fünf Hauptlagern.

Zylinderkopf: Der Zylinderkopf »schließt« den Motorblock nach oben ab. Er enthält Ansaug-, Auspuff-, Wasser- und Ölkanäle, Ventilsitzringe, Lagerstellen für den Ventiltrieb, Ventilführungen sowie Zündkerzen- bzw. Einspritzdüsenbohrungen und die Brennräume. Die Zylinderkopfdichtung zwischen Motorblock und Zylinderkopf dichtet beide Bauteile gegen Öl, Kühlflüssigkeit und Luft nach außen und innen ab.

Zylinder: Darin oszillieren die Kolben zwischen unterem Totpunkt (UT) und oberem Totpunkt (OT): Zylinderlaufflächen sind in ihrem Durchmesser exakt auf den Kolbendurchmesser abgestimmt und nachträglich speziell Oberflächen behandelt (gehont). Sie werden entweder indirekt über Kühlkanäle oder, bei nassen Zylinderlaufbuchsen, direkt von Kühlflüssigkeit gekühlt.

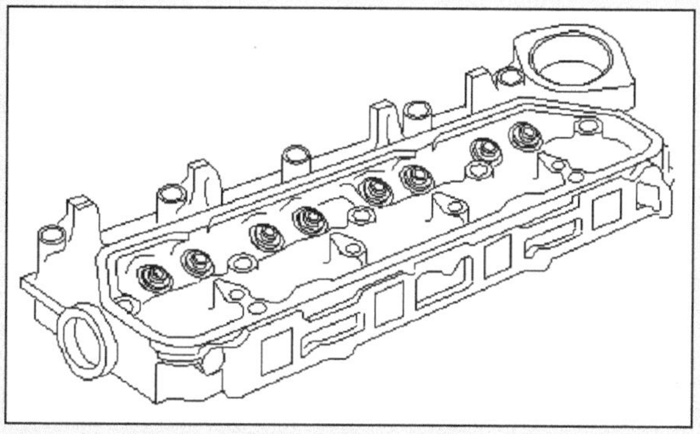

Alles Grauguss: Den Ka-Zylinderkopf fixieren zwei Hülsen auf dem Motorblock, er wird mit zehn Dehnschrauben befestigt.

Kolben: Oszillieren in den Zylindern und übertragen den Verbrennungsdruck über Pleuel auf die Kurbelwelle. Sie bestehen aus einer besonders leichten und hitzebeständigen Leichtmetalllegierung. Ihre Hauptbestandteile sind Kolbenboden, Ringzone mit Kolbenringen, Kolbenbolzenaugen und Kolbenschaft. Der Kolbenbolzen verbindet den Kolben mit dem Pleuel. Die oberen Kolbenringe (Verdichtungsringe) dichten den Brennraum weitgehend gasdicht gegen den Kurbeltrieb ab. Der untere Ring (Ölabstreifring) führt überschüssiges Schmieröl von der Zylinderwand in den Ölsumpf (Ölwanne) zurück.

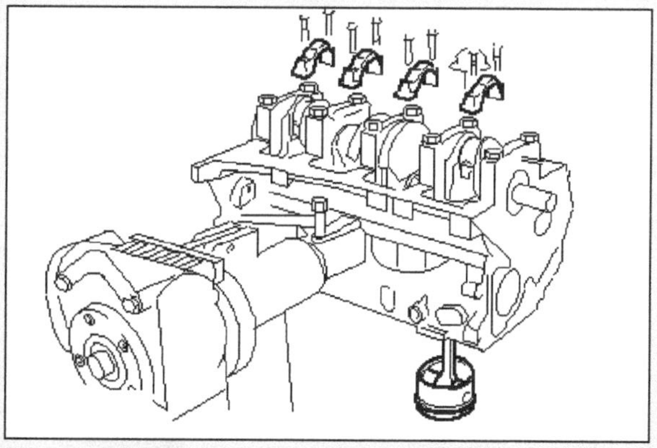

Fünf Hauptlager: Der Kurbeltrieb des Endura-E Motors. Die Lagerdeckel sind ab Werk nummeriert und nach der Revision wiederverwendbar. Im ersten Hauptlager (rechts) sitzt die Aufnahme für den Spannarm des Kettenspanners.

Pleuel: Verbinden den Kolben mit der Kurbelwelle. Ihre Bestandteile: Pleuelauge (fixiert den Kolbenbolzen), Pleuelschaft, Pleuelfuß und Pleuellagerdeckel (umschließen den Kurbelzapfen).

Kurbelwelle: Wandelt über das Pleuel oszillierende Energie (Auf- und Abwärtsbewegung der Kolben von OT nach UT) in rotierende Energie (Drehbewegung der Kurbelwelle) um. Moderne Kurbelwellen bestehen aus einem geschmiedeten Rumpf, der in den Hauptlagerstellen des Motorblocks rotiert. Je nach Zylinderzahl führen in einem genau definierten Versatz (Winkelgrad) jeweils zwei Kurbelwangen zu den Kurbelzapfen (Pleuellagerstellen). Ka-Motoren besitzen fünf Hauptlagerstellen und vier, im Winkel von 900 versetzte Pleuellagerstellen. Alle Lagerstellen sind mit auswechselbaren Gleitlagerschalen gegen Verschleiß gesichert.

Herkömmlicher Maschinenbau: Der Ventiltrieb. Den Antrieb der unten liegenden Nockenwelle leistet eine Einfach-Rollenkette von der Kurbelwelle aus. Stößel, Stößelstangen und eine Kipphebelachse leiten die Hubbewegungen der Nockenwelle an die Ventile weiter.

Ventile: Steuern in Viertaktmotoren den Gaswechsel (ansaugen, verdichten, verbrennen, ausstoßen). Bei den Endura-Motoren hängen die Ventile, geneigt in einer Reihe, seitlich im Zylinderkopf. Die beweglichen Teile im Zylinderkopf bilden den Ventiltrieb.

Nockenwelle: Öffnet und schließt – bei Endura Motoren »verlängert« über Stößel und Stößelstangen – die Ventile in genau definierten Zeitabständen.

Grundbegriffe zur Motortechnik

Technik-lexikon

Das Viertaktprinzip:

Ansaugen (1. Takt): Kolben gleitet von OT nach UT. Einlassventil öffnet, das Kraftstoff-/Luftgemisch strömt in den Zylinder.

Verdichten (2. Takt): Kolben gleitet von UT nach OT und komprimiert auf seinem Weg das angesaugte Frischgas. Einlassventil und Auslassventil sind geschlossen.

Verbrennen (3. Takt): Bereits kurz vor OT entzündet der Zündfunken explosionsartig das komprimierte Frischgas: Der plötzliche Druckanstieg beschleunigt den Kolben zurück in seine UT-Stellung. Das Pleuel überträgt die oszillierende Energie auf die Kurbelwelle und versetzt sie in Rotation.

Ausstoßen (4. Takt): Die Schwungmasse der Schwungscheibe bewegt den Kolben von UT erneut in Richtung OT. Das Auslassventil ist bereits geöffnet, die verbrannten Gase (Abgase) entweichen über den Auspuff in die Atmosphäre. Zusammengefasst bilden die vier Takte den Gaswechsel in einem Viertaktmotor. Grundsätzlich funktioniert ein Dieselmotor nach dem gleichen Prinzip. Er saugt im Ansaugtakt lediglich reine Luft an, verdichtet sie wesentlich effizienter, so dass sich der gegen Ende des Verdichtungstakts eingespritzte Kraftstoff (Dieselöl) an der heißen Luft ohne Fremdzündung (Zündfunken) selbst entzünden kann. Der übrige Gaswechsel ist dann völlig identisch zum Ottomotor.

Hub: Der Weg, den der Kolben bei seiner Bewegung von UT nach OT durchmisst.

Hubraum: Der Raum, den der Kolben bei seiner Bewegung von UT nach OT durchmisst. Der Brennraum hat keinen Einfluss auf den Hubraum.

Zylinderraum: Die Addition aus Hub- und Brennraum ergibt den Zylinderraum.

Verdichtungsverhältnis: Das Verdichtungsverhältnis umschreibt das Frischgasvolumen, welches bei 100 %iger Füllung, also bei voll geöffneter Drosselklappe, zum Zündzeitpunkt im Brennraum komprimiert sein müsste. Die Brennraumgröße hat demnach unmittelbaren Einfluss auf das Verdichtungsverhältnis: Endura-Motoren verdichten ihr Frischgas im Verhältnis 9,5 : 1.

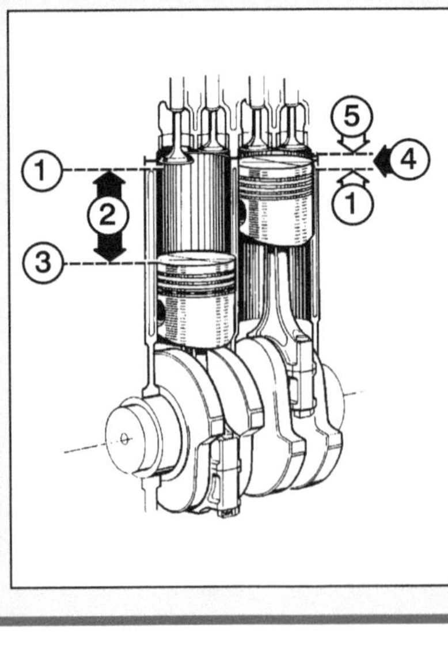

Der Hubraum ❷ erstreckt sich vom oberen ❶ bis zum unteren Totpunkt ❸. Zwischen dem OT, der im rechten Zylinder gerade durch den Kolbenboden begrenzt wird, und der Wölbung des Zylinderkopfes ❺ ist der Brennraum ❹.

Werkstatt oder Do it yourself?

Trotzt ihres robusten Aufbaus sind die Ka-Motoren über die Zeit nicht frei von Defekten. Tiefgreifende Reparaturen und Einstellarbeiten sollten Sie jedoch weitestgehend Ihrer Werkstatt überlassen: Trainierte »Blaumänner« verfügen über das erforderliche Detail- und Fachwissen, sie haben Erfahrung und in der Regel auch das erforderliche Spezialwerkzeug für die meisten Reparaturen. Eine unsachgemäß in Eigenregie ausgetauschte Steuerkette zum Beispiel kann schwere Schäden an Kolben und Ventilen verursachen. Trauen Sie sich besser auch keine Reparaturen an Zylinderkopfdichtung und Ventilen zu, ebenso überfordert Sie mitunter die Beseitigung eines Lagerschadens. Wenn Sie nicht ganz sicher sind, ob Sie an den Innereien Ihres Motors fachgerecht Hand anlegen können: Vergessen Sie Do it yourself – im Interesse des eigenen Geldbeutels. Es bleibt Ihnen trotzdem noch eine Reihe von Prüf- und Wartungsarbeiten, die Sie in Eigenregie durchführen können.

Motor durchdrehen

Bei einer Reihe von Arbeiten am Motor kommt es darauf an, dass die Kolbenstellung in den Zylindern genau fixiert ist. Ausgehend vom oberen »Totpunkt« (OT) des ersten Zylinders ergeben sich die exakten Positionen der anderen Kolben automatisch.

OT-Stellung 1. Zylinder: Der Kolben des ersten Zylinders (im Ka Fahrtrichtung rechts) steht dann exakt im oberen Totpunkt, wenn sich die Ventile des vierten Zylinders überschneiden (Auslassventil schließt, Einlassventil beginnt zu öffnen). Die Ventile des ersten Zylinders sind dann geschlossen. An den meisten älteren Motoren mit Zündverteiler lässt sich die OT-Stellung des 1. Kolbens auch anhand der Stellung des Verteilerfingers und des Schwungrads überprüfen (Verteilerfinger steht über der Markierung am Verteilergehäuse, Schwungradmarkierung stimmt mit Kennzeichnung im Schauloch überein).

Arbeitsschritte

① Liften Sie, wie zum Radwechsel, ein Vorderrad und legen den fünften Gang ein. Wenn Sie jetzt das freistehende Rad nach vorne drehen, rotiert die Kurbelwelle automatisch mit. Leichter geht's, wenn Sie vorab die Zündkerzen demontieren. Sollten Sie Ihr Auto jedoch nicht »standfest« anheben können, legen Sie den 5. Gang ein und schieben den Wagen vorsichtig bis zur OT-Stellung des ersten Kolbens vor.

② Ohne fremde Hilfe können Sie den Motor auch mit einer Stecknuss durchdrehen. Setzen Sie die Nuss an der Keilriemenscheibe der Lichtmaschine an. Der Motor dreht »williger«, wenn Sie dazu den Keilriemen etwas in den Riementrieb pressen. Achten Sie jedoch darauf, dass der Motor immer nur im Uhrzeigersinn dreht.

Ventile einstellen

Ford verwendet im Ventiltrieb der »neuen« Endura-Triebwerke ausgesprochen »langlebige« Materialien. Das kommt natürlich der Ventilstandzeit sehr zugute: Vorbei sind die Zeiten, als das Ventilspiel spätestens nach jedem zweiten KD geprüft, bzw. korrigiert werden musste. Wenn Sie heutzutage nach rund 50.000 Kilometern unter dem Ventildeckel Ihres Ka 'mal nach dem Rechten sehen, reicht das allemal. Gehen Sie dann am »handwarmen« Motor folgendermaßen vor:

Arbeitsschritte

① Batteriemassekabel abklemmen.

② Zündkerzenstecker abziehen (nicht am Zündkabel anfassen) und Zündkerzen demontieren. Damit kein »Dreck« in die Zylinder gelangt, lösen Sie die Kerzen zunächst nur wenige Umdrehungen und blasen dann mit Druckluft die Kerzenlöcher aus.

③ Ventildeckel demontieren (vier Schrauben).

④ Ventildeckeldichtung abziehen.

⑤ Ventilspiel prüfen bzw. korrigieren – Einlass 0,20 mm, Auslass 0,30 mm (Motoren aus Produktion bis November '96), danach 0,50 mm – erkennbar am Aufkleber auf dem Ventildeckel.

⑥ Drehen Sie die Kurbelwelle an der Riemenscheibe im Uhrzeigersinn **immer nur** soweit, bis der zu messende Zylinder auf OT steht. Die korrekte OT-Stellung erkennen Sie ohne Hilfsmittel an den Kipphebeln. Beispiel: Wenn der 1. Zylinder auf OT steht, »überschneiden« sich die Ventile des 4. Zylinders. DerAuslassventilkipphebel »kommt auf« OT (Ventil schließt), und der Einlassventilkipphebel »verlässt« OT (Ventil öffnet). Beide Ventile des 1. Zylinders sind dann unbelastet (geschlossen) und können geprüft, bzw. justiert werden. Anschließend drehen Sie die Riemenscheibe eine halbe Umdrehung weiter. Jetzt »überschneiden« sich die Ventile des 3. Zylinders, und die Ventile des 2. Zylinders können eingestellt werden. Verfahren Sie nach dem gleichen

Schema für Zylinder vier und drei: Ventile 1. Zylinder überschneiden – Ventile 4. Zylinder einstellen; Ventile 3. Zylinder überschneiden – Ventile 2. Zylinder einstellen.

⑦ Das Ventilspiel prüfen Sie mit einer Fühlerblattlehre zwischen Ventilschaft und Kippphebel. Die Korrektur erfolgt an den Einstellschrauben (Pfeil) oberhalb der einzelnen Kipphebel (Rechtsdrehung – Spiel größer, Linksdrehung – Spiel geringer). Sollte das Ventilspiel zu gering werden, Schraube am Kipphebel zurückdrehen und in der Vorwärtsdrehung erneut einstellen.

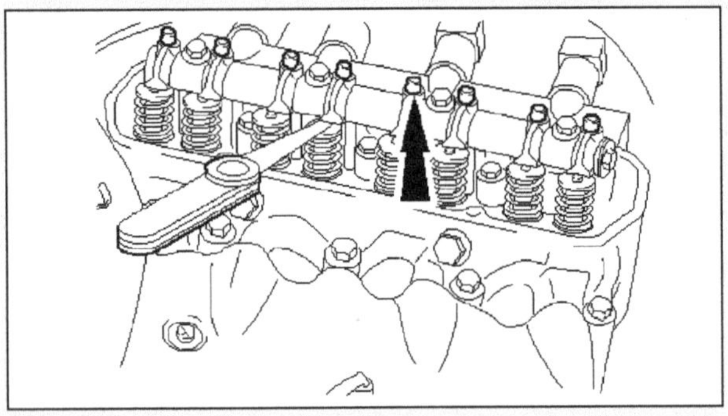

Zwischen Ventilschaft und Kipphebel prüfen: das Ventilspiel.

⑧ Nachdem alle Ventile korrekt justiert sind, montieren Sie den Ventildeckel mit einer neuen Dichtung.

⑨ Beenden Sie die Arbeit in umgekehrter Reihenfolge. Damit die Kerzenstecker nicht »festbacken«, bestreichen Sie die Innenseite auf etwa 5 – 10 mm mit Silikonfett.

⑩ Zuletzt geben Sie auf einer Probefahrt (etwa 20 Kilometer) dem PCM (**P**owertrain **C**ontrol **M**odule – Antriebsstrangsteuergerät) die Chance sich zu regenerieren. Sollte der Motor danach noch nicht »rund« laufen, lassen Sie das PCM bei Ihrem Händler kurz neu programmieren.

Mit diesen Zündkerzen läuft Ihr Ka

Motor	Zündkerzen-Spezifikation
1,3i Endura-E (37 kW/50 PS)	Motorcraft AGRF 22 PP
1,3i Endura-E (44 kW/60 PS)	Motorcraft AGRF 22 PP

Praxistipp: Zündkerzen überprüfen

Da Ottomotoren, anders als Dieselaggregate, nur »fremdgezündet« arbeiten, entflammen Zündkerzen die Frischgase. In früheren Jahren waren Zündkerzen noch hoch verschleißfreudige Bauteile, denen spätestens nach 12 000 Kilometern das »Feuer« ausging. Mit modernen Werkstoffen, bleifreiem Benzin, vor allem auch im Zusammenspiel mit elektronischen Hochleistungszündanlagen hat sich das grundlegend geändert: Zündkerzen reagieren zwar immer noch allergisch auf Feuchtigkeit, beispielsweise nach einer Motorwäsche, doch Laufleistungen jenseits von 40 000 Kilometern sind weitgehend normal – Ford empfiehlt den Wechsel nach 45 000 Kilometern. Dennoch sollten Sie Ihre Zündkerzen im Auge behalten, inspizieren Sie die Funkenspender etwa alle 20 000 Kilometer: Der Fachmann erkennt am Kerzenbild den Zustand eines Motors. Bei den Endura-Motoren beträgt der Elektrodenabstand 1 Millimeter.

Zündkerzen – Störungsbeistand

Erkennungsmerkmal	Ursache/Besonderheiten
A Isolatorspitze hellgrau bis grau.	Zündkerzen mit vorgeschriebenem Wärmewert montiert. Motormanagement (Gemischaufbereitung, Zündanlage) arbeitet vorschriftsmäßig. Mechanischer Verschleiß innerhalb der Toleranzen.
B Isolatorspitze weißlich gefärbt.	Isolator überhitzt. Schlechter (falscher) Kraftstoff. Undichte Ventile. Zu geringes Ventilspiel. Abgasmessung durchführen lassen. Motormanagement überprüfen, evtl. zu mageres Gemisch. Im Zweifelsfall riskieren Sie einen kapitalen Motorschaden (Kolbenfresser, Kolben brennen durch, Auslassventile verbrennen).
C Kerzengesicht dunkel, Isolator schwarz.	Zündkerzen mit zu hohem Wärmewert montiert. Zündkerzen verschlissen. Hoher Kurzstreckenanteil. Luftfilter verdreckt. Motormanagement verstellt. Lambdasonde arbeitet nicht korrekt. Auspuffgase schwarz.
D Kerzengesicht schwarz, Isolator verölt.	Siehe C. Zündkabel, Zündkerzenstecker defekt. Ölabstreifring gebrochen. Kolbenfresser. Ventilschaftabdichtung verschlissen. Hoher Ölverbrauch. Blau/schwarze Abgasfahne.

Überdrehzahlen und Motorlebensdauer

Überdrehzahlen verkürzen die Lebensdauer Ihres Motors. Drehen Sie das Triebwerk zu hoch, treten Schwingungen an der Kurbelwelle oder im Ventiltrieb auf. Werden die Schwingungen zu stark, können mechanische Schäden am Kurbel- oder Ventiltrieb auftreten: Schlimmstenfalls bricht eine Ventilfeder, reißt ein Ventil ab, tritt ein Kolbenfresser auf, reißt ein Pleuel oder bricht die Kurbelwelle. In der Regel bedeutet dies teure Reparaturen oder gar einen Motortotalschaden. Abweichend von der Maximaldrehzahl traut Ford den Endura-Motoren als Dauerdrehzahl 5450 $min.^{-1}$ zu.

Kompressionsdruck messen

Wenn Sie im Laufe der Zeit den Eindruck gewinnen, Ihr Motor sei weniger temperamentvoll als in seinen Anfangstagen, kann der Leistungsverlust durchaus mechanische Verschleißhintergründe haben. Die häufigsten Ursachen sind: hoher Verschleiß zwischen Kolben und Zylindern, verschlissene Kolbenringe, undichte oder vebrannte Ventile, eine beschädigte Zylinderkopfdichtung, verschlissene Einspritzventile oder Zündkerzen. Gegen Ende des Verdichtungstakts entstehen hohe Kompressionsdrücke, die bei der Verbrennung des Kraftstoff-/Luftgemischs schlagartig weiter ansteigen. Das bedeutet für Kolben und Kolbenringe, Zylinderwände, Ventile, Ventilsitze, Ventilschaftdichtungen sowie die Zylinderkopfdichtung eine hohe thermische und mechanische Belastung. Symptome wie mangelhaftes Kaltstartverhalten oder unrunder Motorlauf, gestiegener Öl- und Kraftstoffverbrauch, weiße oder blaue »Auspuffahne«, erhöhte Wassertemperatur, schlechtere Abgaswerte sowie geringere Leistung sind in der Praxis die »schleichenden« Vorboten für einen Motorschaden. Zum globalen Überblick sollten Sie etwa alle 40 000 Kilometer den Kompressionsdruck prüfen lassen. Das gilt übrigens nicht nur für Otto- sondern gleichermaßen auch für Dieselmotoren.

Richtwerte für den Kompressionsdruck

Die Kompressionsdruckwerte für Ihren Ka unterscheiden sich, abhängig vom Verdichtungsverhältnis, geringfügig. Unsere Richtwerte gelten für Motoren in einwandfreiem mechanischen Zustand. Allerdings kommt es bei der Interpretation des Kompressionsdrucks weniger auf den absoluten Spitzenwert als auf gleichmäßige Werte in allen Zylindern an. Abweichungen bis maximal 2 bar sind noch vertretbar, darüber hinaus sollten Sie den Fehler von einem Fachmann weiter »einkreisen« lassen. Er wird im ersten Schritt Ihrem Motor mit einer Druckverlustmessung »auf den Zahn« fühlen.

Völlig normal – ältere Motoren bauen weniger Kompressionsdruck auf

Bei älteren Motoren sinkt der Kompressionsdruck zwangsläufig, kein Grund zur Sorge, erst wenn die gemessenen Werte die Verschleißgrenze erreichen, sollten Sie geistig eine umfangreiche Reparatur oder einen Austauschmotor »ins Auge« fassen. Wenn die Differenzwerte der Zylinder deutlich mehr als 2 bar betragen, deutet das erfahrungsgemäß auf eine dieser Ursachen hin:

- Kolben oder Kolbenringe verschlissen.
- Verbrennungsrückstände in den Kolbenringnuten – Kolbenringe sitzen fest oder sind verschlissen.
- Unrunde Zylinderlaufbahnen – häufig die Folge von leichten Kolbenklemmern oder festsitzenden Kolbenringen.
- Verbrennungs- bzw. verkrustete Ölrückstände an Ventilschäften oder auf Ventilsitzflächen.
- »Eingehämmerte« Ventile.
- Verbrannte Ventile – hervorgerufen von zu geringem Ventilspiel oder thermischer Überbelastung.

Richtwerte für den Kompressionsdruck (in bar)

Motor	Normal	Toleranzgrenze
1,3i Endura-E (37 kW/50 PS)	12 – 14	10
1,3i Endura-E (44 kW/60 PS)	12 – 14	10

Versierte Hobbymonteure messen den Kompressionsdruck natürlich in Eigenregie. Sie benötigen dazu allerdings einen Helfer, der den Motor per Anlasser durchdreht, und einen Kompressionsdruckmesser. Zunächst schrauben Sie alle Zündkerzen aus dem Zylinderkopf und stellen sicher, dass die Ventile richtig eingestellt sind. Während der Prüfung tritt Ihr Helfer das Kupplungs- und Gaspedal voll durch, Sie »drücken« derweil den Zylinder ab. Sinnvollerweise beginnen Sie mit dem ersten Zylinder und gehen dann der Reihe nach weiter vor. Zählen Sie die Kurbelwellenumdrehungen bis zum Aufbau des höchsten Drucks und nehmen den Wert als Maßstab für die anderen Zylinder: Je zügiger sich der Kompressionsdruck aufbaut, um so »gesunder« ist der Zylinder. In einem gesunden Motor sollte der höchste Druck nach etwa 6 bis 8 Kurbelwellenumdrehungen anstehen.

Basis für verlässliche Messwerte – durchzugsstarker Anlasser, volle Batterie

Es ist zwar eine Binsenweisheit, doch wir weisen an dieser Stelle noch einmal ausdrücklich darauf hin: Die Basis für verlässliche Messwerte sind ein durchzugsstarker Anlasser und eine geladene Batterie. Denn wenn die Kurbelwelle nur »gemächlich« rotiert, baut sich im Ansaugrohr die Gassäule nur widerwillig auf – die Messung macht dann wenig Sinn. Sollten Sie große Abweichungen entdecken, kreisen Sie den Fehler mit einem Druckverlusttest weiter ein. Die Vorgehensweise mit diesem Gerät setzt allerdings einige praktische Erfahrungen voraus – deshalb unser Rat: Überlassen Sie einem Fachmann den Druckverlusttest.

Do it yourself – so kommen Sie Fehlern auf die Spur

- Bei zu geringem Kompressionsdruck träufeln Sie mit einer Spritzölkanne etwas Motoröl ins Zündkerzenloch und wiederholen die Messung. Das dichtet den Raum zwischen Kolben und Zylinderwand besser ab.
- Verändert sich danach der Kompressionsdruck nicht, gehen Sie davon aus, dass der Druck an Ventilen, Ventilsitzen, Ventilführungen, am Zylinderkopf oder der Zylinderkopfdichtung entweicht.
- Sind die Werte jedoch besser, gehen Sie von verschlissenen Kolbenringen oder Zylinderlaufflächen aus.

Kompressionsdruck messen

Arbeitsschritte

① Fahren Sie vor der Messung den Motor warm (Betriebstemperatur). Alle beweglichen Teile »laufen« dann mit ihrem Einbauspiel.

② Klemmen Sie nun die Zündung ab (Klemme 15), ziehen die Zündkerzenstecker (nicht an den Zündkabeln ziehen) und demontieren alle Zündkerzen.

③ Ziehen Sie die Handbremse an, legen den Leerlauf ein und treten das Kupplungs- und Gaspedal voll durch.

④ Pressen Sie den Gummikonus des Druckprüfers auf das Kerzenloch des ersten Zylinders – bei Bedarf arbeiten Sie mit einem passenden Adapter.

⑤ Ihr Helfer dreht den Motor jetzt per Anlasser etwa 6 bis 8 mal durch. Wichtig bei Ottomotoren: Die beste Frischgasfüllung (äußere Gemischbildung) erreichen Sie nur bei voll getretenem Gaspedal.

⑥ Lesen Sie den Messwert ab und notieren das Ergebnis. Bei einem Druckprüfer mit Messschreiber schalten Sie einfach auf den nächsten Zylinder.

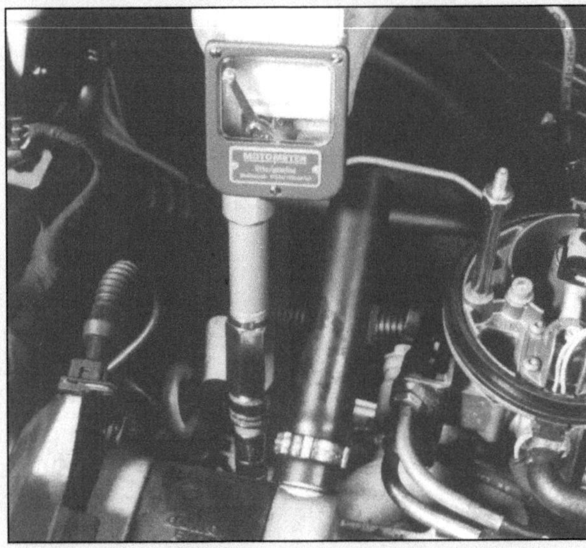

Luftdicht verschließen: *Der Gummikonus des Kompressionsdruck-Prüfers muss das Kerzenloch abdichten. »Gesunden« Motoren reichen etwa 6 – 8 Kurbelwellenumdrehungen bis zum maximalen Kompressionsdruck. Checken Sie alle Zylinder der Reihe nach.*

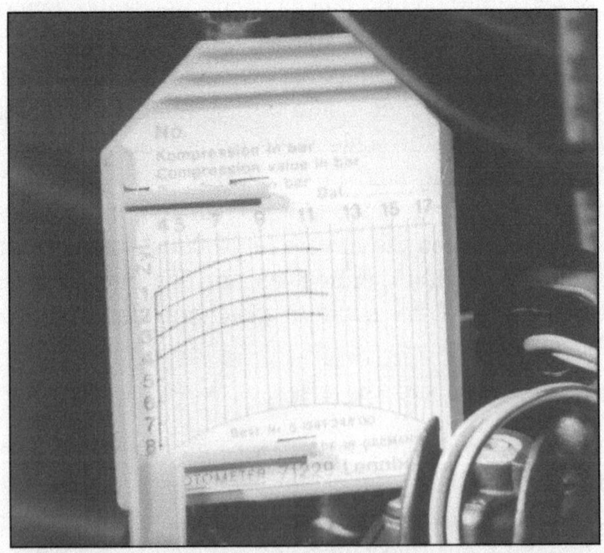

»Gleichmäßigkeitsprüfung«: *Wichtiger als der absolute Spitzendruck sind gleiche Werte in allen Zylindern. Sie sollten sich in etwa unter gleichen Bedingungen (Kurbelwellenumdrehungen) einstellen.*

Praxistipp

Kompressionsdruck entweicht

Wenn der Kompressionsdruck (hörbar) entweicht, hat das erfahrungsgemäß folgende Ursachen:

- am Ansaugkrümmer oder Ansauggeräuschdämpfer – undichtes Einlassventil
- aus geöffnetem Kühler oder Kühlmittel-Ausgleichsbehälter – defekte Zylinderkopfdichtung oder Riss im Zylinderkopf
- aus geöffnetem Öleinfüllstutzen oder Ölpeilstab – verschlissene Zylinderwände, Kolbenlaufbahnen oder Kolbenringe.
- am Auspuffendrohr – undichtes Auslassventil.

Keilriemen kontrollieren

Die Nebenaggregate (Lichtmaschine, Wasserpumpe, AC-Verdichter, Servolenkung etc.) des Ka treibt ein Keilriemen an, bei den Varianten mit Servolenkung und AC erledigt die Aufgabe ein 6K-Poly-V-Riemen (Mehrrillenriemen). Ford verwendet generell Keilriemen, die besonders flexibel über die Radien der Riemenscheiben laufen. Sollten Sie einen Ka mit Klimaanlage oder Servolenkung (ab '99 Serie) fahren, weist der Riemen andere Dimensionen als an der Basisvariante auf. Um im Ernstfall allen Ärger zu vermeiden, komplettieren Sie Ihr Pannenset mit einem passenden Ersatzkeilriemen – irgendwann kommt er zu Ehren.

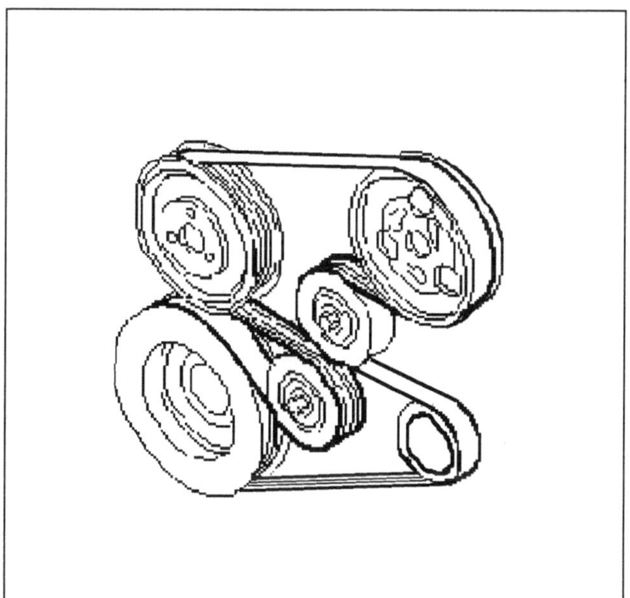

Riementrieb mit Servolenkung.

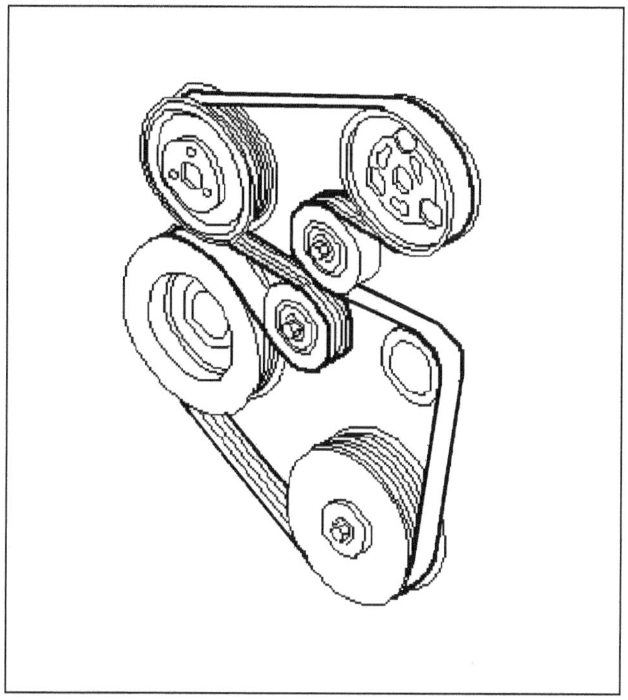

Riementrieb mit AC.

Keilriemen – auf die Vorspannung kommt's an

Keilriemen verrichten ihre Arbeit nur dann zufriedenstellend, wenn sie die nötige Vorspannung haben: Sie müssen straff, aber nicht zu stramm gespannt sein. Ein Spiel zwischen drei bis fünf Millimeter geht in Ordnung. Strammer gespannte Riemen ruinieren auf Dauer die Lager der angetriebenen Nebenaggregate, wie z. B. Lichtmaschine, Wasserpumpe, AC-Verdichter, Servolenkung, etc. Außerdem überdehnen zu straff gespannte Keilriemen und können dann reißen. »Schlaffe« Keilriemen rutschen dagegen durch – sie machen sich mit jämmerlichen Quietschgeräuschen bemerkbar. Die Lichtmaschine »leidet« am meisten darunter, denn ihr fehlt der nötige Antrieb, was die Batterie, speziell im Kurzstreckenverkehr und bei Kaltstarts, überfordert. Rutschende Keilriemen unterliegen zudem einem höheren Verschleiß: Ihre Riemenflanken »verbrennen«. In Extremfällen können rutschende Keilriemen sogar zu überhöhter Motortemperatur und damit zu teuren Folgeschäden (z. B. Kolbenklemmer, durchgebrannte Zylinderkopfdichtung) führen. Ein automatisch agierender Keilriemenspanner nimmt Ihnen im Ka den manuellen Spannvorgang ab. Dennoch, schauen Sie ab und an, besonders im Herbst und Winter, nach dem Rechten.

Arbeits-schritte

① Kontrollieren Sie die Oberfläche des Riemens.

② Drehen Sie den Motor per Hand einige Male durch. Nur so können Sie den Keilriemen zuverlässig inspizieren. Oft haben Keilriemen nur einen einzigen, aber tiefen Riss. Und wenn der Riss bei unglücklicherweise gerade auf einer Riemenscheibe aufliegt, ist der Ärger, trotz Kontrolle, vorprogrammiert.

③ **Wenn der Keilriemen folgende Schäden hat, wird er zum Risikofaktor:**

- unregelmäßige Schleifspuren an den Riemenflanken,
- poröse, ausgefranste Riemenflanken oder Oberfläche,
- Altersrisse.

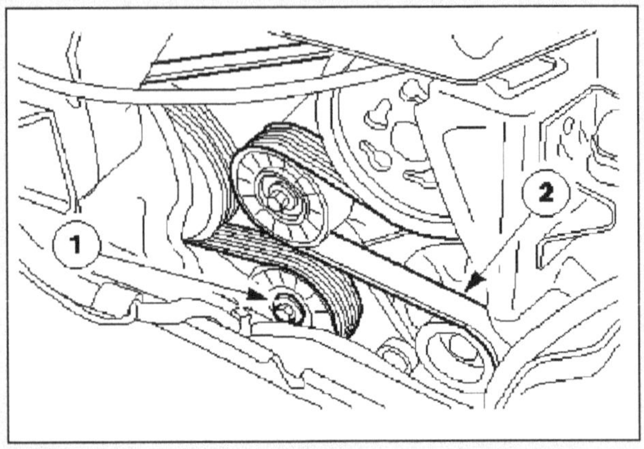

❶ *Zwischenrolle,* ❷ *Riemen.*

Keilriemen montieren

Praxistipp

»Würgen« Sie einen neuen Keilriemen niemals mit einem Schraubendreher über die Riemenscheiben. Dabei entstehende Bruchstellen im Unterbau, der nächste Riemenschaden ist bereits programmiert. Lassen Sie den Motor nach der Montage eines gebrauchten Keilriemens etwa 3 Minuten im Stand laufen (bei einem neuen Keilriemen etwa 10 Minuten) und prüfen erneut die Vorspannung. Bevor Sie den Motor abstellen treten Sie das Gaspedal einige male kurz »durch«. Nach etwa 1000 Kilometern prüfen Sie erneut die Vorspannung. Sie muss zwischen 3 – 5 Millimeter betragen.

Keilriemen montieren

Arbeits-schritte

① Batterie abklemmen.

② Rechten Scheinwerfer demontieren.

③ Keilriemen demontieren, dazu die Zwischenrolle ❶ entspannen. Riemen abziehen ❷.

④ Neuen Keilriemen montieren. Achten Sie unbedingt darauf, dass der Riemen korrekt auf den Riemenscheiben sitzt.

⑤ Beenden Sie die Montage in umgekehrter Reihenfolge und ziehen den Riemenspanner (Pfeil) mit 35 Nm an.

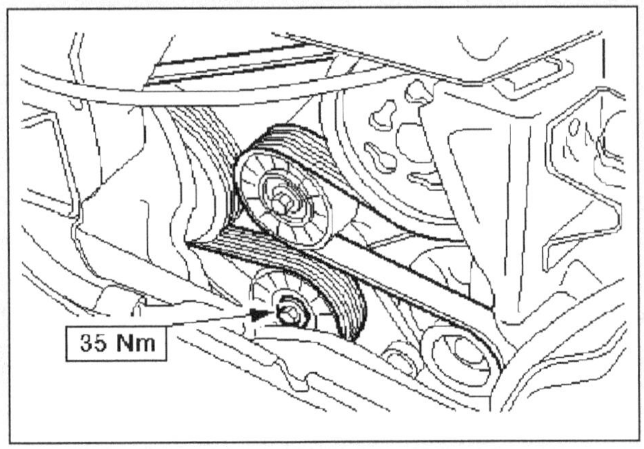

Mit 35 Nm anziehen: Riemenspanner (Pfeil).

Wenn ein Keilriemen reißt

Praxistipp

Leuchtet während der Fahrt die rote Ladekontrolle auf, verrät das meistens einen gerissenen Keilriemen. Häufig bemerken Sie dann auch einen harten Schlag gegen den Radlauf oder das Frontblech im Motorraum. Sie sollten ohne Keilriemen auf keinen Fall weiterfahren. Da die Wasserpumpe über Keilriemen angetrieben wird, stoppt der Kühlkreislauf – die »stillstehende« Kühlflüssigkeit gerät im Motorblock schnell ins Kochen, und Sie riskieren einen kapitalen Motorschaden. Die »Sage« von der »zweckentfremdeten Damenstrumpfhose« legen Sie spätestens jetzt ad acta – entweder montieren Sie an Ort und Stelle einen Ersatzkeilriemen oder Sie lassen den Wagen in die nächste Werkstatt abschleppen.

Diagnostizieren – Klopfgeräusche aus dem Motorraum

Bei kaltem Motor sind leichte Klopfgeräusche aus dem Motorraum nicht unbedingt ein Grund zur Sorge. Metallisch harte Klopf- oder Rollgeräusche verraten bei einem betriebswarmen Motor dagegen fast immer einen ernsthaften Schaden. Die häufigsten Defekte treten an Pleuellagern auf. Die Hauptlager der Kurbelwelle, Ihr Ka hat fünf, sind seltener betroffen. Ein Lagerschaden zieht immer eine umfangreiche Motorrevision nach sich. Mit viel Glück und einem sensiblen Ohr erkennen Sie Lagerschäden mitunter schon im frühen Anfangsstadium. Ist das der Fall, reicht es mitunter, die Gleitlagerschalen des betreffenden Pleuel- oder Hauptlagers auszutauschen – ein Fachmann wird Ihnen freilich zu einer umfangreicheren Reparatur (Kurbelwelle schleifen, nitrieren, neu lagern) bzw. zu einem Teilemotor raten.

So erkennen Sie einen Lagerschaden

- Beschleunigen Sie den Motor im Stand auf mittlere Drehzahlen und nehmen dann das Gas zurück. Taucht mit abfallender Drehzahl ein leichtes Klopfgeräusch (»nack-nack-nack«) auf und bemerken Sie dieses Geräusch auch beim zügigen Beschleunigen, lassen Sie den Motor sofort in einer Fachwerkstatt checken: Die Geräusche sind typisch für einen Pleuellagerschaden.

- Ignorieren Sie das anfängliche »nack-nack-nack« folgt schon nach wenigen Kilometern ein hartes »klack-klack-klack«: Der Lagerschaden hat sich verschlimmert, die Lagerschale ist bereits ausgelaufen und hat mit großer Wahrscheinlichkeit die Kurbelwelle in Mitleidenschaft gezogen. An eine preisgünstige Reparatur ist jetzt nicht mehr zu denken. »Freunden« Sie sich mit einem Austausch- oder Teilemotor an.

- Machen Sie im Kurbeltrieb ein gleichmäßiges, synchron zur Motordrehzahl ansteigendes Rollgeräusch aus, deutet das ziemlich sicher auf einen Hauptlagerschaden hin. Stellen Sie den Motor sofort ab und lassen einen Fachmann seine Ohren »spitzen«. Wenn Sie damit zu lange warten, »himmeln« Sie den Motorblock sogar als Austauschteil: Das treibt die Reparaturkosten völlig unnötig in die Höhe, denn Ihr Händler berechnet Ihnen den Austauschblock dann so, als wär's ein Neuteil.

Zylinderkopfdichtung

Störungs-beistand

Erkennungsmerkmal	Ursache/Besonderheiten
A Kühlflüssigkeitsstand wird regelmäßig ergänzt.	Kühlflüssigkeit gelangt in geringer Menge in die Brennräume. Der Zustand kann sich ohne Merkmale über längere Zeit hinziehen.
B Beträchtlicher Kühlmittelverlust. Auch bei warmem Motor entwicht dem Auspuff ein weißer Abgasschleier.	Kühlmittel dringt in größerer Menge in einen Verbrennungsraum, verdampft dort und entweicht als »Wasserdampf« aus dem Auspuffendrohr.
C Aus dem geöffneten Ausgleichsbehälter steigen Luftblasen auf, beim Öffnen des Verschlussdeckels sprudelt Kühlmittel unter Druck aus dem Behälter oder Kühler.	Motor drückt Verbrennungsgase ins Kühlsystem. Aus der Einfüllöffnung riecht es nach Abgasen.
D Buntschillernder Film schwimmt auf der Kühlflüssigkeit.	Motoröl gelangt ins Kühlsystem.
E Gräulich aussehende Emulsion setzt sich am Ölpeilstab ab, Motoröl ist von Wasserbläschen durchsetzt.	Kühlflüssigkeit gerät ins Motoröl. Zylinderkopfdichtung oder Zylinderkopf defekt. Schaden sofort diagnostizieren lassen. Wagen zur Reparatur in Fachwerkstatt abschleppen. Achtung: Wasser im Motoröl verursacht einen Lagerschaden.

DAS SCHMIER-SYSTEM

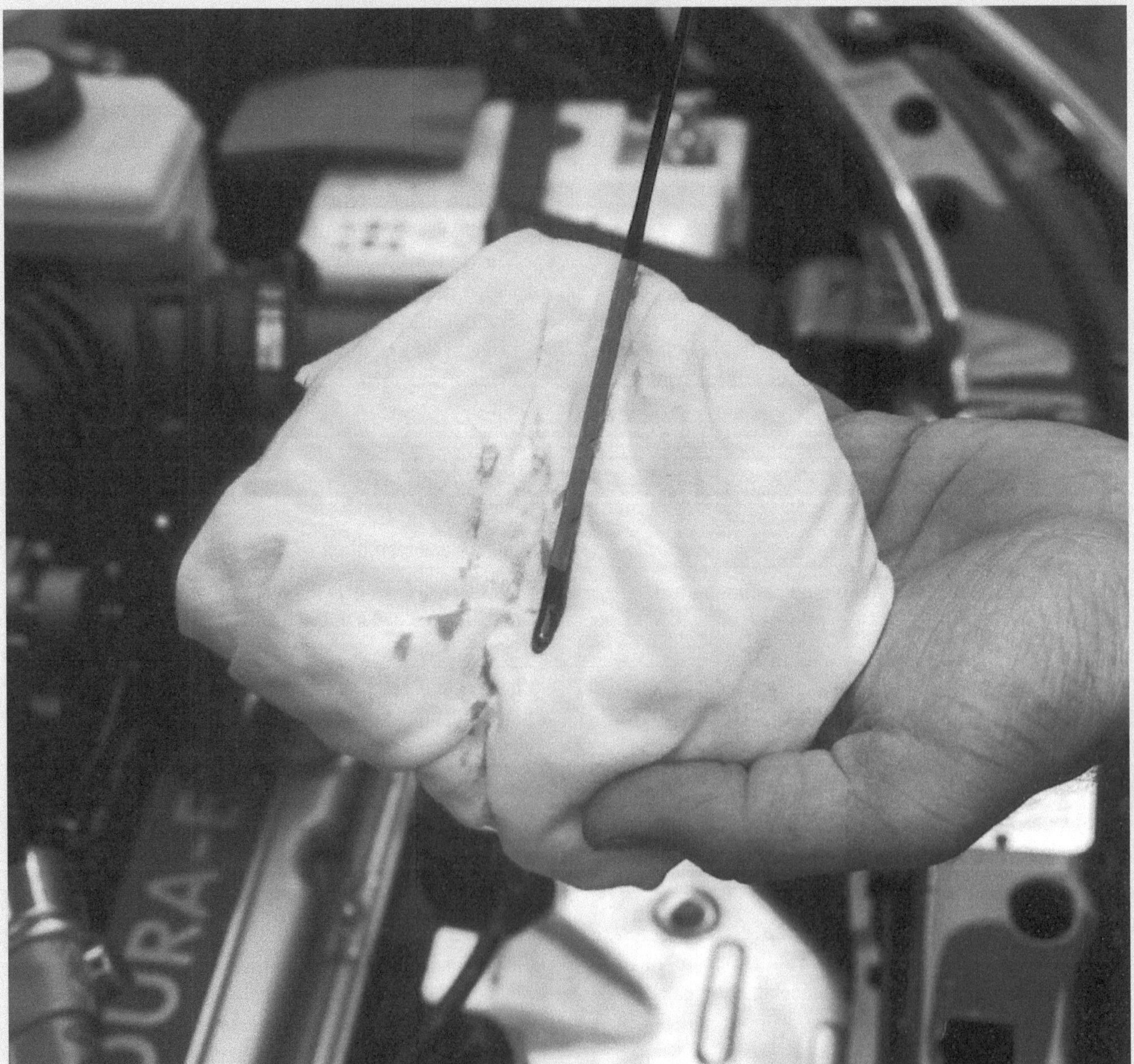

Wartung

Wer gut schmiert – der gut fährt:
Obwohl dem Ka nicht der zweifelhafte Ruf vorauseilt, ein großer »Ölfresser« zu sein, empfehlen wir Ihnen, spätestens nach jeder zweiten Tankfüllung den Motorölstand zu überprüfen. Solange der Ölpegel zwischen »Min« und »Max« am Ölpeilstab steht, haben Sie keinen triftigen Grund, Motoröl zu ergänzen. Die Differenzmenge zwischen den Markierungen beträgt etwa 0,75 Liter. Füllen Sie niemals über »Max« auf: Die Radialdichtringe an der Kurbelwelle und der Luftfilter könnten Ihnen das »verübeln«.

Ohne ausreichende Schmierung würde Motoren schon nach wenigen Minuten »festgehen«. Ein hauchdünner Ölfilm schützt darum überall dort vor »zerstörerischen Reibereien«, wo im Motor bewegliche Teile aneinander »geraten«: So zum Beispiel an Kolben und Kolbenbolzen, den Zylinderlaufbahnen, Pleuel- und Hauptlagern der Kurbelwelle oder im gesamten Ventiltrieb.
Damit der Ölfilm nicht »abreißt«, zirkuliert das Öl bei laufendem Motor in einem filigranen Leitungs-, Kanal- und Bohrungs- Labyrinth. Den geregelten Transport organisiert eine Ölpumpe. Sie sitzt im Ka außen am Motorblock, unmittelbar vor dem Ölfilterflansch. Die Pumpe saugt das Motoröl direkt aus dem Ölsumpf der Ölwanne und »beschleunigt« es innerhalb des beschriebenen Labyrinths an die jeweils richtigen Adressaten.
Und damit der Schmiersaft möglichst »clean« dort ankommt, passiert er vorher noch den Ölfilter. Er sitzt im Ka unmittelbar nach der Ölpumpe direkt im Hauptstrom des Ölkreislaufs. Der Filter »verbannt« Rußpartikel, Metallabrieb und sonstige Fremdkörper aus dem Motoröl. Ölfilter sind Verschleißteile, sie reinigen nur solange, wie ihre mikroskopisch feinen Papierlamellen noch durchlässig und nicht verschlammt sind.

Bei jedem Ölwechsel erneuern – den Ölfilter

Wenn Sie Ihren Ka mit neuem Motoröl »verwöhnen«, spendieren sie ihm grundsätzlich auch einen neuen Ölfilter. Verdreckte Ölfilter lassen das Motoröl durch ein Überdruckventil zwar weiterhin im Motor kreisen, doch der Kreislauf kursiert am »am Ölfilter vorbei«. »Schmutziges« Motoröl beschleunigt den Verschleiß im gesamten Motor – vornehmlich an den Kolben- und Zylinderlaufbahnen, an der Nockenwelle und im Kurbeltrieb.
Sobald die Kurbelwelle rotiert, beschleunigt das Motoröl in Bohrungen und Kanälen an die relevanten Schmierstellen im Motorblock und Kurbeltrieb. Ähnlich »druckvoll« erreicht es auch den Zylinderkopf mitsamt seinem Ventiltrieb.
Den meisten anderen Schmierstellen, so zum Beispiel den Kolben, reicht dagegen eine ganz profane Spritzölschmierung – verursacht von der rotierenden Kurbelwelle: Sie vernebelt das an ihren Lagerstellen austretende Öl gleichmäßig in ihrem Umfeld.
Auf seiner planmäßigen Reise durch den Motor hält das Öl übrigens nicht nur alle Innereien beweglich und geschmeidig, sondern es nimmt auch einen Großteil der Überschusswärme auf, die an den Lagerstellen und den Brennräumen entsteht. Der Rückweg in die Ölwanne ist dann wesentlich geruhsamer und weniger stressig: Das Motoröl fließt ohne Druck in speziellen Rücklaufkanälen zurück in den Ölsumpf der Ölwanne. Hier kommt der Schmiersaft kurzzeitig zur Ruhe und kühlt sich in einer Aluminiumölwanne, auf etwa 75°C ab, bevor ihn die Ölpumpe erneut unter »Druck« setzt.

Drucksache – der Ölkreislauf

Damit der Schmierfilm auch Höchstbelastungen standhält, gelangt das Öl unter Druck an die Schmierstellen. Doch ein zu hoher Öldruck, beispielsweise bei zu kaltem und zähflüssigem Öl, verursacht auf Dauer Motorschäden. Dem wirkt ein Überdruckventil (Bypass) im Ölfilteranschlussflansch entgegen. Der Bypass öffnet bei etwa 2,7 bar und leitet das Öl direkt auf die Saugseite der Ölpumpe um. In technisch gesunden Ka-Triebwerken gelangt das Öl bei mittleren Motordrehzahlen mit etwa 1,5 bar (Öltemperatur ca. 80°C; Mehrbereichsöl SAE 10W-30) an die Schmierstellen. Im Leerlauf reichen dem Ka dagegen rund 0,6 bar bei rund 80°C. Exakte Öldruckinformationen liefert Ihnen ein Öldruckmesser. Serienmäßig hat der Ka keinen installiert. Als Do it yourselfer dürfte das für Sie freilich kein unlösbares Problem darstellen: Öldruckmesser sind relativ einfach nachrüstbar.

Signalisiert nur den Mindestdruck – Ölkontrollleuchte

Der serienmäßigen Ölkontrollleuchte können Sie keine genauen Messwerte abverlangen, sie »flackert« lediglich zwischen 0,3 – 0,5 bar. Mit anderen Worten, die Ölkontrollleuchte warnt Sie erst dann, wenn Motorschäden bereits im Anmarsch sind: Denn eine ausreichende Ölversorgung aller Motorinnereien ist mit 0,3 – 0,5 bar nicht mehr zuverlässig gesichert. »Störungen« können zum Beispiel schon auftreten, wenn Ihr Ka mit zu geringem Ölstand eine Kurve durcheilt: Die dabei auftretenden Fliehkräfte »verlagern« das Öl innerhalb der Ölwanne auf die kurvenäußere Seite – die Ölpumpe fördert in der Situation nur noch »heiße Luft« aus dem Ölsumpf. Zwangsläufig geht der Öldruck in den »Keller«, schwere Motorschäden können das teure Resultat sein.
Auch wenn nach schnellen Autobahn- oder Passfahrten die Öldruckleuchte Ihres Ka im Leerlauf flackert, ist das ein sicheres Indiz dafür, dass der Öldruck nicht mehr ausreicht. Solange die Kontrollleuchte beim leichten Gasgeben allerdings ausgeht, ist das kein Grund zu großer Sorge – lassen Sie es etwas beschaulicher angehen, ein »gesunder« Motor kühlt sich ja während der Fahrt wieder ab.

Erst wenn die Ölkontrollleuchte ständig brennt ...

- ...halten Sie sofort an und stellen den Motor ab.
- ...kontrollieren Sie den Ölstand und...
- ...ergänzen Fehlmengen möglichst sofort. Ansonsten fahren Sie ganz behutsam die nächste Tankstelle an und füllen dort Öl auf. Prüfen Sie, ob danach die Leuchte wirklich erlischt.
- Falls nicht, schleppen Sie den Wagen in die nächste Werkstatt ab und lassen einen Fachmann die Ursache diagnostizieren. Unter Umständen vermeiden Sie damit noch einen schweren Motorschaden.

Ein »Saft« mit vielen Talenten – das Motoröl

Spätestens an dieser Stelle dürften Sie nicht mehr zweifeln: Öl ist das Lebenselexier Ihres Ka-Motors. Es vermindert die Reibung und den Verschleiß an Kolben, an Zylindern sowie an allen Lagerstellen des Kurbel- und Ventiltriebs. Zudem dichtet Motoröl die Kolben zu den Zylinderwänden ab. Die bei der Verbrennung explosionsartig entstehenden Gase wirken, dank »Öldichtung«, nahezu verlustfrei auf die Kurbelwelle ein. Die Talente des Motoröls sind damit längst nicht ausgereizt: Motoröl übernimmt zu einem Großteil auch die Kühlung der Motorinnereien. Außerdem schützt es vor Rost, hält Schmutzpartikel in der Schwebe und bindet einen Teil der chemischen Verbrennungsrückstände.

Multitalente – die Mehrbereichsöle

Moderne Motoröle sind aus Erdöl raffinierte Schmierstoffe. Doch bevor sie ihre Karriere als Motoröl antreten dürfen, mischen ihnen die Ölhersteller noch spezielle Additive unter. Das macht am Schluss der Raffinationskette bis zu 20 Prozent des Motoröls aus. Additive schützen das Öl beispielsweise vor Oxidation und verhindern sein Aufschäumen bei hohen Drehzahlen. Eines der wichtigsten Additive sind die VI-Verbesserer (VI = Viskositätsindex). VI-Verbesserer sind lange Molekülketten, die unter Wärmeeinfluss »quellen« und beim Abkühlen wieder schrumpfen. Sie »stellen« somit das Motoröl in einem bestimmten Temperaturfenster automatisch auf die vorhandene Motortemperatur ein. Gekonnt gemischt, überspannen Additive gleich mehrere Viskositätsklassen.
VI-Verbesserer haben jedoch die negative Eigenschaft, bei hohen Temperaturen zu verschleißen und damit einen Großteil ihrer Wirkung zu verlieren. Außerdem setzen Wasser, Kraftstoff und Verbrennungsrückstände der Lebensdauer des Motoröls Grenzen. Ein dünnes Mineralöl hält den im Motor herrschenden Drücken und Temperaturen über einen längeren Zeitraum nur unzureichend stand. Regelmäßige Ölwechsel sind daher kein verzichtbarer Luxus, sondern schlichtweg eine technisch/chemische Notwendigkeit – zumindest dann, wenn Ihr Motor reibungslos funktionieren soll.

Hochpreisig – synthetische Leichtlauföle

Synthetiköle sind im Prinzip nicht »künstlicher« als herkömmliche Mineralöle, aber durchweg teurer. Grund: Bei Synthetikölen wird der Molekülaufbau des »natürlichen« Rohöls in einem aufwendigen Verfahren (Cracken) aufgelöst und mit speziellen Additiven in anderer Rezeptur neu vermischt. Als Äquivalent zum hohen Einstandspreis versprechen ihre Hersteller einen geringeren Öl- und Kraftstoffverbrauch, eine größere Beständigkeit und längere Standfestigkeit: Theoretisch bedeutet das auch größere Ölwechselintervalle. Wenn Sie sich den Luxus dieses Spitzenöls leisten möchten, sollten Sie die ohnehin schon sehr gedehnten Ford-Wechselintervalle dennoch nur mit kritischem Augenmaß überschreiten.

Begriffe und Normen rund ums Öl

Technik-lexikon

Viskosität: Bezeichnet das Maß für die Fließfähigkeit des Schmieröls. Im Winter ist dünnflüssigeres Motoröl, das nach dem Kaltstart sofort an alle Schmierstellen im Motor gelangt, erste Wahl. Im Sommer dagegen ist dickflüssigeres Öl gefragt, das den Schmierfilm auch bei hohen Temperaturen nicht abreißen lässt.

SAE-Klasse (Society of Automotive Engineers): Bezeichnet die Viskositätsklasse, zum Beispiel SAE 5W-30. Je kleiner die erste Zahl, um so besser fließt das Öl bei Kälte (W = Winter). Ein Öl mit 0W schmiert noch bei minus 30° C, bei 5W steigt dieser Wert auf minus 25° C, bei 15W auf minus 15° C. Je höher die zweite Zahl, um so temperaturbeständiger ist das Öl bei hohen Temperaturen.

ACEA (Association des Constructeurs Européen d'Automobiles): Die 1996 eingeführte europäische Ölnorm löst die CCMC-Norm ab. Für Ottomotoren gibt's die Gruppen A1 (kraftstoffsparendes Öl), A2 (gering belastetes Öl), A3 (Hochleistungsöl). Für Dieselmotoren gilt die Einteilung B1, B2 und B3.

CCMC (Comittée des Constructeurs d'Automobiles du Marché Commun): Die Spezifikation besteht aus den Buchstaben G (Benziner) und PD (Diesel) sowie einer Zahl. Je höher die Zahl, um so besser ist die Ölqualität.

API (American Petroleum Institute): Die Spezifikation besteht aus den Buchstaben S (Ottomotor) und C (Dieselmotor) sowie einem weiteren Buchstaben. Je höher dieser im Alphabet rangiert, um so besser ist die Ölqualität.

Motoröl – lesen Sie das Kleingedruckte auf der Dose

Für den Motor Ihres Ford Ka genügt ein herkömmliches Mehrbereichsöl. Wichtig ist lediglich, dass der »Saft« die relevanten Normen erfüllt. Im Zweifelsfall fragen Sie Ihren Händler, denn über die Eignung entscheidet nicht der werbewirksame Auftritt, sondern allein die Ölspezifikation, die richtige Viskositätsklasse und das »Kleingedruckte« auf der Dose: Ford empfiehlt für den Ka SAE 5W-30 Motorenöle die mindestens der Spezifikation ACEA A1/B1 und WSS-M2C912-A1 oder WSS-M2C913 entsprechen. Sollten Sie andere Öle verwenden, müssen Sie mindestens der Qualität API SH entsprechen. Öle mit der Bezeichnung API SC, SD, SE oder SF könnten Ihrem Ka sogar schaden.

Sobald der Schmiersaft den genannten Kriterien entspricht, lassen sich die Ölsorten verschiedener Hersteller durchaus mischen. Sie müssen dann jedoch damit rechnen, dass spezielle Eigenschaften der ursprünglichen Rezeptoren nachlassen. Jedes Produkt zeichnet nämlich eine individuelle Additivrezeptur aus, deren Wirksamkeit beim Mix mit anderen Ölen abhanden kommen kann. Aus diesem Grund macht auch die Kombination von Mineralöl und Synthetiköl keinen Sinn. Desgleichen sollten Sie auch keine reinen Dieselöle mit Ölen für Ottomotoren vermischen – schlimmstenfalls provozieren Sie damit einen Motorschaden.

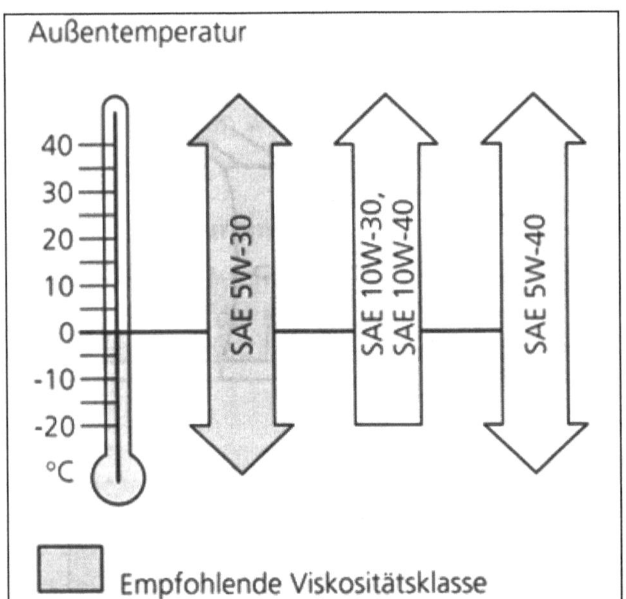

***Immer im grünen Bereich:** Die empfohlene Ölviskosität ist abhängig von der durchschnittlichen Außentemperatur.*

Völlig normal – geringer Ölverbrauch

Etwas Öl verbraucht jeder Motor. Es gelangt teilweise in den Verbrennungsraum und wird dort mitverbrannt. Ein undichter Motor, defekte Ventilschaftabdichtungen, verschlissene Ölabstreifringe, zu große Spaltmaße zwischen den Kolben und Zylinderlaufbuchsen oder zuviel Spiel zwischen Ventilführung und Ventilschaft treiben den normalen Verbrauch in die Höhe. Wenn der Motor Ihres Ka technisch in Ordnung ist, müssen Sie während der vorgeschriebenen Ölwechselintervalle allenfalls geringe Ölmengen (0,25 – 0,5 Liter) ergänzen. Das gilt jedoch nur, wenn Sie regelmäßig das Öl wechseln und Ihren Motor nicht durch zu scharfe Fahrweise übermäßig belasten.

Blaue Abgasfahne – sichtbares Verschleißindiz

An einer blauen Abgasfahne können Sie einen der vorgenannten Schäden ableiten. Doch auch wenn der Ölstand regelmäßig konstant bleibt, ist dies generell kein Grund zur Freude: Überschüssiger Kraftstoff und Kondenswasser verdünnen das Motoröl dann mitunter – seine Schmiereigenschaften lassen nach.

Vor allem im Winter und vornehmlich im Kurzstreckenverkehr ist dieses Phänomen zu beobachten – der Motor erreicht dann über längere Zeit selten seine Betriebstemperatur, die Rückstände »schwimmen« dann als Ballast durch den Motor und können nicht verbrennen bzw. verdampfen. In diesem Fall sollten Sie das Motoröl in kürzeren Intervallen wechseln; etwa schon nach 6000 Kilometern oder halbjährlich.

Nicht vergessen – regelmäßig den Motorölstand prüfen

Prüfen Sie den Motorölstand nach jedem dritten Tankstopp oder nach längeren Autobahnfahrten mit hohen Tempi. Während der Einfahrzeit oder bei älteren Motoren mit erhöhtem Ölverbrauch ist es ratsam, den Ölstand mindestens alle 1000 Kilometer zu kontrollieren. Ergänzen Sie den Ölvorrat frühestens wenn der Ölpegel etwa mittig zwischen beiden Markierungen des Ölstabs steht. Ihrem Ka fehlt dann etwa ein halber Liter.

Arbeits-schritte | ständige Kontrolle

① Kontrollieren Sie den Ölstand möglichst bei kaltem Motor, also vor dem Start. Ihr Auto sollte dazu auf einem waagerechten Untergrund stehen. Bevor Sie den Ölstand bei warmem Motor checken, gönnen Sie Ihrem Ka vorher mindestens eine fünfminütige Pause – das umlaufende Öl hat dann Zeit, sich im Ölsumpf der Ölwanne zu sammeln.

② Ziehen Sie den Peilstab und wischen ihn mit einem sauberen, flusenfreien Lappen oder Papiertuch ab. Bugsieren Sie den Stab danach wieder bis zum Anschlag in die Ölwanne, warten kurz und ziehen ihn dann erneut heraus. Vorsicht bei betriebswarmem Motor: Der Ölstab kann sehr heiß sein.

③ Liegt der Pegel im oberen Viertel zwischen Minimum und Maximum, reicht's allemal. Bei rund 50 % ergänzen Sie maximal einen halben Liter. Dümpelt der Ölstand dagegen an der unteren Markierung oder gar darunter, füllen Sie sofort den Ölstand auf – Ihrem Ka fehlt dann rund ein Liter Motoröl.

Es muss nicht immer Maximum sein: Lassen Sie den Ölstand ruhig zwischen MIN und MAX pendeln. Die maximale Nachfüllmenge beträgt 0, 75 Liter.

④ Füllen Sie grundsätzlich nur so viel Öl nach, dass der Pegel niemals die obere Markierung übersteigt. Unsere Empfehlung: Halten Sie den Stand konstant im oberen Viertel. Das Öl wird dann auch im Sommer, bei hohen Außentemperaturen, nicht zu heiß. Zu viel Motoröl schadet jedem Motor: Es sucht sich über Dichtflächen und Radialwellendichtringe einen Weg ins Freie (verölte Kupplung, Riemenscheibe) oder wird mitunter über die Kurbelgehäuseentlüftung angesaugt und verschmutzt den Luftfilter inklusive Ansaugtrakt.

⑤ Benutzen Sie zum Nachfüllen aus größeren Gebinden einen sauberen Trichter.

Grundsätzlich gemeinsam wechseln – Motoröl und Ölfilter

Bei allen Ka-Motoren ist der Ölwechsel nach 15 000 Kilometern fällig. Fahren Sie Ihren Ka überwiegend auf langen Strecken, können Sie das Intervall getrost um rund 5000 Kilometer ausdehnen. Sind Sie dagegen ausschließlich in der Stadt oder auf Kurzstrecken unterwegs, macht ein früherer Wechsel Sinn. Zumal im Winter, 6000 Kilometer oder ein halbes Jahr sind dann bereits ein probater Wechselrhythmus.

Ölwechsel – wann lohnt Do it yourself?

Do it yourself lohnt dann, wenn Sie ein preiswertes Öl mit den vorgeschriebenen Spezifikationen aus dem Zubehörhandel, Warenhaus oder von der Tankstelle verwenden. Bei einem konventionellen Ölwechsel (Öl aus der Wanne ablassen, Filter wechseln, Öl an Sammelstelle entsorgen) müssen Sie Ihren Ka aufbocken. Schneller und sauberer geht's bei einem SB-Ölwechsel inklusive Absauggerät an der Tankstelle.
Diese Methode hat jedoch auch Nachteile: Der Schlamm verbleibt in der Ölwanne, und ohne gleichzeitigen Ölfilterwechsel ist neues Motoröl ohnehin »verschenkt«. Ölwechsel in der Fachwerkstatt sind am bequemsten. Natürlich lässt sich der Fachmann seine Arbeit auch gebührend honorieren: Er verwendet in der Regel nur teure Ölsorten und berechnet Ihnen zudem die Entsorgung des Altöls und Ölfilters. Dennoch kann sich der Auftrag lohnen. Kalkulieren Sie im Vorfeld. Oft erledigen Werkstätten auch dann den Wechsel, wenn Sie Öl und Filter mitbringen.

So viel Öl braucht Ihr Ka bei jedem Wechsel

Motor	Motoröl mit Filter*
Endura-E (44 kW)	3,25 Liter
Endura-E (37 kW)	3,25 Liter

**Der Ölfilter ist auf den Motor abgestimmt. Verwenden Sie nur Original-Ölfilter.*

Arbeitsschritte | 15.000 km 12 Monate

① Motoröl warmfahren. Wichtig, nur dann sind die Schmutzpartikel in der Schwebe.

② Auto waagerecht auf ebener Fläche aufbocken.

③ Flache Wanne, Schüssel oder einen aufgeschnittenen Plastikölkanister mit ausreichendem Fassungsvermögen unterstellen.

④ Ölablassschraube mit gekröpftem Ringschlüssel öffnen. Altes Motoröl auslaufen lassen. Vorsicht, beim herausdrehen der Ablassschraube – das heiße Öl schießt mit einem kräftigen Strahl aus der Ölwanne in den Auffangbehälter (Verbrühungsgefahr!). Ölablassschraube »nur« mit neuem Dichtring festziehen.

⑤ Altölwanne entleeren und im Bereich des Ölfilters unter den Motor stellen. Ölfilter mit Spezialwerkzeug lösen. Falls nicht vorhanden, Schraubendreher durch das Blechgehäuse treiben (Vorsicht: Verbrühungsgefahr – heißes Öl läuft aus) und losdrehen. Filter über dem Ölauffanggefäß entleeren und als Sondermüll entsorgen.

⑥ Dichtring des neuen Ölfilters dünn einölen oder leicht mit Fett einreiben. Filter gerade ansetzen und von Hand festziehen.

⑦ Vorgegebene Ölmenge einfüllen (siehe Tabelle auf dieser Seite). Motor kurz im Stand laufen lassen. Die Öldruckkontrollleuchte erlischt erst, nachdem der neue Ölfilter gefüllt ist.

⑧ Ölfilter und Ablassschraube auf Dichtheit kontrollieren. Fahrzeug wieder auf die Räder stellen.

Gegen Steinschläge geschützt: *Die Ölablassschraube finden Sie in Fahrtrichtung hinten an der Ölwanne. Lassen Sie nur warmes Motoröl ab, dann bleibt auch der Ölschlamm nicht in der Ölwanne zurück.*

Große Hilfe: *Das Spannband ist preisgünstiger als ein spezieller Ölfilterschlüssel und passt zudem auf alle Filtertypen. Sollten Sie den Filter dennoch nicht lösen können, schlagen Sie als »Knebel« einen stabilen Schraubendreher in die Patrone und drehen ihn los.*

Kein Grund zur Sorge – Ölschwitzflecken am Motor

Überschaubare Ölschwitzflecken unter der Ka-Motorhaube müssen Sie nicht ernsthaft besorgen: Das Motoröl kann sich bei starken Temperaturschwankungen – durch Dichtungsporen und vorbei an Gehäusedichtflächen – einen Weg ins Freie suchen. Anders sieht die Sache aus, wenn sich im Motorraum starke Ölspuren oder unter dem abgestellten Wagen Ölflecken breit machen. Fahnden Sie sofort nach größeren Leckagen, sie ziehen meist Folgeschäden nach sich. Am besten inspizieren Sie Ihren Motor nach einer Motorwäsche mit anschließender Probefahrt und legen die »Ölquelle« dann trocken.

Altöl richtig entsorgen

Praxistipp

Altöl liefern Sie bei Ihrem Ölverkäufer ab. Sämtliche Verkaufsstellen sind verpflichtet, Altöl in der Menge zu entsorgen, wie sie frisches Öl verkaufen.

Zudem können Sie Altöl, zusammen mit Ölfilter und ölverschmutztem Putzlappen, auch bei der Altölsammelstelle entsorgen. Adressen erfahren Sie bei der Gemeindeverwaltung oder bei Automobilclubs.

Schmiersystem

Störungsbeistand

Störung	Ursache	Abhilfe
A Ölkontrollleuchte bleibt bei eingeschalteter Zündung dunkel.	**1** Kontrollleuchte defekt.	Auswechseln.
	2 Steckverbindung korrodiert bzw. Kabelverbindung unterbrochen.	Überprüfen und reinigen, ggf. Kabel instand setzen.
	3 Öldruckschalter defekt.	Kontrollieren, ggf. auswechseln.
B Ölkontrollleuchte glimmt bei warmem Motor im Leerlauf und erlischt bei höheren Drehzahlen.	Heißes und damit dünnflüssiges Öl.	Evtl. auf Öl mit höherer Viskosität umsteigen.
C Ölkontrollleuchte geht nur bei höheren Drehzahlen aus.	Bypassventil in der Hauptstromleitung undicht.	Öldruck überprüfen lassen, ggf. Ventil auswechseln lassen.
D Ölkontrollleuchte brennt nach Anspringen des Motors und geht auch beim Gasgeben nicht aus.	**1** Zu wenig Öl im Motor.	Ölstand prüfen, ggf. Öl nachfüllen.
	2 Ölansaugsieb der Ölpumpe zugesetzt bzw. Ölpumpe verschlissen.	Überprüfen bzw. erneuern lassen.
	3 Siehe A2 und 3.	Nur weiterfahren, wenn Ursache klar ist.

DAS KÜHL-SYSTEM

Gut zu erkennen:
Der Kühlflüssigkeitsstand im transparenten Ausgleichsbehälter. Wenn Sie häufig kleinere Mengen mit destilliertem Wasser ergänzen müssen, suchen Sie die Leckage und »spindeln« spätestens im Herbst den Frostschutzanteil.

Wartung

Reparatur

Unter normalen Betriebsbedingungen verbleibt das Ka-Kühlsystem stets im »gesunden« Temperaturbereich. Die »Kühlung« ist ein Verbund aus einer Reihe von Aggregaten: Kühler, Wasserpumpe, Kühlerventilator, Thermostat, Ausgleichsbehälter, Kühlwasserleitungen und Schläuche sind nur die vordergründigen Komponenten – ihren eigentlichen Job verrichtet die Kühlflüssigkeit jedoch in einem filigranen Netz aus exakt proportionierten Wasserkanälen im Motorblock und Zylinderkopf, dem so genannten »Wassermantel«. Die zunächst im Wassermantel gespeicherte, überschüssige Verbrennungswärme wird letztlich über den Kühler (Wärmetauscher) an die Atmosphäre abführt. Auf welchen Wegen das Kühlmittel freilich zirkuliert, hängt stark von der Motortemperatur ab.

Bei kaltem Motor – kleiner Kühlmittelkreislauf

Das vom Thermostaten koordinierte Zusammenspiel der Elemente Luft und Wasser bewahrt den Motor gleichermaßen vor einem Kälteschock und Hitzekollaps: Nach jedem Kaltstart pulsiert das Kühlmittel zunächst im kleinen Kühlkreislauf, er beschränkt sich auf den »Wassermantel« und den Heizungskühler. Der Thermostat verschließt in dieser Phase so lange den Durchfluss zum Kühler, bis der Motor seine Betriebstemperatur erreicht hat.

Die »Sperre« hat einen triftigen Grund: Je zügiger der Motor auf Betriebstemperatur kommt, um so kürzer sind die verschleißträchtigen Kalt- Warmlaufphasen. Zudem stoßen betriebswarme Motoren wesentlich weniger unverbrannte Kohlenwasserstoffe (HC) und Stickoxyde (NO_X) aus.
Erst wenn die Kühlflüssigkeit rund 85°C erreicht, öffnet der Thermostat zunächst ganz »verhalten« und lässt bei steigender Motortemperatur immer größere Mengen Kühlflüssigkeit passieren.
In dieser Phase steigt die Motortemperatur kontinuierlich weiter an: Bei etwa 96°C Kühlflüssigkeitstemperatur gibt der Thermostat dann seinen gesamten Durchflussquerschnitt frei – die Kühlflüssigkeit durchströmt jetzt den Kühler »ungebremst« von oben nach unten. Auf ihrem Weg durch den Wärmetauscher »umspült« der Fahrtwind die heiße Kühlflüssigkeit und entzieht ihr überschüssige Wärme – in besonders »stressigen« Situationen von einem elektrisch angetriebenen Lüfter unterstützt.

Bei warmem Motor – großer Kühlmittelkreislauf

Bei normaler Betriebstemperatur pulsiert die Kühlflüssigkeit im Ka aus dem in Fahrtrichtung rechten Kühlwasserkasten zur Wasserpumpe. Von dort gelangt sie in den Motorblock und Zylinderkopf: Die überwiegende Menge läuft über den geöffneten Thermostaten zurück in den linken Kühlwasserkasten, während die restliche Menge derweil den Wärmetauscher der Heizung passiert. Die im Kühler von oben nach unten abfließende Flüssigkeit kühlt auf ihrem Weg durch die Kühlerlamellen automatisch ab, wird dadurch spezifisch »schwerer« und tritt demzufolge unten aus dem Wärmetauscher aus – der Kreislauf ist geschlossen. Kühlt während der Fahrt die Kühlflüssigkeit unter die vorgeschriebene Betriebstemperatur ab, verringert der Thermostat den Durchflussquerschnitt so weit, bis das Kühlmittel wieder die gewünschte Temperatur erreicht hat.

Steht unter Druck – das Kühlsystem

Sobald der Motor läuft, steht das Kühlsystem unter einem definierten Überdruck. Das macht die Kühlflüssigkeit leistungsfähiger: Ihr Siedepunkt steigt von 100°C auf rund 120° C. Die höhere Temperatur ermöglicht einen wirtschaftlicheren und damit kraftstoffsparenden Motorbetrieb. Wenn der Systemdruck 1,4 – 1,6 bar übersteigt, öffnet am Verschlussdeckel des Ausgleichsbehälters ein Überdruckventil und entlässt das

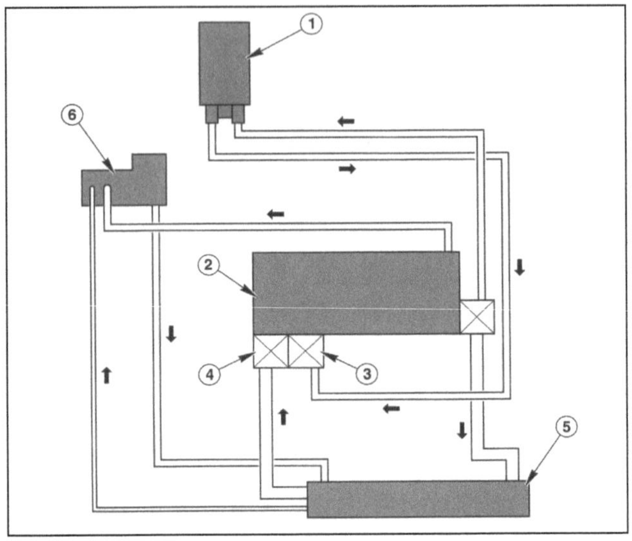

Schematische Darstellung des Motorkühlsystems: ❶ *Wärmetauscher-Heizung,* ❷ *Motor,* ❸ *Thermostat,* ❹ *Wasserpumpe,* ❺ *Kühlerventilator,* ❻ *Kühlflüsigkeits-ausgleichsbehälter.*

»Zuviel« an die Atmosphäre. Das bei abgekühlter Flüssigkeit entstehende Vakuum gleicht im Verschlussdeckel ein zweites, so genanntes Vakuumventil aus – es lässt Außenluft in den Behälter nachströmen. Speziell bei Stadtfahrten oder im Stop-and-go-Verkehr reicht der kühlende Fahrtwind häufig allein nicht aus, um den Motor vor Überhitzungsschäden zu bewahren. Für diesen Sonderfall besitzt der Ka einen elektrisch angetriebenen Kühlerventilator direkt hinter dem Kühler. Bei rund 120°C aktiviert ein Thermoschalter das kleine Windkraftwerk. Sobald die normale Betriebstemperatur erreicht ist, schaltet der Ventilator automatisch wieder ab.

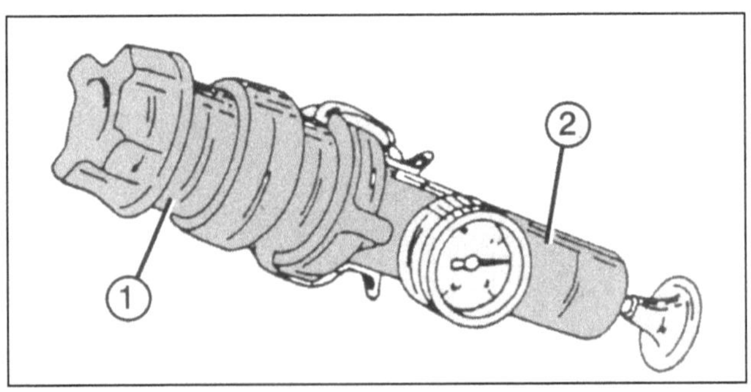

Unter Druck gesetzt: *Das Kühlsystem wird mit einer mechanischen Pumpe* ❷ *überprüft. Dazu Kühler bzw. Vorratsbehälter für etwa 5 Minuten auf etwa 1,6 bar unter Druck setzen. Der Systemdruck darf um ca. 0,2 bar fallen, ansonsten Leckage suchen und beseitigen.* ❶ *Verschlussdeckel des Ausgleichsbehälters.*

Die Teile des Kühlsystems

Technik-lexikon

Wasserpumpe: In allen Ka-Motoren beschleunigt eine Schleuderpumpe die Kühlflüssigkeit durchs Kühlsystem. Den Antrieb leistet ein Keilriemen, bzw. ein Mehrrillenriemen beim Ka mit Klimaanlage.

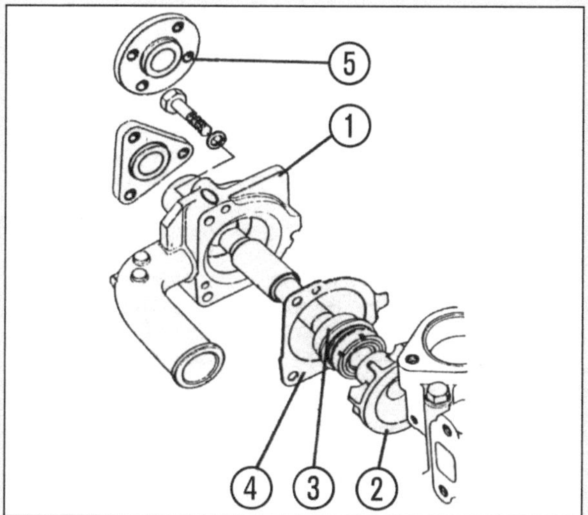

Schematische Darstellung der Wasserpumpe (Schleuderpumpe): *❶ Pumpengehäuse. ❷ Pumpenrad (Schleuderrad). ❸ Antriebswelle. ❹ Dichtung. ❺ Antriebsrad (Riementrieb).*

Kühler: Besteht beidseitig aus jeweils einem Kunststoffwasserkasten. Beide Kästen stehen über eine Vielzahl dünnwandiger Röhrchen miteinander in Verbindung. Um die Oberfläche des Kühlers auf ein Vielfaches zu vergrößern, befinden sich zwischen den Röhrchen leporelloartig gefaltete Aluminiumstreifen: Sie leiten die überschüssige Temperatur direkt an den Fahrtwind ab.

Thermostat: Regelt im Motor die Kühlflüssigkeitstemperatur. Die meisten Thermostaten öffnen, je nach Motorversion zwischen 80 – 95° C, ganz geöffnet sind sie zwischen 96 – 105° C. Bei gebrauchten Thermostaten ist eine Toleranz von +/- 3° C zulässig. Thermostate bestehen aus einem verschlossenen, mit Spezialwachs gefüllten Thermoelement (Zylinder), einer Druckfeder und einem Ventilteller. In dem Maße wie sich die Kühlflüssigkeit im Motor erwärmt, dehnt sich das Wachs im Thermoelement aus und hebt, gegen den Widerstand einer Druckfeder, den Ventilteller von seinem Sitz. Erst bei Betriebstemperatur ist das Ventil ganz geöffnet. Kühlt das Wasser ab, drückt die Feder gegen den Ventilteller und sperrt den Durchfluss entsprechend.

Ausgleichsbehälter: Ergänzt im Kühlsystem automatisch die umlaufende Kühlflüssigkeitsmenge. Der Systemüberdruck entweicht aus einem Überdruckventil im Behälterverschlussdeckel, ein zweites Ventil im Verschlussdeckel gleicht entstehendes Vakuum aus. Der transparente Kunststoffbehälter sitzt in Fahrtrichtung links vor der Spritzwand im Motorraum.

Kühlerventilator: Alle Ka-Motoren besitzen einen elektrisch angetriebenen Kühlerventilator. Der Ventilator wird häufig auch als Kühlerlüfter bezeichnet.

Das Kühlmittel

Kühlflüssigkeit (Kühlmittel) besteht im Ka aus einer Mischung von Frost- und Korrosionsschutzmitteln sowie Wasser. Ford stellt werksseitig die Kühlflüssigkeit mit rund 50 % Kühlkonzentrat (ESDM-97B49-A) und 50 % Wasser ein. Das reicht allemal für einen zuverlässigen Schutz bis rund –30°C. Erst bei etwa –38°C beginnt die Flüssigkeit zu gelieren (Stockpunkt) – ein Wert, der in unseren Breitengraden meistens nur theoretische Bedeutung hat. Die meisten Kühlflüssigkeiten verlieren ihre Wirkung nach etwa vier Jahren und sollten spätestens dann erneuert werden. Zum Nachfüllen eignen sich handelsübliche Frostschutzmittel die, anhand der Herstellerangaben, mit Wasser zu mischen sind. Doch Vorsicht bei Billigangeboten: Sie enthalten nicht immer wirkungsvollen Korrosionsschutz und können zudem Leichtmetalllegierungen angreifen. Sinnvollerweise verwenden Sie grundsätzlich nur solche Mittel, die den Ford-Spezifikationen entsprechen.

Kühlsystem auf Dichtheit prüfen

- Undichte Wasserschläuche erkennen Sie rund ums »Leck« leicht an weißen Ablagerungen.
- Checken Sie »alle« Wasserschläuche an Motor, Kühler und Heizungskühler von Zeit zu Zeit mit einem prüfenden Blick oder, besser noch, mit Knetbewegungen an den Schläuchen. Harte, spröde oder rissige Schläuche tauschen Sie sinnvollerweise sofort aus.
- Sitzen die Schlauchenden »satt« auf den Anschlussstutzen?
- Sind die Schlauchschellen tatsächlich fest? Prüfen Sie das. Gelockerte Schellen sind für Ihren Ka ein potentieller Gefahrenpunkt: Die Schlauchenden können dann während der Fahrt und bei heißem

Motor von den Anschlussstutzen rutschen. Korrodierte Schlauchschellen wechseln Sie ohnehin besser umgehend aus.

Drucksache: *Walken Sie die betriebswarmen Kühlflüssigkeitsschläuche kräftig durch. Nur so entdecken Sie eventuelle Risse oder andere Beschädigungen.*

Nachschub: *Sollte der Flüssigkeitsstand im Ausgleichsbehälter die »MIN-Markierung« unterschreiten, ergänzen Sie das Reservoir mit vorgemischter Flüssigkeit. Achten Sie beim Öffnen des Behälters auf Blasenbildung und Ölschlamm – eine defekte Zylinderkopfdichtung macht sich meistens so bemerkbar.*

Kühlflüssigkeit prüfen und nachfüllen

Arbeitsschritte | ständige Kontrolle

① Den Kühlflüssigkeitspegel kontrollieren Sie bei kaltem Motor im Ausgleichsbehälter. Das Kühlsystem ist dann fast drucklos und die Kühlflüssigkeit hat ihr normales Volumen erreicht.

② Bei kaltem Motor sollte der Pegel mindestens an der unteren Behältermarkierung stehen. Vorsicht: Bei warmem Motor dehnt sich das Kühlmittel automatisch aus. Im Behälter muss dann noch genügend Platz für »überschüssige« Flüssigkeit sein. Lassen Sie sich also nicht von dem höheren Stand blenden.

③ Öffnen Sie zum Nachfüllen vorsichtig den Verschlussdeckel. Bei heißem Motor steht der Behälter unter Druck. Legen Sie darum vorher einen dicken Lappen über den Deckel. Sollten Sie den Deckel vorschnell öffnen, besteht Verbrühungsgefahr – die Kühlflüssigkeit sprudelt siedend heiß aus dem Behälter.

④ Befüllen Sie den Ausgleichsbehälter nicht über die obere Markierung hinaus. Das Kühlmittel dehnt sich bei Erwärmung aus und entweicht aus dem System.

⑤ Kleinere Fehlmengen können Sie ruhig bei warmem Motor ergänzen.

Alterungsbeständig – die Originalkühlflüssigkeit

Ford schreibt beim Ka nach sechs Jahren respektive 150.000 Kilometer einen Kühlflüssigkeitswechsel vor. Das gilt allerdings nur für die Originalflüssigkeit (Motorcraft Super Plus 4). Übrigens: Gebrauchte Kühlflüssigkeiten greifen neue Aluminiumbauteile (z. B. Thermostatgehäuse) an. Sollten Sie Ihrem Ka also irgendwann ein Neuteil einverleiben müssen, das mit Kühlflüssigkeit in Kontakt kommt, steht – unabhängig vom Alter oder der Laufleistung – ein Kühlflüssigkeitswechsel an. Gehen Sie dann folgendermaßen vor:

Kühlflüssigkeit wechseln

Arbeitsschritte

① Schrauben Sie zunächst den Verschlussdeckel des Ausgleichsbehälters langsam los und lassen den Überdruck aus dem Kühlsystem entweichen. Vorsicht bei heißem Motor: **Verbrühungsgefahr!**

② Nachdem das System drucklos ist, schrauben Sie den Verschlussdeckel ganz ab.

③ Stellen Sie dann ein Auffanggefäß unter den Kühler und öffnen die Schlauchschelle des unteren Kühlwasserschlauchs bzw. die Ablassschraube am unteren Kühlerkasten.

④ Lassen Sie die Kühlflüssigkeit ablaufen und montieren danach wieder den unteren Kühlwasserschlauch (ggf. mit neuer Schlauchschelle) oder ziehen die Ablassschraube fest.

⑤ Füllen Sie den Ausgleichsbehälter mit neuem Konzentrat und ergänzen die Restmenge so lange mit möglichst kalkarmem Leitungswasser (etwa bis zwei Millimeter unterhalb der oberen Markierung), bis keine Luftblasen mehr entweichen.

⑥ Starten Sie nun den Motor und lassen ihn bei mittlerer Drehzahl so lange laufen, bis der Thermostat geöffnet hat. Ergänzen Sie dann im Ausgleichsbehälter die evtl. Fehlmenge mit kalkarmem Leitungswasser. Achten Sie darauf, dass Niveau im Ausgleichsbehälter muss bei betriebswarmem Motor konstant bleiben.

⑦ Setzen Sie den Verschlussdeckel auf und starten eine Probefahrt (etwa 20 Kilometer). Ihr Ka »entlüftet« sich jetzt selbständig.

⑧ Nach der Probefahrt öffnen Sie vorsichtig den Verschlussdeckel des Ausgleichsbehälters und lassen den Motor bei mittlerer Drehzahl laufen, bis der Kühlerventilator anläuft.

⑨ Falls erforderlich, ergänzen Sie erneut den Kühlflüssigkeitsstand bis zur oberen Markierung des Ausgleichsbehälters mit kalkarmem Leitungswasser und verschrauben den Deckel.

Damit trotzen Sie dem Winter – Frostschutz bis –30° C.

In unseren Breitengraden reicht allemal ein Frostschutz bis –30°C. Das entspricht, auf Basis des Ford-Konzentrats, etwa einer 50%igen Mischung. Haben Sie zwischenzeitlich jedoch den Flüssigkeitsstand ab und an mit Wasser ergänzt, reicht mitunter die Konzentration für kältere Temperaturen nicht mehr aus. Prüfen Sie schon im Herbst die Mischung mit einer Frostschutzspindel und lassen die Kühlflüssigkeit im Zweifelsfall von Ihrem Ford-Händler neu einstellen. Als Faustregel gilt: Etwa ¾ Liter Kühlkonzentrat erhöht den Kälteschutz um ca. 10°C.

Vorsicht: Die Originalkühlflüssigkeit sollten Sie nicht mit anderen Produkten mischen – der Korrosionsschutz und die Metallverträglichkeit sind hernach nicht mehr gewährleistet. Im Zweifelsfall programmieren Sie damit kapitale Reparaturen an Ihrem Ka. Wenn Sie also ergänzen müssen und die Spezifikation des neuen Mittels nicht der Ford-Beschreibung entspricht, wechseln Sie die Kühlflüssigkeit besser gleich komplett.

Gesamtfüllmenge – Mischungsverhältnis (bis –30° C)

Motoren	Kühlkonzentrat (Liter)	Wasser (Liter)	Gesamtfüllmenge (Liter)
Ka 37 kW/50 PS	ca. 2,6	2,6	5,25
Ka 44 kW/50 PS	ca. 2,6	2,6	5,25

Frostschutz auffüllen

Arbeitsschritte | ständige Kontrolle

① Schrauben Sie zunächst den Verschlussdeckel des Ausgleichsbehälters langsam los und lassen den Überdruck aus dem Kühlsystem entweichen. Vorsicht bei heißem Motor: **Verbrühungsgefahr**.

② Nachdem das System drucklos ist, schrauben Sie den Verschlussdeckel ganz ab.

③ Stellen Sie dann ein Auffanggefäß unter den Kühler und öffnen die Schlauchschelle des unteren Kühlwasserschlauchs bzw. die Ablassschraube am unteren Kühlerkasten. Lassen Sie rund 1 – 2 Liter Kühlmittel ab.

④ Montieren Sie jetzt den unteren Kühlwasserschlauch (ggf. neue Schlauchschelle verwenden) oder ziehen die Ablassschraube fest.

⑤ Befüllen Sie nun den Ausgleichsbehälter mit der benötigten Menge Kühlkonzentrat und ergänzen die Restmenge mit abgelassener Kühlflüssigkeit.

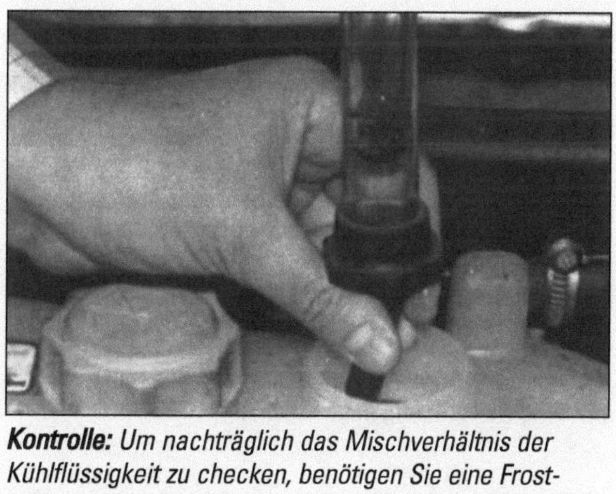

Kontrolle: *Um nachträglich das Mischverhältnis der Kühlflüssigkeit zu checken, benötigen Sie eine Frostschutzspindel (Hebemesser). Diese Geräte arbeiten entweder mit Zeigerinstrumenten oder (wie abgebildet) mit einem Tauchkolben.*

Motor verliert Kühlflüssigkeit

Praxistipp

Sollte Ihr Motor während der Fahrt größere Mengen an Kühlflüssigkeit verlieren, ergänzen Sie den Flüssigkeitsstand auf keinen Fall mit kaltem Wasser: Der heiße Motor kann dann einen Kälteschock bekommen, bei dem im Extremfall sogar der Motorblock reißt oder der Zylinderkopf verzieht. Im ersten Fall wandert der Motorblock vorzeitig auf den Schrott. Die zweite Möglichkeit endet mit einer undichten Zylinderkopfdichtung: Kühlmittel tritt sichtbar aus oder vermengt sich mit dem Motoröl zu einer verschleißfördernden Emulsion. Geben Sie Ihrem Ka also genügend Zeit und füllen erst dann Wasser nach, wenn der Motor gut abgekühlt ist. Auf jeden Fall jedoch lassen Sie einen Fachmann dem Kühlmittelverlust auf den Grund gehen.

Kühlsystem

Störungsbeistand

Störung	Ursache	Abhilfe
A Temperatur-Warnleuchte brennt.	**1** Keilriemen zu schwach gespannt oder gerissen.	Riemenspannung kontrollieren oder Keilriemen ersetzen.
	2 Zu wenig Flüssigkeit im Kühlsystem.	Wasser auffüllen, notfalls aus der Scheibenwaschanlage.
	3 Anschlusskabel zur Warnlampe hat Masseschluss.	Kabel am Temperaturgeber abziehen, Warnlampe muss verlöschen, sonst Masseschluss; Kabelverlauf kontrollieren.
	4 Thermostat bleibt geschlossen (Kühler kalt).	Thermostat ausbauen und ohne weiterfahren, Wassertemperatur laufend prüfen. Evtl. Wagen in Werkstatt abschleppen lassen.
	5 Kühlerventilator schaltet nicht ein.	Ventilatormotor defekt, erneuern. Temperaturfühler defekt. Stromführendes Kabel am Fühler abziehen und direkt an Klemme des vom Fühler kommenden Kabels anschließen.
	6 Überdruckventil im Verschlussdeckel des Ausgleichsbehälters defekt.	Ventil prüfen (lassen), Deckeldichtung kontrollieren, ggf. Verschlussdeckel erneuern.
	7 Masseschluss im Geber der Temperaturanzeige.	Austauschen.
	8 Kühler verstopft oder Lamellen zugesetzt.	Kühler gründlich reinigen. Eventuell Werkstatt oder Kühlerbauer damit beauftragen.
B Motor kommt nur langsam auf Temperatur. Schlechte Heizleistung.	Thermostat schließt nicht völlig, dadurch ständig großer Kreislauf in Betrieb.	Thermostat säubern, ggf. ersetzen.

Thermostat

Störungsbeistand

Erkennungsmerkmal	Ursache/Auswirkungen
A Motorbetriebstemperatur wird nur langsam erreicht, Heizwirkung ungenügend.	Thermostat klemmt – der Zufluss zum Kühler ist ständig geöffnet. Motor wird nicht richtig warm. Kurzfristig stellen sich keine Folgeschäden ein: Dennoch Thermostat baldmöglichst reinigen bzw. erneuern.
B Temperaturwarnleuchte brennt dauernd. Kühlmittelstand o.k. – Kühler und oberer Kühlerschlauch bleiben kalt.	Thermostat klemmt. Auf keinen Fall weiterfahren, sonst entstehen schwere Hitzeschäden am Motor. Thermostat erneuern.

»Locker« zu machen – Thermostat ausbauen und prüfen

Ein geübter Hobbyschrauber wird vor einem defekten Thermostat nicht kapitulieren, lassen Sie vorab jedoch den Motor auskühlen. Sollten Sie allerdings geringe Zweifel bremsen, sind Sie mit der Arbeit besser in einer Werkstatt aufgehoben.
Für den Fall, dass Sie sich fit fühlen, lassen Sie zuerst den Betriebsdruck aus dem Kühlsystem entweichen und legen die erforderlichen Ersatzteile parat. Sie benötigen einen Thermostat, die Deckeldichtung des Thermostatgehäuses sowie ein dauerelastisches und wärmebeständiges Dichtmittel (z. B. DP 300 von Würth). Erneuern Sie die Dichtung grundsätzlich – das Kühlsystem steht ständig unter Druck. Auslaufendes Kühlmittel fangen Sie in einem sauberen Gefäß auf, Sie können es dann nach der Reparatur bedenkenlos wieder verwenden. Wenn Sie übrigens die Funktion des alten Thermostaten prüfen möchten, erwärmen Sie in einem ausgemusterten Kochtopf Wasser und prüfen mit einem Einweckthermometer die Wassertemperatur. Auf dem Thermostatgehäuse können Sie die Regeltemperatur (siehe Technische Daten Seite 243) ablesen und mit der Wassertemperatur vergleichen. Wir raten Ihnen allerdings davon ab, einem äußerlich »schmuddeligen« Thermostat zu vertrauen.

Zweckentfremdet: *Mit einem Einweckthermometer checken Sie die Regeltemperatur des Thermostaten. Erhitzen Sie das Wasser und beobachten, ob der Thermostat bei der auf dem Gehäuse eingestanzten Regeltemperatur öffnet. Gestehen Sie gebrauchten Thermostaten eine Toleranz von +/- 3° C zu.*

Arbeitsschritte

① Schrauben Sie zunächst den Verschlussdeckel des Ausgleichsbehälters langsam los und lassen den Überdruck aus dem Kühlsystem entweichen. Vorsicht bei heißem Motor: **Verbrühungsgefahr**.

② Nachdem das System drucklos ist, schrauben Sie den Verschlussdeckel ganz ab.

③ Stellen Sie dann ein Auffanggefäß unter den Kühler und öffnen die Schlauchschelle des unteren Kühlwasserschlauchs bzw. die Ablassschraube am unteren Kühlerkasten. Lassen Sie rund 1 – 2 Liter Kühlmittel ab und verschließen das System erneut.

④ Demontieren Sie nun beide Kühlmittelschläuche vom Thermostatgehäuse (Pfeile).

⑤ Clipsen Sie das Generatorkabel aus dem Halter (zwei Clips) und schrauben das Thermostatgehäuse (zwei Muttern) ab. Ziehen Sie den Thermostat nach oben aus dem Zylinderkopf.

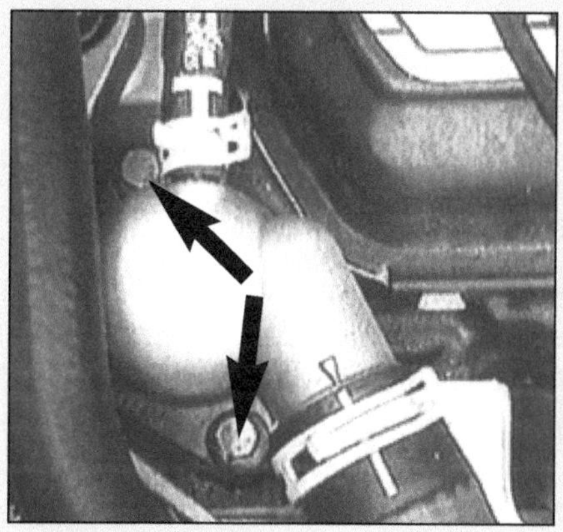

Oben auf dem Zylinderkopf: Thermostatgehäuse.

⑥ Säubern Sie vor der Montage gründlich die Dichtflächen und legen den Thermostat ein (der Pfeil auf dem Gehäuse zeigt in Richtung Kühler). Bestreichen Sie die neue Dichtung beidseitig dünn mit Dichtmittel (z. B. DP 300) und fixieren sie auf dem Flansch.

⑦ Legen Sie den Gehäusedeckel vorsichtig auf und tragen etwas Dichtmittel zwischen Deckel und Gewindebolzen auf. Setzen Sie die Schrauben an und ziehen den Deckel gleichmäßig an.

⑧ Befestigen Sie die Schlauchanschlüsse und füllen das System mit der abgelassenen Kühlflüssigkeit auf – evtl. Fehlmengen ergänzen Sie mit kalkarmem Leitungswasser.

⑨ Lassen Sie jetzt den Motor bei mittleren Drehzahlen warm laufen. Währenddessen prüfen Sie alle Montagestellen auf Dichtheit. Sobald der Thermostat öffnet, können Sie den Ausgleichsbehälter verschließen.

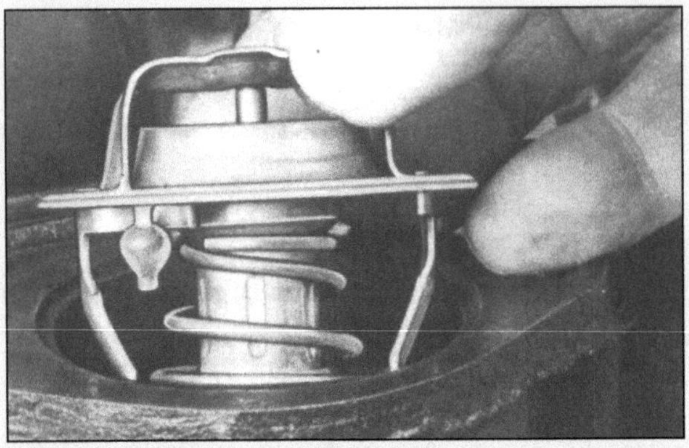
Einfach zu wechseln: *Der Kühlwasserthermostat in allen Endura-E-Motoren.*

Lässt den Motor »kochen« - defekter Kühlerventilator

Das Kühlsystem Ihres Ka verkraftet gleichermaßen längere Leerlaufpassagen wie stressige Passfahrten. Steigt die Temperatur dennoch auf den Siedepunkt, kann ein »streikender« Kühlerventilator die Ursache sein. Sie müssen sich deshalb nicht gleich abschleppen lassen: Lassen Sie den Motor abkühlen und fahren danach zügig die nächste Werkstatt an. Leerlauf und Schleichfahrt in hohen Gängen sollten Sie dann tunlichst vermeiden, Ihre vermeintliche Vorsicht erhitzt unnötig den Motor – denn den Kühler passiert zu wenig Fahrtwind.
Vorsicht: Bei gerade abgestelltem und heiß gefahrenen Motor niemals mit den Händen in die Nähe des Lüfters kommen! Der Ventilator kann auch bei ausgeschalteter Zündung unvermittelt anlaufen.

Erste Hilfe - Thermoschalter überbrücken

Arbeitsschritte

① Kontrollieren Sie zuerst die Ventilatorsicherung.

② Im zweiten Schritt ziehen Sie den Mehrfachstecker am Thermoschalter ab.

③ Überbrücken Sie einen spannungsführenden Kontakt mit dem masseführenden Kontakt im Stecker. Sie nehmen den Thermoschalter damit aus dem Stromkreis. Schaltet der Ventilator ein, ist der Thermoschalter defekt. Läuft er nicht an, ist entweder die Kabelzuleitung unterbrochen oder der Ventilator selbst defekt.

④ Bis zur endgültigen Reparatur klemmen Sie die Kabelbrücke gut fest. Und damit der Ventilatorflügel auch das abgeklemmte Kabel nicht zerfleddert, fixieren Sie an geeigneter Stelle sein Ende mit Klebeband.

Lüftermotor demontieren

Arbeitsschritte

① Fahrzeug vorne rüttelsicher aufbocken. Batterie abklemmen und demontieren.

② Luftführung abschrauben.

③ Widerstandsstecker am Lüfter trennen.

④ Anschlussstecker vom Lüftermotor abziehen.

⑤ Halter an Druckleitungen der Servolenkung demontieren.

⑥ Lüftermotor und Luftführung demontieren. Dazu die Luftführung nach oben ❶ und zum Motor ❷ schieben.

⑦ Montage in umgekehrter Reihenfolge ausführen.

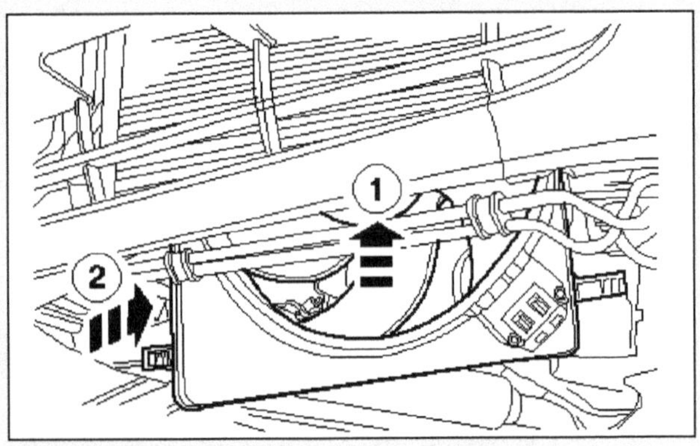

Lüftermotor und Luftführung demontieren.

Kühler demontieren

Arbeitsschritte

① Vorderwagen rüttelsicher aufbocken. Batterie demontieren, Kabelstecker vom Lüftermotor abziehen, Kabel von der Führung trennen, Kühlsystem entleeren.

② Beide Radhausverkleidungen demontieren.

③ Stoßfänger demontieren (4 Clips und 2 Schrauben).

④ Untere Kühlerabdeckung (Pfeile) demontieren.

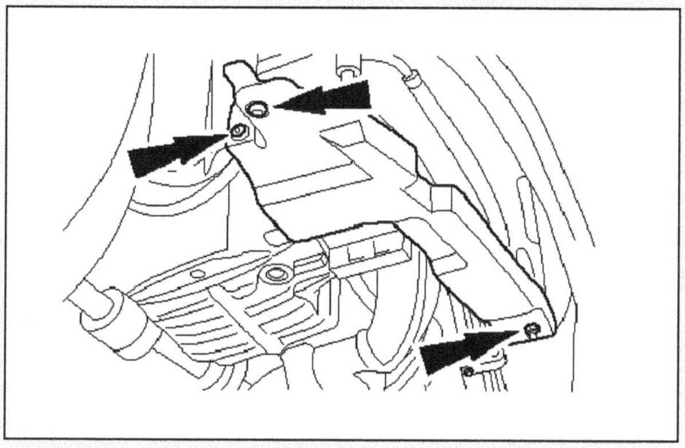

Kühlerabdeckung demontieren.

⑤ Vorderwagen absenken.
⑥ Ansaugrohr (Pfeile) demontieren (zwei Clips).

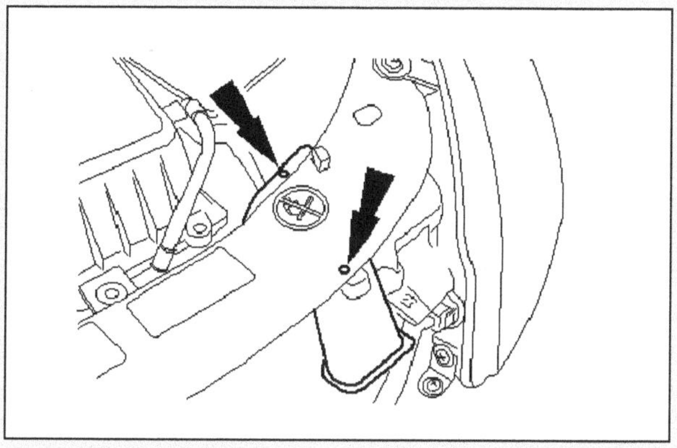

Ansaugrohr demontieren.

⑦ Lambda-Sonden-Anschlusskabel aus der Luftführung ausclipsen.

⑧ Oberen Kühlerschlauch lösen und abziehen.

⑨ Vorderwagen rüttelsicher aufbocken.

⑩ Halter an Druckleitungen der Servolenkung demontieren.

⑪ Unteren Kühlerschlauch abziehen.

⑫ Anschlussstecker vom Lüftermotor abziehen.

Ka mit AC

⑬ AC-Wärmetauscher (Pfeile) demontieren.

⑭ Kühlerhalter (Pfeile) demontieren und Kühler nach unten aus dem Motorraum ziehen.

⑮ Beenden Sie die Montage in umgekehrter Reihenfolge und schrauben die Kühlerhalter mit 25 Nm fest.

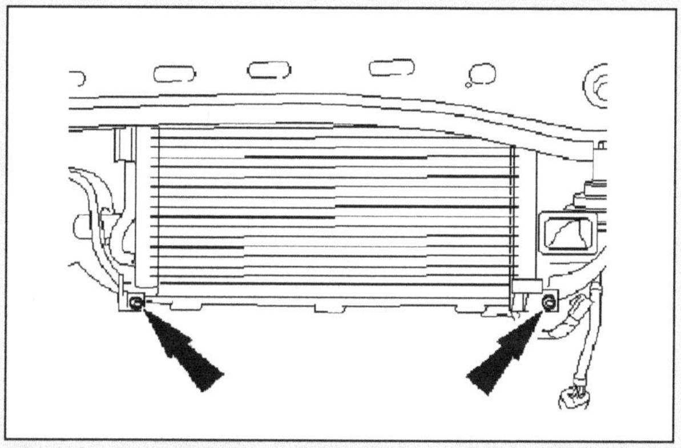

AC-Wärmetauscher demontieren.

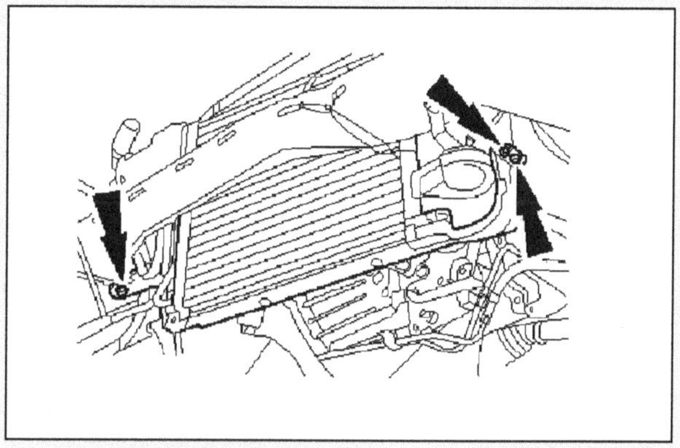

Kühlerhalter demontieren.

Kühlwasserschläuche auswechseln

Platzt an Ihrem Ka während der Fahrt ein Kühlwasserschlauch, dichten Sie zunächst die Leckstelle provisorisch mit Klebeband ab. Zur Sicherheit lösen Sie geringfügig den Kühlerverschlussdeckel: Der Betriebsdruck kann sich dann nicht aufbauen, so dass die Flickstelle wahrscheinlich bis zur endgültigen Reparatur hält. Achten Sie während der Fahrt stets auf die Motortemperaturanzeige und gehen keinerlei Temperaturrisiken ein. Als Ersatzteil kaufen Sie nur Originalschläuche, denn die passen garantiert und verhärten nicht schon nach kurzer Zeit. Die Schlauchschellen sollten Sie gleichfalls gut inspizieren – erneuern Sie auch grundsätzlich korrodierte Schellen.

Arbeitsschritte

① Kühlmittel ablassen und in sauberem Gefäß auffangen.

② Lösen Sie die Schlauchschellen und ziehen die Schläuche ab.

③ Festsitzende Schlauchenden lockern Sie sinnvollerweise mit einem Schraubendreher. Schieben Sie den Schraubendreher vorsichtig zwischen Schlauch und Stutzen und hebeln den Schlauch dann mit »Gefühl« ab.

④ Neue Schläuche setzen Sie mit Vaseline an. Schieben Sie die Enden weit genug auf die Stutzen – nur dann können Sie sicher sein, dass sie später nicht wieder abrutschen.

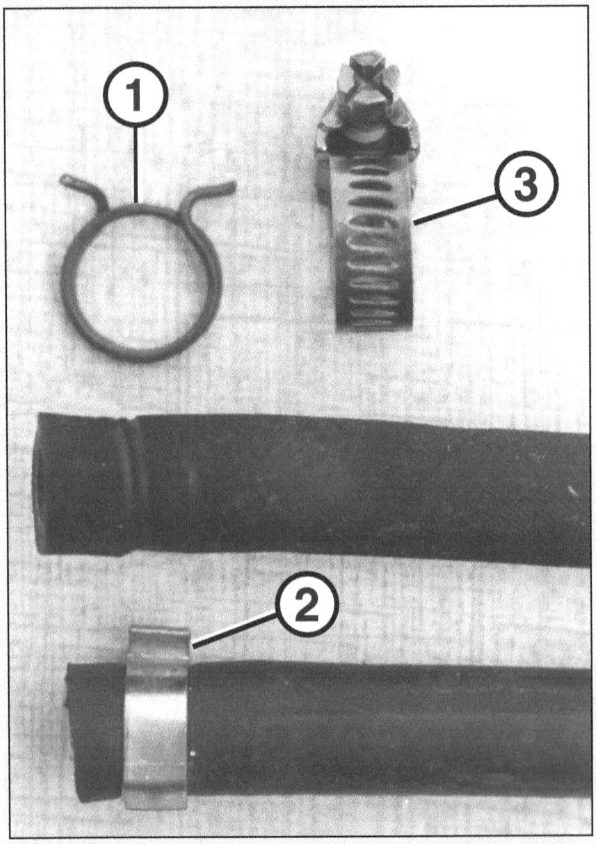

***Fakt:** Klemmschellen ❶ und ❷ quetschen das Schlauchgewebe tief ein und verlieren mit der Zeit ihre Spannkraft. Schraubschellen ❸ verteilen die Klemmkraft auf eine größere Fläche und sind demzufolge besser zu dosieren. Wenn Sie neue Schellen montieren, sind Schraubschellen klar die bessere Wahl.*

Der Luftfilter (Ansauggeräuschdämpfer)

Um die Motorlebensdauer zu steigern, durchströmt die Ansaugluft – bevor sie mit dem Kraftstoff eine zündende Verbindung eingeht – ein spezielles Filterelement. Es reinigt die Ansaugluft von Schmutz- und Staubpartikeln und sitzt im Luftfiltergehäuse (Ansauggeräuschdämpfer) unterhalb der Motorhaube in Fahrtrichtung links vorne im Motorraum. Der Ansauggeräuschdämpfer ist nicht etwa ein »zufällig verbauter Kasten«, der das Filterelement schützt, sondern er hat im Ansaugtrakt eine weitere wichtige Aufgabe zu erfüllen: Er »diszipliniert« die Ansaugluft zu einer pulsierenden Gassäule und minimiert gleichzeitig die Ansauggeräusche. Im Ka besteht der Ansauggeräuschdämpfer aus einem Kunststoffgehäuse und einem feinporigen, harmonikaartig gefalteten Papierfiltereinsatz.

Verlangt regelmäßige Wartung – der Luftfiltereinsatz

Die Ansaugluft durchströmt das Luftfiltergehäuse von Außen nach Innen. Den Filtereinsatz (Filterelement) im Inneren dichten zwei Kunststoffringe zum Ansaugtrakt ab. Dementsprechend muss die gesamte Frischluftmenge auf ihrem Weg in den Motor den Filtereinsatz passieren, verschleißfördernde Schmutzpartikel »verfangen« sich dabei im Filterpapier. Größere Fremdkörper, zum Beispiel Insekten oder von der Straße aufgewirbelte Sandkörnchen, bleiben im Filtergehäuse zurück. Luftfilter und Filterelement können ihre Aufgabe freilich nur dann erfüllen, wenn sie regelmäßig überprüft werden. Ein verschmutzter Filtereinsatz »schnürt« dem Motor die Ansaugluft ab. Folge: Das Kraftstoff-/Luftgemisch gerät aus dem Gleichgewicht, die Motorleistung sinkt und der Kraftstoffverbrauch steigt.

Luftfiltereinsatz reinigen und auswechseln

Das Filterelement und – wo verbaut – auch den Schaumstoffölabscheider im Luftfilterkasten sollten Sie mindestens einmal im Jahr reinigen und spätestens nach zwei Jahren auswechseln. Neue Filtereinsätze bekommen Sie für Ihren Ka beim Vertragshändler oder im Zubehörhandel. Es muss übrigens nicht generell ein Originalersatzteil sein – doch achten Sie unbedingt auf Qualitätsware. Mitunter wechseln auf »Wühltischen« des Zubehörhandels auch minderwertige ausländische Produkte den Besitzer. Im Moment sparen Sie damit vielleicht ein paar Mark, doch auf Dauer verübelt Ihnen der Motor den »Geiz« – er muss ständig mehr Schmutzpartikel inhalieren und verschleißt somit zeitiger.

Arbeitsschritte

① Vier Befestigungsschrauben des Luftfilterdeckels ausdrehen.

② Deckel (Pfeil) abheben und Filterelement herausnehmen.

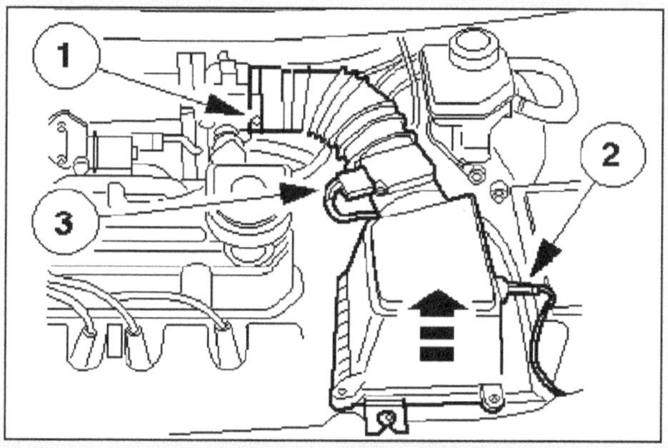

❶ Drosselklappengehäuse mit flexiblem Ansaugrohr, ❷ IAT-Sensor im Luftfiltergehäuse, ❸ Luftmassenmesser (MAF) am Ausgang des Luftfiltergehäuses.

③ Vor dem Einsatz des neuen Filterelements Filtergehäuse und Deckel mit fusselfreiem Lappen reinigen bzw. mit Druckluft ausblasen. Falls vorhanden, reinigen Sie gleichfalls den Schaumstoffölabscheider ❶ mit Waschbenzin. Achten Sie darauf, dass die Dichtungen des neuen Filtereinsatzes zur Montage plan auf den Pressflächen des Filtergehäuses aufliegen.

❶ Nicht immer verbaut: Schaumstoffölabscheider.

Filterelement reinigen

Arbeitsschritte

① Klopfen Sie das Filterelement vorsichtig auf einer harten Unterlage aus. So entfernen Sie größere Staubteilchen.

② Die feinen Staubpartikel blasen Sie mit Druckluft aus. Sie sollten …

③ … das Filterelement **nur** von der Unterseite nach oben ausblasen. Denn sobald Sie die Richtung ändern, presst sich der Staub noch fester in die Filterporen.

④ Reinigen Sie Papierfiltereinsätze niemals in Flüssigkeiten. Die Filterporen verstopfen dann hoffnungslos. Folge: Die Motorleistung sinkt, und die Abgaswerte verschlechtern sich dramatisch.

⑤ Achten Sie zur Montage des Filterelements immer darauf, dass die Dichtflächen sauber gegen die Gehäuseteile abdichten.

***Aktion Saubermann:** Blasen Sie das Filterelement immer von unten nach oben aus. Wenn Sie Beschädigungen an der Filterfolie erkennen, den Einsatz grundsätzlich erneuern.*

DIE KRAFTSTOFF-EINSPRITZUNG

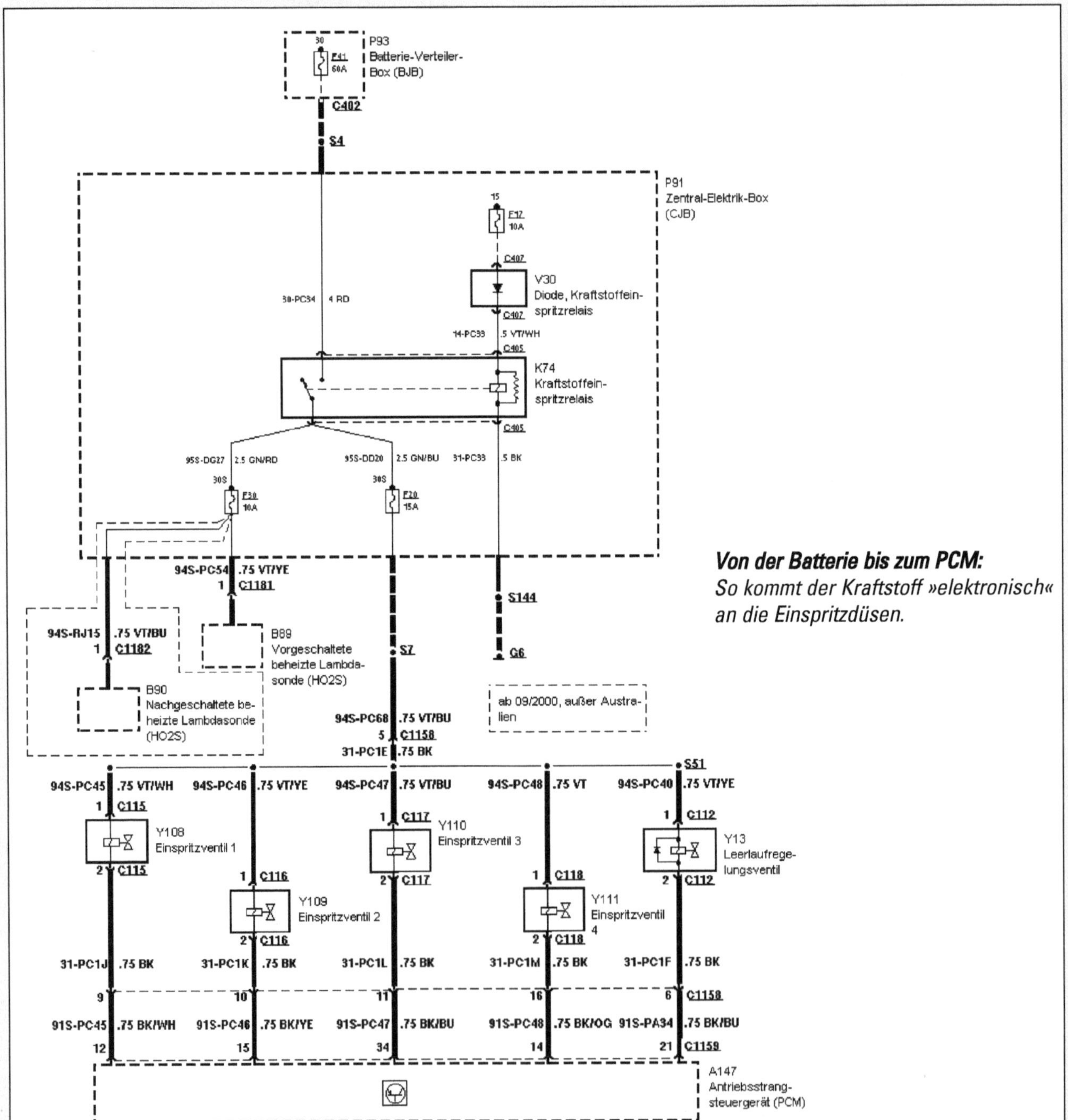

Von der Batterie bis zum PCM:
So kommt der Kraftstoff »elektronisch« an die Einspritzdüsen.

Wartung

Reparatur

Unter den Motorhauben heutiger Autos geben elektronisch geregelte Kraftstoffeinspritzanlagen längst den Ton im Ansaugtrakt von Ottomotoren an. Abgasseitig gehört der geregelte Drei-Wege-Katalysator zum Stand der Technik. Keine Frage also, Ka-Motoren sind vom »Luftfilter bis hin zum Auspuffendrohr« elektronisch gemanagt: Ihre Frischgase bereiten sequentielle Kraftstoffeinspritzanlagen, assistiert von Drei-Wege-Kat's, auf. Den zündenden Funken steuert eine verteilerlose Zündanlage (EI) in der Reihenfolge 1-2-4-3 bei. Sie steht, wie das gesamte elektronische Motormanagement, unter der Regie eines leistungsfähigen Bordrechners – im Ka kommt die neueste Generation des Ford EEC-V-Rechners zur Anwendung.

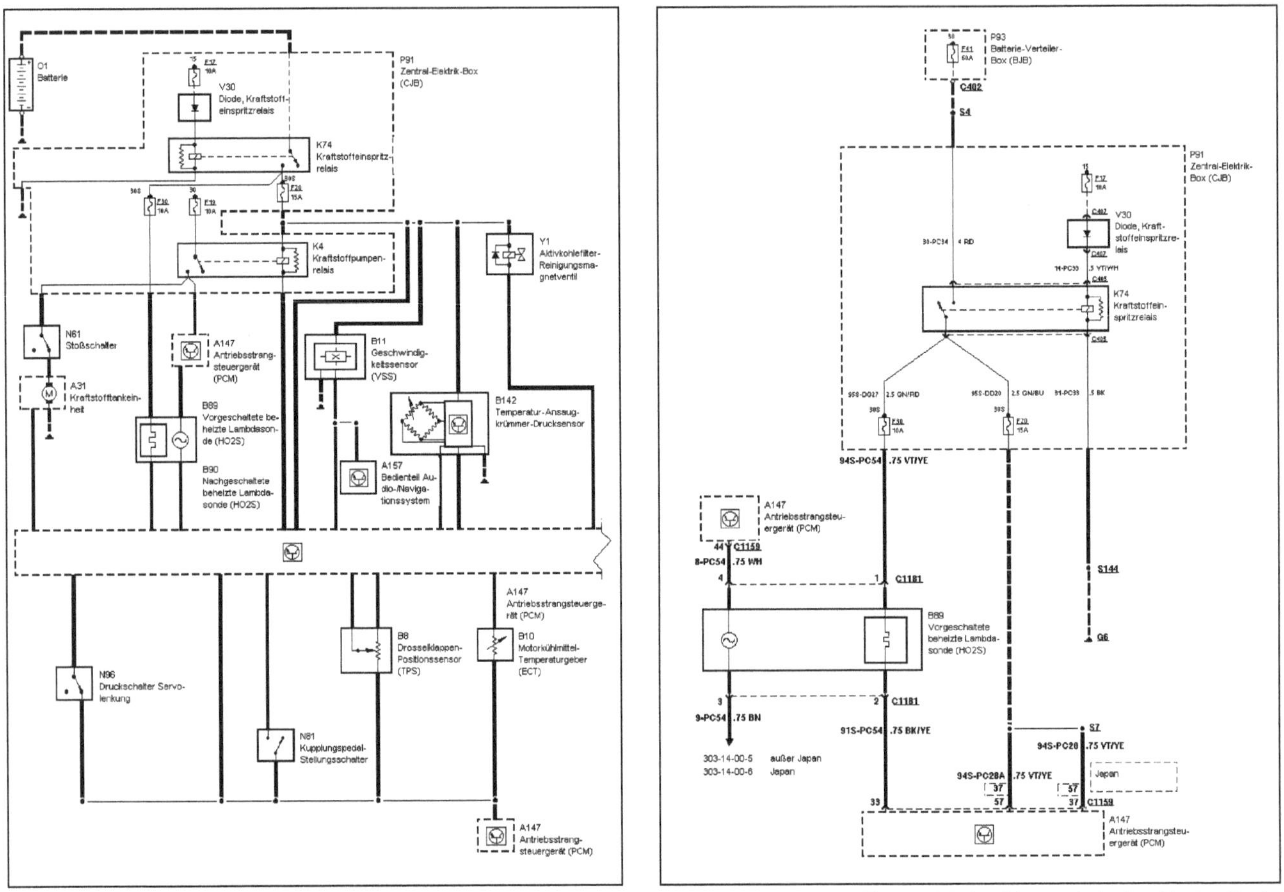

__Technisches »Spinnennetz:__ Ohne das »Herrschaftswissen und die Hardware« der Zentralelektrikbox »tickt der Ka im Dreieck«. Das elektronische Motormanagement reagiert feinfühlig und präzise auf die unterschiedlichsten Gegebenheiten.

Das Ford-Motormanagement funktioniert weitgehend wartungsfrei – etwaige Fehlfunktionen lassen sich erfahrungsgemäß nur mit einem gerüttelt Maß an Praxiserfahrungen, tiefgreifenden Fachkenntnissen und »maßgeschneidertem« elektronischem Messequipment lokalisieren: Selbst engagierte Do it yourselfer sind ohne den Ford Systemtester FDS 2000 unter der Ka-Motorhaube weitgehend »überfordert«. Vertrauen Sie bei Störungen an der Einspritzanlage Ihren Ka darum besser einem Ford-Händler oder einem anderen Spezialisten an. Dennoch erweist es sich als hilfreich, die theoretischen Grundzüge der Ka-Gemischaufbereitung zu kennen, und sei es nur, um eventuell auftretende Unregelmäßigkeiten präziser einordnen zu können. Sie ersparen Sich dadurch aufwendige Diagnoserechnungen: Denn je eindeutiger Sie Reparaturaufträge formulieren, um so kalkulierbarer fällt die spätere Rechnung aus.

Auf einen Blick – das Management der EEC-V-Einspritzanlage

Kraftstoffsystem

- Sequentielle Kraftstoffeinspritzung (SF1).
- Vierloch-Einspritzventile.

Luftansaugsystem

- Luftmengenmesser (MAF-Sensor), arbeitet nach dem Hitzdraht-Prinzip.

Zündsystem

- Integriertes elektronisches Zündsystem (EI) (EDIS-Modul im EEC-V-PCM integriert).

Sicherheitssystem

- Mechanischer Sicherheitsschalter hinter der Fußraumseitenverkleidung auf der rechten Fahrzeugseite. Er unterbricht bei einem Unfall die Stromversorgung zur Kraftstoffpumpe.

Abgasregelung

- Am Auspuffkrümmer angeschweißter Drei-Wege-Katalysator (TWC).

- Im Abgaskrümmer verbaute, beheizte Lambda-Sonde (HO2S).
- Kraftstoffverdunstungs-System (EVAP).

Diagnosemöglichkeiten

- Zentraler Diagnoseanschluss (DLC), hinter seitlicher Fußraumverkleidung der linken A-Säule.
- Diagnose mit FDS 2000 und zwischengeschalteter Kommunikationsprozessor-Einheit (CPU).

Im Detail — das Management der EEC-V-Einspritzanlage

EEC-V-PCM-Steuergerät:

Die »Regiezentrale« des elektronischen Motormanagements. Der Bordrechner sitzt beifahrerseitig hinter der Seitenverkleidung. Er verwertet ständig aktuelles »Datenmaterial« aus den unterschiedlichsten Motorkennfeldern (Drehzahl, Saugrohrdruck, Ansaugluft-, Kühlflüssigkeitstemperatur, etc.) und vergleicht sie mit einem fest installierten Datenpool. Nach dem Datenvergleich ermittelt und berechnet das Steuergerät unter anderem die Öffnungsdauer der elektromagnetisch betätigten Einspritzventile, die Kraftstoffmenge und das Kraftstoff-Luft-Gemisch. Das EEC-V-PCM ist, ohne Austausch des PCM, reprogrammierbar, ein wichtiges Kriterium für den Fall, wenn zu einem späteren Zeitpunkt Kalibrierungen mit modifizierten Strategien eingesetzt werden. Vorteil: Unter Assistenz des mobilen Ford-Diagnosegeräts »FDS 2000« kann der EEPROM leicht gelöscht und mit den neuesten Motorregelungsprogrammen »gefüttert« werden. Das betreffende Servicemodul hat der EEC-V-PCM ab Werk »an Bord«. Damit die elektronische Wegfahrsperre (PATS) nicht von ungebetenen »Langfingern« zu überlisten ist, schützt eine vernietete Stahl-Sicherheitsabdeckung das »wertvolle Kästchen«.

Kraftstoffdampf-Auffangsystem (EVAP):

Die Aufgabenstellung für das EVAP lautet: Die Menge der aus dem Kraftstofftank freigesetzten Kohlenwasserstoffe zu verringern. EVAP unterliegt mit abgespeicherten, kalibrierten Kennwerten der Kontrolle des PCM. Zum EVAP gehören ein Aktivkohlefilter, ein Reinigungsmagnetventil sowie ein Auffangbehälter. Der Auffangbehälter ist mit diversen Kunststoff- und Gummileitungen mit dem Kraftstofftank, dem Reinigungsmagnetventil und dem Ansaugkrümmer verbunden: Wenn das Reinigungsmagnetventil verschlossen ist, »parkieren« die Kraftstoffdämpfe aus dem Tank so lange im Aktivkohlefilter, wie der Motor pausiert. Sobald er dann anläuft, öffnet das Reinigungsmagnetventil und macht den Kraftstoffdämpfen den Weg in den Ansaugkrümmer frei. Dort vermischen sich die Dämpfe mit dem angesaugten Frischgas und verbrennen im Motor.

Drosselklappenstellungs-Sensor (TP-Sensor):

Der TP-Sensor sitzt direkt am Drosselklappengehäuse und arbeitet nach dem Potentiometerprinzip. Er wird von der Drosselklappenwelle betätigt und vom PCM mit einer Referenzspannung versorgt. Je nach Winkelstellung der Drosselklappe »schiebt« ein Schleifer über eine Widerstandsbahn und variiert die Ausgangsspannung des Sensors. Die Daten verarbeitet das PCM und ordnet ihnen eine entsprechende Drosselklappenstellung zu.

Leerlaufluftregelungs-Ventil (IAC-Ventil):

Das IAC-Ventil arbeitet als elektronisch gesteuertes Magnetventil und leitet einen variablen Luftstrom an der Drosselklappe vorbei in den Ansaugtrakt. Auf diese Weise bleibt die Leerlaufdrehzahl, unabhängig von der Motorlast, stabil. Das IAC-Ventil wird über Massetakte des PCM gesteuert – die Taktdauer regelt die Ventilstellung.

Nockenwellenstellungs-Sensor (CMP-Sensor):

Der CMP-Sensor ist ein induktiver Impulsgeber, der einen Referenznocken auf der Nockenwelle abtastet. Er liefert ein Wechselspannungssignal an das PCM. Besagtes Signal bildet die Grundlage zur Berechnung des Zündzeitpunkts am 1. Zylinder. Allerdings nur während des Startvorgangs, bei laufendem Motor steuert das Zündimpulsgeber-Signal (PIP) gleichfalls die Einspritzventile sequentiell an.

Luftmassenmesser (MAF – bis Modelljahr '99):

Der MAF misst über einen Hitzdraht die vom Motor angesaugte Luftmasse. Der Hitzdraht sowie der IAT-Sensor befinden sich im gleichen Luftkanal. Das PCM regelt die Temperatur des Hitzdrahts freilich so, dass sie stets um 200° C über der des IAT-Sensors liegt. Ein »hektischer Job«, denn den Hitzdraht kühlt ständig die vorbei strömende Ansaugluft ab. Und genau darum geht es: Um die Temperaturdifferenz von 200°C beizubehalten, muss das PCM fortlaufend den Heizstrom ändern. Exakt diese Veränderungen registriert ein Präzisionswiderstand als Spannungsabfall, den das PCM dann einer entsprechenden Luftmasse zuordnet.

Kurbelwellenstellungssensor (CKP-Sensor):
Der CKP-Sensor arbeitet als induktiver Impulsgeber, der 36 -1 Gusszähne am Schwungrad abtastet. Minus eins bedeutet, dass ein Gusszahn am Umfang fehlt – exakt 90° vor dem oberen Totpunkt. Über diese »Zahnlücke« bestimmt das PCM die Kurbelwellenstellung: Der CKP-Sensor sendet ein Wechselspannungssignal aus dem das PCM die Motordrehzahl und den Zündzeitpunkt berechnet.

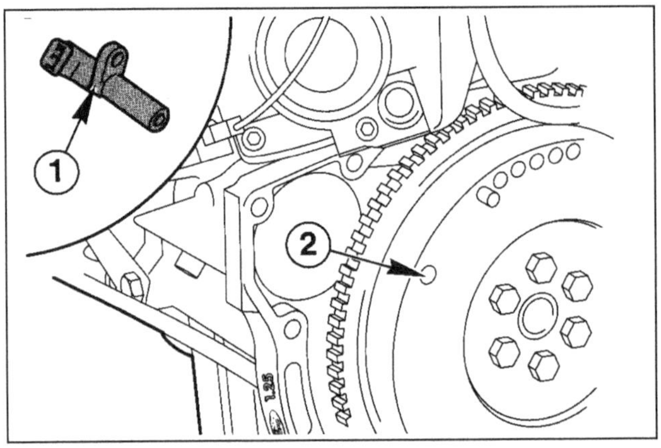

❶ *CKP-Sensor.* ❷ *Impulssektor Schwungrad.*

Kühlmitteltemperatursensor (ECT-Sensor):
Der ECT-Sensor ist ein temperaturabhängiger Widerstand mit einem negativen Temperaturkoeffizienten: Der Widerstandswert ändert sich demzufolge umgekehrt proportional zur Kühlmitteltemperatur. Das PCM versorgt den ECT-Sensor mit einer Referenzspannung – ändert sich die Kühlmitteltemperatur, ändern sich gleichfalls der Widerstandswert und die Ausgangsspannung. Das PCM ordnet dann die Ausgangsspannung einer entsprechenden Kühlmitteltemperatur zu.

Ansauglufttemperatursensor (IAT-Sensor – bis Modelljahr '99):
Der IAT-Sensor arbeitet mit einem negativen Temperaturkoeffizienten als temperaturabhängiger Widerstand – sein Widerstandswert ändert sich umgekehrt proportional zur Umgebungstemperatur. Der IAT-Sensor bekommt seine Referenzspannung vom PCM: Wenn sich die Ansauglufttemperatur ändert, ändern sich auch der Widerstandswert und die Ausgangsspannung. Das PCM ordnet die Ausgangsspannung jeweils einer entsprechenden Ansauglufttemperatur zu.

Lambda-Sonde (HO2S):
Die beheizte Lambda-Sonde erzeugt eine Spannung, sie ist im Auspuffrohr vor dem Katalysator angeordnet. Bei idealem Kraftstoff-/Luftgemisch (theoretisch 14,7:1) oder Lambda 1 gibt die Sonde ein Spannungssignal von 450 mV an das PCM ab. Bei magerem Gemisch reduziert sie das Spannungssignal auf 200 mV – für das PCM die Aufforderung, das Frischgas sofort anzureichern. Fettes Gemisch quittiert die Lambda-Sonde mit bis zu 800 mV, das PCM schaltet dann sofort auf »Kraftstoffdiät« um. Damit die beheizte Lambda-Sonde so schnell wie möglich ihre Betriebstemperatur von 300°C erreicht, heizt ihr, unmittelbar nach Einschalten der Zündung, ein Heizelement kräftig ein.

TMAP-Sensor (ab Modelljahr '99):
Um möglichst verlässliche Werte über das im Ansaugkrümmer vorhandene Vakuum zu bekommen, sitzt der TMAP-Sensor direkt am Ort des Geschehens – im Ansaugkrümmer. Der TMAP-Sensor ersetzt den MAF und IAT-Sensor der älteren Endura-E Motoren. Er vereint »in sich« einen Druckumwandler und einen Temperatursensor. Unmittelbar vor dem Start ermittelt der TMAP-Sensor den Umgebungsdruck und bei laufendem Motor misst er den Unterdruck im Ansaugkrümmer. Seine Signale verarbeitet das PCM als Regelgrößen für die Kraftstoffmenge und den Zündzeitpunkt.

Sicherheitsschalter Kraftstoffeinspritzanlage:
Sitzt bei allen Ka in der Seitenwand vor der Beifahrertür. Der Schalter unterbricht die Kraftstoffzufuhr bei Undichtigkeiten im Kraftstoffsystem, bei einem Unfall oder bei starken Erschütterungen. Stromkreisunterbrechungen erkennen Sie am herausgesprungenen Schaltknopf. Um den Sicherheitsschalter zu aktivieren, prüfen Sie zunächst das Kraftstoffsystem auf Dicht-

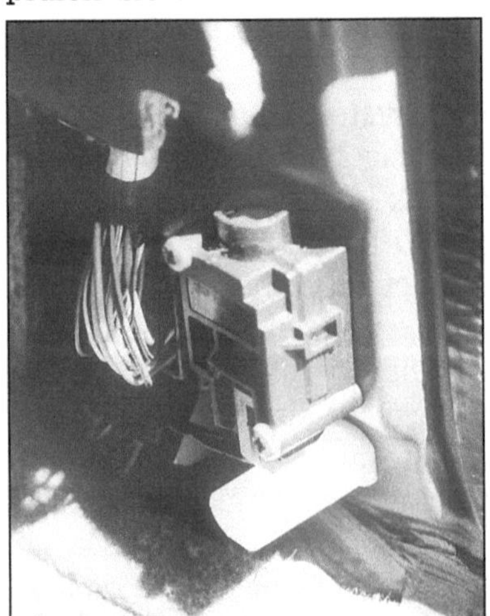

Sitz vorne rechts im Fußraum: Sicherheitsschalter der Kraftstoffeinspritzanlage.

heit, bringen dann das Zündschloss in Stellung »0« und drücken den Schalter herunter. Zündschloss danach für einige Sekunden auf Stellung »II« bringen und anschließend in Position »I« einrasten.

Einspritzventile:
Die Vierloch-Einspritzventile sind in einem gemeinsamen Kraftstoffverteilerrohr aus Kunststoff untergebracht. Der Kraftstoffzulauf erfolgt von oben. Im Ansaugkrümmer, gleichwie im Kraftstoffverteilerrohr, sind die Einspritzdüsen jeweils mit zwei O-Ringen gesteckt. Sie werden nacheinander vom Antriebsstrangsteuergerät aktiviert. Das PCM regelt die Einspritzmenge, indem es die Einspritzzeiten der Motorlast anpasst.

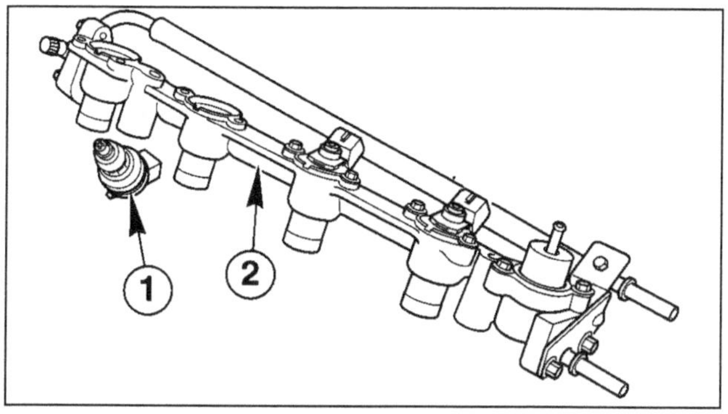

Kraftstoffverteilerrohr mit Einspritzventilen.
Gemeinsam montiert: Die Vierloch-Einspritzventile ❶ der Ka-Motoren sitzen in einem gemeinsamen Kraftstoffverteilerrohr ❷.

Immer im Bilde – Diagnose- und Kommunikationseinrichtungen der EEC-V-Einspritzanlage

Diagnoseanschluss (DLC):
Sitzt bei Links- und Rechtslenker-Modellen im unteren Bereich der linken A-Säule ❶ hinter der seitlichen Fußraumverkleidung. Der Zugang ist bei geöffneter Klappe möglich.

Kommunikations-Prozessor-Einheit (CPU):
Setzt die Computersprache des EEC-V-PCM in eine dem FDS 2000 verständliche Sprache um.

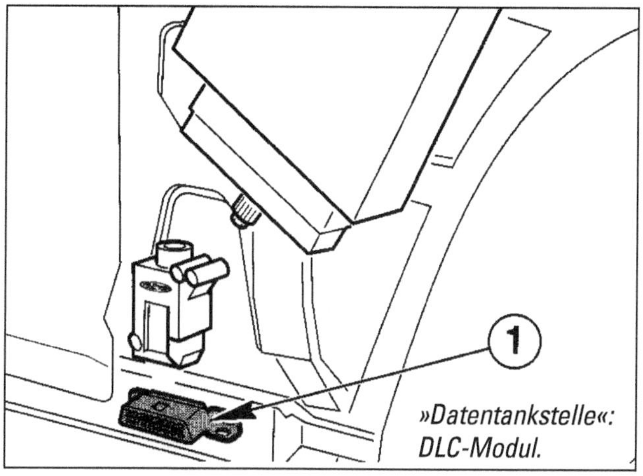

»Datentankstelle«: DLC-Modul.

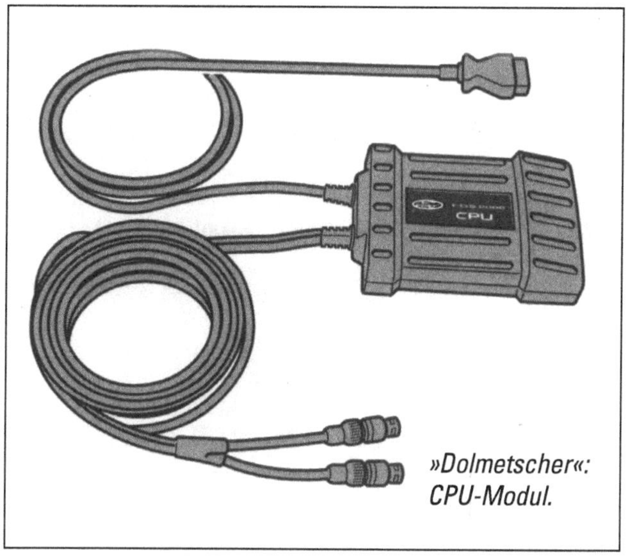

»Dolmetscher«: CPU-Modul.

Eingeschränkt möglich – Selbsthilfe an der Einspritzanlage

Wie in der Einleitung zu diesem Kapitel bereits ausgeführt, die meisten Arbeiten an der Einspritzanlage sollten Sie einem Profi anvertrauen. Er verfügt über spezielle typgebundene Prüfgeräte und das entsprechende Know-how. Bei Fehlern im elektronischen Motormanagement zum Beispiel müssen, um Defekte einwandfrei lokalisieren zu können, diverse Tests in einer ganz bestimmten Reihenfolge ablaufen: Nur so lassen sich Schäden an den elektronischen Bauteilen und Folgeschäden mit aufwendigen Reparaturen verhindern. Normales Heimwerkerwissen und »Hobbywerkzeuge« reichen erfahrungsgemäß nicht aus, um der Ka-Kraftstoffeinspritzanlage solide beizukommen. In der Praxis treten Störungen hier freilich auch äußerst selten auf.

Kraftstoffeinspritzung

Störungs-beistand

Störung	Ursache	Abhilfe
A Kalter Motor springt nicht oder schlecht an.	**1** Versorgungsrelais defekt.	Überprüfen, ggf. austauschen lassen.
	2 Kraftstoffpumpe fördert nicht oder ungenügend.	Benzin im Tank? Pumpenanschlüsse überprüfen. Evtl. Pumpe aus Tank demontieren, Fördermenge messen lassen.
	3 Druckregler defekt.	Systemdruck messen lassen.
	4 Unterdrucksystem undicht.	Sämtliche Schlauchleitungen überprüfen.
	5 Kühlmitteltemperatursensor defekt.	Prüfen lassen.
	6 Drosselklappen-Potentiometer defekt.	Prüfen lassen.
	7 Zündanlage defekt.	Zündsystem überprüfen lassen.
	8 Drehzahlgeber defekt oder Kabelverbindung unterbrochen.	Überprüfen, ggf. auswechseln lassen.
	9 Steuergerät defekt.	Überprüfen lassen.
	10 Ansaugsystem undicht (zieht Nebenluft).	Sämtliche Schlauchleitungen überprüfen.
B Warmer Motor springt nicht oder schlecht an.	**1** Siehe A1 – 10.	
	2 Absolutdruckgeber defekt.	Überprüfen lassen.
	3 Einspritzventile undicht.	Überprüfen lassen.
C Motor springt an, stirbt aber wieder ab.	**1** Drosselklappen-Stellmotor arbeitet nicht.	Stellmotor überprüfen, bzw. austauschen lassen.
	2 Siehe A6.	
	3 Lambda-Sonde defekt.	Funktion prüfen, ggf. ersetzen lassen.
D Kalter Motor schüttelt im Leerlauf.	**1** Siehe A5.	
	2 Siehe C1.	
E Warmer Motor schüttelt im Leerlauf.	Siehe C1.	
F Leerlauf fällt beim Einschalten starker Stromverbraucher bzw. beim vollen Einschlag der Servolenkung ab.	Siehe C1.	
G Motor hat Aussetzer.	**1** Kraftstofffilter verstopft.	Filter auswechseln.
	2 Siehe A2 und 7.	
	3 Siehe B2.	
	4 Siehe C3.	
H Schwankende Drehzahlen bei 2000–4000/min.	Siehe A6 und 10.	
I Motor stottert, setzt aus.	Siehe A3 und 7.	

Fortsetzung Kraftstoffeinspritzung

Störungs-beistand

Störung	Ursache	Abhilfe
J Motorleistung ungenügend.	**1** Siehe A2, 4 und 6.	
	2 Drosselklappe geht nicht in Vollgasstellung.	Gaszug einstellen (lassen).
K Kraftstoffverbrauch zu hoch.	**1** Siehe A6 und 8.	
L Motor springt grundsätzlich nicht an.	**1** Siehe A1–10.	
	2 Siehe B1–3.	
	3 Sicherheitsschalter Kraftstoffeinspritzanlage unterbricht Kraftstoffzufuhr (nach Unfall, starken Erschütterungen, Undichtigkeiten in der Kraftstoffzufuhr vom Tank bis zu den Einspritzdüsen).	Verschlussstopfen in rechter Seitenwandabdeckung (Fußraum) antfernen. Herausgesprungenen Einschaltknopf eindrücken. Zündschlüssel in Position stellen, Kraftstoffpumpe muss dann hörbar laufen. Falls nicht, Systemundichtigkeiten beseitigen (lassen).

Kein Hexenwerk – Sichtprüfung an der Einspritzanlage

Überprüfen Sie ab und an folgende Schläuche und ihre Befestigungen auf korrekten Sitz und Ermüdungsrisse:

- Unterdruckschlauch zum Absolutdruckfühler.
- Unterdruckschlauch zum Bremskraftverstärker.
- Schläuche der Motorbe- und –entlüftung – sind sie verstopft, verschmutzt oder aufgequollen?
- Kraftstoffschläuche/-leitungen – erkennen Sie Scheuerstellen, Altersrisse oder »Schwitzspuren«?
- Druckregler – sind die Anschlüsse dicht?
- Kraftstoffrücklaufleitung vom Druckregler – erkennen Sie Risse oder undichte Anschlüsse?
- Falls Sie bei Arbeiten unter der Motorhaube Kabelstecker gelöst haben, kann das zu »Kontaktschwäche« führen. Sprühen Sie dann die Kontakte zunächst mit Kontaktspray ein – biegen Sie lediglich im »Notfall« die Kontaktzungen nach. Tun Sie das mit viel Gefühl.

Verunsichert den Bordrechner – Nebenluft

Undichte Stellen im Ansaugsystem schleusen unkontrollierte Nebenluft ein. Das stört die »Recherche« des Steuergeräts und führt zu falschen Ergebnissen, beispielsweise bei der Gemischaufbereitung: Die Einspritzdüsen versorgen den Motor dann mit zu wenig Kraftstoff – das Gemisch magert unkontrolliert ab. Am deutlichsten erkennen Sie die Fehlfunktion an der »sägenden« Leerlaufdrehzahl. Bei voller Belastung neigen zu mager laufende Motoren mitunter auch zum hörbaren »Klingeln«. Kreisen Sie dann den Fehler systematisch ein:

Arbeitsschritte

① Prüfen Sie die Unterdruckschläuche auf Risse und festen Sitz. Checken Sie sämtliche Schläuche an der Einspritzeinheit oder am Ansaugkrümmer (Absolutdrucksensor, Bremskraftverstärker, Kraftstoff-Verdunstungsanlage, etc.).
② Fahren Sie den Motor etwa 20 Kilometer warm und lassen ihn anschließend im Leerlauf laufen. Öffnen Sie die Motorhaube und ziehen den Stecker an der Lambda-Sonde ab. Ändert sich die Drehzahl?
③ Sprühen Sie nacheinander sämtliche Schlauchverbindungen und Flanschdichtungen der Einspritzanlage mit einem handelsüblichen Kaltstartspray ein: Achten Sie darauf an welchem Anschluss sich die Motordrehzahl ändert – dort zieht der Motor Nebenluft.

Leerlaufdrehzahl prüfen

Die Leerlaufdrehzahl wird laufend über den Leerlaufstellmotor, je nach eingeschaltetem Verbraucher (z. B. Scheinwerfer, Klimaanlage oder Servolenkung), vom Steuergerät justiert. Ka-Motoren laufen im Stand mit etwa 875 ± 50 min^{-1} . Zur Kontrolle benötigen Sie einen exakten Drehzahlmesser, Werkstätten verwenden dazu einen Motortester. Drehzahldifferenzen können Sie am Ka nicht isoliert justieren: Experten kreisen die Fehlfunktion systematisch im gesamten Motormanagement ein. Es sei denn, die Batterie war abgeklemmt: Der Bordrechner benötigt danach ein paar Kilometer, um an seine alte Form anzuknüpfen. In dieser »Trainingsphase« kann es beispielsweise auch zu erhöhten Leerlaufschwankungen kommen.

Systematisch einkreisen – Leerlaufschwankungen

Falls die Batterie abgeklemmt war, lassen Sie dem Bordrechner rund zehn Kilometer Zeit, um das »verstimmte« Motormanagement zu disziplinieren und mit »offiziellen« Basisdaten neu zu »füttern«. Falls das nichts bringt, gehen Sie folgendermaßen vor:

Arbeitsschritte

① Kontrollieren Sie zunächst den Zustand der Luftschläuche.

② Ist der Gaszug richtig verlegt? Ist er schwergängig oder klemmt er?

③ Prüfen Sie, ob alle elektrischen Anschlüsse einwandfrei sitzen. Sie dürfen nicht korrodiert sein. Für weitere Kontrollen verwendet die Werkstatt einen speziell auf das Steuergerät abgestimmten Motortester.

④ Zu geringer Kraftstoffvordruck verursacht gleichfalls Leerlaufdrehzahlschwankungen. Lassen Sie dann Ihre Werkstatt einen Drucktest durchführen.

Leerlaufstellmotor prüfen

Arbeitsschritte

① Lassen Sie den Motor im Leerlauf laufen.

② Schalten Sie möglichst viele Stromverbraucher ein. Wenn Ihr Ka mit Servolenkung ausgestattet ist, drehen Sie auch das Lenkrad von Anschlag zu Anschlag.

③ Die Leerlaufdrehzahl darf kurzfristig absinken, ein intakter Stellmotor regelt den Wert jedoch wieder »hoch«.

④ Ziehen Sie Steckverbindung am Stellmotor ab, Ihr Ka muss jetzt sofort ausgehen.

⑤ Falls nicht, erneuern Sie den Leerlaufstellmotor.

Einspritzventile prüfen

(Spannungskontrolle und Widerstandsmessung)

Arbeitsschritte

① Defekte Einspritzventile »erfühlen« Sie unter Umständen schon durch bloßes »Hand auflegen«: Im Gegensatz zu den anderen vibrieren defekte Ventile nicht. Damit Sie »Brandblasen« an den Fingerkuppen möglichst vermeiden, machen Sie den Test nicht am »knisternden« Motor.

② Zur Spannungskontrolle ziehen Sie den Stecker eines Einspritzventils ab und legen einen LED-Spannungsprüfer (keine Prüflampe) an den Stecker an.

③ Starten Sie nun den Motor: Die Leuchtdioden im Spannungsprüfer müssen flackern, sonst fehlt die Versorgungsspannung. Eventuell hat auch das Steuergerät einen Defekt. Da kann Ihnen freilich nur die Werkstatt weiter helfen.

④ Zur Widerstandsmessung ziehen Sie den Stecker am Einspritzventil ab und schließen an beiden Ventilkontakten ein Multimeter an. Bei 20° C liegt der Messwert bei 14,5 ± 1 Ohm.

⑤ Falls die Abweichungen zu groß sind, ersetzen Sie das Ventil.

Einspritzventile demontieren und montieren

Arbeitsschritte

① Batterie abklemmen.

② Vordruck aus Kraftstoffsystem abbauen. Ford-Werkstätten nutzen dazu ein Spezialwerkzeug. Doch wenn Sie vorsichtig eine Kraftstoffleitung am Kraftstofffilter abziehen, geht's auch. Denken Sie allerdings daran, einen Auffangbehälter unterzustellen und den Anschluss vor der Montage mit einem Lappen zu umwickeln.

③ Batterie anklemmen.

④ Kraftstoffpumpensicherung (F19) aus der Zentralelektrikbox abziehen.

⑤ Motor starten und im Leerlauf laufen lassen, bis er abstirbt.

⑥ Motor ca. fünf Sekunden mit Anlasser durchdrehen, um sicherzustellen, dass der Druck im Kraftstoffverteilerrohr tatsächlich abgebaut ist.

⑦ Kraftstoffpumpensicherung in der Zentralelektrikbox montieren.

⑧ Stecker (Pfeil) vom Leerlaufluft-Regelventil abziehen.

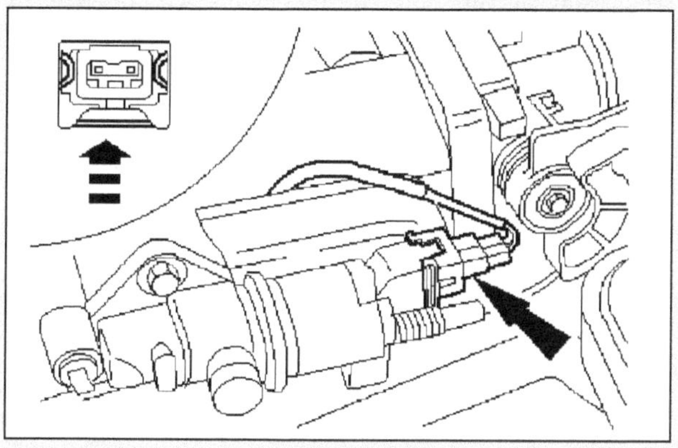

Stecker (Pfeil) am Leerlauf-Regelventil.

⑨ Leerlaufluft-Regelventil demontieren.

⑩ Gaszugeinstellclip (Pfeil) abziehen.

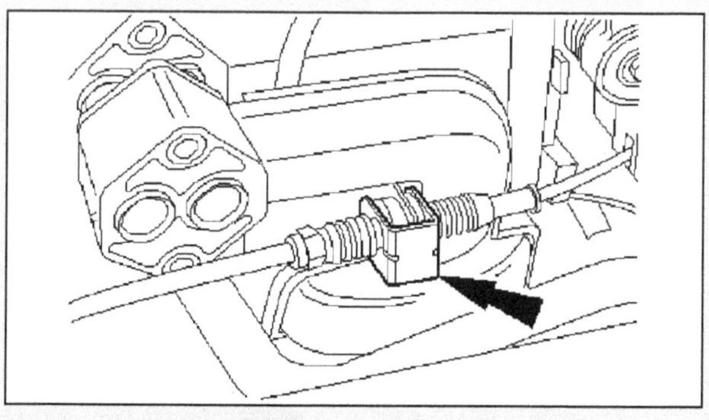

Gaszugeinstellclip (Pfeil).

⑪ Gaszug aus dem Halter montieren.

⑫ Gaszug aus dem Drosselklappengehäuse aushängen.

⑬ Gaszughalter (Pfeil) demontieren (eine Schraube).

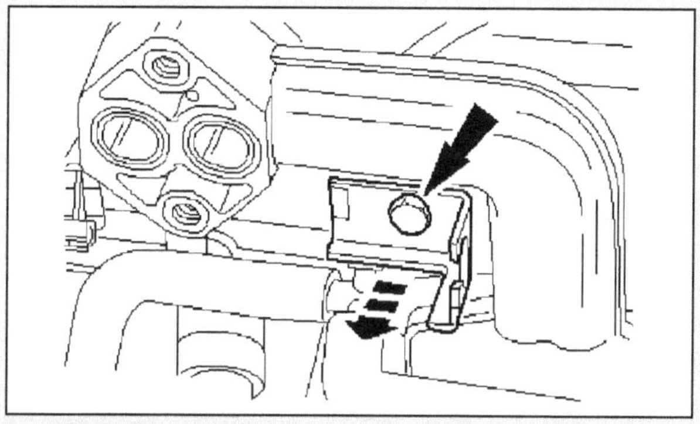

Gaszughalter (Pfeil).

⑭ Kurbelgehäuseentlüftung an drei Stellen (Pfeile) demontieren. Öleinfülldeckel abschrauben.

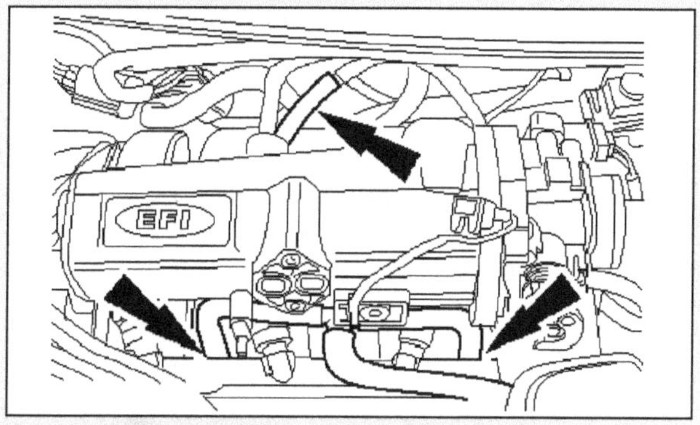

Kurbelgehäuseentlüftung demontieren (Pfeile).

⑮ Ansaugschlauch demontieren.

⑯ Zündkerzenstecker abziehen.

⑰ Zündkabel ausclipsen und beiseite legen.

⑱ Stecker (Pfeil) am Drosselklappenstellungssensor (TP-Sensor) abziehen.

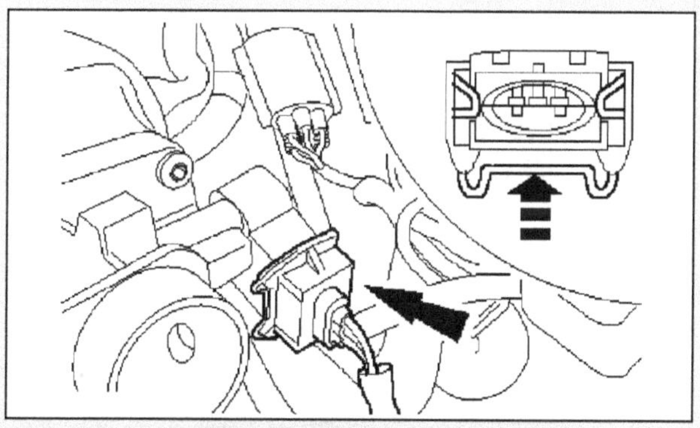

Stecker (Peil) am Drosselklappenstellungssensor.

⑲ Stecker an den Einspritzventilen abziehen.

⑳ Befestigungsschrauben (2 Stück) des Einspritzventile-Kabelstrangs lösen.

㉑ Stecker trennen und Kabelstrang beiseite legen.

㉒ Unterdruckleitung vom Kraftstoffdruckregler abziehen.

㉓ Beide Schrauben (Pfeile) am Kraftstoffverteilerrohr lösen.

Befestigungsschrauben (Pfeile) am Kraftstoffverteilerrohr.

㉔ Kraftstoffzufuhr- und -rücklaufleitungen (Pfeile) demontieren. Die Anschlüsse der Zufuhrleitungen sind weiß bzw. durch einen weißen Ring gekennzeichnet – die Anschlüsse der Rücklaufleitungen sind rot bzw. durch einen roten Ring gekennzeichnet.

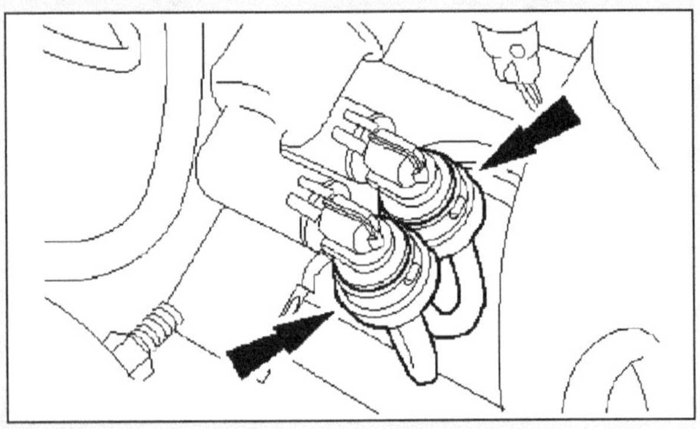

Kraftstoffzufuhr- und –rücklaufleitungen (Pfeile).

㉕ Kraftstoffverteilerrohr ❷ demontieren. Dazu die Einspritzventile ❶ aus dem Ansaugkrümmer lösen.

❶ *Einspritzventile,* ❷ *Kraftstoffverteilerrohr.*

㉖ Einspritzventile ausbauen (vier Clips).

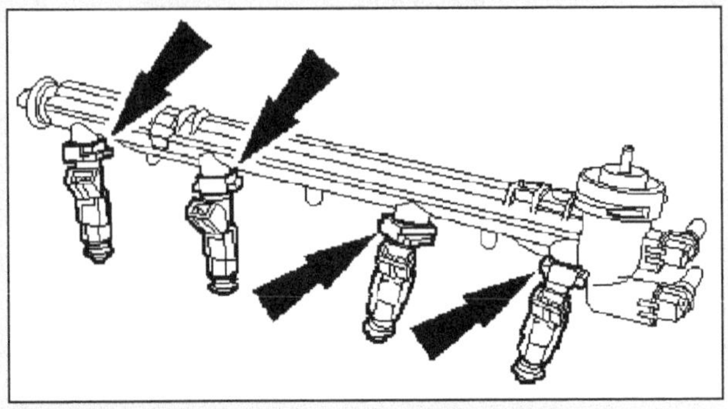

Einspritzventile ausbauen: *Clips lösen (Pfeile) und Stecker abziehen.*

Montage

㉗ Montage in umgekehrter Reihenfolge beenden. Erneuern Sie auf jeden Fall an den Einspritzventilen die O-Ringe. Um die Montage zu erleichtern, benetzen Sie die neuen Ringe mit sauberem Motoröl. Falls erforderlich, stellen Sie den Gaszug – wie in der Folge beschrieben – neu ein.

Einspritzventile prüfen
(Tropf- und Spritzstrahl-Probe)

Arbeitsschritte

① Kraftstoffverteilerrohr mitsamt Einspritzventilen demontieren.

② Stecker von den Einspritzventilen abziehen. Die Kraftstoffleitungen bleiben angeschlossen.

③ Zündung mehrmals aus- und einschalten, damit die Kraftstoffpumpe anläuft und das Kraftstoffsystem Druck aufbauen kann.

Tropfprobe – checken Sie jedes Einspritzventil einzeln

④ Einspritzventile nacheinander genau inspizieren: An jedem Ventil darf jeweils nur ein Tropfen austreten – tropft mehr ab, Ventil austauschen.

⑤ Wenn Sie den **Spritzstrahl** prüfen möchten, müssen Sie das gesamte Kraftstoffverteilerrohr demontieren. Die Kraftstoffleitungen bleiben bei allen Ventilen angeschlossen. Ziehen Sie – bis auf das jeweils zu prüfende Ventil – von allen Ventilen die Stecker ab und stellen ein Gefäß unter das zu prüfende Ventil.

⑥ Zündung einschalten – das Ventil muss den Kraftstoff kegelförmig abspritzen.

⑦ Prüfung an jedem Ventil wiederholen.

Der direkte »Draht« zur Drosselklappe – Gaszug

Die direkte Draht zwischen Gaspedal und Drosselklappe ist beim Ka der Gaszug. An sich ein eher unauffälliges Bauteil, doch wenn Gaszüge im Motorraum nicht einwandfrei verlegt sind, können sie durchaus nerven. Beispielsweise dann, wenn sie sich nur widerwillig bewegen lassen und das Gaspedal dadurch schwergängig wird: Im Extremfall heult der Motor bei jedem Schaltvorgang auf, denn die Rückzugfeder der Drosselklappe ist mit dem schwergängigen Zug völlig überfordert. Wenn Ihnen diese Symptome nicht fremd sind, verfolgen Sie die verschlungenen Wege des Gaszugs und spendieren ihm und allen Umlenkmechanismen ab und an ein paar Tröpfchen Schmieröl – erst recht nach einer Motorwäsche.

Gaszug einstellen

Arbeitsschritte

① Gaszugeinstellclip demontieren.

② Einstellmechanismus (Pfeil) vom Gaszug trennen.

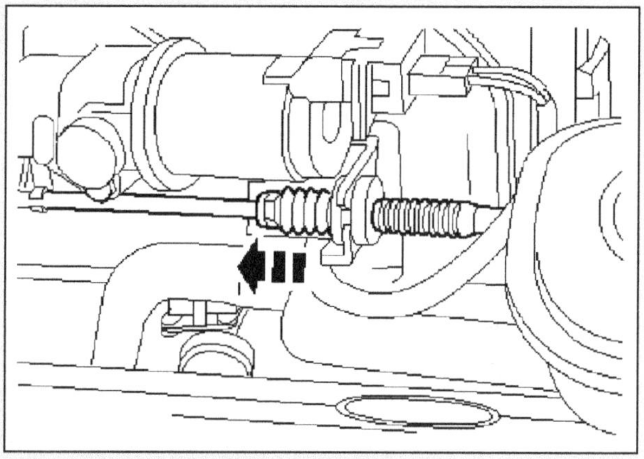

Gaszug-Einstellmechanismus (Pfeil).

③ Gaspedal von einem Helfer voll durchtreten und in dieser Stellung halten lassen.

④ Gaszugeinstellclip montieren.

⑤ Gaspedal loslassen.

⑥ Gaspedal ganz durchtreten lassen. Prüfen Sie, ob die Drosselklappe vollständig geöffnet ist.

⑦ Gaspedal loslassen und prüfen, ob Drosselklappe jetzt in Leerlaufstellung ist.

⑧ Falls erforderlich, wiederholen Sie den Vorgang.

DIE ZÜND-ANLAGE

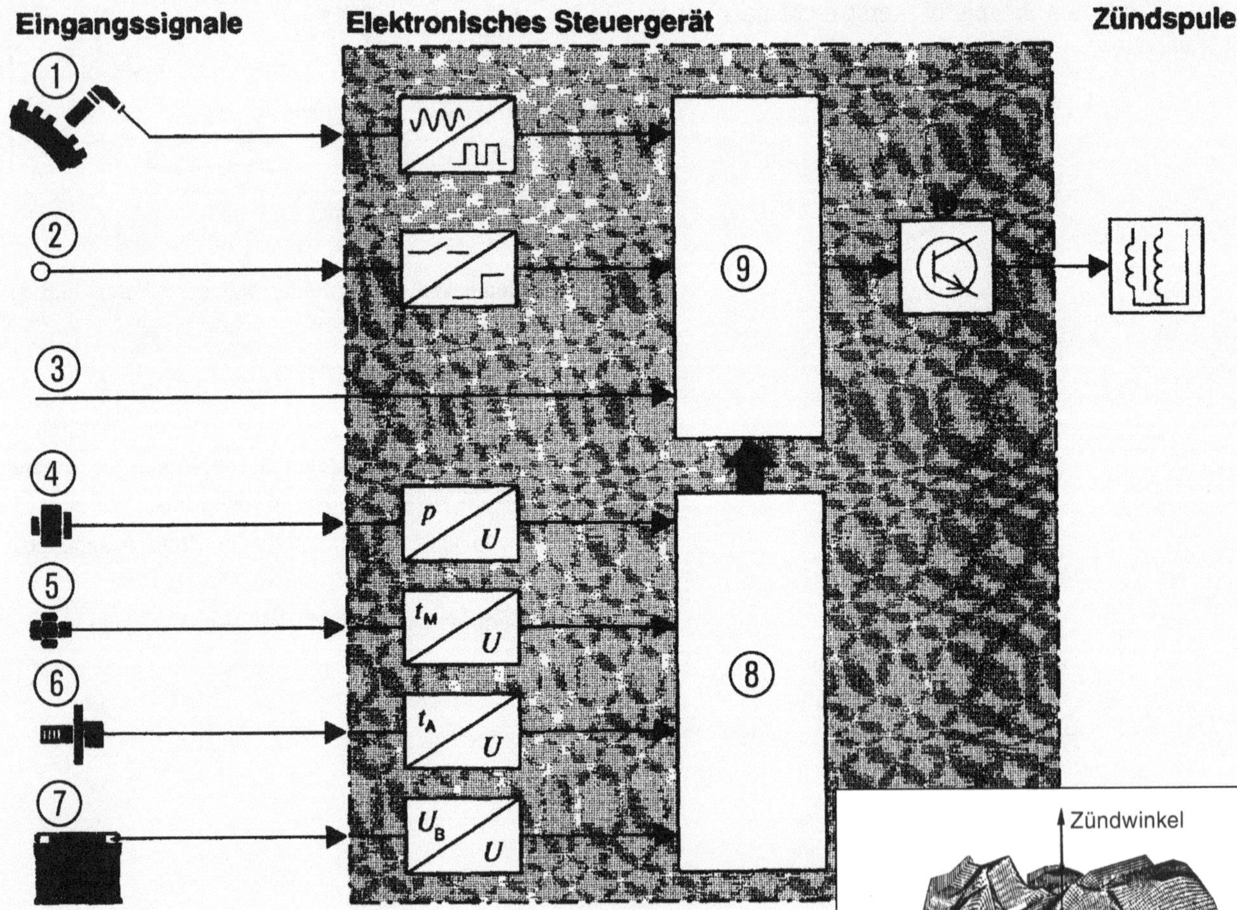

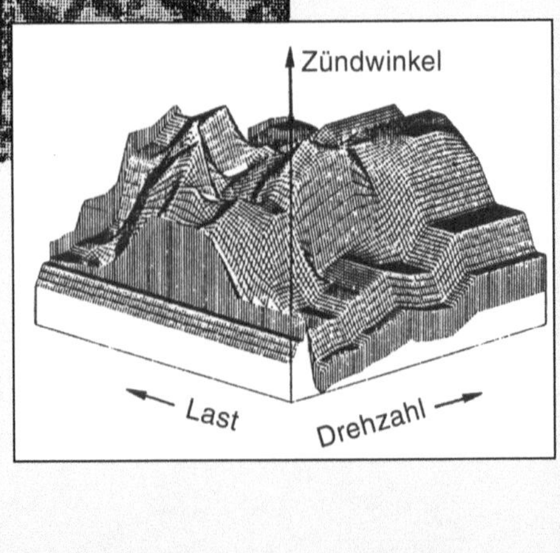

Wartung

Reparatur

Modernste Technik:
Grundaufbau der Endura-E Zündanlage. Bevor der Zündfunken im Ka überspringt, hat er elektronische »Feinarbeit« erfahren. Der Mikrocomputer ❾ des Steuergeräts (nebenstehende Darstellung) nutzt dazu unterschiedlichste Eingangssignale, so zum Beispiel die Motordrehzahl ❶, diverse Schaltersignale ❷, den Saugrohrdruck ❹, die Motortemperatur ❺, die Ansauglufttemperatur ❻ oder die Batteriespannung ❼. Damit die Datenflut den »Funkenrechner« nicht als »Datensalat« erreicht, liefert ein CAN Bus ❸ den Großteil der analogen Sensorsignale in einem Analog-/Digitalwandler ❽ zur »Übersetzung« ab. Den »Dolmetscher« verlassen dann ausschließlich digitale Daten, die in der Zündendstufe auf die Reise zur Zündspule gehen. Jeder einzelne Zündfunke wird im Vorfeld allerdings nach den Gesichtspunkten Kraftstoffverbrauch, Drehmoment, Abgas, Abstand zur Motorklopfgrenze, Motortemperatur, Fahrbarkeit, usw. vorbereitet. Je nach Motorenbauer-Philosophie bekommt der eine oder andere »Gesichtspunkt« eine unterschiedliche Gewichtung. Das Prozedere läuft im Zündwinkelkennfeld (untere Darstellung), einem dreidimensionalen »Berg- und Talgebilde« mit bis zu 4000 einzeln abrufbaren Zündwinkeln ab. Die Oberaufsicht über diese »Kraterlandschaft« hat im Ka das Antriebsstrangsteuergerät (PCM).

Herkömmliche Spulenzündanlagen hielten, mit ihrer relativ beschränkten Flexibilität, Ottomotoren älterer Bauart mitunter »an der Leine«: Die Zündspule »produzierte« überschlagsfähige Spannung und ein mechanischer Verteiler gab den Zündkerzen »Feuer frei«. Im oberen Drehzahlbereich passierte das immer kurz vor dem oberen Totpunkt des Kolbens, der gerade im Verdichtungstakt stand. Anders gesagt: Die Motorperipherie, allen voran Komponenten der Gemischaufbereitung und des Ventiltriebs, war mehr oder weniger vom statischen Leistungsvermögen der Zündanlage abhängig. Spulenzündanlagen – bestehend aus Zündspule, Zündverteiler, Kondensator, Verteilerfinger, Unterbrecherkontakten und Hochspannungszündkabeln – »verteilten« ihre Funken mit der Geschmeidigkeit einer Zündholzschachtel.
Nicht mehr im Zeitalter des elektronischen Motormanagements: Hinter den Kulissen und für ungeschulte Augen völlig unsichtbar, gehen elektronische Komponenten »zündende«, flexible und ganz individuelle Verbindungen ein.

Ohne Spezialequipment wenig Chancen – Do it yourself an modernen Zündanlagen

Für Do it yourselfer und ambitionierte Schrauber hat das Folgen: Fest ins Motormanagement integrierte Zündanlagen bieten ohne Spezialequipment kaum noch Ansatzpunkte zum »sinnvollen Heimwerken«. Auch unter der Ka-Motorhaube führen »Blackboxes« Regie – ihrem Innenleben lässt sich allenfalls noch mit Expertenwissen und hochsensiblen Testprogrammen auf die Spur kommen.

Bei allen Ka-Ottomotoren wird der Zündzeitpunkt, anhand der im Antriebsstrangsteuergerät (PCM) gespeicherten Kennfelder und Leistungsdaten sowie abhängig vom Motorbetriebszustand, für jeden einzeln Zylinder berechnet und anhand der Zündfolge 1 – 2 – 4 – 3 an die Zylinder verteilt.

Immer im »Doppelpack« – die Zündfunken

Konstruktionsbedingt liefern im Ka zwei Zündspulen ihre Funken im »Doppelpack« an die Zündkerzen: Ein Funke zündet die Frischgase des im Verdichtungstakt befindlichen Kolbens, wohingegen der andere während des Ausstoßtakts über dem »parallel laufenden« Kolben überspringt und dort eine »gewisse Nachverbrennung« der Abgase einleitet: Zylinder 1 und 4 sowie Zylinder 3 und 2 bekommen »ihren Funken« immer gleichzeitig ab.

Liefert die Grunddaten für jeden Zündfunken – der CKP-Sensor

Als eine der Berechnungsgrundlagen dient das Signal des Kurbelwellenstellungssensors (CKP). Sein Signal steuert, nachdem es vorab im PCM digitalisiert wurde, die Primärwicklung der Zündspule an. Dazu unterbricht das PCM kurzfristig die Stromversorgung zur Primärwicklung der Zündspule. Auf diese Weise entsteht eine Hochspannung (Zündspannung), die sich über Zündkabel an den Zündkerzen entlädt.

Damit es richtig »funkt« – Antriebsstrangsteuergerät (PCM) mit diversen Kennfeldern

Für die richtige Koordination des Zündfunkens zeichnet das PCM verantwortlich. In seinem Speicher sind unter anderem theoretische Grunddaten (Zündwinkelkennfeld) unterschiedlicher Zündzeitpunkte abgelegt. Um die graue Theorie nun bestmöglich an die Praxis zu adaptieren, ist das Steuergerät jedoch auf aktuelle Informationen der Motorperipherie angewiesen. Es wertet zum Beispiel die Signale des CKP-Sensors aus. Dieses »aktuelle Wissen« gilt es bei jeder Kurbelwellenumdrehung ständig mit dem »Festplattenwissen« zu vergleichen. Die Blackbox kommuniziert vor jedem einzelnen Gaswechsel mit der Einspritzanlage, mit der

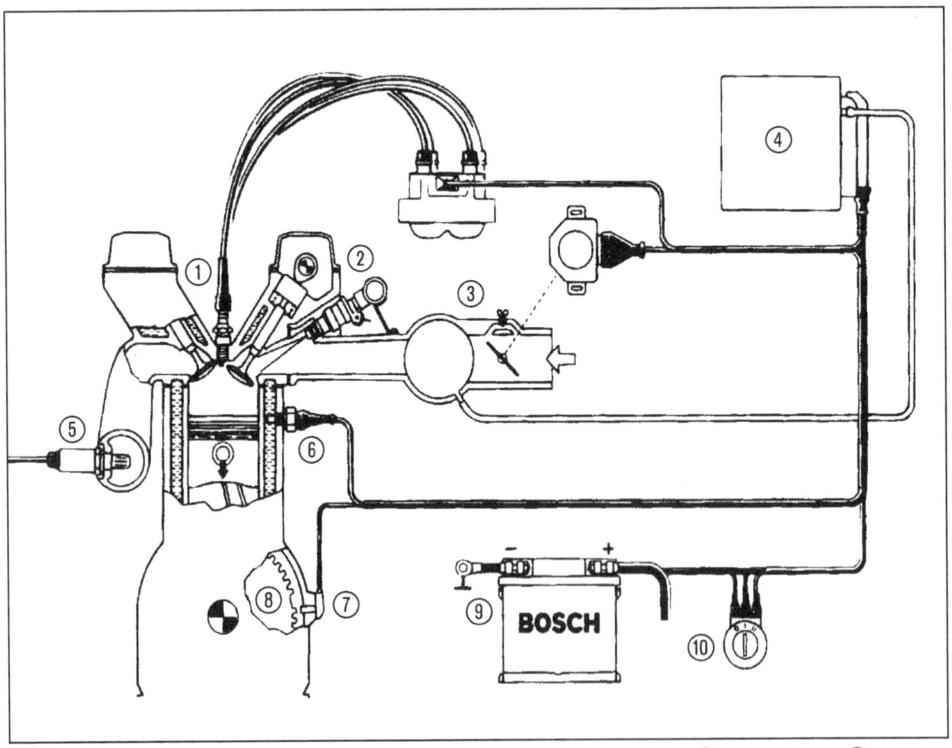

Damit's kräftig funkt: *Im Ka arbeiten zwei Zweifunkenzündspulen. ❶ Zündkerze, ❷ Zweifunkenzündspule (2 x EI), ❸ Drosselklappenschalter (APP), ❹ Steuergerät (PCM), ❺ Lambda-Sonde (HO2S), ❻ Motortemperatursensor (CHT), ❼ Drehzahlsensor (CKP), ❽ Motorschwungscheibe, ❾ Batterie, ❿ Zündschloss.*

Lamda-Sonde, mit dem Drehzahlsensor sowie mit diversen Temperatursensoren und dem Luftmengenmesser unter der Ka-Motorhaube.

Belastungsabhängig – der optimale Zündzeitpunkt

Je nach Belastungszustand (Leerlauf, Teillast, Vollast) und Frischluftqualität verbrennt das Gemisch in den Brennräumen mit unterschiedlicher Geschwindigkeit. Um die Kraftstoffenergie dennoch bestmöglich zu nutzen, variiert die Blackbox den Zündzeitpunkt entsprechend dem Belastungszustand für jeden einzelnen Zylinder. Der beste Augenblick ist jeweils dann, wenn das Frischgas im Moment der höchsten Verdichtung gezündet wird. Beim Viertaktmotor ist das der Augenblick, in dem der Kolben von der Aufwärtsbewegung des Kompressionshubs in die Abwärtsbewegung des Arbeitstakts übergehen will.

Zeitlich versetzt – Zündung und Verbrennung

Allerdings harmoniert der Zündzeitpunkt nicht exakt mit dem oberen Totpunkt (OT). Denn bis zur Zündung benötigt das Gemisch rund eine dreitausendstel Sekunde. Demzufolge bekommt der Zündfunken noch während der Aufwärtsbewegung des Kolbens »grünes Licht«. Der höchste Verbrennungsdruck dagegen setzt ein, wenn der Kolben OT gerade überschritten hat. Da das Kraftstoff-/Luft-Gemisch zum Entflammen stets die gleiche Zeit benötigt, wandert der Zündzeitpunkt mit steigender Motordrehzahl weiter vor OT.

Unsichtbare Helfer (allgemein)

Technik-lexikon

Druckgeber: Über einen Schlauch mit dem Ansaugkrümmer verbunden, liefert er dem Steuergerät Informationen über den Unterdruck im Saugrohr. Der Sensor ist ein druckempfindlicher Kristallchip, er variiert seinen elektrischen Widerstand anhand des jeweiligen Unterdrucks. Aus diesen Differenzen sowie den Informationen über die jeweilige Drehzahl erkennt das Steuergerät den aktuellen Betriebszustand.

Klopfsensor: Arbeiten auf Basis von Piezokeramik, einem Werkstoff also, der in Gasfeuerzeugen schon seit Jahren den Feuerstein ersetzt. Piezokeramik wandelt mechanische Energie wie Zug oder Druck in elektrische Spannung um. Kleinste Disharmonien – bei »klopfender Verbrennung« etwa unkontrollierte Schwingungen des Motorblocks – reichen, um den Sensor zu aktivieren. Er spürt die Schwingungen auf und meldet sie an den Bordrechner weiter. Der Zündzeitpunkt des betreffenden Zylinders wird daraufhin sofort korrigiert (etwa –5°). Die übrigen Zylinder arbeiten so lange unbeeinflußt weiter, bis der Sensor auch in ihrem Umfeld Unregelmäßigkeiten feststellt und meldet. Der Zündzeitpunkt wandert, ausgehend vom Soll-Zündzeitpunkt und pro Arbeitstakt, so lange in Richtung Spätzündung, bis die Verbrennung wieder normal verläuft. Der maximale Verstellbereich beträgt –15°.
Bei ordnungsgemäßer Verbrennung wird nach kurzer Verweilzeit der Zündzeitpunkt in dem Zylinder schrittweise wieder in Richtung »früh« verstellt. Endura-E Motoren kommen im Ka ohne Klopfsensor aus.

Drehzahlgeber: Induktionsgeber, der über das Steuergerät den Strom zu beiden Zündspulen ein- und ausschaltet. Im Geber sind Magnet und Spule integriert. Die Steuerung übernehmen spezielle Impulsstege an der Motorschwungscheibe: Immer, wenn ein Steg den Geber passiert, ändert sich das Magnetfeld im Dauermagneten – die Spule erzeugt dann Spannung. Um nun die Stellung der Kurbelwelle als plausibles OT-Signal zu erfassen, sind an der Schwungscheibe für den ersten und letzten Zylinder – vor ihrem jeweiligen OT – als Bezugsmarke zwei Impulsstege ausgespart. Das Steuergerät verwertet diese Spannungssignale als Informationsquelle zur Motordrehzahl.

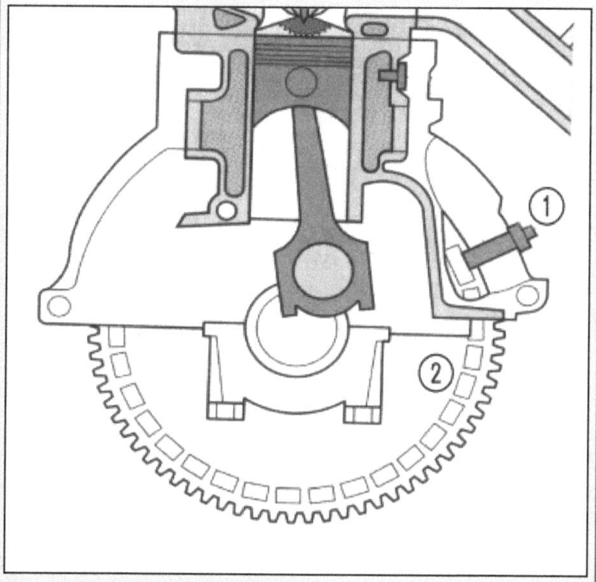

Kurbelwellenpositionssensor:
❶ Sensor; ❷ Sektionsfelder.

Funkenfabrik – die Zündspule

Damit Zündkerzen funken, entlädt sich an ihren Elektroden eine Hochspannung: Je nach Zündanlage beträgt die Entladespannung über 30 000 Volt. Zündspulen bestehen aus zwei Wicklungen: Einer Primärwicklung mit wenigen Windungen (ca. 100) aus dickem Kupferdraht (ca. 0,6 mm²) und einer Sekundärwicklung mit einigen tausend Windungen dünnen Kupferdrahts (ca. 0,1 mm²). Beide Wicklungen umschließen einen lamellierten Eisenkern. Vom Steuergerät über das integrierte Zündleistungsmodul getaktet, bekommt die Primärwicklung Strom von der Batterie (Niederspannung). Dadurch entsteht ein Magnetfeld, das die Sekundärwicklung transferiert. Unterbricht das Steuergerät diesen Stromkreis, bricht für Bruchteile von Sekunden das Magnetfeld schlagartig zusammen. In der Sekundärwicklung entsteht jetzt eine Spannung bis zu 400 Volt, die einen Hochspannungsstromstoß (Induktion) von mehr als 30 000 Volt produziert. Ka-Motoren haben eine elektronische Zündanlage mit zwei Zündspulen (EI), die ihre Zündfunken in der Arbeitsreihenfolge 1 – 2 – 4 – 3 takten.

Hochtemperaturbeständig – die Zündkerzen

Zündkerzen haben die Aufgabe, das Kraftstoff-/Luftgemisch im Brennraum zu entzünden. Dabei entstehen Temperaturen von rund 2500 Grad und Drücke bis zur 60 bar. Damit der Funke zuverlässig zwischen den Zündkerzenelektroden überspringt, ist der Anschlussbolzen der Kerze von einem keramischen Isolator umgeben. Mittelelektrode und Anschlussbolzen stecken außerdem in einer elektrisch leitenden Glasschmelze, die für die Verankerung dieser Teile und die Abdichtung gegenüber dem Brennraum sorgt. Ist die erforderliche Zündspannung erreicht, schlägt die Spannung als Funken von der Mittelelektrode zur Masseelektrode über. Die Energie reicht, um die Frischgase im Brennraum zu entzünden.

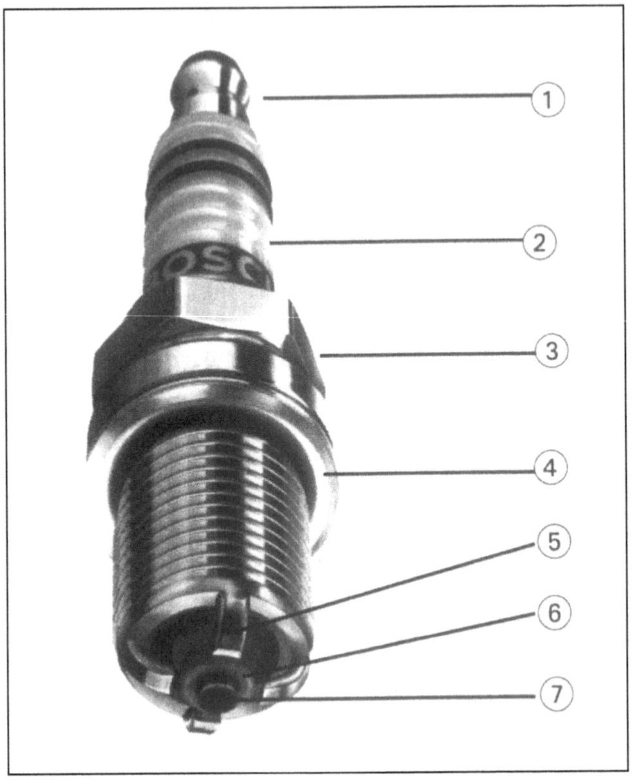

Die Zündkerzen – hier eine BOSCH-Zündkerze mit 4 Masseelektroden – sind optimal auf die Ka-Motoren abgestimmt. Sie garantieren mit ihrer hochwärmeleitfähigen Kupferkernmittelelektrode und Luftgleitfunkentechnik ein sicheres Zündverhalten sowie lange Lebensdauer. ❶ Zündkabelanschlussmutter, ❷ Keramikisolator, ❸ Zündkerzenkörper, ❹ Dichtring, ❺ Masseelektrode, ❻ Isolatorfuß, ❼ Mittelelektrode.

Variabel – der Wärmewert

Damit Zündkerzen zuverlässig arbeiten, müssen sie nach dem Motorstart schnell ihre Selbstreinigungstemperatur (etwa 400°C) erreichen. Falls nicht, setzen sich früher oder später Verbrennungsrückstände am Isolatorfuß fest und beeinträchtigen den Zündfunken. Bei Volllast darf die Temperatur etwa 800°C nicht überschreiten. Allerdings sind die Arbeitsbedingungen für Zündkerzen nicht in allen Motoren gleich. Erst der Wärmewert entscheidet, ob Zündkerze und Triebwerk zueinander passen. Verwenden Sie zum Beispiel eine Zündkerze mit zu geringem Wärmewert, wird sich der Isolatorfuß stark erhitzen. Das hätte unkontrollierte Glühzündungen zur Folge, die den Motor sogar zerstören können. Wählen Sie dagegen eine Zündkerze mit zu hohem Wärmewert, erreicht diese nicht die erforderliche Selbstreinigungstemperatur – der Isolatorfuß verschmutzt.

Vergrößert sich automatisch – der Elektrodenabstand

Neben dem richtigen Wärmewert (siehe Tabelle » Die Kerzen für den Ka«) müssen Zündkerzen auch den richtigen Elektrodenabstand aufweisen. Er beträgt bei neuen Ka-Kerzen etwa 1 Millimeter, vergrößert sich mit zunehmender Laufzeit jedoch, denn die hohe Überschlagsspannung löst regelmäßig kleine Metallpartikel von den Elektroden ab. Größere Elektrodenabstände erfordern eine höhere Zündspannung. Folge: Es kann zu Zündaussetzern kommen, eventuell springt der Motor dann nicht mehr zuverlässig an.
Beim Zündkerzentausch unbedingt darauf achten, dass Sie nur Kerzen mit dem vorgeschriebenen Wärmewert, einem korrekten Elektrodenabstand und dem richtigen Kerzengewinde montieren.

Was das Kerzengesicht sagt

Technik-lexikon

Zündkerzen sind gewissermaßen die Kronzeugen der Verbrennung. Die Optik der Kerzenelektroden (»Kerzengesicht«) verrät einem Fachmann, ob der Motor optimal arbeitet. Achten Sie bei der Kontrolle der ausgebauten Zündkerzen darum auf folgende Punkte:

Isolatorfuß hellgrau, graugelb bis rehbraun gefärbt: Gut eingestelltes Kraftstoff-/Luftgemisch – der Motor läuft wirtschaftlich.

Isolatorfuß weißlich gefärbt: Zu mageres Kraftstoff/Luftgemisch – CO-Gehalt prüfen, eventuell falscher Zündzeitpunkt, Steuergerät defekt.

Isolatorfuß, Elektroden, Zündkerzengehäuse mit samtartigem, stumpfschwarzen Ruß bedeckt: Zündkerze erreicht nicht ihre Selbstreinigungstemperatur (häufiger Kurzstreckenverkehr), falscher Wärmewert, Kraftstoff/Luftgemisch zu fett, CO-Gehalt zu hoch.

Isolatorfuß, Elektroden, Zündkerzengehäuse mit ölglänzendem Ruß oder Ölkohle bedeckt: Kolbenringe, Ventilführungen oder Abdichtungen der Ventilschäfte schadhaft. Möglicherweise haben Sie auch Motoröl oder Kraftstoff mit Zusätzen verwendet. Tauschen Sie die Zündkerzen aus, wechseln Sie Öl und Kraftstoffmarke und prüfen dann erneut den Zustand der Kerzen.

Arbeiten an der Zündanlage

Gefahren-hinweis

Der Gesetzgeber stuft elektronische Zündanlagen als gefährliche Bauteile ein. Bei allen Arbeiten an der Zündung müssen Sie darum besondere Sicherheitsvorkehrungen beachten. Herzschrittmacher können bei Arbeiten an der Zündanlage zum Beispiel aus dem »Takt« geraten. Um sicher zu gehen, dass Sie sich keiner Gefahr aussetzen, überlassen Sie solche Arbeiten besser Ihrer Ford-Werkstatt. Doch auch bei Wartungsarbeiten sollten Sie besondere Vorsicht walten lassen.

- Berühren Sie bei eingeschalteter Zündung auf keinen Fall spannungsführende Teile des Primär- und Sekundärstromkreises – Lebensgefahr.
- Schalten Sie bei allen Servicearbeiten stets die Zündung aus. Das gilt gleichermaßen für den Zündkerzenwechsel wie für das An- bzw. Abklemmen elektrischer Leitungen oder den Anschluss von Prüfgeräten.
- Um an elektronischen Zündanlagen den Hochspannungsimpuls auszulösen, genügt – bei eingeschalteter Zündung - eine Fahrzeugerschütterung. Unter der Motorhaube »schweben« Sie dann in Lebensgefahr, zudem können auch elementare Bauteile der Zündanlage zerstören.
- Wenn Sie elektrische Schweißarbeiten an Ihrem Ka durchführen, klemmen Sie vorher grundsätzlich die Batterie an beiden Polen ab.

Die Kerzen für den Ka

Motor	Kerzenspezifikation
1,3 l Endura-E (37 kW/50 PS)	Motorcraft AGRF 22 PP
1,3 l Endura-E (44 kW/60 PS)	Motorcraft AGRF 22 PP

Zündkerzen wechseln – spätestens nach 60 000 Kilometern

Ford sieht im Wartungsplan alle 45 000 Kilometer einen Zündkerzenwechsel vor. Moderne Zündkerzen sind da normalerweise noch im »besten Alter« – sie halten gut und gerne rund 60 000 Kilometer. Die Betonung liegt auf »normalerweise«: Denn springt Ihr Ka mit »jüngeren« Zündkerzen nur noch unwillig an oder ruckelt nach dem Start, kann das durchaus an den Kerzen liegen – zum Beispiel wegen verbrannter Elektroden oder unsichtbarer Risse im Keramikisolator. Besagte Risse »saugen« sich bei Kaltstarts »gerne« mit kondensierendem Kraftstoff voll, und da Zündfunken grundsätzlich den Weg des geringsten Widerstands gehen, führt der eben nicht mehr über die Kerzenelektroden. Wenn Sie Ihren alten Zündkerzen misstrauen, versuchen Sie's mit einem neuen Satz. Wechseln Sie die Kerzen allerdings nur bei kaltem Motor und mit einem speziellen Zündkerzenschlüssel oder einer Kerzennuss.

Arbeitsschritte

① Ziehen Sie die Zündkerzenstecker von den Kerzen ab.

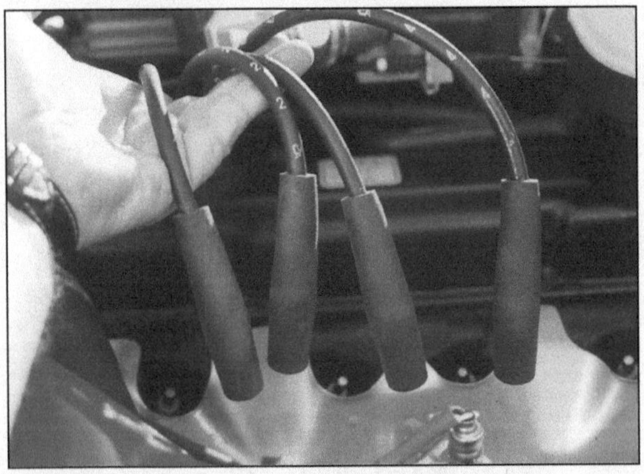

Mit Ziffern gekennzeichnet: Die Zündkabel im Ka.

② Lösen Sie danach die Zündkerzen etwa drei Umdrehungen und blasen die Kerzenlöcher sorgfältig mit Druckluft aus. So vermeiden Sie, dass beim Ausbau Schmutz in die Bohrungen und damit in die Zylinder gelangt.

③ Zündkerzen drehen Sie, beginnend am ersten Zylinder, »**nur**« mit dem Kerzenschlüssel heraus und legen sie außerhalb des Motorraums in der Montagereihenfolge ab.

④ Reiben Sie die Gewinde der neuen Zündkerzen vor der Montage leicht mit Kupferfettpaste ein. Die vorbereiteten Kerzen drehen Sie dann handfest in die Kerzenlöcher (nicht verkanten) und ziehen sie hernach mit dem Zündkerzenschlüssel noch eine Vierteldrehung (90 Grad) weiter an. Dies entspricht etwa dem vorgeschriebenen Anzugsdrehmoment (25 Nm).

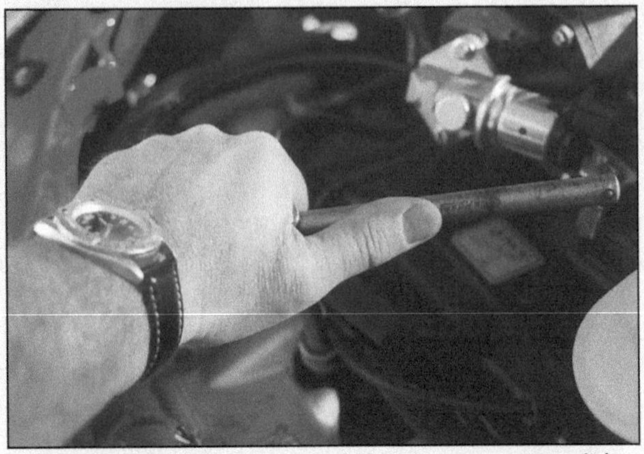

Mit Knebel, Verlängerung und Kerzennuss gut erreichbar: Die Zündkerzen im Ka.

⑤ »Vertrauen« Sie gebrauchten Zündkerzen, reinigen Sie vor der Montage das Kerzengewinde gründlich mit einer Messingbürste. Ansonsten Montage wie bei Neukerzen, jedoch Kerzenschlüssel nur um rund 15 Grad drehen (Dichtring an gebrauchten Kerzen ist bereits gepresst).

Praxistipp

Zündkerze sitzt fest

Um eine festsitzende Zündkerze zu lösen, wenden Sie bitte keine Gewalt an: Im Zylinderkopf könnte sonst das Kerzengewinde ausreißen. Fahren Sie in diesem Fall den Motor warm und versuchen dann, die Kerze auszudrehen. Vorsicht – am heißen Motor können Sie sich schnell die Hände verbrennen. Darum warten Sie mit der Montage so lange, bis der Motor abgekühlt ist. Unsere Empfehlung hat auch einen technischen Hintergrund: Kalte Zündkerzen in einen heißen Motor »eingepflanzt« sitzen später »bombenfest«.

Motor und Zündanlage

Störungs-beistand

Störung	Ursache	Abhilfe
A Motor springt schlecht oder gar nicht an.	**1** Zündspule oder Zündkerzen feucht bzw. verschmutzt, daher kein Zündfunken.	Trocknen bzw. reinigen, ggf. mit Zündspray behandeln.
	2 Steckverbindungen locker bzw. oxidiert.	Kontrollieren, ggf. erneuern (lassen).
	3 Zündkerzen nass (nach häufigen Startversuchen).	Ausbauen und trocknen.
	4 Drehzahl-/Positionssensor lose – zu großer Abstand zur Schwungscheibe.	Festziehen.
	5 Drehzahl-/Positionssensor defekt; Kabel hat Masse oder ist unterbrochen.	Erneuern lassen; Kabel kontrollieren bzw. erneuern.
	6 Zündspule defekt.	Austauschen
	7 Leistungsmodul bzw. Steuergerät defekt. Kontrollieren lassen und ggf. austauschen.	Kontrollieren lassen ggf. austauschen.
B Motor läuft unrund, hat Zündaussetzer.	**1** Zündkerze defekt.	Austauschen.
	2 Zündkabel unterbrochen.	Kabel ersetzen.
	3 Siehe A1–7.	
C Motor hat keine Leistung.	**1** Ansaugsystem zieht Nebenluft.	Überprüfen (lassen).
	2 Kühlmittel, Ansaugluft-Temperatursensor defekt oder Stecker sitzt nicht korrekt.	Steckverbindungen kontrollieren, Sensor ggf. ersetzen lassen.
	3 Siehe A4–7.	

Dieser Störungsbeistand setzt einen mechanisch gesunden Motor und eine problemlos funktionierende Kraftstoffversorgung und Einspritzanlage voraus.

Zündung abklemmen

Das zentrale Steuergerät Ihres Ka kann Schaden nehmen, wenn Sie bei abgezogenen Zündkabeln den Motor mit dem Anlasser durchdrehen lassen. Klemmen Sie darum zu bestimmten Arbeiten vorher die Zündung ab.

Arbeitsschritte

① Stromversorgung zum Zündmodul unterbrechen.

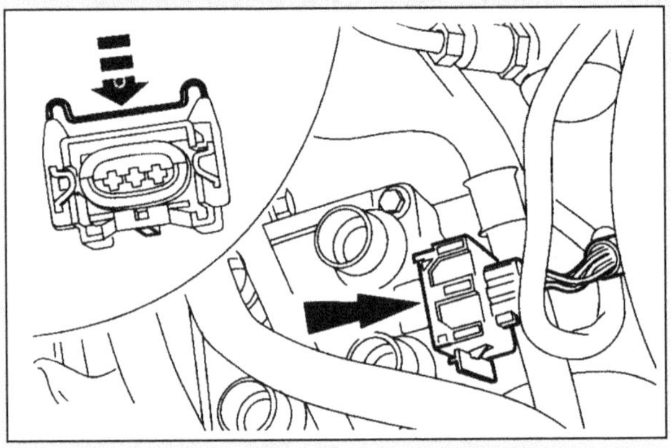

Schnell erledigt: Zur Demontage des Mehrfachsteckers einfach den Spannbügel (Pfeil) eindrücken.

Zündmodul und Kabel – darauf sollten Sie achten

- Sind die Kabelanschlüsse und Mehrfachstecker fest mit der Zündspule und dem Steuergerät verbunden? Lockere Zündkabel können durch Erwärmung der eingeschlossenen Luft geringfügig in den Kontaktbuchsen abheben und dadurch zu Zündaussetzern (Stottern) führen. Lose Zündkabel an den Kerzen verursachen Kriechströme und unkontrollierte Funkenüberschläge
- Kontrollieren Sie das Zündspulengehäuse auf Risse oder Brandspuren, die überschlagende Funken auf ihrem »Weg ins Nirgendwo hinterlassen«.
- Haben die Klemmen guten Kontakt zu den Kerzensteckern? Sie dürfen nicht oxidiert sein.
- Prüfen Sie die Zündkabel, die Isolation darf nicht an- oder durchgescheuert sein. Ersetzen Sie Kabel mit Scheuer- oder Schmorstellen umgehend. Ein defektes Kabel leitet den Zündfunken bereits vor der Zündkerze im »Irgendwo« an Masse ab (Weg des geringsten Widerstands!) – Sie hören das an Knack- oder Knattergeräuschen im Motorraum.
- Entfernen Sie Streusalz- und Kalkablagerungen von den Zündkabeln.

Mit Multimeter zu prüfen – Drehzahlgeber

Mit einer Widerstandsmessung (Multimeter, siehe auch Kapitel »Die Fahrzeugelektrik«) testen Sie die Funktion des Drehzahlgebers. Um sicher zu sein, dass der Abstand des Sensors zum Schwungrad stimmt, kontrollieren Sie vor der Messung, ob der Drehzahlsensor auch tatsächlich fest verschraubt ist.

Arbeitsschritte

① Ziehen Sie zur Kontrolle den Stecker am Drehzahlsensor ab.

② Messen Sie den Widerstand an den beiden Steckkontakten.

③ Bei intaktem Geber lesen Sie vom Multimeter rund 200 ± 50 Ω ab.

Mit Helfer kein Problem – Druckgeber prüfen

Arbeitsschritte

① Schlauch vom Druckgeber abziehen und mit Fingerspitze verschließen.

② Ein Helfer startet den Motor und beschleunigt ihn auf mittlere Drehzahl (ca. 2000 min^{-1}).

③ Schließen Sie bei gleichmäßiger Drehzahl den Schlauch wieder an.

④ Intakte Geber erkennen Sie daran, dass der Motor nun bei gleicher Gaspedalstellung merklich höher dreht.

⑤ Bleibt die Drehzahl jedoch konstant, deutet das auf einen undichten Unterdruckschlauch oder defekten Druckgeber hin. Der Motor quittiert dies mit verminderter Leistung und schlechteren Abgaswerten.

Teamwork – Zündstrom prüfen

Arbeitsschritte

① Ziehen Sie einen beliebigen Kerzenstecker ab und schrauben die Zündkerze heraus.

② Verbinden Sie jetzt den Stecker wieder mit der demontierten Zündkerze und legen beide zusammen mit einwandfreiem Massekontakt auf dem Motorblock ab. Vorsicht beim Starten, Kerze darf nicht abrutschen.

③ Ein Helfer startet nun den Motor.

④ Sie kontrollieren derweil den »Funkenflug«: Springen kräftige Funken an der Kerzenelektrode über, ist Zündstrom vorhanden.

⑤ Springen keine Funken über, nehmen Sie zunächst eine Sichtprüfung an der Zündanlage vor. Werden Sie dabei nicht fündig, checken Sie die Stromversorgung der Zündanlage.

Ein Fall fürs Multimeter – Widerstand an der Zündspule messen

Eine aussagekräftige Messung setzt ein funktionierendes Motormanagement voraus. Auch an Hochspannungszündanlagen lässt sich der Primärwiderstand mit einem Multimeter im Prüfmodus (Widerstand Ω) checken.

Arbeitsschritte

① Zündung ausschalten.

② Zündkabel am Zündmodul abklemmen.

Primärwiderstand prüfen

③ Mehrfachstecker abziehen.

④ Ohmmeter nacheinander an Klemme ❶ und ❷ sowie ❸ und ❷ anschließen.

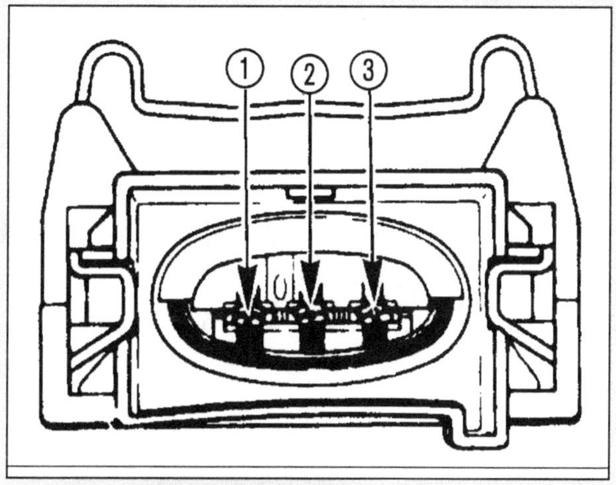

Anschlüsse im Mehrfachstecker.

Sollmesswerte

Die Messwerte sollten zwischen 0,4 – 0,6 Ω liegen. Andernfalls erneuern Sie das Zündmodul.

Zündmodul demontieren

Arbeitsschritte

① Massekabel der Batterie abklemmen.

② Kabelanschlüsse am Zündmodul abziehen.

③ Lösen Sie die vier Schrauben und nehmen das Zündmodul vom Halter ab.

④ Montieren Sie das neue Modul und ziehen die Schrauben mit ca. 6 Nm an.

⑤ Kabelstecker seitlich einrasten.

⑥ Zündkabel in Zündfolge aufs Modul aufstecken.

⑦ Anschlüsse auf festen Sitz prüfen.

DIE KRAFTSTOFF-VERSORGUNG

Eher bescheiden: *Rund 40 Liter – das Tankvolumen des Ford Ka. Nach rund 600 Kilometern steht der moderne »Buckel Ford« zum Volltanken wieder vor der Euro-Super Säule.*

Der Kraftstofftank des Ka liegt unterhalb der Fondbank im hinteren Bereich der Bodengruppe. Es ist ein Stahlblechbehälter mit 42 Liter Fassungsvermögen und Kunststoffeinfüllstutzen. Der Ka-Tank besitzt keine Ablassschraube – sollten Sie den Behälter also näher in Augenschein nehmen, müssen Sie ihn vorab über den Einfüllstutzen entleeren.

Ausgeklügelt – das Belüftungssystem

Die Kraftstoffpumpe (Intank-Saug-/Druckpumpe) ist kombiniert mit dem Kraftstoff-Vorratsanzeiger. In ihrer Vorlaufleitung sitzt – in Nähe des rechten Hinterrads unter dem Bodenblech – ein Kraftstofffilter, der Verunreinigungen und Kondensate »bindet«. Die Kraftstoffvor- und -rücklaufleitung kommt zusammen mit dem Tankgeber aus dem Tank. Sämtliche Leitungsanschlüsse sind Schnellverschlüsse: Weiß, bzw. mit einem weißen Ring, sind die Versorgungsanschlüsse gekennzeichnet. Rot, bzw. mit einem roten Ring, sind die Anschlüsse der Rücklaufleitung kenntlich gemacht.
Ein Überrollsicherheitsventil regelt die Be- und Entlüftung. Die Umwelt entlastet ein Aktivkohlefilter. Er bindet Kraftstoffdämpfe und »speist« sie bei laufendem Motor in den Ansaugtrakt ein.

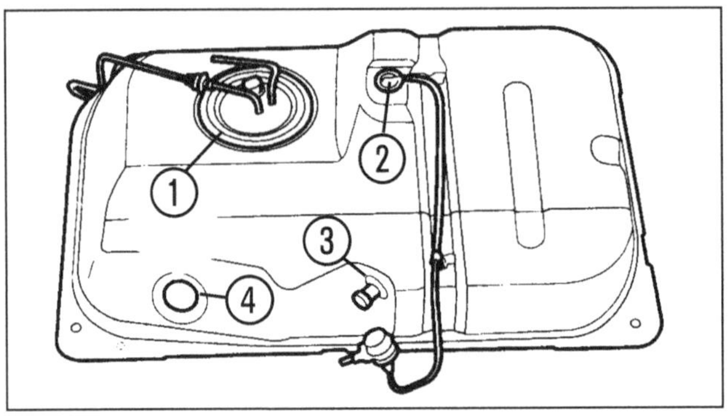

Alles von oben erreichbar:
❶ Tankgeber mit Intank-Kraftstoffpumpe, ❷ Tankentlüftung, ❸ Überlauf, ❹ Einfüllöffnung.

Die wichtigsten Bauteile der Kraftstoffversorgung

Kraftstoffpumpe: Im Ka ist die Kraftstoff-Intankpumpe mit dem Tankgeber (Kraftstoffvorratsanzeige) kombiniert. Sie arbeitet als Strömungspumpe und realisiert mit einer Förderleistung von 80 l/h einen Förderdruck von 3 bar. Ein Überdruckventil im Pumpengehäuse lässt zuviel geförderten Kraftstoff und Gase in den Tank zurück entweichen. Bis Modelljahr »98 ½ « ist der Kraftstoffdruckregler mit zwei Schrauben direkt am Kraftstoffverteilerrohr, seither allerdings mit einem Clip am Kraftstoffverteilerrohr montiert und mit zwei O-Ringen abgedichtet. Der Regler hält im Verteilerrohr einen konstanten Druck von 2,7 bar – überschüssiger Kraftstoff fließt via Rücklaufleitung in den Tank zurück.

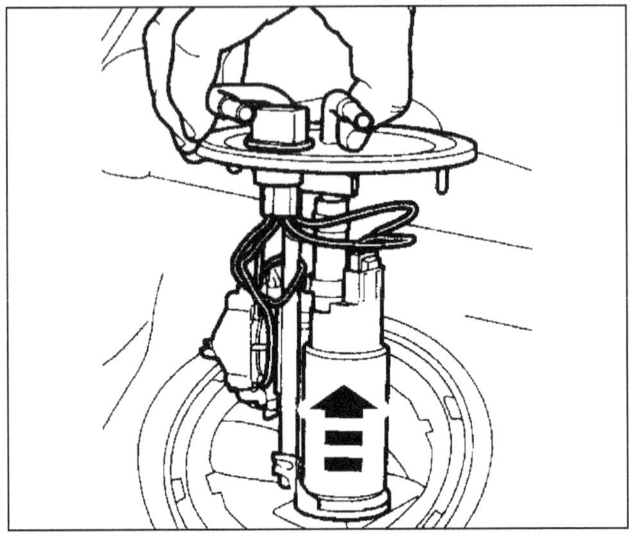

***Intank-Kraftstoffpumpe** bei den Ka-Endura-E-Motoren.*

Kraftstofffilter: Im Ka an der Tankvorderseite an einem Halter montiert. Er besteht aus einem Stahlgehäuse mit Papiereinsatz und filtert flüssige und feste Ballaststoffe aus dem Kraftstoff.
Aktivkohlefilter: Im Motorraum montiert. »Bindet« verdunstende Kraftstoffdämpfe aus dem Tank. Bei laufendem Motor öffnet ein Magnetventil – die gebundenen Dämpfe gelangen dann zwangsläufig aus dem Aktivkohlefilter ins Ansaugsystem und mischen sich den Frischgasen bei.

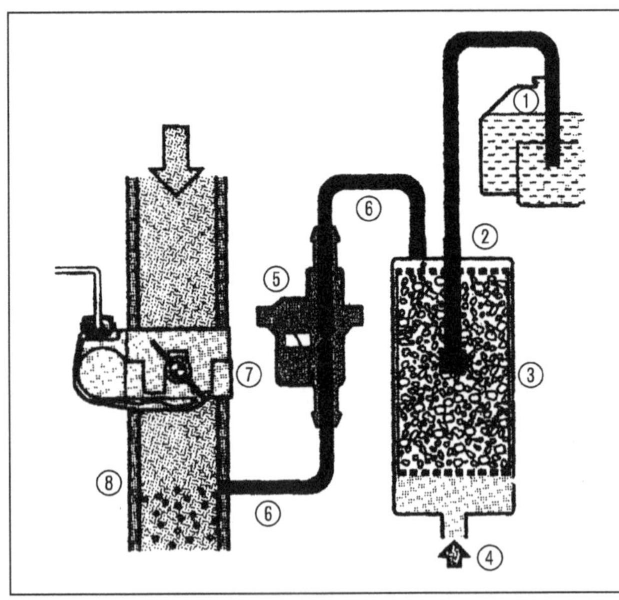

Grundsätzliches Anschlussschema eines Aktivkohlefilters:
❶ Kraftstofftank, ❷ Entlüftungsleitung, ❸ Aktivkohlebehälter, ❹ Frischluftöffnung, ❺ Regenerierventil, ❻ Anschlussleitung zum Saugrohr, ❼ Drosselklappe, ❽ Saugrohr.

Der Kraftstoff

Die Endura-E Motoren des Ford Ka verlangen unisono nach Euro Super (ROZ 95). Sie können aber auch mit Super Plus (ROZ 98) betankt werden. Super Plus kann Sinn machen, wenn Sie Ihrem Ka, zum Beispiel im Gespannbetrieb, bei hohen Außentemperaturen ständig Höchstleistungen abverlangen. Mitunter sinkt der Kraftstoffverbrauch mit Super Plus sogar geringfügig. Noch mehr Einfluss auf den Verbrauch hat allerdings Ihr »eigener« Gasfuß.

Mit wenig Gas »dahin rollen« - das senkt die Spritkosten

Beschleunigen Sie daher stets zügig (Gaspedal etwa 2/3 durchtreten), schalten jedoch möglichst früh in den nächst höheren Gang. Sobald Sie »Ihre« Geschwindigkeit erreicht haben, versuchen Sie Ihren Ka immer im höchstmöglichen Gang und mit wenig »Gas« dahin rollen zu lassen. Drehen Sie Ihren Ka lediglich beim Überholen oder Einspuren in den fließenden Verkehr höher auf. Außerdem sollten Sie den Motor auch während kurzer Stopps, beispielsweise vor Eisenbahnschranken, Baustellenampeln oder im Stau, abstellen: Das »rechnet« sich bereits nach 5 bis 7 Sekunden – und die Umwelt profitiert auch davon.

Kraftstoff – Begriffe und Normen

Technik-lexikon

Normal-/Superbenzin:
Fast identische Reinheitsgrade, Verdampfungsverhalten (wichtig für Entzündbarkeit) und Energiebilanzen (Heizwert je Kilogramm Kraftstoff). Entscheidender Unterschied: Super hat eine höhere Klopffestigkeit als Normalbenzin.

Diesel:
Ein Kraftstoff, der die physikalischen Eigenschaften des »Selbstzünders« perfekt bedient. Durch die hohe Zündwilligkeit des Dieselkraftstoffs und dem extrem hohen Verdichtungsverhältnis in Dieselmotoren läuft die Verbrennung kontrolliert in Sekundenbruchteilen ab. Für Ottomotoren wäre Dieselöl freilich »pures Gift« - es würde die Zündkerzen binnen kürzester Zeit verrußen.

Sommer-/Winterdiesel:
Sommerdiesel nach DIN 51 601 kommt zwischen Frühjahr und Herbst ohne Fließverbesserer an die Zapfsäule. Schon bei geringen Minustemperaturen würden Sommerdiesel paraffinieren und die Kraftstoffleitungen samt Filter versulzen. Deshalb kommt hierzulande bereits in der Übergangszeit Dieselkraftstoff mit einem geringen Anteil an Fließverbesserern auf den Markt. Er bleibt bis etwa –10° C filtergängig. Winterdiesel behält seine Fließfähigkeit laut DIN-Norm bis –12° C, in der Praxis können Sie Winterdiesel jedoch Minustemperaturen bis etwa 22° C zutrauen.

Klopffestigkeit:
Je höher der Kompressionsdruck, um so besser der thermische Motorwirkungsgrad. Doch wenn Ottomotoren zur Selbstentzündung neigen, verbrennt der Kraftstoff unkontrolliert – der Motor »klingelt«. Superkraftstoff widersteht höheren Verbrennungsdrücken als Normalbenzin und neigt daher weniger zur Selbstentzündung. Haben Sie aus Versehen Ihren Ka mit Normalbenzin betankt, wird er Ihnen, wenn Sie aus niedrigen Drehzahlen heraus voll beschleunigen, den Lapsus mit lauten Klingelgeräuschen quittieren. Sollte das der Fall sein, entriegeln Sie den Stecker »Oktanzahlanpassung« und gehen fortan etwas sensibler mit dem Gaspedal um. Mischen Sie das »Klingelwasser« möglichst schnell mit ein paar Liter Superplus auf.

Oktanzahl:
Steht für die Klopffestigkeit des Kraftstoffs. An der Zapfsäule finden Sie in der Regel die Bezeichnung »ROZ« (Research-Oktanzahl), seltener die Spezifikation »MOZ« (Motor-Oktanzahl). Die Oktanzahlwerte für die Mindestanforderungen an bleifreien Kraftstoff wurden in Deutschland früher vom Deutschen Institut für Normung (DIN) nach DIN 51 607 festgeschrieben. Heute gilt die Euro-Norm EN 228.

Cetanzahl:
Eine reine, im Labor ermittelte Verhältniszahl. Steht für die Zündwilligkeit eines Kraftstoffs. Dem sehr zündwilligen Cetan wird die Zahl 100 zugeordnet, dem extrem zündunwilligen Vergleichskraftstoff Methylnaphtalin dagegen eine 0. Die Cetanzahl gibt an, wieviel Volumenprozent Cetan ein Gemisch mit Methylnaphtalin enthalten müsste, um die gleiche Zündwilligkeit wie der zu messende Kraftstoff zu haben. Beim Diesel soll sie 45 betragen.

Umgang mit Kraftstoff

Gefahren-hinweis

Im Umgang mit Kraftstoffen ist Vorsicht das höchste Gebot. Nehmen Sie Wartungsarbeiten und Reparaturen an der Kraftstoffanlage niemals auf die leichte Schulter. Gehen Sie vor allem beim Entleeren des Kraftstoffbehälters umsichtig zu Werke und treffen folgende Sicherheitsvorkehrungen:

- Klemmen Sie die Batterie an beiden Polen ab.
- Entleeren Sie Kraftstoffbehälter nur im Freien oder in **hervorragend** durchlüfteten Räumen. Dazu benötigen Sie eine kraftstoffresistente Handpumpe (z. B. Balgen-Schlauchpumpe). Versuchen Sie auf keinen Fall den Kraftstoff aus der oberen Tanköffnung auszugießen oder mit einem Schlauch per Mund abzusaugen – Vergiftungsgefahr durch Kraftstoffzusätze!
- Stellen Sie generell einen CO_2-Pulver- oder Schaumlöscher der Brandklasse B in greifbarer Nähe bereit.
- Entleeren Sie Kraftstoffbehälter niemals über einer Grube: Die entweichenden Gase sind schwerer als Luft und könnten in der Grube über mehrere Stunden ein hochexplosives Gemisch bilden. Außerdem schaden Sie Ihren Atmungsorganen mit den giftigen Gasen.
- Stellen Sie sicher, dass während der Arbeit mit Kraftstoff keine eingeschalteten elektrischen Geräte, offenen Flammen, Wärme- und Funkenquellen im Raum sind.
- Füllen Sie Kraftstoff nur in verschließbare, klar beschriftete und resistente Gefäße um. Dazu gibt's spezielle Behälter mit Flammschutz und Druckausgleichsverschluss.
- Im entleerten Kraftstofftank sammeln sich Restgase. Trauen Sie also keinem entleerten Tank – Explosionsgefahr.

Tankbe- und -entlüftung kontrollieren

Arbeitsschritte

① Fahren Sie den Motor warm (Betriebstemperatur) und lassen ihn im Leerlauf weiter laufen.

② Ziehen Sie am Magnetventil den vom Aktivkohlefilter kommenden Unterdruckschlauch ab.

③ Prüfen Sie am Ventilanschluss, ob Unterdruck anliegt. Falls nicht, prüfen Sie das Magnetventil.

④ Dazu klemmen Sie das Batteriemassekabel und den Stecker am Magnetventil ab.

⑤ Ziehen Sie die Schläuche am Magnetventil ab und nehmen das Ventil ab. Kennzeichnen Sie sich vorher die Anschlüsse – das erleichtert Ihnen die Montage.

⑥ Wenn Sie das Ventil durchblasen können, ist es defekt. Erneuern Sie es.

Kraftstofffilter ersetzen

Arbeitsschritte

① Batterie (Massekabel) abklemmen.

② Sicherung der Kraftstoffpumpe abziehen.

③ Motor starten und so lange laufen lassen, bis er – mangels Benzin – ausgeht.

④ Stellen Sie sicher, dass die Kraftstoffdruckleitung tatsächlich »drucklos« ist. Lassen Sie den Motor darum noch etwa fünf Sekunden mit dem Anlasser durchdrehen.

⑤ Sicherung der Kraftstoffpumpe einsetzen.

⑥ Ka hinten standsicher aufbocken.

⑦ Stellen Sie einen Auffangbehälter unter den Kraftstofffilter (in Nähe des rechten Hinterrads, rechts neben dem Tank) auf.

⑧ Demontieren Sie jetzt die Kraftstoffzufuhr- und -rücklaufleitungen ❶ vom Kraftstofffilter.

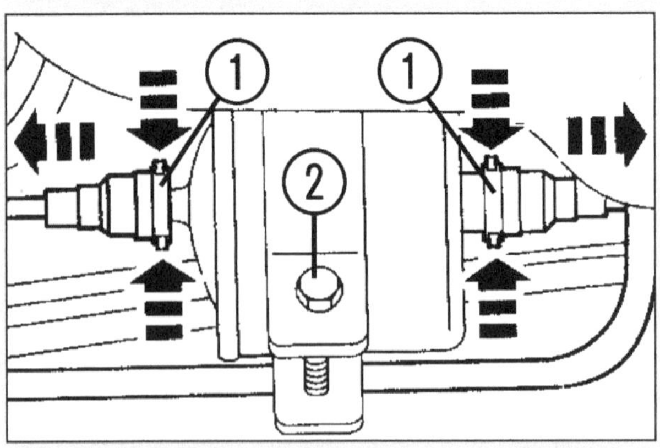

❶ Kraftstoffleitungen mit Schnellkupplungen, ❷ Klemmschraube der Halteschelle.

⑨ Drehen Sie danach die Klemmschraube ❷ heraus.

⑩ Ziehen Sie nun den Filter aus der Schelle.

⑪ Beenden Sie die Montage in umgekehrter Reihenfolge. Beachten Sie die »Flussrichtungspfeile« auf dem neuen Filtergehäuse.

⑫ Den alten Filter entsorgen Sie als Sondermüll.

Tank ohne Handpumpe entleeren

Der Ka-Tank besitzt keine Ablassschraube. Da sowohl die Kraftstoffsaugleitung als auch der Rücklauf an der Tankoberseite sitzen, können Sie den Kraftstoff nicht einfach ablaufen lassen. Sollten Sie keine geeignete Handpumpe haben, versuchen Sie Ihr »Glück« wie beschrieben.

Arbeitsschritte

① Bocken Sie Ihr Auto möglichst hoch auf und ...

② ... stellen möglichst tief unter dem Tank ein Auffanggefäß auf.

③ Durch den Einfüllstutzen senken Sie dann einen Schlauch, z. B. ein Stück Gartenschlauch, bis auf den Tankboden ab.

④ Halten Sie die obere Schlauchöffnung nun möglichst hoch und »dichten« sie dann mit dem Finger ab. Jetzt senken Sie das verschlossene Schlauchende schnell ins Auffanggefäß und »liften« den Finger. Wenn das Schlauchende im Tank tatsächlich im Benzin »steht«, fließt der Kraftstoff jetzt mit Fallgeschwindigkeit aus dem Tank. Falls nicht, wiederholen Sie das Prozedere. Achtung: Sollten Sie den Kraftstoff mit dem Mund ansaugen wollen, »spielen« Sie mit Ihrer Gesundheit!

⑤ Sollte das ganze Prozedere nicht klappen, kommen Sie an einer geeigneten Handpumpe nicht vorbei.

Leitungen und Schläuche demontieren (allgemein)

Vorsicht: Das Kraftstoffsystem steht bei Einspritzanlagen auch längere Zeit nach dem Abschalten des Motors noch unter Druck (siehe Druckventil). Deshalb halten Sie grundsätzlich einen Lappen beim Lösen bzw. Trennen der Kupplungen bereit.

Arbeitsschritte

① Schnellkupplungen bzw. Schraubanschlüsse lösen.

② Bei Quetschklemmen »fahren« Sie mit einem feinen Schraubendreher unter die Schelle und lockern sie, indem Sie den Schraubendreher seitlich hin- und herhebeln.

③ Ziehen Sie den Schlauch mit Drehbewegungen ab. Schaffen Sie das nicht, setzen Sie einen kleinen Gabelschlüssel hinter das Schlauchende an und drücken den Schlauch mit dem »Schlüsselmaul« ab.

④ Schließen Sie die Schläuche mit Schraubschellen, bzw. bei Schraubflanschen mit neuen Kupferdichtungen an.

Fehlersuche an der Kraftstoffpumpe

Ein Relais versorgt die elektrische Kraftstoffpumpe mit Spannung. Ab der Startphase fördert die Pumpe frischen Kraftstoff von oben in die Einspritzdüsen. Ein zweites Relais tritt immer dann in Aktion, wenn der Motor mit eingeschalteter Zündung stillsteht (Steuergerät empfängt keine Drehzahlimpulse mehr). Das Relais unterbricht im Motor-Steuergerät über eine Sicherheitsschaltung dann den Stromfluss. So kann zum Beispiel nach einem Unfall kein Benzin auslaufen. Die Prüfung der Kraftstoffpumpe ist eher eine Arbeit für die Werkstatt. Beschränken Sie sich während der Fehlersuche besser auf folgende Punkte.

Arbeitsschritte

① Zündung abklemmen.

② Lösen Sie die Kraftstoffdruckleitung am Kunststoffverteilerrohr. Herausspritzendes Benzin »fangen« Sie mit einem saugfähigen Lappen auf.

③ Auch bei stehendem Motor muss etwas Benzin austreten, das Kraftstoffsystem steht ja unter Druck.

④ Bleibt der Anschluss trocken, schalten Sie kurz die Zündung ein (nicht den Anlasser betätigen!).

⑤ Läuft die Pumpe nicht an, überprüfen Sie die Sicherung bzw. das Sicherheitsrelais.

⑥ »Sprudelt« weiterhin kein Benzin, überprüfen Sie das Pumpenrelais.

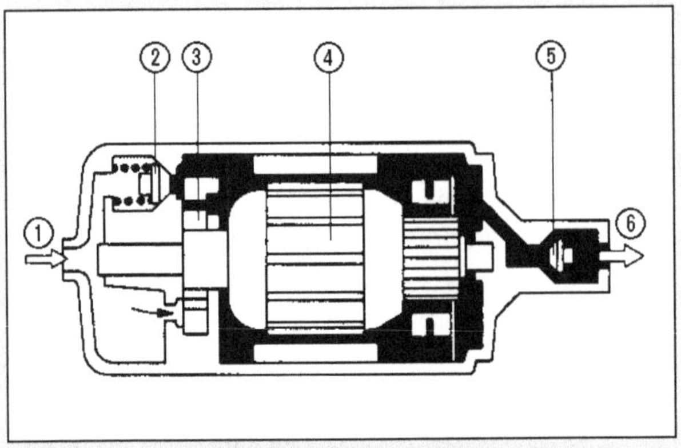

Funktionsaufbau einer elektrischen Rollenzellenpumpe: *❶ Saugseite, ❷ Überdruckventil, ❸ Filtergehäuse, ❹ Laderegler, ❺ Rückschlagventil, ❻ Druckseite.*

⑦ Spätestens jetzt muss die Kraftstoffpumpe anlaufen.

⑧ Ansonsten bauen Sie die Abdeckung unter der Rücksitzbank aus und »traktieren« das Pumpengehäuse vorsichtig mit einem kleinen Hammer – mitunter hilft das.

⑨ Bei der Gelegenheit prüfen Sie selbstverständlich auch, ob an der Pumpe die Anschlusskabel nicht oxidiert sind und fest sitzen.

⑩ Lässt das die Pumpe »kalt«, prüfen Sie mit einem Dioden-Spannungsprüfer (normale Prüflampe könnte dem Steuergerät schaden), ob überhaupt Spannung an der Pumpe anliegt. Vergessen Sie allerdings nicht, vorher die Zündung einzuschalten.

⑪ Liegt Spannung an, dürfte die Pumpe defekt oder ein Anschlusskabel unterbrochen sein. Ihre eigenen Reparaturchancen an der schadhaften Pumpe sind eher gering. Nachdem Sie die Kabel geprüft haben, montieren Sie darum besser eine neue Pumpe.

⑫ Läuft die Pumpe, an der Druckleitung kommt jedoch kein Kraftstoff an, checken Sie den Kraftstofffilter und blasen die Kraftstoffleitung durch. Evtl. ist der Filter verstopft oder die Leitung »nur« geknickt.

Kraftstoffpumpe aus- und einbauen

Arbeitsschritte

① Batteriemassekabel abklemmen.

② Klappen Sie die Rückbank nach vorne und demontieren die Schutzabdeckung vom Bodenblech.

③ Ziehen Sie den Mehrfachstecker von der Kraftstoffpumpe ab.

④ Damit kein Schmutz in den Tank gerät, reinigen Sie das Umfeld.

⑤ Demontieren Sie danach die Kraftstoffvor- und -rücklaufleitung.

⑥ Jetzt setzen Sie einen Hartholzkeil am Sicherungsring an und lösen ihn mit dosierten Hammerschlägen. Ford-Werkstätten benutzen einen Spezialsteckschlüssel.

⑦ Ziehen Sie die Intankpumpe nun vorsichtig aus der Tanköffnung.

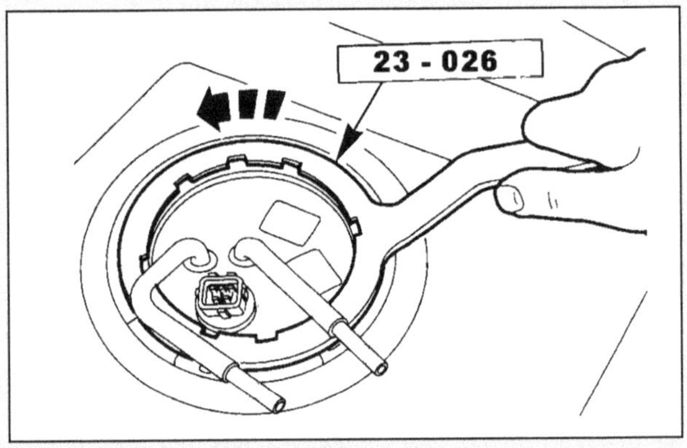

Vorteilhaft: *Ford-Spezialwerkzeug 23-026 zum demontieren der Intank-Kraftstoffpumpe. Ohne Spezialschlüssel bleibt nur der »Griff« zur Wasserpumpenzange oder zu Hammer und Dorn.*

⑧ Bevor Sie die neue Pumpe montieren, reinigen sie gründlich die Dichtflächen und erneuern beschädigte Dichtungen grundsätzlich.

⑨ Richten Sie die neue Pumpe genau zu den Tankmarkierungen aus.

⑩ Bevor Sie den Sicherungsring ansetzen, checken Sie erneut den korrekten Sitz der Dichtung.

⑪ Schließen Sie nun die Batterie an und lassen die neue Pumpe etwa 30 Sekunden über »Zündung« laufen. Soviel Zeit braucht's ungefähr, bis sich der Systemdruck aufbaut.

⑫ Bevor Sie das Bodenblech verschließen, prüfen Sie sämtliche Leitungsanschlüsse auf Undichtigkeiten.

Die Auspuffanlage

Auspuffanlagen hatten weiland »nur« die Aufgabe, Verbrennungsgeräusche des Motors zu reduzieren und seine Abgase in die Atmosphäre zu entlassen. Doch seit den achtziger Jahren leistet hierzulande der Auspuff noch einen weiteren »Job«: Er entgiftet die Abgase – Katalysatoren eliminieren seither bis zu 90 Prozent der im Abgas befindlichen Schadstoffe.

Der Ka ist ab Werk mit einer rostresistenten , einteiligen Auspuffanlage ausgestattet. Sie besteht aus dem Drei-Wege-Katalysator, einem flexiblen Zwischenstück und einem einflutigen Reflexions-Hauptschalldämpfer. Der Katalysator ist motornah direkt mit dem Auspuffkrümmer verschweißt. Vorteil: Nach jedem Kaltstart ist die »Reaktionszeit« des Katalysators wesentlich kürzer. Das minimiert die Schadstoffmenge und schont die Umwelt, vornehmlich im Kurzstreckenverkehr mit vielen Kaltstarts.

Ab Werk ist nur eine lösbare Verbindung zwischen Auspuff und Motor vorgesehen: Ein ovaler Flansch direkt hinter dem Drei-Wege-Katalysator. Doch für den Ersatzbedarf lagert Ford den Auspuff auch zweigeteilt. Außer einer festen Verschraubung zwischen Motor und Getriebe hat die Ka-Auspuffanlage fünf weitere Halterungen aus Weichgummi. Sie halten die Anlage unter dem Ka-Bauch vibrationsfrei in der Waage.

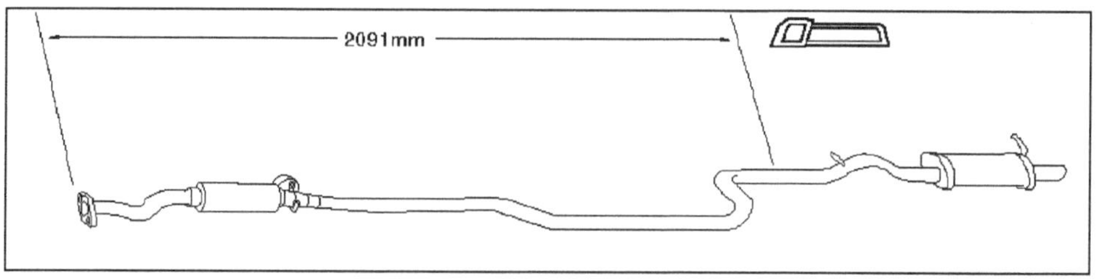

Auf den Millimeter genau trennen: *Die Produktionsauspuffanlage des Ka reicht vom vorderen Anschlussflansch bis zum Endrohr. Die Serviceanlage ist zweigeteilt und »vor der Hinterachse« zusammengeschoben.*

»Locker« für 70 000 Kilometer gut – Ka-Auspuff

Natürlich hängt die Auspufflebensdauer stark von den Einsatzbedingungen Ihres Autos ab: Sind Sie überwiegend im Stadtverkehr oder auf kurzen Strecken unterwegs, setzen sich in seinem Innern wesentlich mehr »fressendes« Kondensat, Ruß und aggressive Säuren ab. Auf Langstrecken ständig gut »durchgewärmte« Auspuffanlagen haben eine wesentlich längere Lebensdauer. Doch in der Regel widersteht der Auspuff eines Ka locker rund 70 000 Kilometer.

Der vordere Auspuffbereich mit Kat trotzt dem Rost erfolgreicher als die übrige Anlage. Grund: Die Abgase haben dort noch Temperaturen zwischen 800 und 1000°C, so dass Spritzwasser und in den Abgasen mitgeführte Kondensate schnellstens verdampfen.

Auf ihrem Weg durchs Auspuffrohr und durch den Endschalldämpfer bis hin zum Auspuffendrohr kühlen die Abgase zunehmend aus. Sie gelangen, je nach Arbeitsverfahren (Otto, Diesel), mit etwa 150 – 300° C in die Atmosphäre. Im Endschalldämpfer sammelt sich daher das meiste Kondensat. Eine Mixtur aus Verbrennungsrückständen und aggressiven Säuren zerfrisst folglich den Schalldämpfer von innen nach außen.

Sobald kaltes Spritzwasser ständig den heißen Auspuff unter dem Wagenboden »duscht«, treten starke Temperaturschwankungen auf. Sie belasten auf Langstreckenfahrten besonders den vorderen Teil der Auspuffanlage. Das kann, trotzt des flexiblen Zwischenstücks, zu glatten »Rohrbrüchen« oder feinen Haarrissen führen.

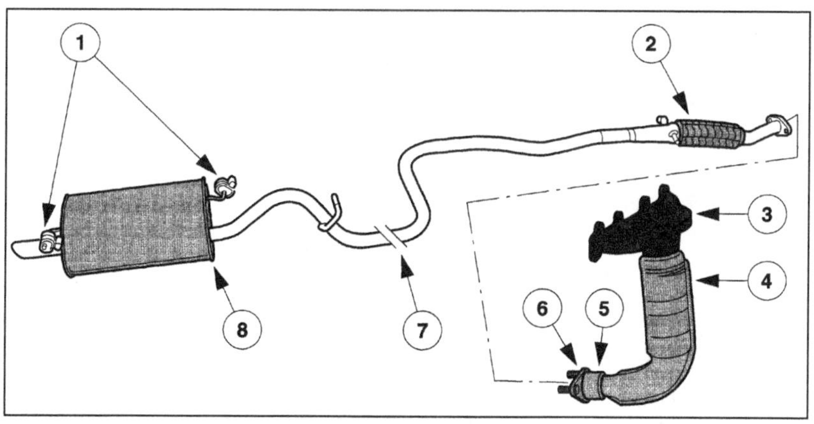

Auspuff im Detail: *❶ Weichgummiaufhängung, ❷ flexibles Zwischenstück, ❸ Auspuffkrümmer, ❹ Drei-Wege-Katalysator (direkt mit dem Auspuffkrümmer verschweißt), ❺ Befestigungsschelle (Auspuff/Getriebe), ❻ Flansch, ❼ Service-Trennstelle, ❽ Hauptschalldämpfer.*

Spritz- und Salzwasser fördern den Verschleiß von außen. Doch Steinschläge oder andere äußere Einflüsse, etwa Aufsetzen auf hartem Untergrund, setzen dem Auspuff gleichermaßen zu. So auch schädliche Schwingungsfrequenzen, die beispielsweise ein sprödes oder gerissenes Aufhängungsgummi verursacht.

Tipps zur Arbeit an der Auspuffanlage

Oxydierte Bleche lassen sich nicht dauerhaft schweißen. Der Reparaturerfolg an einer »perforierten« Auspuffanlage ist daher meist nur von kurzer Dauer. Auspuffkitt und Bandagen halten zwar länger, aber das angefressene Blech »verabschiedet« sich erfahrungsgemäß bald unmittelbar neben der Reparaturstelle. Bei Auspuffanlagen mit mehr als einem Schalldämpfer kommt es nicht selten vor, dass, nur wenige Monate nach dem Austausch des ersten, auch der zweite Schalldämpfer malade ist. Werkstätten wechseln Auspuffanlagen deshalb meistens komplett. Dennoch: Bevor Sie »Hand anlegen«, nehmen Sie den Auspuff genau in Augenschein und entscheiden dann, ob Sie einzelne Teile oder die komplette Anlage ersetzen möchten.

Arbeitsschritte

① Bocken Sie den Wagen absolut rüttelsicher und eben auf.

② Sollten sich festgerostete Verschraubungen nicht lösen lassen, versuchen Sie die Muttern zu überdrehen – meistens reißt dann die Schraube komplett ab. Zur Montage verwenden Sie grundsätzlich neue Schrauben, Federringe, Muttern und Dichtungen.

③ Erneuern Sie gleichfalls alle Haltegummis, dann hängt der neue Auspuff auch rüttelsicher in der Waage.

④ Haben Sie früher bereits den Auspuff teilweise erneuert, trennen Sie die Steckverbindungen der Rohrenden am besten in erhitztem Zustand. Die Werkstatt nutzt dazu einen Schweißbrenner – ein guter Propangasbrenner für Heimwerker tut's in der Regel jedoch auch. Schützen Sie Ihre Hände und Augen bei dieser Arbeit unbedingt mit Arbeitshandschuhen und einer Arbeitsbrille – deponieren Sie einen Feuerlöscher griffbereit. Praxistipp: Bevor Sie den Brenner »anheizen«, versuchen Sie es zunächst mit Rostlösemitteln.

⑤ Trennen Sie die Rohre dann, unterstützt von leichten Hammerschlägen, mit kräftigen Drehbewegungen.

⑥ Hilft das nicht, sägen Sie die Rohrverbindung des defekten Schalldämpfers knapp 10 Zentimeter hinter der Verbindungsstelle ab. Den Rest des Rohrs sägen Sie mit der Metallsäge in Längsrichtung auf und hebeln es dann mit einem kräftigen Schraubendreher heraus.

⑦ Auspuffverschraubungen lassen sich leichter lösen, wenn Sie die Gewinde vor der Montage mit hitzefestem Kupferfett einstreichen. Das gilt auch für überlappende Rohrverbindungen.

Auspuffanlage kontrollieren

Die Auspuffanlage ist mit dem Auspuffkrümmer fest verschraubt. Am Fahrzeugboden hängt sie beim Ka freischwingend in fünf Gummistegschlaufen.

Arbeitsschritte

① Überprüfen Sie die Gummistegschlaufen (Pfeil) auf Brüche, Einrisse oder sonstige Schäden. Halten Sie sich nicht unnütz mit porösen Halterungen auf, sondern erneuern die Gummis komplett. Zur Kontrolle schwingen Sie den Auspuff an den Gummischlaufen hin- und her. Checken Sie gleichfalls die Verschraubungen am Krümmerflansch.

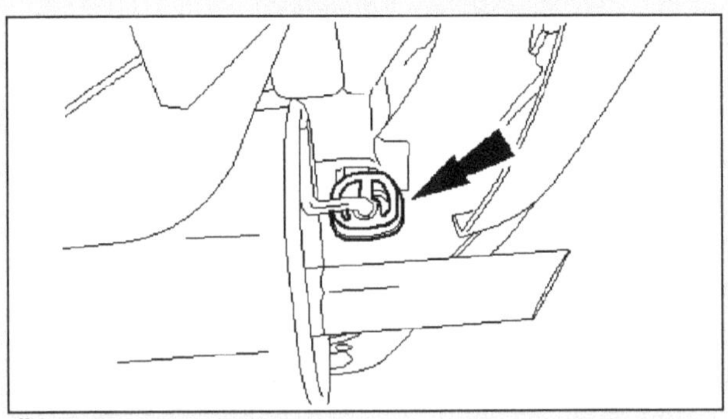

Überprüfen Sie »alle« Gummistegschlaufen (Pfeil) auf Beschädigungen.

② Starten Sie den Motor und halten das Auspuffendrohr mit einem Lappen zu. Schon nach kurzer Zeit muss der Motor ausgehen. Hören Sie zischelnde Geräusche oder läuft der Motor gar unbeirrt weiter, ist die Anlage undicht.

③ Laute Verbrennungsgeräusche und Knallen im Schiebebetrieb weisen meistens auf einen defekten Auspuff hin.

④ Klopfen Sie Schalldämpfer und Rohre rundum gründlich mit leichten Hammerschlägen ab. Vergessen Sie auch nicht die Stirnseiten der Schalldämpfer – hämmern Sie nicht zu zaghaft. »Gesundes« Blech klingt hell, »morsches« Blech erkennen Sie am dumpfen Klopfgeräusch und eventuell an den »Hammerspuren«.

Auspuffanlage komplett auswechseln

Unsere Anleitung beschreibt die Demontage der kompletten Auspuffanlage. Wenn Sie nur einzelne Teile auswechseln, berücksichtigen Sie eben nur den entsprechenden Reparaturabschnitt. Denken Sie beim Ersatzteilkauf daran, dass Sie Schrauben, selbstsichernde Muttern, eingebrannte Dichtungen und spröde Haltegummis generell mit Neuteilen ersetzen.

Arbeitsschritte

① Fahrzeug rüttelsicher aufbocken.

② Sichern Sie das flexible Auspuffverbindungsstück (Pfeil) mit Stützschienen. Verwenden Sie mindestens drei genügend stabile Hölzer (Dachlatten), die Sie mit Klemmschellen fixieren.

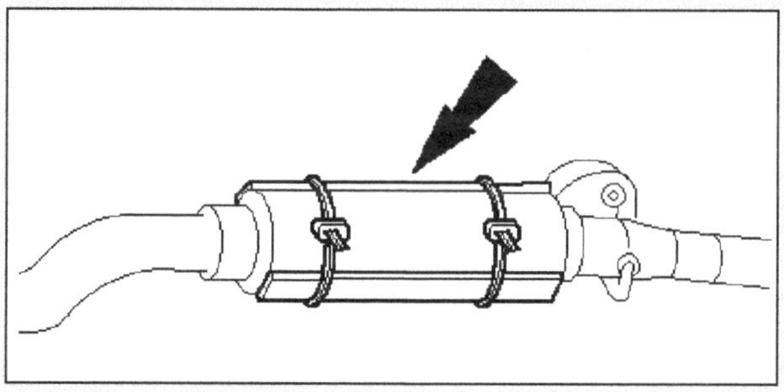

Sichern Sie das flexible Auspuffverbindungsstück (Pfeil) mit Stützschienen.

③ Schrauben Sie nun die Muttern vom vorderen Flansch ab.

④ Hängen Sie die Auspuffanlage aus der hinteren Gummistegschlaufe aus.

⑤ Danach hängen Sie die mittlere Gummistegschlaufe aus. Je nach Modell haben Sie es mit einer oder zwei Gummistegschlaufen zu tun.

⑥ Zuletzt hängen Sie den Auspuff aus den vorderen Gummistegschlaufen aus und »ziehen« ihn unter dem Auto hervor.

Hauptschalldämpfer erneuern

⑦ Auspuffanlage, wie in der Abbildung auf Seite 111 gezeigt, mit einer Metallsäge durchtrennen und den vorderen Dichtring entsorgen.

⑧ Das Reparaturstück passen Sie neben dem Wagen grob an den Auspuff an. Vergessen Sie nicht, das Schiebestück mit hitzebeständiger Kupferfettpaste einzureiben.

⑨ Ziehen Sie nun die Klemmschelle handfest vor – Sie müssen den Auspuff unter dem Wagenboden ja noch fein justieren.

Montage

⑩ Streichen Sie die neue Dichtung (Pfeil) leicht mit Fett ein und »kleben« sie an den Schraubflansch.

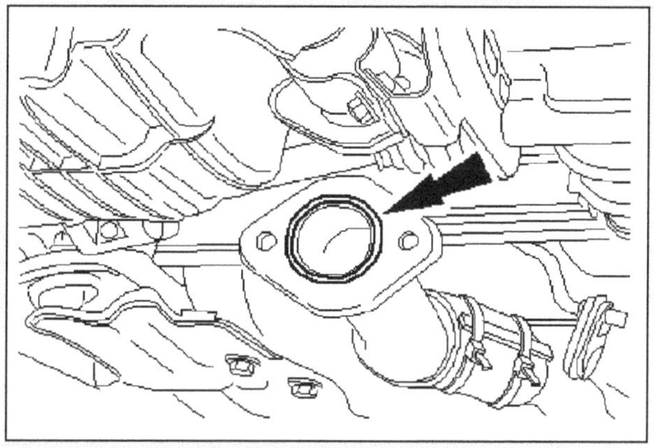

Neue Dichtung (Pfeil) mit Fett einstreichen und an den Schraubflansch »kleben«.

⑪ Bugsieren Sie die komplette Anlage unter den Wagen.

⑫ Hängen Sie die Anlage am Schraubflansch ein und ziehen die Muttern handfest vor.

⑬ Hängen Sie, beginnend am Hauptschalldämpfer, nacheinander die neuen Gummistegschlaufen ein. Vergessen Sie nicht, die neuen Schlaufen einzufetten.

⑭ Nun können sie die Anlage unter dem Wagen ausrichten. Falls separat erneuert, richten Sie den Hauptschalldämpfer zum Vorderstück aus und ziehen die Klemmschelle fest.

⑮ Schwingen Sie den Auspuff unter dem Wagenboden kräftig hin und her. Falls er nicht mit dem Bodenblech kollidiert, ziehen Sie den Schraubflansch und die Befestigungsschelle mit 47 Nm an.

⑯ Entfernen Sie die Stützschienen an dem flexiblen Auspuffverbindungsstück.

⑰ Starten Sie den Motor, halten das Auspuffendrohr zu und prüfen ob der Motor abstirbt. Falls nicht, ziehen Sie sämtliche Schraubverbindungen nach.

Praxistipp

So wird der Auspuff dicht

Zu jeder Auspuffreparatur sollten Sie generell neue Dichtungen und Schrauben verwenden: Neue Dichtungen sind noch flexibel und dichten daher besser ab. Undichte Anlagen »klingen« nicht nur nach »Hinterhof«, sondern haben zudem negative Auswirkungen auf das Leistungs- und Abgasverhalten. Vergessen Sie auch nicht, sämtliche Dichtflächen vor der Montage gründlich zu säubern und die Schraubgewinde mit hitzefester Gleitpaste einzustreichen.

Die Abgasentgiftung

Kraftstoff besteht im wesentlichen aus den Elementen Kohlenstoff und Wasserstoff. Bei der Verbrennung im Motor verbindet sich Kohlenstoff mit Sauerstoff aus der Luft zu Kohlendioxid (CO_2), der Wasserstoff (H) geht mit Sauerstoff (O_2) eine Verbindung zu Wasser (H_2O) ein. Aus einem Liter Kraftstoff entsteht rund 0,9 Liter Wasser. Es entweicht als »unsichtbarer« Wasserdampf aus dem Auspuff. Im Winter können Sie nach dem Kaltstart jedoch oft weiße Auspuffwolken beobachten – ein Indiz für kondensiertes Wasser.

Ka mit Drei-Wege-Kat

Hierzulande fahren alle Ka mit einem Drei-Wege-Katalysator. Geregelte Katalysatoren verringern im Betrieb den Kohlenmonoxidanteil um etwa 85 Prozent, den der Kohlenwasserstoffe um 80 und die Stickoxidanteile um rund 70 Prozent. Die Bezeichnung »geregelt« weist darauf hin, dass die Abgasemissionen während des Betriebs aktiv gemessen (Lambda-Sonde) und im Bereich des gesetzlich vorgegebenen Minimums justiert werden. Mit zunehmender Laufleistung verliert jeder Kat jedoch an Wirkung.

Misst den Sauerstoff im Abgas – Lambda-Sonde

Die Lambda-Sonde sitzt beim Ka direkt im Abgaskrümmer. Um die Reaktionszeit des »Giftschnüfflers« zu verkürzen, wird sie zusätzlich elektrisch beheizt. Lambda-Sonden analysieren fortlaufend den Restsauerstoffanteil im Abgas. Ihre »Erkenntnisse« nutzt das elektronische Motormanagement als Basis für alle Betriebszustände: Abhängig von den Messwerten mixt der Bordrechner die Zusammensetzung des Kraftstoff-Luft-Gemischs. Das geschieht in rasch wechselnder Folge: Luftüberschuss zur Verbrennung der Kohlenwasserstoffe, Luftmangel zur Verringerung der Stickoxide. Die »geregelten« Abgase passieren den Katalysator und werden in seinem Innern zu Kohlendioxid, Wasserdampf und Stickstoff gewandelt.

Unübersehbar: *Die Lambda-Sonde (Pfeil) direkt im Abgaskrümmer.*

Arbeitstemperaturen des Katalysators

Damit Katalysator und Lambda-Sonde einwandfrei funktionieren, müssen sie erst einmal auf Betriebstemperatur kommen (ca. 300°C.). Den Job erledigen heiße Abgase in rund 25 – 80 Sekunden. Auf zu große Hitze reagieren beide Bauteile jedoch sehr empfindlich. Zum Beispiel können die Temperaturen im Innern gefährlich ansteigen, wenn sich unverbrannte Gemischrückstände im heißen Katalysator entzünden (Fehlzündungen). Dauertemperaturen um 1200°C lassen Katalysatoren vorzeitig altern, oberhalb 1400°C schmilzt der Keramikkörper und der Lambda-Sonde wird's auch zu heiß. Verschmolzene Katalysatoren entlarven Sie mit »guten Ohren« an zischelnden Auspuffgeräuschen – bedingt von einem überhöhten Abgasgegendruck – und am Leistungsverlust Ihres Ka. Gehen Sie seiner »Todesursache« gründlich auf den Grund, denn sonst hat der neue Kat auch nur eine verkürzte Lebenserwartung, und die Auslassventile Ihres Ka »verbrennen« gleichfalls binnen kurzer Zeit.

Achten Sie auf Fehlzündungen Ihres Ka, besonders beim Herunterschalten oder bei Bergabfahrten im Schiebebetrieb. Wenn's da im Auspuff knallt, »erschüttert« das die Innereien des Katalysators bedrohlich – ergründen Sie die Ursache.

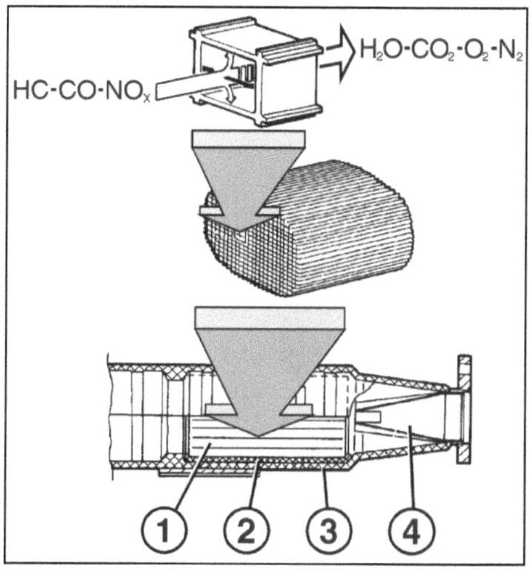

Oxidationsvorgang im Katalysator (Schema). *Der Kat besteht aus der Wabenstruktur des Keramikträgers ❶, der in einem elastischen, schwingungsdämpfenden Metallgewebe ❷ eingebettet ist. Dieses Paket ist von einem hochtemperaturfesten Edelstahlgehäuse ❸ umgeben. Damit die einströmenden Auspuffgase die Katalysatorwaben gleichmäßig durchströmen, ist davor ein Trichtersieb ❹ angeordnet.*

Begriffe rund ums Abgas

Technik-lexikon

Kohlenmonoxid (CO): Wird bei der Abgasuntersuchung gemessen. Exakte Steuerung der Kraftstoffeinspritzmenge, eine homogene Gemischverwirbelung im Ansaugtrakt und Verbrennungsraum sowie der richtige Zündzeitpunkt, sind die Grundvoraussetzungen für geringe Abgas CO-Konzentration. CO-Messung niemals in geschlossenen Räumen vornehmen – es droht dann Erstickungsgefahr! In der Atmosphäre vermischt sich Kohlenmonoxid mit Sauerstoff zum ungefährlichen Kohlendioxid (CO_2). CO_2 hat wesentlichen Anteil am Treibhauseffekt.

Kohlenwasserstoffe (HC): Werden an »kalten« Stellen und in »zerklüfteten« Brennräumen nur unvollkommen verbrannt. Der HC-Anteil ist abhängig von der Motorkonstruktion (unveränderliche Größe): Zu fettes oder zu mageres Gemisch erhöhen jedoch den HC-Anteil in den Abgasen. Zusammen mit Stickoxiden (NO_X) sind Kohlenwasserstoffe für den Smog (schwer auflösbare Abgaskonzentrationen in der Atmosphäre) verantwortlich.

Stickoxide (NO_X): Ihr Anteil steigt bei hohen Verbrennungstemperaturen. Beispielsweise in Motoren, die für geringen CO- und HC-Ausstoß (reduziert Kraftstoffverbrauch) ausgelegt sind (Magergemischmotoren). Bei starker Konzentration kann NO_X die Atmungsorgane reizen. In Verbindung mit Wasser bildet sich Salpetersäure (saurer Regen).

Schwefeldioxid (SO_2): Bildet sich aufgrund des Schwefelgehalts im Kraftstoff überwiegend bei der Verbrennung von Diesel. Unter Einwirkung von Licht entsteht Schwefelsäure oder schwefelige Säure. Beide Verbindungen tragen zum sauren Regen bei. Das derzeitige Verkehrsaufkommen beeinflusst das Entstehen schwefeliger Säuren mit rund 3 Prozent.

Typische Dieselabgasgifte: Bedingt durch seine Arbeitsweise stößt der Diesel nur geringe Mengen CO und HC aus. Trotz höherer Verdichtung emittiert der Diesel auch weniger Stickoxide als ein Ottomotor. Dem Diesel werden zurecht freilich andere, problematische Verbrennungsrückstände nachgesagt. Ruß ist zum Beispiel ein typischer Bestandteil der Dieselabgase. Ruß besteht aus unverbrannten Kohlenstoffen und Asche. Rußpartikel sind atemgängig und stehen im Ruf, krebserregend zu sein. Schwefeldioxid entsteht bei der Verbrennung von Diesel gleichfalls in höheren Konzentrationen als beim Benziner (siehe Schwefeldioxid).

Abgassonderuntersuchung (ASU): Pflicht für alle PKW. Autos die älter als 30 Jahre sind, können auf Antrag von der ASU befreit werden. An Neuwagen ist die ASU-Plakette drei Jahre gültig, danach sind zweijährige Kontrollen Pflicht. Die ASU führen Reparaturwerkstätten mit entsprechender Ausrüstung sowie DEKRA und TÜV aus. Zur Messung müssen die Auspuffanlage »dicht« und das Ansaugsystem völlig intakt sein. Bekommt Ihr Ka regelmäßig Werkstattpflege, wird dort die ASU automatisch erledigt.

Umgang mit dem Kat

Praxistipp

- Wenn Ihr Ka wegen einer leeren Batterie nicht anspringt, verzichten Sie aufs Anrollen lassen, Anschieben oder Anschleppen. Dabei kann nämlich zuviel unverbrannter Kraftstoff in den Katalysator gelangen, was ihm auf Dauer nicht bekommt.
- Zündaussetzer oder Fehlzündungen entlarven Unregelmäßigkeiten an der Zündanlage. Gehen Sie schnellstens den Symptomen nach, bzw. beordern einen Fachmann mit Messequipment an Ihren Ka.
- Bevor Sie frischen Unterbodenschutz auftragen, »packen« Sie vorab den Katalysator gut ein, ansonsten besteht danach akute Brandgefahr.
- Kontrollieren Sie gelegentlich auch den Hitzeschutz über dem Katalysator auf Beschädigungen.
- Ein undichter Auspuff (verbrannte Dichtung, Hitzerisse, Rostschäden, etc.) vor der Lambda-Sonde verfälscht die Messwerte (erhöhter Sauerstoffanteil). Das elektronische Motormanagement reichert das Gemisch folglich an. Den Irrtum der Elektronik »bezahlen« Sie mit überhöhtem Kraftstoffverbrauch und vorzeitig alterndem Katalysator.

DIE KRAFT-ÜBERTRAG

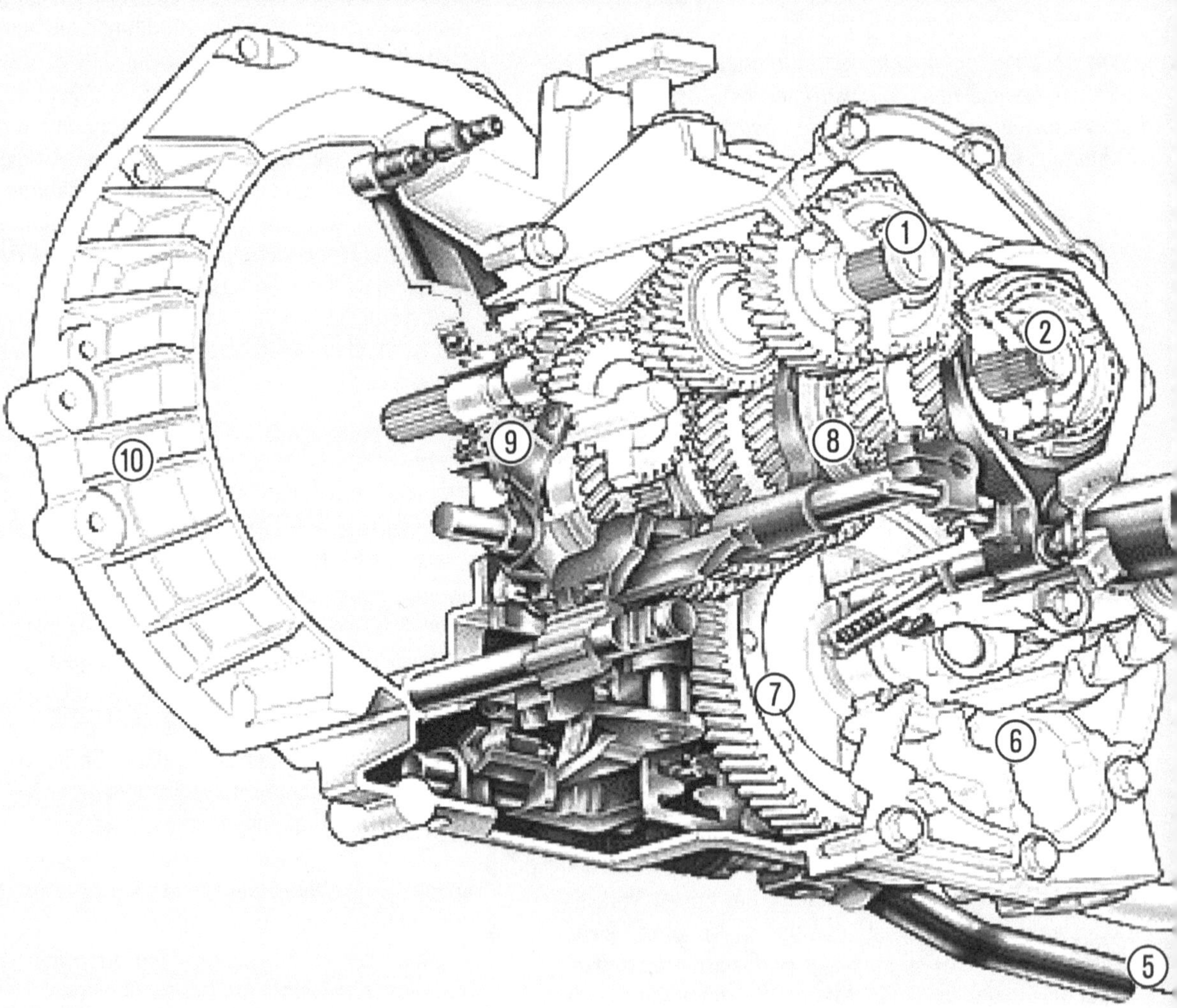

Das iB5-Getriebe im Schnitt: *❶ Getriebe-Eingangswelle, ❷ Getriebe-Hauptwelle, ❸ Radantriebswelle, ❹ Mittelschalthebel, ❺ Schaltgestänge, ❻ Gehäuse des Ausgleichsgetriebe (Differenzial), ❼ Tellerrad, ❽ Schaltgabel, ❾ Rückwärtsgang-Zwischenrad, ❿ Kupplungsglocke.*

UNG

Wartung

Reparatur

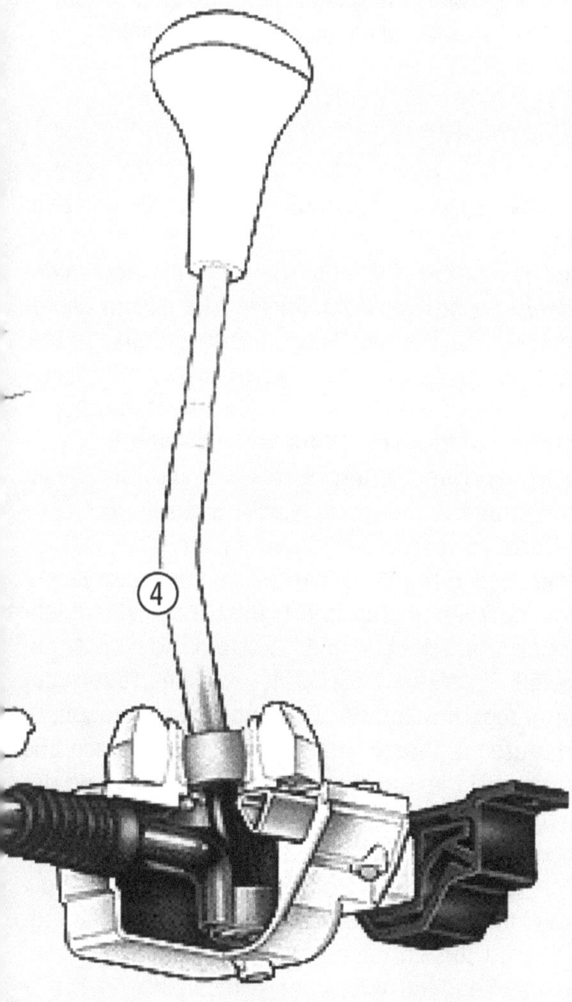

Diesel Kapitel erläutert Ihnen, wie die Motorleistung des Ka auf die Straße gelangt. Der Oberbegriff »Kraftübertragung« steht im Einzelnen für Getriebe, Kupplung und Achsantrieb.

Damit die genannten Aggregate perfekt zusammenarbeiten können, verbindet sie ein fein abgestimmtes System aus Gelenken, Wellen, Lagern und Zahnrädern. Wieviel Motorleistung im Ka nun tatsächlich an den Rädern ansteht, hängt zunächst von Ihrem »Gasfuß« und der gewählten Motorisierung ab. Ihr Gasfuß freilich bewirkt wenig, wenn die Motordrehzahl nicht zur momentanen Geschwindigkeit passt: Jeder Verbrennungsmotor ist nur in einem begrenzten Drehzahlfenster leistungswillig und -fähig. Damit Sie »Ihren Motor besser verstehen können«, zeigen wir Ihnen im Kapitel »Der Motor« die unterschiedlichen Leistungskurven.

Wenn Sie verbrauchsorientiert fahren möchten, beschleunigen Sie zügig (Gaspedal etwa 2/3 durchtreten) und versuchen die Fahrgeschwindigkeit immer mit dem Gang zu koordinieren, der die Motordrehzahl nah an das maximale Drehmoment heran führt. Damit Sie Drehmoment und Geschwindigkeit möglichst effizient »unter einen Hut« bringen können, assistiert Ihnen im Ka ein vollsynchronisiertes Fünfganggetriebe. Ford intern hört die Schaltbox auf den Namen iB5.

Übersetzungen für die Zugkraft

Um den Ka aus dem Stand problemlos zu beschleunigen, benötigen seine Antriebsräder ein möglichst großes Drehmoment. Doch wie Sie der Leistungskurve entnehmen können, unterhalb 1200 min.$^{-1}$ ist es mit dem Drehmoment noch nicht so ganz weit her: Mit einer » Übersetzung ins Langsame« erleichtert der erste Gang darum dem Ka relativ zügig Fahrt aufzunehmen. Bei eingelegtem vierten – und fünften – Gang verhält es sich genau umgekehrt: In beiden Gängen wird eine » Übersetzung ins Schnellere« wirksam. Im Vergleich zur Drehzahl an den Antriebsrädern dreht der Motor in diesen Gängen gemächlicher hoch. Anders ausgedrückt: Das Getriebe variiert die Motordrehzahl immer zur gewünschten Drehzahl an den Antriebsrädern.

»Trennbare« Verbindung zwischen Motor und Getriebe - die Kupplung

Bei jedem Anfahr- oder Schaltvorgang wird in Autos mit manuellem Schaltgetriebe der Kraftfluss zwischen Motor und Getriebe kurzfristig unterbrochen – den Job erledigt die Kupplung: Sie ermöglicht »weiche« Anfahrvorgänge und ruckfreie Gangwechsel, indem sie die unterschiedlichen Drehzahlen zwischen Kurbel- und Getriebeantriebswelle ausgleicht.

Letzte Instanz vor den Antriebsrädern - der Achsantrieb

Der Achsantrieb ist dann die letzte Instanz, die das Drehmoment auf dem Weg zu den Antriebsrädern passiert. Die Aufgabe des Achsantriebs besteht darin, die vom Getriebe »abgelieferten Drehzahlen« ins Langsamere zu übersetzen – das Drehmoment also zu vergrößern und möglichst gleichmäßig an die Antriebsräder zu verteilen.

Die Kupplung

In allen Ka-Modellen arbeitet eine Einscheiben-Trockenkupplung – eine gleichermaßen einfache und zweckmäßige Konstruktion. Für Do it yourselfer hat die Trockenkupplung freilich den Nachteil, dass Verschleißteile wie das Kupplungsausrücklager und die Mitnehmerscheibe nicht ohne weiteres zugänglich sind. Dazu muss das Getriebe vom Motor getrennt und demontiert werden. Eine Arbeit, die solides Know-how und Spezialwerkzeuge erfordert. Falls Sie in diesen Punkten für sich Lücken ausmachen sollten, überlassen Sie den Austausch der Kupplung besser einer Fachwerkstatt.

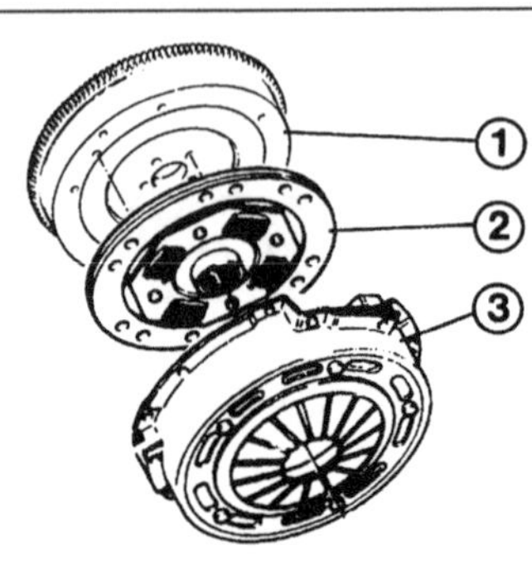

***Immer im »Dreierpack«:** Eine funktionsfähige Trockenkupplung besteht grundsätzlich aus der Motorschwungscheibe ❶, der Kupplungsscheibe (Mitnehmerscheibe) ❷ und der Kupplungsdruckplatte (Automat) ❸. Der Kupplungsautomat arbeitet im Ka mit einer Membranfeder.*

Die wichtigsten Bestandteile der Kupplung

Motorschwungscheibe: Drehfest mit der Kurbelwelle verschraubt.

Kupplungsscheibe (Mitnehmerscheibe): Sitzt axial verschiebbar und verdrehfest auf der Getriebeeingangswelle. Auf beiden Seiten einer »Stahlscheibe« sind Reibbeläge aufgenietet. Der Außendurchmesser der Kupplungsscheibe beträgt im Ka 180 Millimeter.

Kupplungsdruckplatte (Kupplungsautomat): Drehfest mit der Motorschwungscheibe verschraubt. Presst die schwimmend gelagerte Kupplungsscheibe über eine Tellerfeder gegen die Schwungscheibe.

Ausrücklager: Beim Ka direkt in den zentralen Kupplungsnehmerzylinder integriert. Sitzt axial verschiebbar auf der Ausrückwelle und überträgt die vom Kupplungspedal erzeugte Druckkraft auf die Tellerfeder der Kupplungsdruckplatte. Die Kupplungsdruckplatte wird dadurch entlastet und die Mitnehmerscheibe dreht frei zwischen der Kupplungsdruckplatte und der Motorschwungscheibe.

Nachstellautomatik. Im Ka regelt eine hydraulisch betätigte Kupplung das vorgeschriebene Kupplungspedalspiel automatisch. Lästige Nachstellarbeiten entfallen. Sobald die Kupplung in Ihrem Ka rutscht, können Sie im Regelfall von einer verschlissenen Kupplung ausgehen – in seltenen Fällen »klemmt« allerdings nur das Vordruckventil der Kupplungshydraulik.

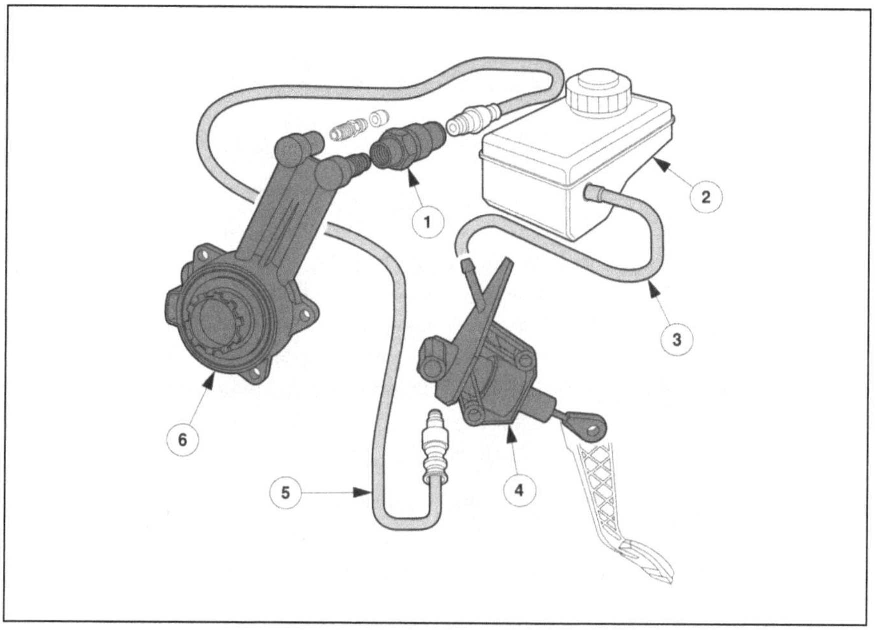

Die Kupplungsbetätigung im Detail:
❶ *Vordruckventil,*
❷ *Bremsflüssigkeitsvorratsbehälter,*
❸ *Füllleitung,*
❹ *Kupplungsgeberzylinder,*
❺ *Druckleitung,*
❻ *mit Ausrücklager kombinierter Kupplungsnehmerzylinder.*

So funktioniert die Kupplung

Technik-lexikon

Kupplungsspiel: Solange das Kupplungspedal unbelastet ist, steht das Ausrücklager nur in »lockerem« Kontakt zur Tellerfeder der Kupplungsdruckplatte. Mit zunehmender Laufleistung wird der Kontakt, analog zum Verschleiß an der Kupplungsscheibe, jedoch enger: Die Tellerfeder der Druckplatte nähert sich dem Ausrücklager. Sobald das Lager dann ohne Spieltoleranz fest an der Tellerfeder anliegt, entlastet es die Druckplatte. Der Anpressdruck der Mitnehmerscheibe gegen die Anlageflächen von Schwungscheibe und Druckplatte wird geringer. Wenn nun die Nachstellautomatik am Ende ihrer Möglichkeiten ist, gelangt das Motordrehmoment nicht mehr schlupffrei ins Getriebe – die Kupplung rutscht durch.

Auskuppeln: Sobald Sie das Kupplungspedal treten, überwindet das Ausrücklager die Federkraft der Tellerfeder. Das entlastet die Druckplatte, bei völlig durchgetretenem Pedal zieht sie sich automatisch zurück: Die Mitnehmerscheibe rotiert dann »frei« zwischen Druckplatte und Schwungscheibe.

Einkuppeln: Die entlastete Tellerfeder der Druckplatte drückt die Mitnehmerscheibe gegen die Schwungscheibe. In dieser Phase schleifen die Reibbeläge der Kupplungsscheibe kurzzeitig auf der Schwungscheibe und der Kupplungsdruckplatte. Bei ausgekuppeltem Kupplungspedal steigt der Anpressdruck des Kupplungsautomaten so weit an, dass die Mitnehmerscheibe zwischen der Schwungscheibe und Druckplatte »blockiert«. Die Motorleistung »geht« nun vollständig ins Getriebe.

Die »Kupplungsmörder«

Praxistipp

Der zweifelhafte Ruf des Kupplungsmörders eilt jenen Automobilisten voraus, die ihr Gefährt ganz gemächlich mit »heulendem Motor« und schleifender Kupplung in Fahrt bringen: Kupplungsmörder inszenieren mit ihrem »schweren« Kupplungsfuß regelmäßig »heiße« Dramen zwischen den Reibbelägen der Kupplungsscheibe, der Druckplatte und der Schwungscheibe. Denn im Umfeld einer schleifenden Kupplung entstehen Temperaturen, die der Kupplungsscheibe und der Druckplatte schnell den Garaus bereiten. Fahrer, die ihren Kupplungsfuß während der Fahrt ständig auf dem Kupplungspedal »parken«, bezahlen ihre Bequemlichkeit gleichermaßen mit erhöhtem Verschleiß. Eine weitere Unsitte von Kupplungsmördern: Anstatt den Leerlauf einzulegen und die Handbremse (Feststellbremse) anzuziehen, halten Sie ihr Auto vor roten Ampeln oder an Steigungen mit eingelegtem ersten Gang, Kupplungs- und Gaspedal in der »Waage«. Da »bedankt« sich nicht nur die Kupplung, sondern auf Dauer auch das Ausrücklager sowie das Passlager der Kurbelwelle. Wenn Sie nicht mit Kupplungsmördern sympathisieren, kuppeln Sie vor roten Ampeln generell aus und legen den ersten Gang erst dann ein, wenn die Ampel auf Gelb schaltet. Und während der Fahrt parken Sie Ihren Kupplungsfuß – zwischen den Gangwechseln – neben und nicht auf dem Kupplungspedal.

Schnell erledigt – Kupplung prüfen

Eine verschlissene (schleifende) Kupplung erkennen Sie untrüglich, wenn Sie Ihr Auto im höchsten Gang beschleunigen oder im Gebirge unterwegs sind. Der Motor dreht dann hoch, ohne dass die Fahrgeschwindigkeit entsprechend zunimmt. Um rechtzeitig davor gewarnt zu sein, testen Sie die Kupplung besser vor der Garage. Allerdings nur bei berechtigten Verdachtsmomenten, denn die Kupplung kommt gehörig ins »schwitzen«. Bevor Sie »loslegen«, ziehen Sie die Handbremse fest an.

Arbeitsschritte

① Handbremse anziehen und Motor starten. Treten Sie die Kupplung, legen den 3. Gang ein und versuchen anzufahren.

② Bei einwandfreier Kupplung »würgt« der Motor bereits im 1. Viertel des zurückkommenden Kupplungspedals ab.

③ Läuft der Motor dennoch weiter, ist die Kupplung verschlissen.

Gut zu wissen – trennt die Kupplung ganz?

Wenn kratzende oder krachende Geräusche beim Heraufschalten hörbar werden, trennt häufig die Kupplung nicht ganz. Testen Sie das mit der Rückwärtsgangprobe. Mit diesem Check schließen Sie übrigens auch mögliche Getriebeschäden aus.

Arbeitsschritte

① Lassen Sie den Motor im Leerlauf laufen.

② Kupplungspedal voll durchtreten, etwa drei Sekunden warten, dann legen Sie den Rückwärtsgang ein. Wenn Sie jetzt das gleiche kratzende Geräusch hören, trennt die Kupplung unsauber.

③ Lassen Sie vor der Reparatur auf jeden Fall die Nachstellautomatik in einer Fachwerkstatt checken.

Praxistipp

Fahren mit undichter Kupplungshydraulik

Für den Fall, dass unterwegs die Kupplungshydraulik Ihres Ka »leckt« (Kupplungsgeber-/Nehmerzylinder undicht, Schlauch geplatzt, Luft im Hydrauliksystem), geben wir Ihnen ein paar Tipps, wie Sie auch »ohne Kupplung« ein nahes Ziel oder die nächste Werkstatt erreichen können. Etwas Geduld und feinfühliger Umgang mit dem Gaspedal und Schalthebel vorausgesetzt, »überlisten« Sie das Getriebe Ihres Ka nämlich auch ohne Kupplung.

Anfahren ohne Kupplung:

Motor aus. 1. Gang einlegen, Anlasser betätigen. Ihr Ka »ruckelt« los, sobald der Motor läuft geben Sie etwas Gas. Wenn Sie während der Fahrt partout nicht schalten möchten, dann legen Sie in der Ebene zum Anfahren sofort den 2. Gang ein.

Hochschalten ohne zu kuppeln:

1. Gang nur knapp über Leerlaufdrehzahl hinausdrehen (ca. 1000/min.). Gas etwas zurücknehmen, Schalthebel sachte über Leerlaufstellung »vor« den 2. Gang ziehen. Wenn der Gang klemmt, geben Sie dem Motor einen gefühlvollen Gasstoß und ziehen gleichzeitig den Schalthebel vorsichtig in den 2. Gang. Bei synchroner Drehzahl von Motor und Getriebe rutscht der Gang dann fast von selbst hinein.

- Sollten Sie mit dem Schalten zu lange gewartet haben, geben Sie etwas Gas, der Gang »spurt« dann ohne knirschende Zahnräder ein.
- War das erfolglos, halten Sie nochmals an und versuchen Ihr »Glück« erneut.
- Alle weiteren Gänge schalten Sie auf die gleiche Weise hoch. Am leichtesten geht dies bei niedrigen Geschwindigkeiten: In den 3. Gang bei 30 km/h, in den 4. bei 40 km/h und in den 5. bei 50 km/h.

Herunterschalten ohne zu kuppeln:

Klappt am besten bei geringen Motordrehzahlen und Geschwindigkeiten.

- Zuerst Fuß vom Gas und Gang herausnehmen.
- Behutsam Gas geben um die Motordrehzahl leicht zu erhöhen. Schalthebel gleichzeitig »vor« den kleineren Gang drücken. Bei richtiger Motordrehzahl rutscht der Gang hinein. Verfahren Sie in allen Gängen nach dem gleichen Schema.

Kupplung

Störungs-beistand

Störung	Ursache	Abhilfe
A Kupplung rutscht.	**1** Nachstellautomatik defekt; Systemvordruck (1 bar) zu hoch (Vordruckventil klemmt).	Ggf. zentralen Kupplungsnehmerzylinder mit Ausrücklager ersetzen; Vordruckventil erneuern.
	2 Kupplungsbeläge verschlissen.	Mitnehmerscheibe erneuern lassen.
	3 Anpressdruck der Kupplung zu gering.	Kupplungsdruckplatte erneuern lassen. Mitnehmerscheibe gleich mit erneuern lassen.
	4 Kupplungsbelag verölt.	Radialwellendichtring an Kurbel- oder Getriebeeingangswelle undicht. Verschlissenen Dichtring erneuern lassen.
	5 Kupplung wurde überhitzt.	Motorschwungscheibe prüfen, ggf. planschleifen, Kupplung komplett erneuern lassen.
B Kupplung trennt nicht.	**1** Siehe A1.	
	2 Kupplungsgeber- oder Kupplungsnehmerzylinder defekt.	Defekten Zylinder auswechseln lassen.
	3 Luft im Hydrauliksystem.	Flüssigkeit ergänzen; Kupplung entlüften lassen.
	4 Mitnehmerscheibe klemmt auf Getriebewelle.	Kerbverzahnung gründlich reinigen und leicht einfetten.
	5 Mitnehmerscheibe hat Schlag.	Mitnehmerscheibe ersetzen lassen.
	6 Mitnehmerscheibe verzogen oder Belag gebrochen.	Mitnehmerscheibe ersetzen lassen.
	7 Belag nach langer Standzeit an Schwungscheibe festgerostet.	Anfahren, wie unter »Fahren ohne zu kuppeln« beschrieben. Kupplungspedal dauernd durchgetreten halten. Gaspedal ruckartig durchtreten und loslassen, um die Kupplung loszubrechen. Andernfalls schadhafte Teile wechseln lassen.
C Kupplung trennt nicht und rutscht gleichzeitig durch.	Kupplungsautomat defekt.	Auswechseln lassen.
D Kupplung rupft.	**1** Siehe A3.	
	2 Motor- oder Getriebeaufhängung locker oder defekt.	Motor- oder Getriebeaufhängung festziehen bzw. ersetzen.
	3 Unebenheiten auf Schwungscheibe oder Druckplatte.	Defektes Teil ersetzen lassen.
	4 Falsche Beläge. Torsionsdämpfer verschlissen.	Mitnehmerscheibe erneuern lassen.
E Kupplungsgeräusche.	**1** Unwucht der Kupplungsdruckplatte bzw. Mitnehmerscheibe.	Defektes Teil ersetzen lassen.
	2 Torsionsdämpferfeder defekt.	Mitnehmerscheibe ersetzen lassen.
	3 Ausrücklager defekt.	Zentralen Nehmerzylinder mit integriertem Ausrücklager ersetzen lassen.
	4 Verbindungselemente im Kupplungsautomaten verschlissen.	Kupplungsautomat erneuern.

Das Fünfgang-Schaltgetriebe

Jeder neue Ka kommt mit einem manuell schaltbaren Fünfganggetriebe (Ford iB5) auf die Straße. Die Getriebeabstufungen für den 37 kW (50 PS) und 44 kW (60 PS) Motor machen keinen Unterschied. Charakteristisch für das aktuelle iB5-Getriebe ist die doppelte Synchronisation der ersten drei Gänge. Neben reduzierten Schaltkräften »finden« die einzelnen Gangräder jetzt wesentlich präziser zueinander.

Alle »beweglichen« Zahnräder laufen in Gleitlagern. Erfahrungsgemäß halten iB5-Getriebe ein Autoleben lang. Sollten Sie sich in Ihrem Ka jedoch über die Ausnahme von der Regel ärgern, überlassen Sie die Reparatur besser einer Fachwerkstatt: Es sei denn, Sie verfügen über das erforderliche Spezialwerkzeug und den nötigen Sachverstand mit Zahnrädern, Schiebemuffen, Schaltgabeln, Synchronringen und Co. umzugehen. Falls nicht, kein Grund zu falscher Scham: Die meisten Fachwerkstätten »legen« dem Hersteller marode Getriebe auch zur Revision auf die Werkbank oder arbeiten sogleich mit kompletten Tauschaggregaten.

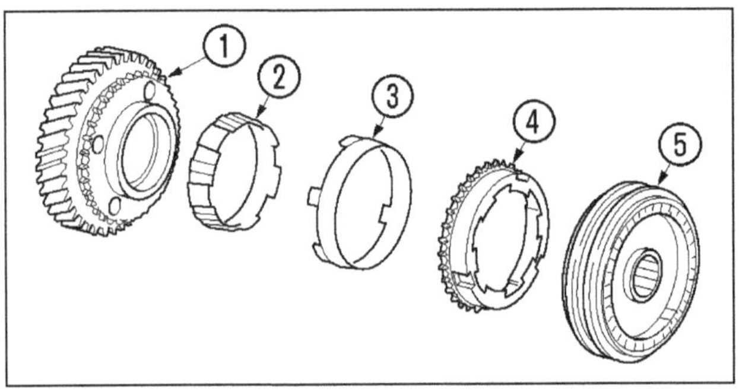

Verringert die Schaltkräfte: *Doppelsynchronisation für den ersten bis dritten Gang.* ❶ *Gangrad,* ❷ *innerer Synchronring,* ❸ *Konusring,* ❹ *äußerer Synchronring,* ❺ *Synchronkörper.*

So funktioniert das Schaltgetriebe

Technik-lexikon

Die Motorleistung gelangt über die Kupplung auf die Antriebswelle (Eingangswelle) des Schaltgetriebes. Auf dieser Welle sitzen fünf schrägverzahnte Zahnräder (plus eines für den Rückwärtsgang). Alle Gangräder finden ihr passendes Pendant auf der Abtriebswelle, sie sind in ständigem Kontakt.

Zahnräder und Wellen

Bis die Zahnräder der Hauptwelle Verbindung zu ihren Gegenparts auf der Vorgelegewelle aufnehmen, drehen sie frei. Erst wenn ein Gang eingelegt wird, ist das betreffende Zahnradpaar kraftschlüssig miteinander verbunden. Der Ganghebel wirkt auf eine Schaltgabel, die den Kraftschluss der Gangräder über eine Schiebemuffe einleitet.

Damit die Zahnräder während des Schaltvorgangs schnell zueinander finden, bringen Synchronringe die Getriebewellen auf die gleiche Drehzahl: Sie »bremsen« dazu in einem Anlaufkonus die schnellere Welle der Schiebemuffe so lange ab, bis die Zahnflanken der Gangräder geräuschlos ineinander gleiten.

Vorwärtsgänge und Rückwärtsgang

Die ersten drei Gänge transferieren die Motordrehzahl ins Langsamere. Ab der 4. Fahrstufe drehen die Antriebsräder bereits »schneller« als der Motor. Experten sprechen von einem lang übersetzten Getriebe, das bewusst die defensive Leistungscharakteristik der Endura-E-Motoren unterstützt. Im 5. Gang geht die Drehzahldifferenz-Schere zwischen Motor und Antrieb noch weiter auf: Das schont den Motor und senkt, vornehmlich auf Langstrecken, den Kraftstoffverbrauch.

In allen Vorwärtsgängen sind 2 Zahnräder im Spiel. Lediglich der Rückwärtsgang bemüht ein Zahnradtrio. Das 3. Zahnrad, auch Zwischenrad genannt, läuft auf einer eigenen Welle, es wird immer dann aktiv, wenn es gilt, zur Rückwärtsfahrt eine Drehrichtungsänderung der Abtriebswelle zu bewirken.

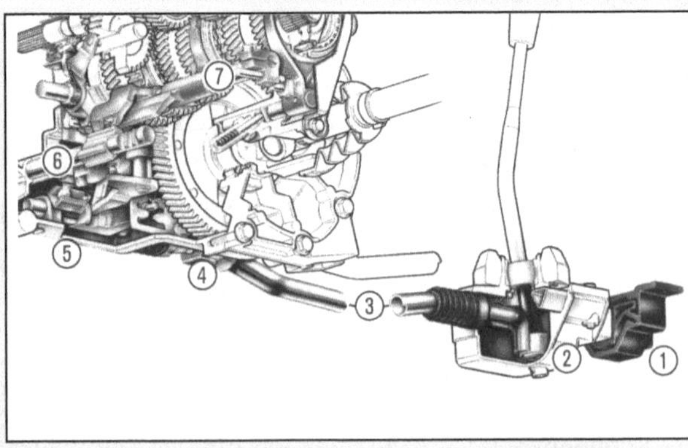

Schaltung im Detail: ❶ *Drehmomentstütze,* ❷ *Schalthebelgehäuse,* ❸ *Schaltgestänge,* ❹ *Klemmschelle,* ❺ *Schaltkulisse,* ❻ *Schaltstangen im Getriebe,* ❼ *Schaltstange mit Schaltmuffe.*

Selten akut – Schaltgestänge einstellen

Wenn die Gänge bei Ihrem Ka haken oder nicht mehr richtig einrasten, ist bei Neuwagen in der Regel das Schaltgestänge falsch justiert (Garantiefall für die Werkstatt), bei älteren Modellen kann zudem das Schaltgestänge Verschleißspuren aufweisen. In beiden Fällen lässt sich ohne großen Aufwand Abhilfe schaffen. Überprüfen Sie vor Arbeitsbeginn, ob das Schaltgestänge nicht verbogen und die Lagerstellen nicht übermäßig ausgeschlagen sind.

Arbeitsschritte

① Legen Sie den 4. Gang ein und ...

② ... bocken dann den Vorderwagen rüttelsicher auf.

③ Lösen Sie nun die Klemmschraube an der Getriebeschaltwelle (Pfeil) unter dem Wagen und ziehen die Schaltstange von der Schaltwelle ab.

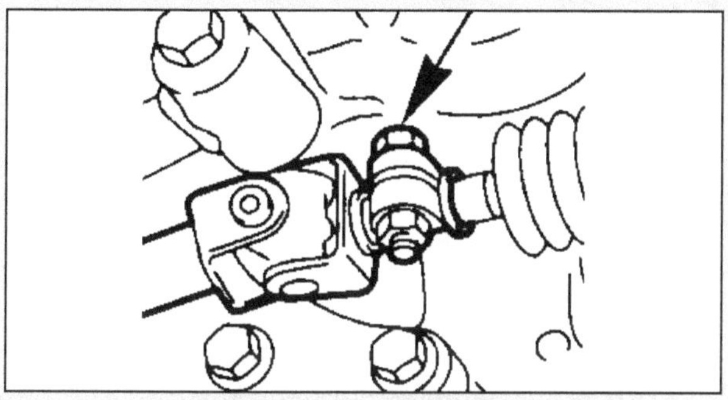

Klemmschraube an der Getriebeschaltwelle.

④ Um die Schaltkulisse auf Mittelstellung zu fixieren, Getriebeschaltwelle ❶ mit passendem Dorn ❷ vor- und zurückschieben.

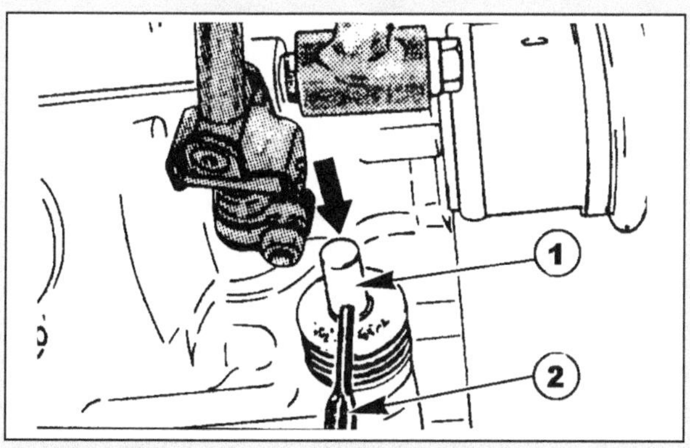

Getriebeschaltwelle ❶ mit Dorn ❷ in Pfeilrichtung ins Getriebe schieben.

⑤ Schaltwelle in dieser Stellung ganz in das Getriebe schieben (Pfeil).

⑥ Schaltstange wieder auf Getriebeschaltwelle schieben. Vorher die Klemmflächen fettfrei waschen.

⑦ Mittelschalthebel ❶ in »4.Gang« einlegen und 9 Millimeter Dorn oder Bohrer ❸ von unten in Schaltgehäuse ❷ und Schalthebel stecken.

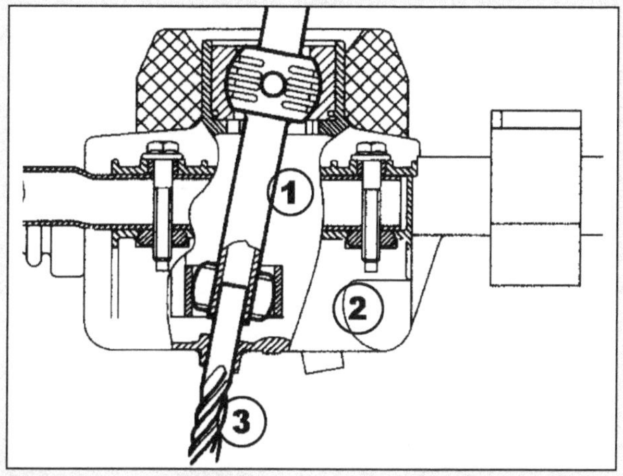

❶ Mittelschalthebel, ❷ Schaltgehäuse, ❸ 9 mm Ø Bohrer bzw. Dorn.

⑧ Klemmstück mit 25 Nm auf Getriebeschaltwelle festziehen. Schaltwelle darf sich nicht verdrehen.

⑨ Arretierung aus Schaltgehäuse ziehen.

⑩ Schalten Sie die Gänge zur Probe durch und korrigieren die Einstellung evtl. noch einmal.

Getriebeölstand kontrollieren/Getriebeöl ergänzen

Moderne Getriebeöle halten mittlerweile locker ein »Getriebeleben« lang: Sämtliche Ka-Schaltgetriebe sind ab Werk mit einer Dauerölfüllung versorgt. Solange Sie unter Ihrem Ka also keine großen Getriebeöllachen entdecken, vergessen Sie getrost den Wartungshinweis. Übrigens: Leichter Ölnebel an der Getriebeentlüftung ist völlig normal. Wenn Sie dort freilich dicke Tropfen sehen, blasen Sie die Entlüftung mit Druckluft frei und prüfen, bzw. ergänzen die Fehlmenge. »Gönnen« Sie Ihrem Ka allerdings einen regelmäßigen Werkstattcheck, erledigen das ohnehin die »Blaumänner« für Sie.

Wichtig für Funktion und Lebensdauer – das richtige Getriebeöl

In Ka-Getrieben halten synthetische Mehrbereichsöle die Innereien bei Laune. Für den Fall, dass Sie nach einer Reparatur, beispielsweise nach dem Austausch einer Antriebswelle, den Ölstand ergänzen müssen, bleiben Sie unbedingt der gleichen Ölqualität treu. Ihr Ford-Händler ist da die erste Adresse – er hat die entsprechenden Schmiersäfte am Lager. Ohne professionelles Equipment verlangt das Einfüllen des zähflüssigen Getriebeöls Do it yourselfern allerdings viel Geduld ab: Werkstätten arbeiten mit speziellen Saugdruckpumpen, die den Schmiersaft aus 50 Liter Fässchen direkt ins Getriebe »umfüllen«.
Kleinere Fehlmengen können Sie allerdings mit einer Spritzölkanne und Verlängerungsschlauch ergänzen. Im iB5-Getriebe sollte der Ölpegel etwa 10 – 15 Millimeter unter der Einfüllöffnung stehen.

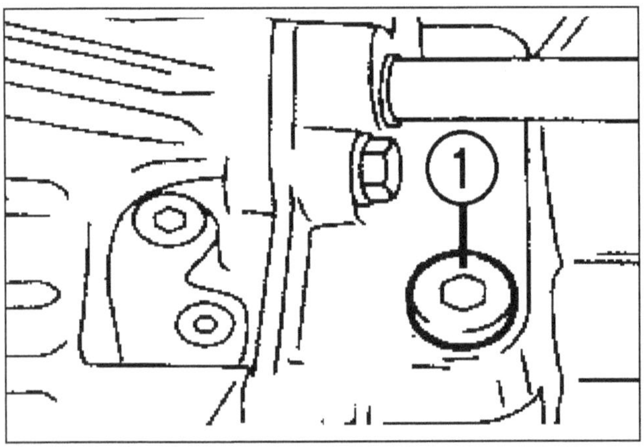

Nur zur Ölkontrolle öffnen: *Öleinfüllschraube ❶ sitzt etwa mittig auf der Rückseite des iB5-Getriebes.*

Getriebegeräusche – Praxistipp

Heul- oder Mahlgeräusche in nur einer Fahrstufe deuten erfahrungsgemäß auf verschlissene Gangräder oder Gangradlager hin. Laufgeräusche in allen Gängen sind meistens ein Indiz für Verschleißspuren im Achsantrieb oder den Getriebelagern. Kratzgeräusche während der Schaltvorgänge verraten verschlissene Synchronringe oder eine »klebende« Kupplungsscheibe. Besonders beansprucht ist die Synchronisation in den unteren Gangstufen. Aber da hat Ihr Ka ja ohnehin eine Doppelsynchronisation …

Der Achsantrieb

Das Getriebe und der Achsantrieb mitsamt Differenzial sitzen beim Ka in einem gemeinsamen Gehäuse. Die vom Motor ans Getriebe geleitete Kraft gelangt über ein kleines und ein großes Zahnrad (Achsantriebsrad) an den Achsantrieb. Das Achsantriebsrad ist mit dem Differenzialgehäuse verschraubt. Die Antriebswellen stellen letztendlich die kraftschlüssige Verbindung zwischen Achsantrieb und Radnabe her.

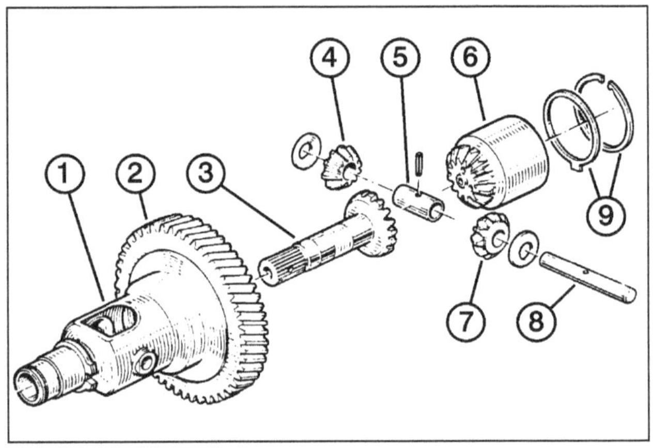

In einem Gehäuse: Der Achsantrieb. *❶ Differenzialgehäuse, ❷ Tellerrad, ❸ Getriebeausgangswelle, ❹ und ❼ Satelliten-Kegelräder, ❺ Distanzhülse, ❻ Planetenrad, ❽ Satellitenachse, ❾ Distanz- und Sicherungsring.*

Achsantrieb und Antriebswellen

Achsantrieb: Zusammen mit dem Ausgleichsgetriebe (Differenzial) und dem Schaltgetriebe bzw. der Automatik in einem Gehäuse verbaut. Im Differenzialkorb befinden sich vier ineinandergreifende Kegelräder, von denen zwei mit den Antriebswellen verbunden sind.
Geradeausfahrt: Die Vorderräder rollen mit dem Achsantrieb synchron. Das Differenzial rotiert mit gleicher Drehzahl, die Kegelräder im Differenzialkorb stehen still.
Kurvenfahrt: Das kurvenäußere Rad legt einen längeren Weg zurück als das innere (Drehzahldifferenz). Wenn die Drehzahldifferenz nicht ausgeglichen wird, würde der Ka extrem untersteuern und die Kurve mit durchdrehendem inneren Vorderrad nehmen. Die Kegelräder verhindern das, sie sorgen im Differenzialkorb für den nötigen Ausgleich: Das höher drehende Kegelrad der äußeren Antriebswelle wirkt über die beiden Zwischenkegelräder »bremsend« auf das

Kegelrad der kurveninneren Antriebswelle ein. Die gewollte Drehzahldifferenz neutralisiert die Wegunterschiede zwischen beiden Vorderrädern.

Kraftübertragung auf die Räder (vom Ausgleichsgetriebe): Das Getriebegehäuse des Ka ist zur Fahrzeugmittelachse versetzt montiert. Demzufolge sind die beiden Antriebswellen unterschiedlich lang: Die rechte Antriebswelle ist länger als die linke. Um den Eigenschwingungen zu begegnen, »bremst« ein Tilgergewicht die rechte Welle ein.

Gleichlaufgelenk: Gleichlaufgelenke ermöglichen eine komfortable Drehmomentübertragung auf die Antriebsräder. Da sie, anders als Kardangelenke, wenig Verschleißteile haben, zeichnet sie eine lange Lebenserwartung aus. Getriebeseitig haben die Ka-Antriebswellen Tripode-Gelenke (mit Tripode-Stern, Laufrollen und Tripode-Glocke), radseitig sind Gleichlaufgelenke (mit Kugelstern, Kugelkäfig und Kugelschale) montiert. Gleichlaufgelenke übertragen kaum Antriebseinflüsse ins Lenkrad.

Antriebswellenstümpfe: Laufen auf der Radseite in zwei Kugellagern des Lenk-Schwenklagers. Im Gegensatz zur Kerbverzahnung der Radnabenseite hat die Kerbverzahnung der Getriebeseite einen leichten Drall, was Klackgeräusche beim Anfahren vermeidet.

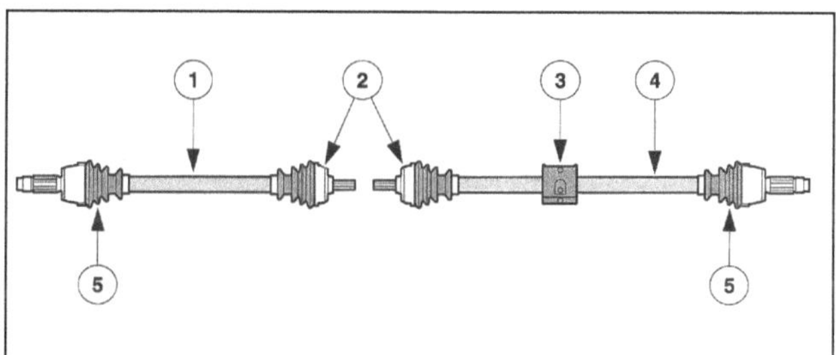

Unterschiedlich lang: ***Ka-Antriebswellen.*** *❶ linke Antriebswelle, ❷ Tripode-Gelenke, ❸ Tilgergewicht, ❹ rechte Antriebswelle, ❺ Kugel-Gleichlaufgelenke.*

Manschetten an den Antriebswellen prüfen

Arbeitsschritte

① Bocken Sie den Vorderwagen rüttelsicher auf. Die Räder müssen »frei hängen«.

② Drehen Sie das Lenkrad dann bis zum Anschlag jeweils nach links und rechts. Das jeweils »kurvenäußere« Rad drehen Sie mit der Hand und inspizieren dabei die äußeren Manschetten auf feine Risse und glänzende Stellen. Wenn sich erst Schmutz und Feuchtigkeit einnisten, dauert es nicht mehr lange, bis das Gelenk schrottreif ist. Zur Kontrolle der inneren Manschetten legen Sie sich unter den Vorderwagen. Ein Assistent dreht dann langsam an den Rädern.

③ Prüfen Sie gleichfalls den Sitz der Spannbänder.

④ Fettspuren an den Manschetten sind ein untrügliches Indiz: Gehen Sie den Spuren auf den Grund und dichten die Manschette schnellstmöglich wieder ab. Andernfalls haben Sie es bald mit einem zerstörten Antriebsgelenk zu tun. Die Gelenke sind ab Werk mit rund 100 Gramm Spezialfett befüllt – zu einem Manschettentausch reichen 60 Gramm MoS2-Fett aus.
Ford verwendet die Spezifikationen SM-1C75-A oder SQH-1C9004-A.

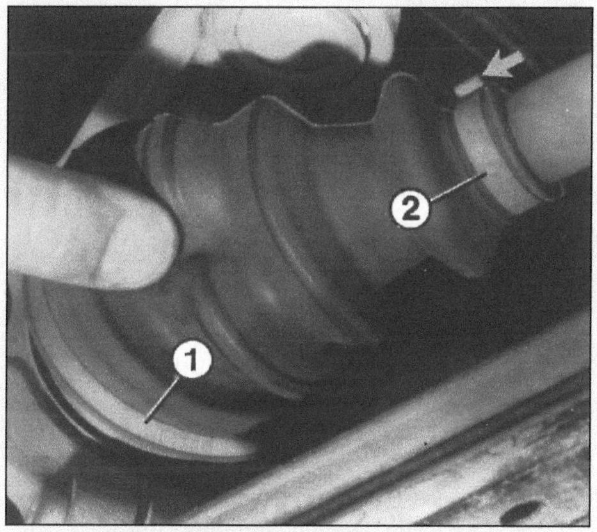

Bei der Kontrolle der Antriebswellen-Schutzmanschetten muss auch der feste Sitz des äußeren ❶ und inneren Schlauchbinders ❷ überprüft werden. Mit einem Seitenschneider werden die Lochbandklemmen gespannt (Pfeil). Dazu eine Ausbuchtung in Form eines plattgedrückten »O« in das Spannband biegen und mit dem Seitenschneider mit Gefühl so zudrücken, dass die Manschette nicht abgequetscht wird. Die Antriebswelle muss am Manschettensitz peinlich sauber sein.

Wenn die Antriebswelle Geräusche macht

Praxistipp

Die Lebensdauer der Antriebswellen hängt natürlich auch von Ihrer Fahrweise ab. Vermeiden Sie Sprintstarts mit eingeschlagenen Vorderrädern und Anfahren mit durchdrehenden Antriebsrädern. Geräusche, die einen Defekt signalisieren, treten erfahrungsgemäß von jetzt auf gleich auf. Lassen Sie sich nicht täuschen – auch wenn die Geräusche für eine geraume Zeit wieder verschwinden – inspizieren Sie die Wellen akribisch.

- Rhythmische Schlag- oder Knack-knack-knack-Geräusche, die während der Beschleunigung oder im Schiebebetrieb auftreten (können sich beim Lenkeinschlag verändern), entlarven ein defektes Gelenk an der Radseite.
- Sollte Ihnen – während der Kurvenfahrt – Ihr Lenkrad kräftig in die »Hand schlagen« gehen Sie gleichfalls von einem defekten äußeren Antriebswellengelenk aus.
- Beim Anfahren mit eingeschlagenen Vorderrädern verraten Knackgeräusche auch defekte Antriebswellen. Merke: Verschlissene Radlager zeigen häufig die gleichen Symptome.

Antriebswellen aus- und einbauen

Neue oder AT-Wellen werden grundsätzlich mit »Schutzkäfigen« geliefert, die während des Transports einem Überdehnen der Gelenke entgegen wirken. Entfernen Sie die Käfige erst nach der Montage und achten darauf, dass Sie die Manschette nicht beschädigen. Die Ka-Antriebswellen sind zwar unterschiedlich lang, die Arbeit ist auf beiden Seiten jedoch nahezu identisch. Wir beschreiben die Demontage am Beispiel der linken Antriebswelle.

Arbeitsschritte

① Radmuttern und Mutter des Antriebswellenstumpfs (Stecknuss SW 32) lösen. Lassen Sie dazu einen Assistenten die Bremse treten. Vorher die Mutter des Antriebswellenstumpfs entsichern.

② Vorderwagen auf tragfähigem Untergrund rüttelsicher aufbocken.

③ Federbeinmutter ❷ um etwa fünf Umdrehungen lösen. Kontern Sie dazu die Kolbenstange des Federbeins ❶ mit einem Inbusschlüssel.

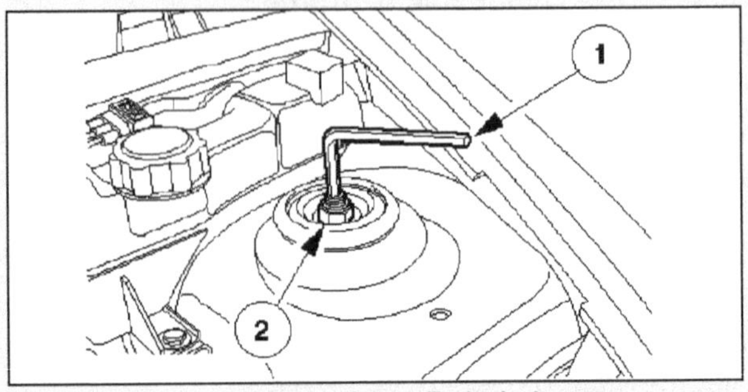

Etwa fünf Umdrehungen lösen: Federbeinmutter.

④ Querlenker (Pfeil) und Vorderrad demontieren.

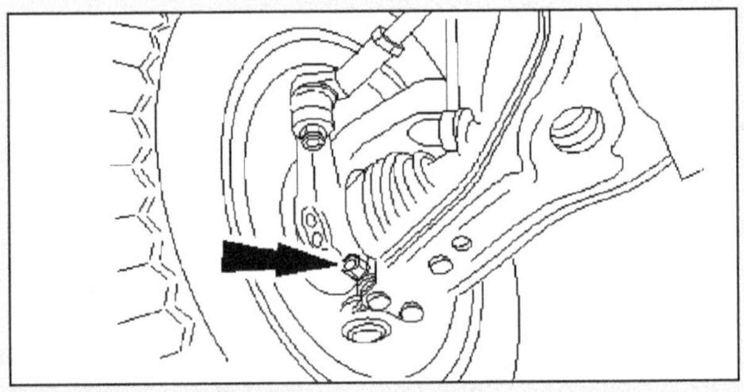

Demontieren: Querlenker

⑤ Mutter komplett vom Antriebswellenstumpf abschrauben und Unterlegscheibe abziehen.

Beim »Hantieren« nicht überdehnen – die Gelenke

⑥ Pressen Sie den Antriebswellenstumpf mit einem Abzieher aus der Radnabe und binden ihn provisorisch hoch. Achten Sie unbedingt darauf, dass Sie die Antriebswelle möglichst gerade aus der Nabe herausziehen und die maximalen Beugungswinkel der Gelenke (innen 18°, außen 45°) nicht überschreiten.

⑦ Demontieren Sie nun die Antriebswelle aus dem Getriebe. Dazu öffnen Sie den Sicherungsring und ziehen hernach die Welle möglichst gerade von der Verzahnung und aus dem Gehäuse. Ansonsten könnte der Radialwellendichtring zerstören. Stellen Sie vorab ein sauberes Auffanggefäß unter den Flansch – es könnte Getriebeöl auslaufen. Vergessen Sie auch nicht, die Fehlmenge nach der Montage wieder zu ergänzen.

⑧ Zur Montage verwenden Sie neue Sicherungsringe und selbstsichernde Muttern.

⑨ Falls der Radialwellendichtring zerstört wurde oder vorher bereits undicht war, erneuern Sie ihn zuallererst. Dann fetten Sie die Verzahnung in der Radnabe und am Getriebe leicht ein.

⑩ Schieben Sie die neue Welle zuerst »ins Getriebe«. Achten Sie darauf, dass der Sicherungsring richtig einrastet.

⑪ Bringen Sie dann die Welle in Einbaulage vor die Radnabe und pressen den Antriebswellenstumpf möglichst weit in die Radnabe ein. Sobald die ersten Gewindegänge frei werden, ziehen Sie die Welle per Mutter in die Nabe. Sobald die Unterlegscheibe Platz hat, lösen Sie die Mutter um die Scheibe zu montieren. Hernach ziehen Sie, wie gehabt, die Welle weiter in die Nabe ein.

⑫ Beenden Sie die Montage in umgekehrter Reihenfolge und ziehen die Radnabenmutter mit 205 – 235 Nm fest.

⑬ Ergänzen Sie evtl. ausgelaufenes Getriebeöl auf etwa 5 – 10 Millimeter unterhalb der Einfüllöffnung.

Antriebsgelenkmanschetten wechseln

Gelenkmanschetten sind mittlerweile so ausgelegt, dass sie der Lebensdauer von Antriebswellen kaum mehr nachstehen. Dennoch, äußere Beschädigungen, etwa messerscharfe Flintsteinchchen, die von den Reifen hochgeschleudert werden, machen den Manschetten schnell den Garaus. Ford oder der gut sortierte Fachhandel bieten versierten Do it yourselfern demzufolge Reparaturkits, die relativ unproblematisch zu montieren sind. Die folgende Beschreibung setzt demontierte Antriebswellen voraus.

Arbeitsschritte (je Antriebsgelenk)

Demontage Schutzmanschette inneres Antriebsgelenk

① Antriebswelle in Schraubstock einspannen (Schutzbacken verwenden).

② Spannbänder mit Seitenschneider trennen und entsorgen. Manschette zurückschieben.

③ Tripode-Gelenk auseinanderziehen.

④ Sternsicherungsring öffnen; Stern mit geeignetem Klauenabzieher abziehen.

⑤ Manschette abnehmen; Fettfüllung entsorgen.

Montage Schutzmanschette inneres Antriebsgelenk

① Manschette aufziehen; Spannband in Ringnut der Manschette einlegen und spannen.

② Tripode-Stern mit geeignetem Durchschlag oder Spezialwerkzeug bis Anschlag auf Antriebswelle treiben (Gleichlaufrollen dabei nicht beschädigen).

③ Tripode-Stern mit neuem Sicherungsring fixieren.

④ Gelenk mit Schmierfett füllen (Füllmenge siehe »Manschetten an den Antriebswellen prüfen«). Dazu kleinen Schraubendreher ❶ zur Entlüftung unter den Sitz der Manschette schieben.

⑤ Tripode-Gelenk bis zum Anschlag aufschieben, dann etwa 20 mm herausziehen ❷.

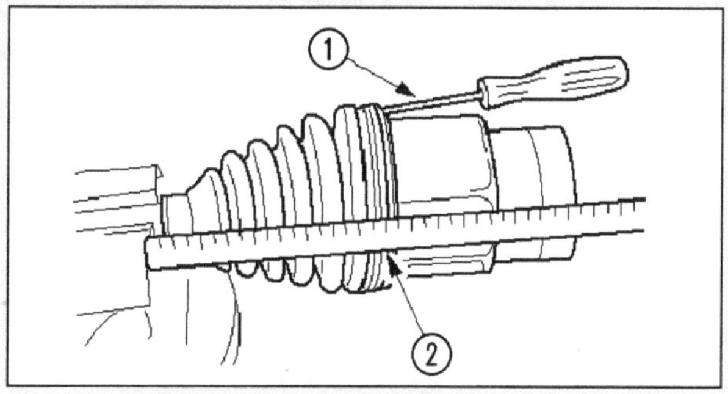

Gelenk entlüften, danach maximal 20 mm herausziehen.

⑥ Schraubendreher herausziehen.

⑦ Spannband in Ringnut einlegen und spannen.

Demontage Schutzmanschette äußeres Antriebsgelenk

① Spannbänder mit Seitenschneider trennen, entsorgen.

② Manschette über Getriebeseite abnehmen.

③ Fettfüllung entsorgen.

Montage Schutzmanschette äußeres Antriebsgelenk

Verwenden Sie dazu generell neue Sicherungsringe und Spannbänder.

① Manschette über Getriebeseite aufschieben.

② Radseitiges Manschettenende mit Spannband befestigen.

③ Antriebsgelenk mit Schmierfett (Füllmenge siehe »Manschetten an den Antriebswellen prüfen«) füllen.

④ Manschette in Ringnut des Antriebsgelenks drücken. Damit die Luft entweichen kann, kleinen Schraubendreher unter den Manschettensitz schieben.

⑤ Spannband in Ringnut der Manschette einlegen und spannen.

Praxistipp

»Massieren« Sie das Fett gut ein

Bevor Sie die Spannbänder endgültig fixieren, massieren Sie das neue Fett gut ein. Kneten Sie dazu den Faltenbalg und schwenken dabei auch vorsichtig das Gelenk: Das Fett verteilt sich dann gleichmäßig in der Manschette und im Gelenk. Achten Sie darauf, dass die Manschette ohne Quetschfalten auf der Antriebswelle sitzt.

DAS FAHRWERK

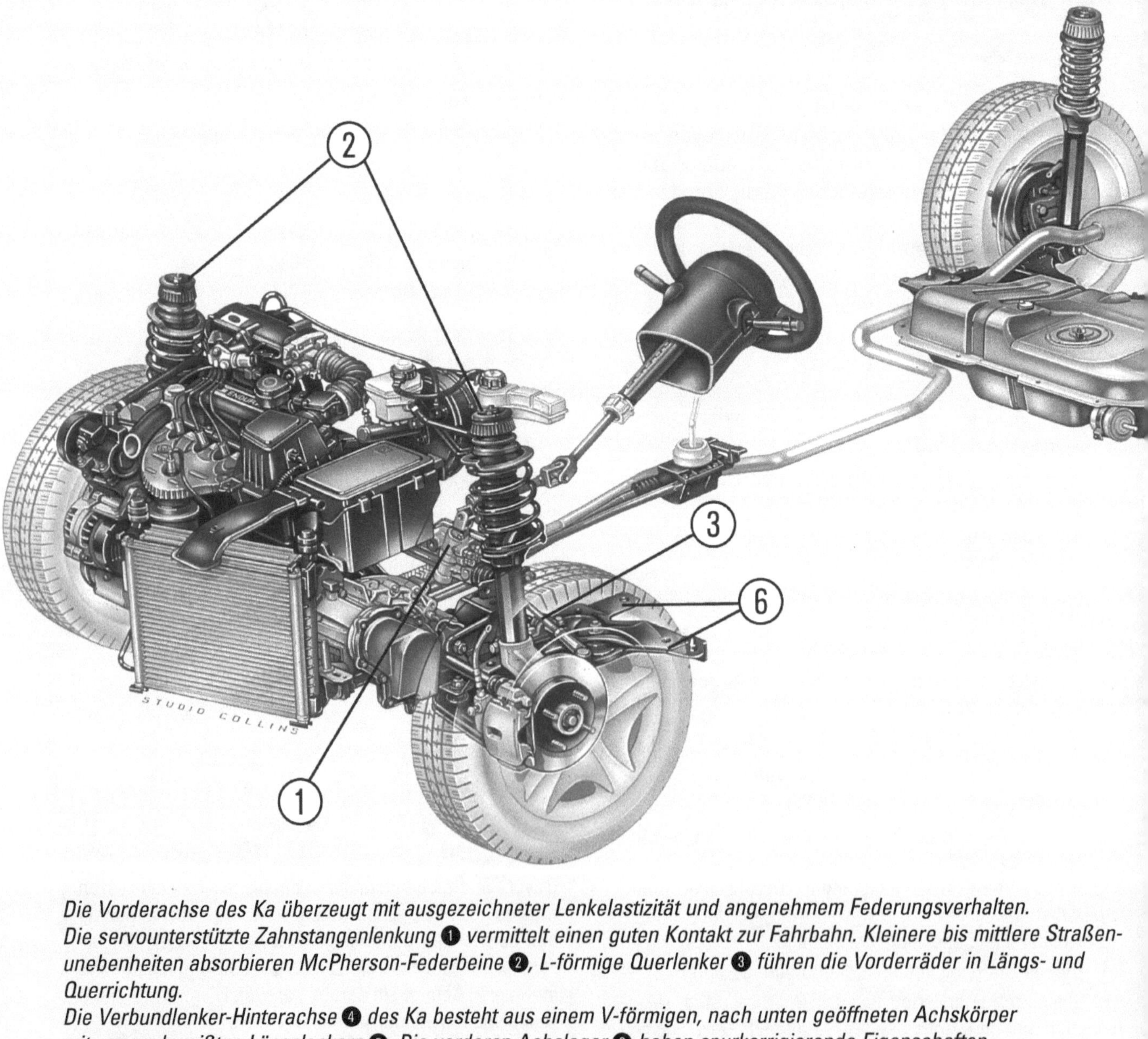

Die Vorderachse des Ka überzeugt mit ausgezeichneter Lenkelastizität und angenehmem Federungsverhalten. Die servounterstützte Zahnstangenlenkung ❶ vermittelt einen guten Kontakt zur Fahrbahn. Kleinere bis mittlere Straßenunebenheiten absorbieren McPherson-Federbeine ❷, L-förmige Querlenker ❸ führen die Vorderräder in Längs- und Querrichtung.
Die Verbundlenker-Hinterachse ❹ des Ka besteht aus einem V-förmigen, nach unten geöffneten Achskörper mit angeschweißten Längslenkern ❺. Die vorderen Achslager ❻ haben spurkorrigierende Eigenschaften.

Wartung

Reparatur

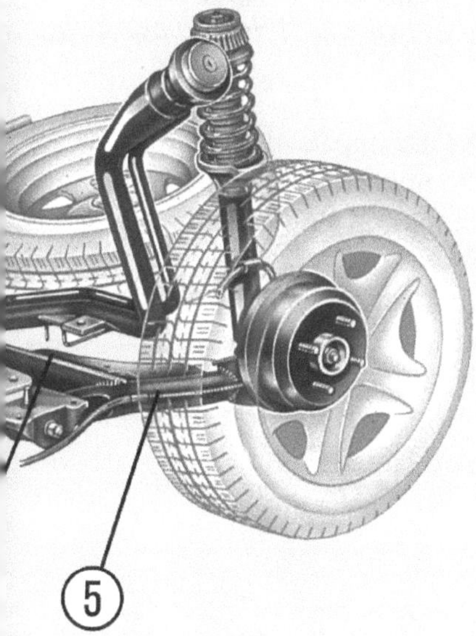

Für die guten Fahreigenschaften und den Fahrkomfort zeichnet das Fahrwerk Ihres Ka verantwortlich. »Am grünen Tisch« soll es die Räder in allen erdenklichen Situationen, auf den unterschiedlichsten Oberflächen und während jeder Bewegung präzise führen. Soweit die Theorie – in der Praxis bedeutet das für Fahrwerksingenieure die Suche nach dem Kompromiss, der dem theoretischen Ideal möglichst nahe kommt. Doch die »profane« Kompromisssuche hält industrielle Großrechner und unzählige Testfahrer rund um den Globus »unter Strom«. Denn die Räder Ihres Ka sollen sich nicht nur drehen, sie müssen – möglichst unbemerkt von Ihnen – während der Fahrt zudem auch Auf- und Abwärtsbewegungen parieren.

Auch beim Bremsen, Beschleunigen und Kurvenfahren entstehen mannigfaltige Kräfte, die das Fahrwerk erheblich fordern. Teamwork wird das nur, wenn sämtliche Komponenten exakt »miteinander spielen«.
Zum Fahrwerk gehören die Federung und Dämpfung, die Radaufhängung an Vorder- und Hinterachse, die Lenkung sowie die Räder und Reifen. Die Bremsen, ebenfalls Bestandteil des Fahrwerks, bringen wir Ihnen in einem gesonderten Kapitel »näher«.

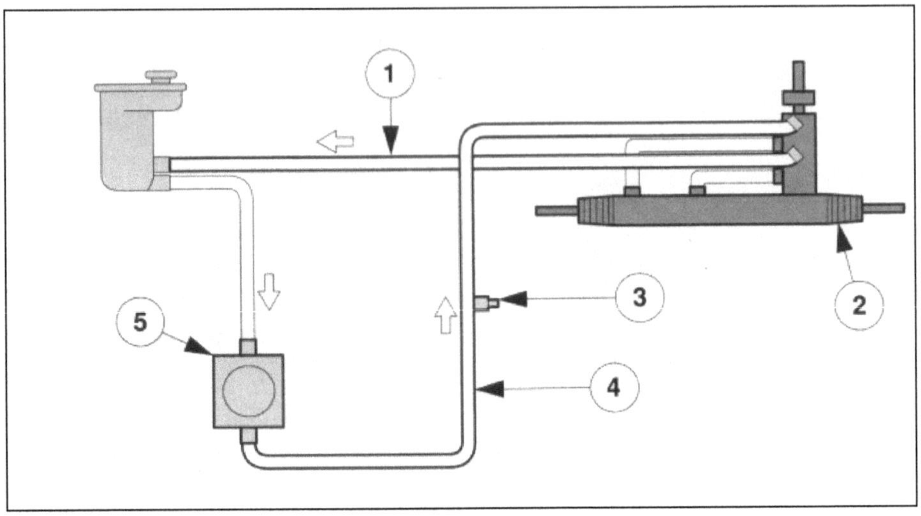

Funktionsschema einer Servolenkung: *❶ Hydrauliköl-Rücklaufleitung, ❷ Zahnstangenlenkgetriebe, ❸ Lenkhilfe-Systemdruckschalter, ❹ Hydrauliköl-Hochdruckleitung, ❺ Lenkhilfepumpe.*

Eine Wissenschaft für sich – die Fahrwerksauslegung

Gut ausgelegte Radaufhängungen sind auch im Computerzeitalter eine Wissenschaft für sich: Die Räder sollen ständig in genau definierten Winkeln zur Fahrzeugachse stehen. Doch fahren Sie mit Ihrem Ka zum Beispiel über eine Bodenwelle oder durcheilen gerade eine Kurve, verändert sich zwangsläufig die Radgeometrie. Den Kontakt zur Fahrbahn dürfen die Räder freilich nie gemeinsam verlieren: Ihr Ka sucht sich dann, der Fliehkraft folgend, den kürzesten Weg ins »Abseits«. Damit das möglichst nicht passiert, sind die Räder gegen die Karosserie abgefedert. Die Federung nimmt Stöße auf und »entschärft« Straßenoberflächen. Damit der Aufbau nicht unerwünscht schwingt und taumelt, »besänftigt« ihn an jedem Rad ein Stoßdämpfer. Stoßdämpfer müssten eigentlich Schwingungsdämpfer heißen: sie dämpfen keine Stöße, sondern schwächen lediglich die Eigenschwingungen der Federn ab.

Zusammengehörig – Lenkung und Fahrsicherheit

Fahrverhalten und Fahrsicherheit sind unter anderem davon abhängig, dass die Räder sicher in die gewünschte Richtung lenken. Beides soll möglichst feinfühlig und zielgenau passieren. Das Ansprechverhalten der Lenkung ist darum genau auf die Achsen und die Lenkgeometrie abgestimmt.

Das Fahrwerk des Ka ist ein solides Beispiel dafür, dass moderne Sub-Kompaktwagen ihren Käufern – hinsichtlich Fahrkomfort und Fahrsicherheit – keine großen Kompromisse abverlangen. McPherson-Federbeine »disziplinieren« die Vorder- und Hinterräder des Ka. Die Vorderräder sind einzeln aufgehängt, an der »Hinterhand« leistet eine Verbundlenkerachse mit spurkorrigierend wirkenden Achslagerungen Führungsaufgaben.

Technik-lexikon

Begriffe der Lenkgeometrie

Vorspur: Vorderräder stehen vorn enger zusammen als hinten (rollen aufeinander zu). Das gleicht die Reibung zwischen Rad und Straße aus, die das linke Rad nach links und das rechte nach rechts drücken will. Die Vorspur verhindert Flattern der Räder und Radieren der Reifen. Bei der Fahrt durch eine Kurve schwenkt das kurveninnere Rad zur Unterstützung der Lenkbewegung und der Lenkkräfte stärker ein als das kurvenäußere – die Vorspur geht in Nachspur über (Räder stehen hinten enger zusammen als vorn).

Sturz: Radneigung zu einer Senkrechten. Vermindert Fahrbahnstöße in die Lenkung, reduziert Lenkkräfte und Reibung der Räder auf der Fahrbahn. Die Vorderräder des Ka haben positiven Sturz – sie stehen oben im Radkasten geringfügig weiter auseinander als unten am Boden.

Die Ka-Vorderachse

Einzelradaufhängung: Nach dem System McPherson (1949 zum Patent angemeldet). Kompakte Einheit aus Stoßdämpfer, Feder und schwenkbarem Radnabenteil (Radführung).

Federbein: Besteht aus Schraubenfeder und Teleskopstoßdämpfer, der innerhalb der Federwindungen arbeitet. Innere Anschläge im Federbein begrenzen das Ausfedern nach unten. Bei hartem Durchfedern – etwa in einem Schlagloch – tritt der Anschlagbegrenzer in Aktion. Er verhindert, dass die Feder blockiert und der Stoßdämpfer abrupt zerstört wird.

Federbeindom (im Kotflügel): Nimmt das Federbein auf. Oben als Gummilager (Stützlager) ausgebildet, das sich, geführt durch einen Zentrierring, an je einer oberen und unteren Tellerscheibe abstützt. Im Stützlager ist die Kolbenstange des Federbeins verschraubt.

Lenkschwenklager: Hält das untere Ende des Federbeins mit Klemmschrauben. Ist über ein Kugelgelenk mit einem Querlenker aus Sphäroguss verbunden. Der Querlenker sitzt beweglich im Achsträger und nimmt die Seitenkräfte auf.

Querstabilisator: Drehbar am Fahrzeugboden befestigt. Jeweils mit einem Querlenker verbunden. Er minimiert bei Kurvenfahrt die Seitenneigung der Karosserie.

Zahnstangenlenkung: Am Achsträger hinter dem Motor befestigt. Zweiteilige Lenkspindel wirkt direkt auf die Zahnstange an deren Enden jeweils die rechte und linke Spurstange verschraubt ist. Die Lenkbewegungen werden auf die Lenkhebel des Lenkschwenklagers und damit auf die Räder übertragen.

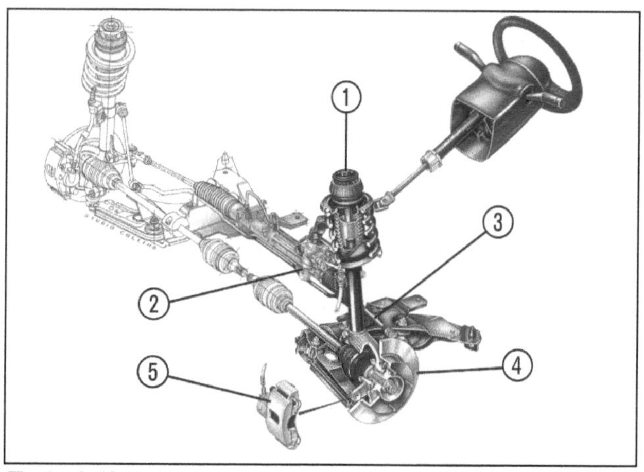

***Typisch Ka:** Die McPherson-Vorderachse mit Federbeinen ❶, Zahnstangenlenkung ❷, L-förmigen Querlenkern ❸, Scheibenbremsen ❹ und Faustsätteln ❺.*

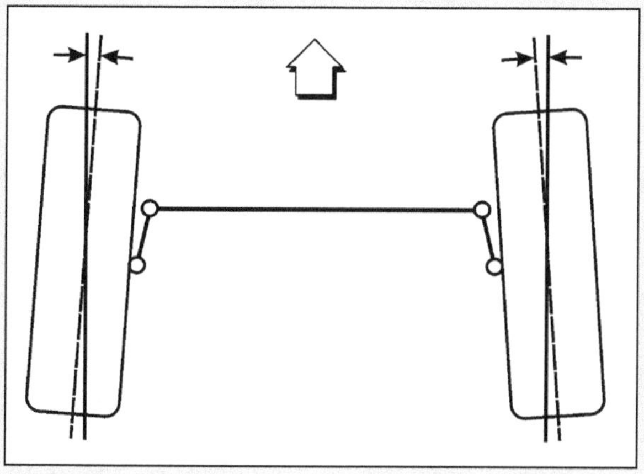

Typisch Vorspur: Die Vorderräder stehen vorne enger zusammen als hinten.

Spreizung: Neigung der Lenkungsdrehachse zu einer Senkrechten. Denkt man sich eine Linie dieser Achse zum Boden und misst den Abstand zur Mittellinie durch das Rad (Mittelpunkt der Reifenaufstandsfläche), erhält man den Lenkrollradius. Um die Störkräfte in der Lenkung zu verringern, soll der Lenkrollradius möglichst »klein« sein (im Ka ist der Lenkrollradius »kleiner als klein«, er ist negativ ausgelegt). Zusammen mit dem Nachlauf bewirkt die Spreizung außerdem, dass sich das Auto bei eingeschlagenen Rädern etwas anhebt. Lässt man das Lenkrad los, stellen sich die Räder selbst in die Mittelstellung zurück (Rückstellmoment).

Nachlauf: Abstand (in Fahrtrichtung) zwischen der gedachten Verlängerungslinie der Lenkdrehachse zum Boden und dem Mittelpunkt der Reifenaufstandsfläche. Durch den Nachlauf werden die Räder gezogen (nicht geschoben). Gezogene Räder neigen dazu, sich von selbst zu stabilisieren (Teewageneffekt) und die Geradeauslaufstellung beizubehalten.

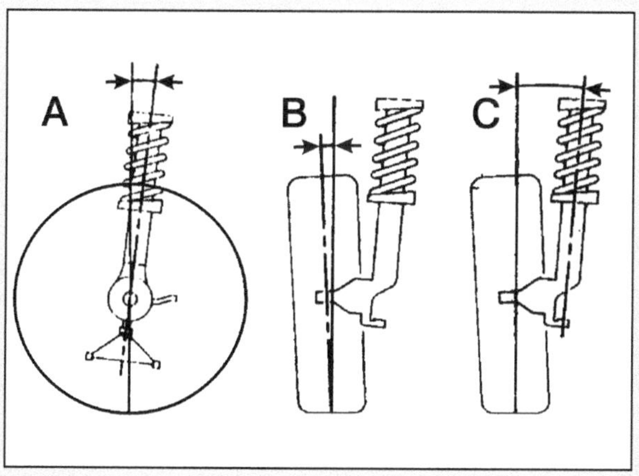

Die Radeinstellungen:
***A:** Nachlauf. **B:** Radsturz. **C:** Spreizung.*

Die Ka-Hinterachse

Verbundlenkerachse: V-förmiger Achskörper mit verschweißten Längslenkern und spurkorrigierenden Achslagern. Die vorderen »Augen« der Längslenker sind flexibel gelagert. Beide Lagerböcke sind direkt am Unterboden befestigt.
Federung: Teleskopstoßdämpfer mit Schraubenfedern sitzen in Radnähe auf den Längslenkern. Dämpfer und Feder stützen sich nach oben in einem Federbeindom gegen die Karosserie ab.

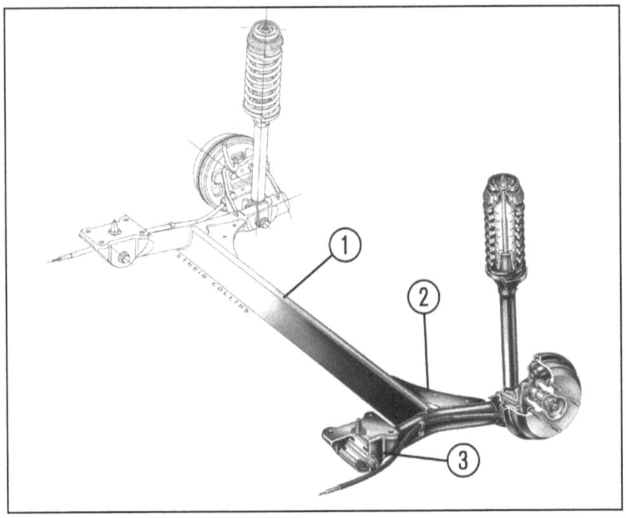

***Handlingfaktor:** die Verbundlenker-Hinterachse ❶ mit verschweißten Längslenkern ❷ und flexiblen Lagerböcken ❸.*

Do it yourself an Fahrwerk und Lenkung

Gefahrenhinweis

Arbeiten an Fahrwerk und Lenkung setzen Erfahrung und oft auch Spezialwerkzeuge sowie optische oder elektronische Messgeräte voraus. Überlassen Sie Arbeiten an Fahrwerk oder Lenkung im Zweifelsfall besser Ihrer Werkstatt. Fehlerhaft ausgeführte Reparaturen gefährden Sie und folglich auch andere Verkehrsteilnehmer. Beschädigte Teile der Radaufhängung sind generell mit Neu- oder brauchbaren Second hand-Teilen zu ersetzen und grundsätzlich nicht zu richten oder zu schweißen. Nach grundlegenden Fahrwerks- oder Lenkungsarbeiten lassen Sie das Fahrwerk Ihres Ka in einer Fachwerkstatt optisch vermessen.

Handlingfaktor – die Vorderachsgeometrie

Die richtige »Grundstellung« der Vorderräder ist mit entscheidend, ob Ihr Ka auf ebener Strecke oder in Kurven den Vorderrädern sicher folgt. Schon ein deftiger »Schubser« gegen den Bordstein kann die Vorderachsgeometrie nachhaltig stören. Ausgeschlagene Gelenke und Gummilager oder unsachgemäße Reparaturen haben gleichfalls negativen Einfluss auf das Fahrverhalten. Die optische Fahrwerksprüfung überlassen Sie grundsätzlich einer Werkstatt mit Achsmessstand.
Als aufmerksamer Fahrer kommen Sie verstellten Vorderrädern freilich selbst auf die Spur. Sie haben allerdings »bessere Karten«, wenn beide Vorderreifen vom gleichen Hersteller stammen, eine vergleichbare Profiltiefe und den vorgeschriebenen Luftdruck aufweisen. Überprüfen Sie die Basis und beobachten dann folgende Symptome:

- Ein plötzlich schräg stehendes Lenkrad ist das erste Indiz für »schiefe« Vorderräder. Achten Sie also grundsätzlich darauf, ob das Lenkrad bei Geradeausfahrt auch geradeaus »steht«.
- Stehen auch die Vorderräder Ihres Ka in Geradeausstellung bei Lenkrad geradeaus?
- Läuft der Wagen auf ebener Fahrbahn »freihändig« geradeaus? Oder läuft er nach links oder rechts aus der Spur?
- »Kommt« das Lenkrad am Kurvenausgang selbsttätig in Geradeausstellung zurück?
- Nutzen die Vorderreifen gleichmäßig ab? Erkennen Sie an den Profilkanten unterschiedliche Verschleißspuren?

Stoßdämpfer prüfen – spätestens nach zwei verschlissenen Reifensätzen

Stoßdämpfer mutieren im Laufe ihres Arbeitslebens zu »Luftpumpen«: Nach etwa zwei verschlissenen Reifensätzen haben die Dämpfer in der Regel etwa noch 50 Prozent ihrer ursprünglichen Wirkung – sie sind dann erneuerungsbedürftig. Da die Wirkung langsam und nicht abrupt nachlässt, stellen sich die meisten Autofahrer jedoch unbewusst auf das verschlechterte Fahrverhalten ein: In Extremsituationen führt das zu bösen Überraschungen. Lassen Sie Stoßdämpfer darum einmal jährlich auf dem Prüfstand eines Automobilclubs bzw. von TÜV oder Dekra kontrollieren. Die Schaukelmethode, bei der Sie Ihr Auto an den Kotflügeln aufschaukeln um sein Nachschwingverhalten zu »testen«, ist nur unzureichend. Auf diesem Weg entlarven Sie allenfalls einen total verschlissenen Stoßdämpfer. Dennoch, achten Sie auf folgende Symptome:

- Flattert die Lenkung? In diesem Fall »tanzen« die Räder über dem Boden oder sind falsch ausgewuchtet.
- Schwingt Ihr Ka nach Bodenwellen kräftig nach?
- Wie verhält sich Ihr Auto in Kurven? Wirkt es schwammig? Wankt es gar jeder Straßenunebenheit hinterher?
- Nutzen die Reifen ungleichmäßig ab (partiell ausgewaschene Lauffläche)?
- Erkennen Sie starke Ölspuren am Stoßdämpfergehäuse? Geringe Schwitzspuren sind durchaus normal.

So arbeitet der Stoßdämpfer

Technik-lexikon

Ihr Ka steht auf so genannten Zweirohrstoßdämpfern. Sie bestehen aus einem Arbeitszylinder, in dem ein mit einer Kolbenstange versehener Arbeitskolben auf- und abgleitet. Den Arbeitszylinder umgibt ein zweiter Zylinder, der dem Hydrauliköl als Vorratsraum dient.

Druckstufe: Der Kolben bewegt sich nach unten und presst auf seinem Weg Hydrauliköl durch ein Ventil in den Raum über dem Kolben. Die Auslegung des Ventils bestimmt den Widerstand (Raddämpfung), den der Arbeitskolben zu überwinden hat.

Zugstufe: Die entlastete Feder führt den Arbeitskolben zurück in seine Ausgangsstellung. Dabei gelangt das oberhalb des Kolbens verdrängte Öl über ein Bodenventil zurück in den Vorratsraum. Das Ventil bestimmt den Widerstand (Raddämpfung), den der Arbeitskolben zu überwinden hat.

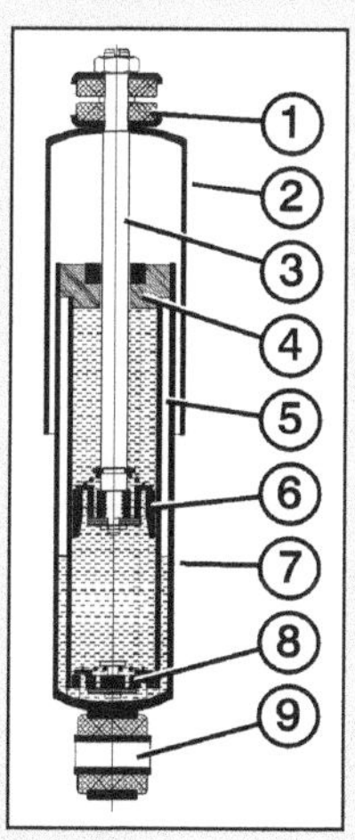

Zweirohr-Stoßdämpfer *(Querschnitt).*
❶ Obere Befestigung mit elastischem Gummilager, ❷ Schutzrohr, ❸ Kolbenstange, ❹ Kolbenstangenführung mit Dichtung, ❺ Arbeitszylinder, ❻ Ventilkolben mit Ventilfederscheiben, ❼ Außenrohr, ❽ Bodenventil mit Rückschlagventil und Ventilfederscheiben, ❾ Untere Befestigung.

Regelmäßig prüfen – Lenkungsspiel

Das Lenkungsspiel Ihres Ka lässt sich korrigieren. Zumindest dann, wenn es sich um normalen Verschleiß und nicht um einen Defekt handelt. Überlassen Sie die Einstellung jedoch Ihrer Werkstatt – die Profis vor Ort haben das dazu erforderliche Messequipment parat. Wann es soweit ist, können Sie selbst auf einer ebenen Stein- oder Asphaltfläche überprüfen.

Arbeits-schritte

① Räder geradeaus stellen.

② Greifen Sie durchs geöffnete Seitenfenster und drehen das Lenkrad ruckartig hin und her.

③ Achten Sie dabei aufs linke Vorderrad, besser noch auf sein Felgenhorn, es muss sich rhythmisch mit bewegen. Der elastische Reifen kann die Bewegungen geringfügig »bremsen«.

④ Stellen Sie um die Geradeausstellung kein Spiel fest, bei stärkerem Lenkeinschlag jedoch ein Klemmen, ist die Zahnstange verschlissen. In dem Fall lassen Sie besser das gesamte Lenkgetriebe austauschen.

Schutzmanschetten der Zahnstange kontrollieren

Je eine Gummimanschette schützt links und rechts die aus dem Lenkgetriebegehäuse austretende Zahnstange. Beide Manschetten müssen staubtrocken sein. Feuchte Manschetten sollten Sie unmittelbar ersetzen: Denn eindringender Schmutz oder Feuchtigkeit verwandeln in kürzester Zeit das Fett im Lenkgetriebe zu einer Schleifpaste, die der Lenkung den Garaus macht.

Arbeits-schritte

① Leuchten Sie mit einer Taschenlampe die Faltenbälge ab.

② Schlagen Sie die Lenkung voll nach rechts und links ein und ziehen dann den Faltenbalg Stück um Stück auseinander. Sind Risse zu erkennen?

③ Spannbänder ❶ und ❷ müssen auf beiden Manschetten fest sitzen.

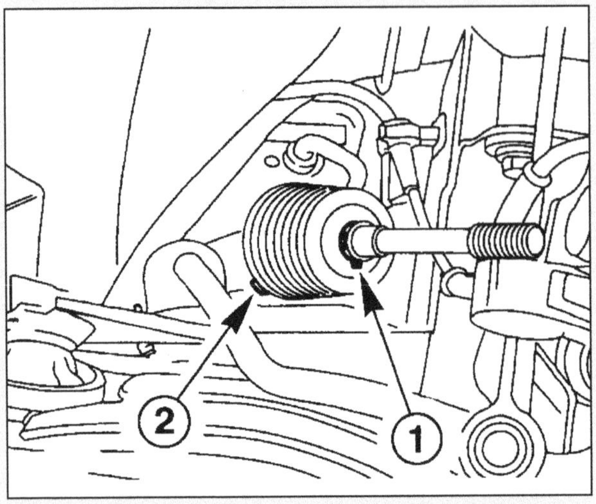

Die Lenkmanschetten sind oberhalb des Achsträgers relativ gut gegen äußere Beschädigungen geschützt. »Gönnen« Sie ihnen dennoch bei demontiertem Spritzschutz ab und an einen Blick und kontrollieren gleichzeitig die Spannbänder ❶ und ❷ auf festen Sitz.

Spurstangenköpfe und Manschetten prüfen

Rechts und links zwischen der Spurstange und dem Spurstangenhebel des Lenkschwenklagers sitzen die Spurstangenköpfe. Den stählernen Kugelkopf umhüllt jeweils selbstschmierender Kunststoff – eine mit Spezialfett gefüllte Manschette schützt ihn vor Schmutz und Feuchtigkeit. Spurstangenköpfe mit defekter Manschette oder zuviel Spiel müssen Sie umgehend ersetzen.

Arbeitsschritte

① Kontrollieren Sie die Manschetten der Spurstangenköpfe auf äußere Beschädigungen (z. B. Risse).

② Prüfen Sie das Gelenkspiel. Sinnvollerweise machen Sie das über einer Grube.

③ Lassen Sie einen Helfer ruckartig das Lenkrad kurz nach links und rechts drehen. Sie können dann mit der Hand fühlen, ob die Spurstangengelenke Luft haben.

Querlenkerlager kontrollieren

Die beiden Lager und das Kugelgelenk der vorderen Querlenker sind wartungsfrei. Das äußere Kugelgelenk sitzt in einer Kunststoffschale mit Fettdauerfüllung. Dennoch sollten Sie die Querlenker regelmäßig inspizieren und mit einem Montierhebel das Spiel »abdrücken«: Eindringender Schmutz und Feuchtigkeit hinterlassen ihre Spuren, sie wirken wie Schleifpaste. Folge: Die Gelenke schlagen aus und die Lager korrodieren.

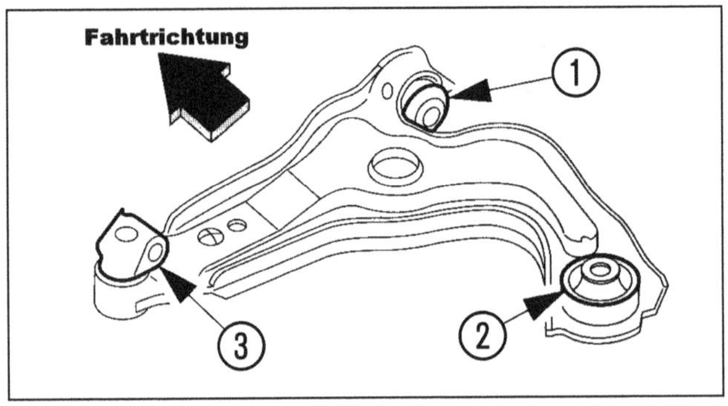

Dauerhaft wartungsfrei: *Die Lager der vorderen Querlenker. ❶ vorderes Lager – horizontal angeordnet und mit progressiver Spurkorrektur, ❷ hinteres Lager – vertikal angeordnet, ❸ äußeres Kugelgelenk.*

Arbeitsschritte

① Lenkung mehrmals ruckartig nach links und rechts einschlagen.

② Kugelgelenke rechts und links optisch auf Beschädigungen prüfen.

③ Setzen Sie dann einen Montierhebel an und »wippen« die Gelenke »gut durch«.

④ Inspizieren Sie die beiden Lager auf die gleiche Weise. Denken Sie daran, dass die Lager von Haus aus eine gewisse Elastizität haben (müssen). Sobald sich der Montierhebel allerdings »widerstandslos« schwenken lässt, sind die Lager verschlissen.

Versierte Do it yourselfer werden, mit dem erforderlichen Equipment ausgerüstet, jetzt zur Selbsthilfe greifen wollen. Wir raten Ihnen dennoch davon ab, denn die Arbeit ist nicht allein mit dem Tausch eines Lagers oder Kugelgelenks beendet: Statt dessen müssen Sie den kompletten Querlenker demontieren und die Vorderachse, nach beendeter Reparatur, optisch neu vermessen lassen. In der Fachwerkstatt sind Sie damit von vorn herein besser aufgehoben.

Radlagerspiel prüfen

Die Vorderräder Ihres Ka laufen mit wartungsfreien Doppelkugellagern, an der Hinterachse sind es wartungsfreie Kegelrollenlager. Die Radlager an der Hinterachse unterliegen keinem großen Verschleiß. Vorausgesetzt sie sind richtig eingestellt, »drehen« die Lager länger als 150 000 Kilometer.
Nicht so die Vorderradlager, sie unterliegen größerem Verschleiß. An der Vorderachse sind die Radlager übrigens mit der Montage eingestellt: Bei zu großem Laufspiel oder »Laufgeräuschen« bleibt Ihnen nur der komplette Austausch übrig. Mahlgeräusche in Rechtskurven signalisieren ein defektes Radlager vorne links, Geräusche in Linkskurven verraten das rechte Radlager. Überlassen Sie den Austausch besser Ihrer Werkstatt – Lager, Laufringe, Nabe und Lenkschwenklager sind in sehr engen Toleranzen gefertigt. Die fachgerechte Montage setzt Spezialwerkzeuge voraus. Doch bevor Sie Ihre Werkstatt »beehren«, machen Sie folgenden Test:

- Stellen Sie den Wagen auf einer ebenen Stein- oder Asphaltfläche ab. Greifen Sie das Rad im oberen Radlauf und versuchen rhythmisch daran »zu rappeln«. Einwandfreie Lager verkraften das lautlos und ohne Spiel.

- Wenn Sie an den vorderen Radlagern Laufspiel bemerken, lassen Sie einen Helfer die Bremse treten und checken erneut. Bleibt das Spiel, ist nicht das Lager, sondern das Achsgelenk verschlissen.

Querlenker demontieren und montieren

Wechseln Sie deformierte Querlenker immer komplett aus. Verschlissene Lagerbuchsen können Sie dagegen sehr wohl erneuern. Überlassen Sie die Arbeit jedoch besser Ihrer Werkstatt (siehe Querlenkerlager kontrollieren). Damit die Lagerbuchsen genau fluchten und tatsächlich auch ihren definierten Abstand zueinander haben, nutzen Profis ein spezielles Einziehwerkzeug bzw. eine hydraulische Presse mit entsprechenden Druckvorsätzen.

Arbeitsschritte

① Handbremse anziehen, Radmuttern lösen.

② Fahrzeug anheben und rüttelsicher aufbocken. Hinterachse zusätzlich mit Unterlegkeil sichern.

③ Vorderrad demontieren.

④ Klemmschraube und Mutter (Pfeil) am Schwenklager demontieren. Schützen Sie die Kugelgelenkdichtung nach der Demontage mit einem Lappen.

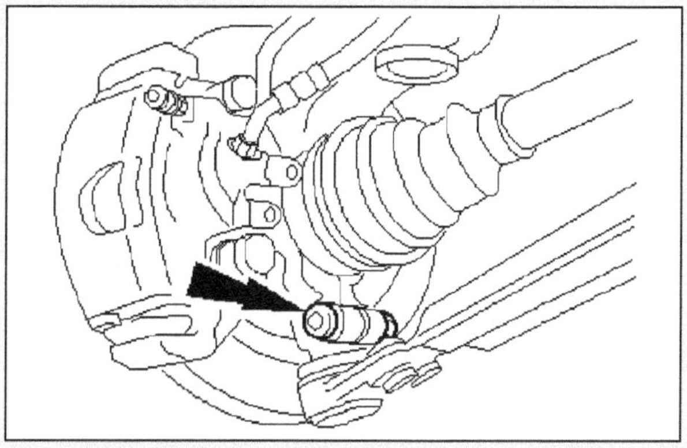

Klemmschraube und Mutter (Pfeil) am Schwenklager demontieren.

⑤ Querlenker vom Schwenklager demontieren.

⑥ Querlenker am Unterboden demontieren.

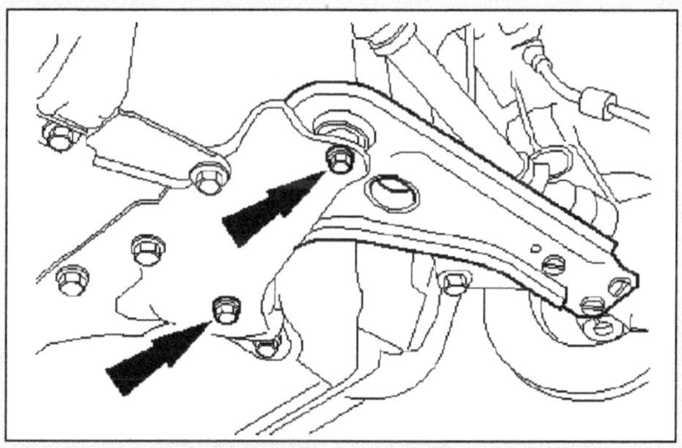

Querlenker demontieren – zwei Muttern (Pfeile).

Montage

Verwenden Sie zur Montage generell neue Muttern, Schrauben und Unterlegscheiben.

⑦ Beenden Sie die Montage in umgekehrter Reihenfolge. Die beiden inneren Schrauben ziehen Sie mit 50 Nm + 90° fest, die Klemmschraube bekommt 51 Nm und die Radschrauben »vertragen« 85 Nm.

⑧ Lassen Sie nach der Arbeit die Vorderachse in einer Fachwerkstatt optisch vermessen.

Federbein (vorne) demontieren und montieren

Arbeitsschritte

① Handbremse anziehen, Radmuttern lösen, Vorderwagen anheben und rüttelsicher aufbocken, Vorderrad abbauen.

Ka mit ABS

② ABS-Kabelstrang aus den Halterungen lösen.

alle Modelle

③ Bremsschlauch und Verbindungsstange vom Federbein demontieren.

④ Bremssattel komplett mit Halter demontieren und mit Schweißdraht provisorisch im Radkasten aufhängen.

⑤ Querlenker am Schwenklager demontieren, dazu Klemmschraube und Mutter lösen. Nach der Montage des Spurstangenendstücks vom Schwenklager schützen Sie die Kugelgelenkdichtungen mit einem Lappen.

⑥ Demontieren Sie die Klemmschraube des Schwenklagers zum Federbein.

⑦ Bauen Sie nun das Schwenklager ❷ aus. Dazu setzen Sie ein Spreizwerkzeug ❶ an. Ford-Werkstätten nutzen ein Spezialwerkzeug, erfahrungsgemäß kommen Sie jedoch auch mit einem stabilen Schraubendreher weiter.

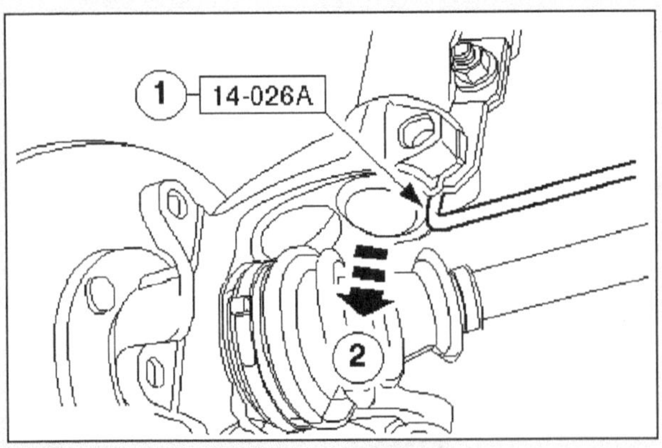

Schwenklager ausbauen.
❶ *Spreizwerkzeug,* ❷ *Schwenklager.*

⑧ Schwenklager abstützen und Federbein demontieren. Dazu kontern Sie die Kolbenstange mit einem Inbusschlüssel ❶ und schrauben die Mutter ❷ ab.

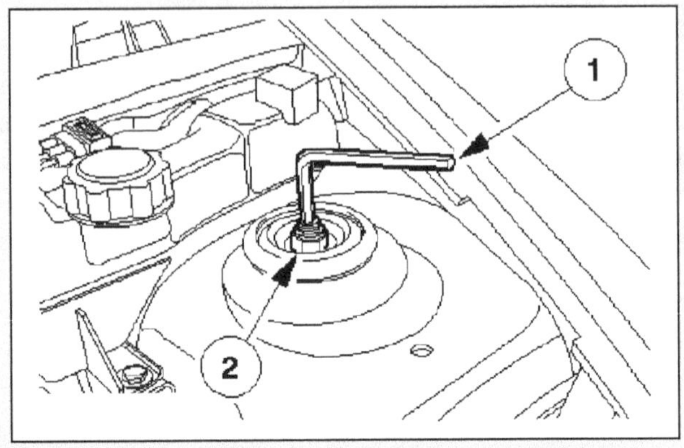

Schwenklager abstützen und Federbein ausbauen.
❶ *Inbusschlüssel,* ❷ *Federbeinmutter.*

⑨ Demontieren Sie nun das Stützlager – drücken Sie es von unten aus dem Federbeindom.

⑩ Jetzt demontieren Sie den »Teller« vom Stützlager.

Montage

① Beenden Sie die Arbeit in umgekehrter Reihenfolge. Das Federbein muss zur Montage zentrisch im Federbeindom sitzen.

② Ziehen Sie die obere Befestigungsschraube erst dann fest, wenn Sie das Lenkschwenklager mit dem Federbein in seiner Einbaulage fixiert haben.

③ Lassen Sie nach der Arbeit die Vorderachsgeometrie in einer Fachwerkstatt vermessen.

Spurstangenköpfe erneuern

Die Spurstangenköpfe sind jeweils links und rechts mit den Spurstangen verschraubt. Vorteil: Bei defekten Spurstangenköpfen reicht's, den defekten Kopf und nicht die komplette Spurstange auszutauschen.

Arbeitsschritte

① Wagen auf ebener Fläche rüttelsicher aufbocken, Vorderrad abbauen.

② Selbstsichernde Mutter des Spurstangenkopfs am Lenkhebel des Lenkschwenklagers lösen. Setzen Sie dazu einen Klauen- oder Kugelgelenkabzieher an.

③ Drücken Sie jetzt den Spurstangenkopf aus dem Lenkhebel und schrauben die Mutter danach ganz ab.

④ Klemmmutter am Spurstangenkopf lösen und das Endstück von der Spurstange abschrauben. Zählen Sie exakt die »freien« Gewindegänge des Spurstangenkopfs außerhalb der Spurstange. Neuen Kopf mit gleicher Einbaulänge montieren und mit 26 Nm anziehen. Bei präziser Arbeit ersparen Sie sich eventuell eine Spurkorrektur.

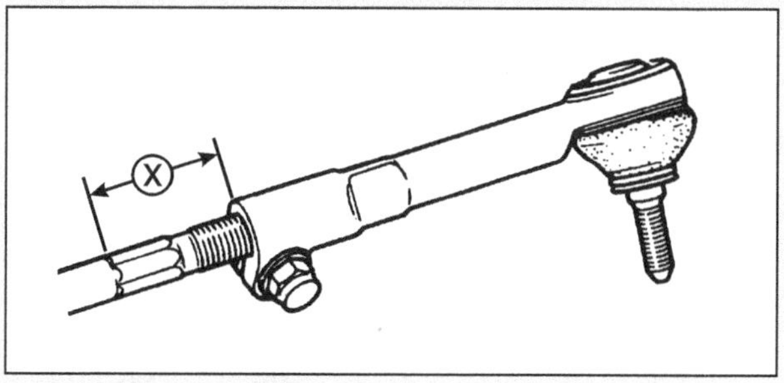

Mit etwas »Glück« können Sie sich nach dem Spurstangenkopfwechsel das Spureinstellen ersparen. Notieren Sie vor der Demontage das Einschraubmaß »X« und übertragen es auf den neuen Spurstangenkopf. Wenn der Wagen nach der Reparatur nicht »schief zieht«, können Sie von einer Vermessung absehen.

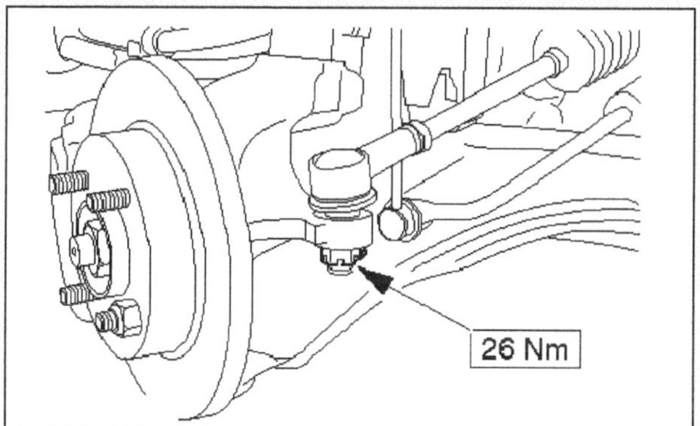

Spurstangenkopf montieren, Mutter mit 26 Nm anziehen.

Lenkgetriebe-Manschetten auswechseln

Arbeits-schritte

① Spurstangenendstücke demontieren. Zählen Sie beim Ausdrehen exakt die Gewindegänge (siehe »Spurstangenköpfe erneuern«).

② Schlauchschellen an der Manschette lösen, eventuell Entlüftungsleitung abziehen.

③ Manschette nach außen abziehen.

④ Vor der Montage Spurstange reinigen und leicht einfetten.

⑤ Manschette vorsichtig auf die Spurstange schieben. An beiden Enden vorher leicht einfetten. Achten Sie darauf, dass die Manschette nicht verdreht und richtig in den Nuten der Spurstange sowie des Lenkgehäuses sitzt. Ansonsten tritt Fett aus, oder die Manschette reißt mit der Zeit.

⑥ Manschette mit neuen Spannbändern sichern, Entlüftungsleitung anschließen.

⑦ Spurstangenendstück montieren. Zur Befestigung neue Mutter verwenden.

⑧ Lassen Sie nach der Arbeit die Vorderachsgeometrie in einer Fachwerkstatt prüfen bzw. korrigieren.

Lenkschwenklager erneuern

Arbeits-schritte

① Radnabenmutter lösen. Biegen Sie vorab das Sicherungsblech zurück.

② Federbein wie beschrieben im Federbeindom lösen.

③ Radmuttern lösen; Vorderwagen anheben und rüttelsicher aufbocken; Vorderrad abnehmen.

④ Bremsschlauch vom Federbeinhalter demontieren.

⑤ Falls montiert, ABS-Radsensor vom Federbeinhalter demontieren.

⑥ Bremssattel mit Halter demontieren. Bremssattel dann mit Schweißdraht im Radlauf aufhängen.

⑦ Spurstangenmutter lösen. Falls Kronenmutter verbaut, Splint ausziehen und entsorgen. Schützen Sie die Kugelgelenkdichtungen mit einem Lappen.

⑧ Pressen Sie den Spurstangenkopf mit handelsüblichem Abzieher aus dem Schwenklager und schrauben danach die Mutter ganz ab.

⑨ Schrauben Sie die Radnabenmutter inklusive Anlaufscheibe ab.

⑩ Demontieren Sie nun die Bremsscheibe wie im Kapitel »Die Bremsanlage«beschrieben.

⑪ Wie beschrieben können Sie nun den Querlenker demontieren.

⑫ Jetzt ziehen Sie das Schwenklager mit einem Zweiarmabzieher von der Antriebswelle ab. Achten Sie darauf, dass sich beim Ausbau die Antriebswelle nicht vom Gleichlaufgelenk löst. Stützen Sie die Antriebswelle ab oder hängen sie mit Schweißdraht im Radlauf auf.

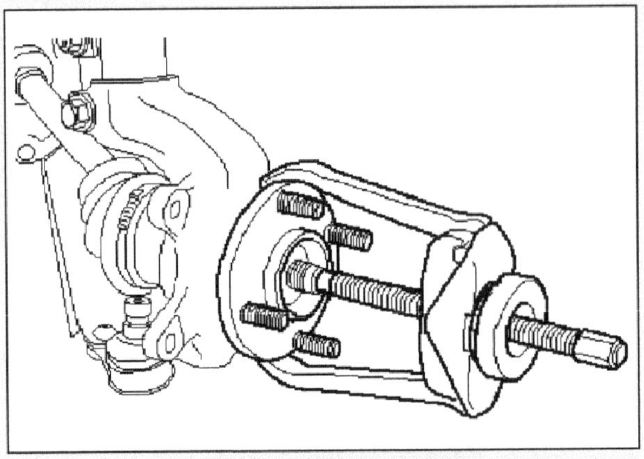

Schwenklager von Antriebswelle ziehen.

⑬ Demontieren Sie wie beschrieben das Schwenklager vom Federbein.

Montage

① Richten Sie zunächst das Lenkschwenklager am Federbein aus.

② Schieben Sie das Lenkschwenklager auf die Antriebswelle, sobald die ersten Gewindegänge frei sind, ziehen Sie die Welle mit neuer Achsmutter vor.

③ Pressen Sie das Kugelgelenk von unten bis zum Anschlag ins Lenkschwenklager.

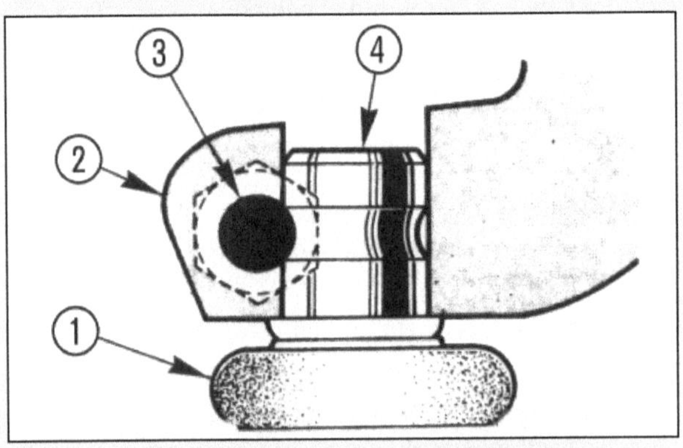

Montage des Querlenker-Kugelgelenks in das Lenkschwenklager: *❶ Gummimanschette, ❷ Lenkschwenklager, ❸ Klemmbolzen (grundsätzlich von vorne einsetzen, neue Bolzenmutter mit 50 Nm anziehen), ❹ Kugelgelenkzapfen mit Nut.*

④ Beenden Sie die Arbeit in umgekehrter Reihenfolge. Anzugsmomente: Federbeinklemmschraube – 51 Nm; Spurstangenkopf 26 Nm (falls selbstsichernde Mutter verbaut, erneuern Sie die Mutter, ansonsten erneuern Sie den Splint); Bremszangenbefestigungsschrauben 58 Nm; Feder-

Stoßdämpfer hinten erneuern

Arbeitsschritte

① Rückwandklappe öffnen und Gepäckraumabdeckung herausnehmen.

② Halter der Gepäckraumabdeckung (Pfeile) demontieren.

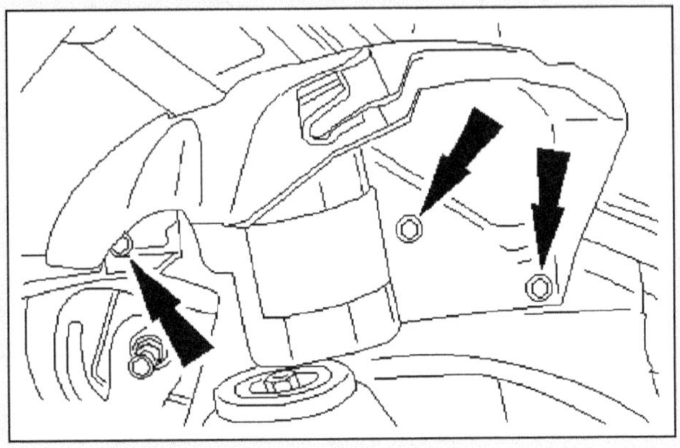

Halter der Gepäckraumabdeckung (Pfeile).

③ Obere Befestigungsmutter abschrauben. Kontern Sie dazu die Stoßdämpferkolbenstange.

④ Heben Sie den Hinterwagen an und bocken ihn rüttelsicher auf.

⑤ Lösen Sie die untere Befestigung (Pfeil) und bauen den Dämpfer aus.

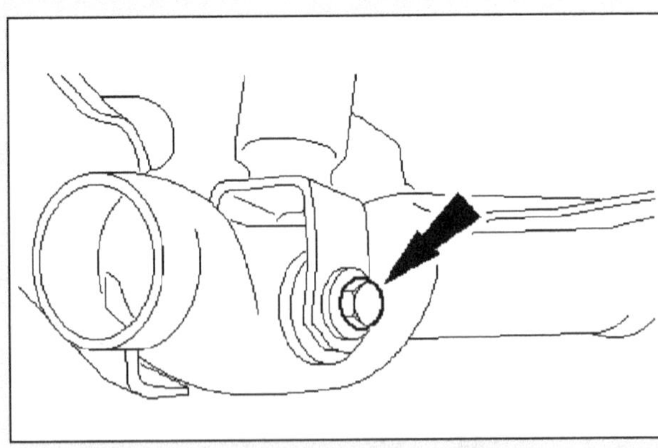

Untere Befestigung (Pfeil) des Stoßdämpfers.

⑥ Beenden Sie die Arbeit in umgekehrter Reihenfolge. Um die Befestigungen mit Drehmoment anzuziehen, stellen Sie den Ka erst auf die Räder und »drücken« ihn erst kräftig in die Federn zurück. Die ober Mutter bekommt dann 22 Nm und die untere Schraube 120 Nm.

Die Servolenkung

Ab Modelljahr 2000 »gehorcht« die Ka-Vorderachse einer hydraulischen Servolenkung. Sie unterstützt die Lenkarbeit entsprechend der Belastung. Je langsamer Sie fahren, desto mehr legt sich die Lenkhilfe für Sie »ins Zeug«, bei höheren Geschwindigkeiten arbeitet die Lenkung dagegen direkter. Bis auf kleinere Wartungsarbeiten (Hydrauliksystem – inklusive Ölkühler – auf Dichtheit prüfen, Hydrauliköl auffüllen, etc.) überlassen Sie Reparaturen an der Servolenkung besser Ihrem Ford-Händler.

Praktisch – progressive Lenkunterstützung

Beim Einparken und Rangieren tritt die Lenkhilfe voll in Aktion – ab etwa 10 km/h nimmt die »Servokraft« der Lenkung dagegen kontinuierlich ab. In der Praxis macht das Sinn: In höheren Geschwindigkeitsbereichen werden die tatsächlich aufzuwendenden Lenkkräfte ohnehin geringer.

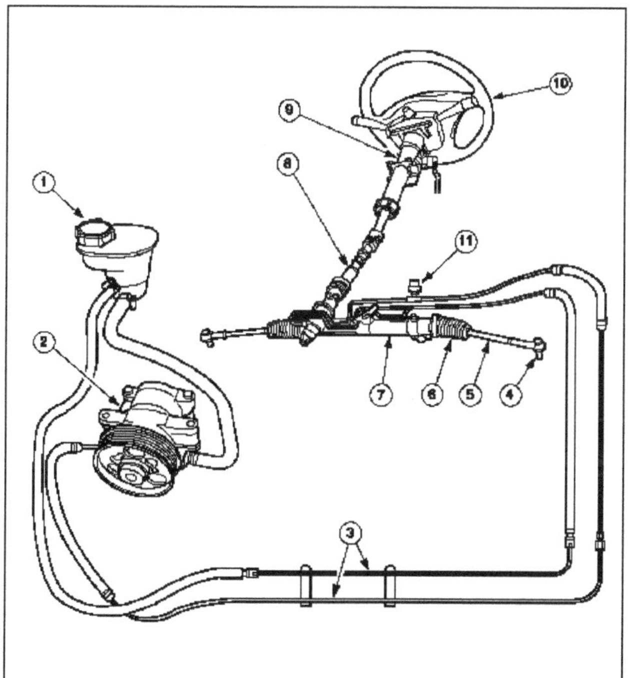

***Die Ka-Servolenkung** (schematischer Aufbau):* ❶ *Vorratsbehälter,* ❷ *Lenkungspumpe,* ❸ *Ölkühler,* ❹ *Spurstangenendstück,* ❺ *Spurstange,* ❻ *Lenkgetriebemanschette,* ❼ *Lenkgetriebe,* ❽ *Verbindungsgelenk,* ❾ *Lenksäule,* ❿ *Lenkrad,* ⓫ *Servolenkungsdruckschalter (PSP-Schalter).*

Praxistipp

Airbag – generell ein Fall für »echte« Profis

Ab Modelljahr 2000 hat jeder Ka ein Airbag-System an Bord. Bei diesen Modellen sollten Sie Arbeiten an der Lenksäule und deren Bedienungselemente besser der Ford-Werkstatt überlassen. Auch dort werden nur »echte« Profis damit beauftragt, die in speziellen Sicherheitsunterweisungen die Problematik im Umgang mit »Druckluftsäcken« aus dem Eff-Eff beherrschen: Bei unsachgemäßer Behandlung löst der Airbag in Millisekunden aus. Lassen Sie also Ihre »Finger« grundsätzlich immer dann aus dem Spiel, wenn Schalter und Bedienungselemente an der Lenksäule oder in den Türverkleidungen Ihres Ka »malade« sind. Denn schon der Transport und die Lagerung des Airbags unterliegt strengen Sicherheitsvorschriften: Für den Gasgenerator, der mit seiner Festbrennstofffüllung beim Crash für das blitzschnelle Aufblasen des Prallsacks sorgt, gelten beispielsweise die strengen Bestimmungen des Sprengstoffgesetzes. Beherzigen Sie also auch als »begnadeter« Do it yourselfer und im eigenen Interesse den Slogan: **Airbag – generell ein Fall für Profis.**

Räder und Reifen

Die Reifen leisten einen wichtigen Beitrag zum guten Fahrverhalten und damit auch zur aktiven Sicherheit Ihres Ka: Die Karkasse, die Gummimischung und das Computer berechnete Reifenprofil machen moderne Radialreifen zu Hightech-Produkten. Auf einer je Rad etwa Postkarten großen Aufstandsfläche tragen sie Ihren Ka über »Stock und Stein«, fangen kleinere Fahrbahnstöße ab und übertragen sämtliche Antriebs-, Brems- und Fliehkräfte. Bei durchschnittlicher Belastung halten Radialreifen auf Ihrem Ka etwa 50 000 – 60 000 Kilometer auf der Vorderachse und rund 60 000 – 80 000 Kilometer auf der »gezogenen« Hinterachse.

Grundsätzlich nach sieben bis acht Jahren – Reifen wechseln

Wenn Sie freilich Ihren Ka überwiegend auf Kurzstrecken bewegen, sollten Sie die Pneus – unabhängig von der Restprofiltiefe – nach spätestens sieben bis acht Jahren wechseln. In dieser Zeit haben Schmutz, chemische Umwelteinflüsse, interne Alterungsprozesse und nicht zuletzt die Sonne den Reifen dermaßen zugesetzt, dass sie Ihren Job nicht mehr verlässlich erledigen können. Trauen Sie übrigens auch keinem noch neu aussehenden »alten« Ersatzrad, die neuwertige Optik ist nur Fassade – darunter sieht's gefährlich alt aus.

Ab Werk zwei Versionen – Ka-Felgen

Ford rüstet alle Ka mit zwei Felgengrundtypen aus: Je nach Ausführung und Modell kommen Stahlblech- oder Leichtmetallfelgen der Dimension 5J x 13" zum Einsatz. In Verbindung mit dem aktuellen Style-Paket rollt der Ka auf 5J x 14" Leichtmetallfelgen mit 165/60 R 14" Reifen durch die Lande. Alle Ka mit Standardbereifung »schleppen« ein vollwertiges Ersatzrad unter dem Kofferraumbodenblech durch die Lande.
Welche Reifengrößen und Felgen für Ihren Ka generell zugelassen sind, steht in den Kfz-Papieren. Wenn Sie Ihrem Ka darüber hinaus andere Räder spendieren möchten, kaufen Sie nur zugelassene Produkte. Bedenkenlose Sonderfelgen haben eine Allgemeine Betriebserlaubnis (ABE) mit entsprechender Prüfnummer. Sollten die Formate der gewünschten »Spezialschuhe« nicht in den Kfz-Papieren auffindbar sein, erkundigen Sie sich vor dem geplanten Kauf und der Montage bei Ford oder einem TÜV-/DEKRA-Sachverständigen nach der Freigabe. Felgen und Reifen, die ab Werk nicht eingetragen sind, müssen Sie in Ihren Kfz- Papieren (Brief und Schein) per Teilgutachten vom TÜV/DEKRA eintragen lassen.

Die Felgen

Technik-lexikon

Die Felgengröße wird, entsprechend der Normenvorschrift, stets in Zoll angegeben. Die Bezeichnung 5J x 13" zum Beispiel bezeichnet eine Tiefbettfelge mit einer Breite von fünf Zoll und einem Durchmesser von 13 Zoll. Der Buchstabe »J« steht für die Form des Felgenhorns. Das Besondere der Tiefbettfelge: Damit die Reifen besser sitzen, befindet sich an der Felgenschulter eine rundumlaufende Erhöhung (Hump). Sie verhindert, dass bei schneller Kurvenfahrt der Reifenwulst von der Felgenschulter ins Tiefbett »rutscht«.

Die wichtigsten Reifendaten

Auf den Reifenflanken ist eine Reihe von Ziffern und Buchstaben eingeprägt, die Fachleuten als verschlüsselte »Visitenkarte« dient. Die meisten Autofahrer interessiert ohnehin nur das Reifenformat. 165/65 R 13 bedeutet zum Beispiel, dass der Reifenquerschnitt eine Breite von 165 Millimetern aufweist. Die zweite Zahl bestimmt das Verhältnis von Höhe und Breite des Reifens. Im Beispiel beträgt es 65 Prozent. Je kleiner dieses Verhältnis, um so flacher und breiter ist der Reifen. Der Buchstabe »R« steht für Radialbauweise (Gürtelreifen) und die Zahl hinter der Kombination (13) dokumentiert den Felgendurchmesser in Zoll.

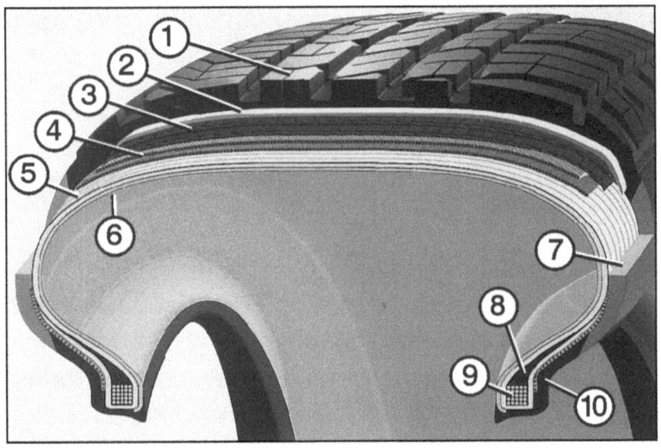

Das vielschichtige Innenleben eines PKW-Reifens.
❶ Laufstreifen: Profil und Mischung beeinflussen die Eigenschaften, ❷ Base: Senkt den Rollwiderstand, ❸ Nylon-Spulbandagen: Erhöhen Hochgeschwindigkeitstauglichkeit, ❹ Stahlcord-Gürtellagen: Steigern die Fahrstabilität, ❺ Karkasse: Form- und Festigkeitsträger des Reifens, ❻ Innenseele: Gasdichte Innenschicht ersetzt den Schlauch, ❼ Seitenteil: Schützt Karkasse vor Beschädigungen, ❽ Kernprofil: Unterstützt Lenk- und Fahrpräzision, ❾ Kern: Sorgt für festen Sitz auf der Felge, ❿ Wulstverstärker: Für präzises Lenkverhalten und hohe Fahrstabilität.

Synonym für die Höchstgeschwindigkeit – der Großbuchstabe hinter der letzten Ziffer

Der Großbuchstabe hinter der letzten Ziffer auf der Reifenflanke verrät die zulässige Höchstgeschwindigkeit des Reifens. Ein 165/65 R 13 Reifen mit dem Kennbuchstaben »S« ist für eine Top Speed bis 180 km/h, mit »T« bis 190 km/h zugelassen. Für maximal 210 km/h sind Reifen mit dem Kennbuchstaben »H« genehmigt. Herkömmliche M+S-Reifen mit dem Kürzel »Q« sind bis 160 km/h freigegeben.

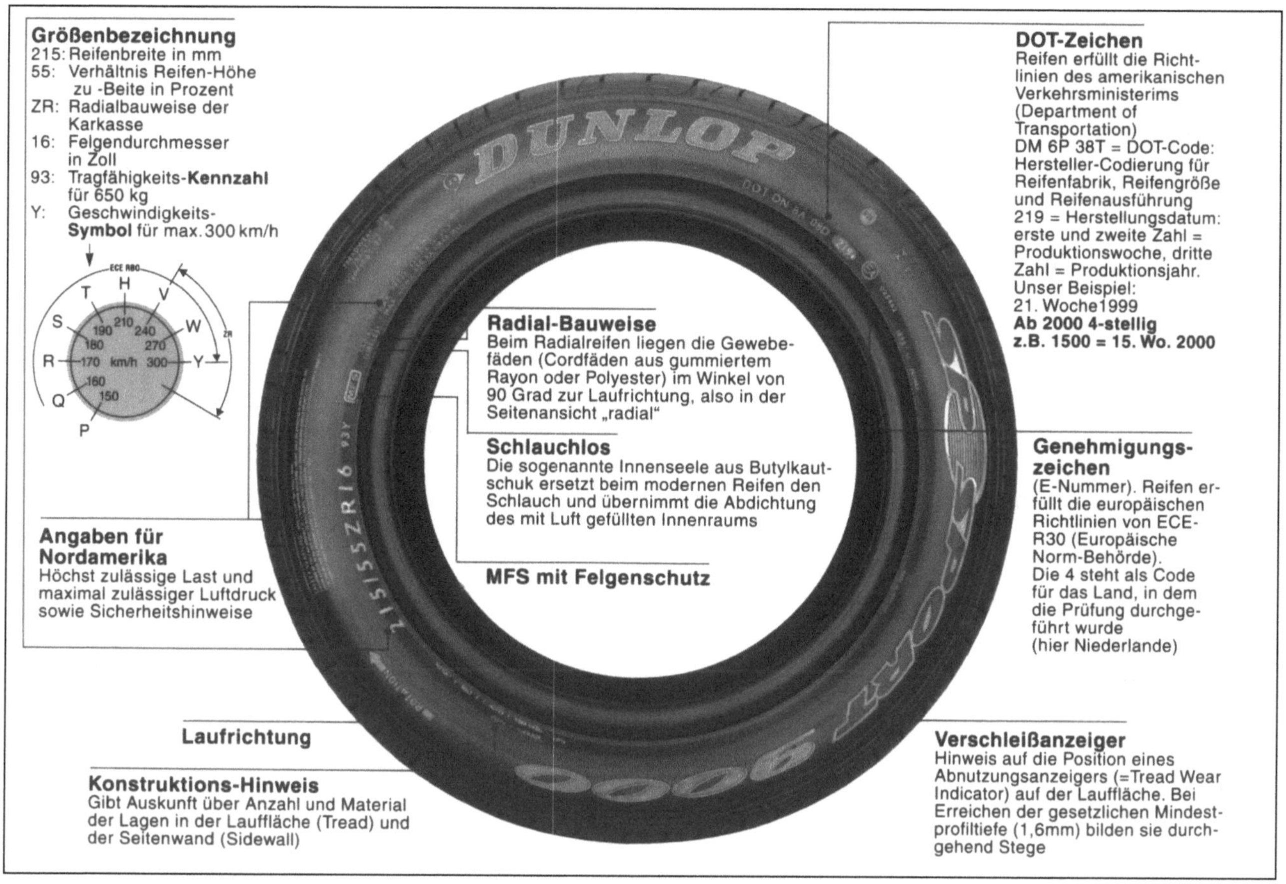

»Visitenkarte«: Reifendaten auf der Flanke.
Achten Sie beim Kauf auf die Spezifikationen, damit der neue Reifen wirklich auf die Felge passt.

Verrät das Reifenalter – die DOT-Nummer

Das tatsächliche Herstellungsdatum verrät Ihnen die »DOT«-Nummer auf der Reifenflanke: Seit 1990 steht übrigens hinter dieser Zahl ein kleines Dreieck. Lautet die »DOT«-Nummer beispielsweise 1500, wurde der Reifen in der 15. Woche des Jahres 2000 produziert. Neureifen mit Produktionsdatum ab 01. Oktober 1998 müssen eine ECE-Prüfnummer auf ihrer Reifenflanke vorweisen. Jene Prüfnummer garantiert, der Pneu ist ein typgeprüftes Bauteil entsprechend dem Qualitätsstandard der Economic Commission of Europe (ECE-R 30). Sollten auf Ihrem Auto Reifen mit DOT-Nummer größer als 408 – jedoch ohne ECE-Prüfnummer – montiert sein, fahren Sie ohne Allgemeine Betriebserlaubnis.

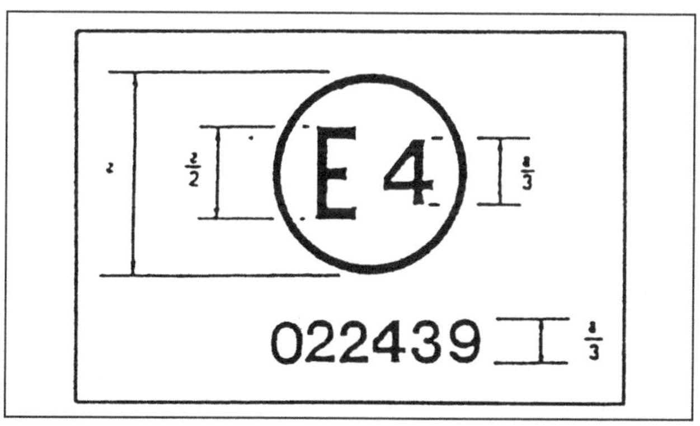

Die Prüfnummer ist erkennbar am großen »E« und der Nummer des Herkunftlands, zum Beispiel »1« für Deutschland, »4« für Niederlande.

Winterreifen – Profis bei Wind und Wetter

Bereits auf herbstlichen Straßen sind Winterreifen unangefochten erste Wahl – bei Schnee und Eis sind Winterpneus ohnehin unschlagbar. Warum eigentlich? Ihre Laufflächen bestehen aus einer speziellen Gummimischung mit einem hohen Naturkautschukanteil. Diese spezielle Mischung baut auf feuchten, glitschigen Straßen und bei Temperaturen unter 7°C eine bessere Haftfähigkeit als herkömmliche Sommerreifen auf. Grundvoraussetzung dafür, dass Winterreifen die Antriebs- und Bremskräfte sicher auf die Straße übertragen, ist jedoch eine Mindestprofiltiefe von vier Millimetern – weniger Profil ist nicht erlaubt und disqualifiziert den Reifen auf winterlichen Straßen. Bestücken Sie in jedem Fall alle vier Räder mit Winterreifen – eine Kombination von Sommer- und Winterreifen kann gefährlich werden.

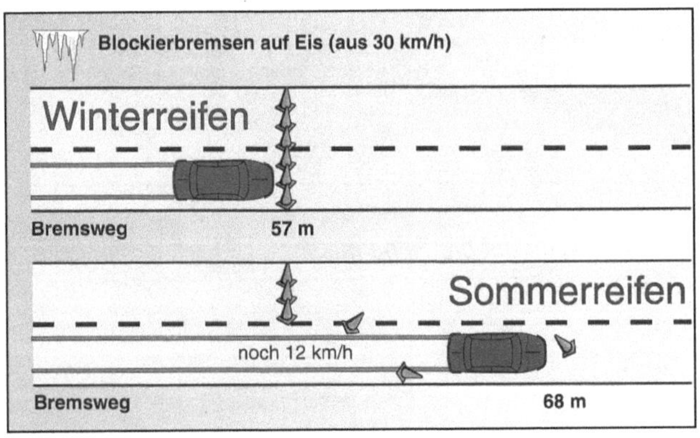

Bremsvergleich Sommer- und Winterreifen ohne ABS.

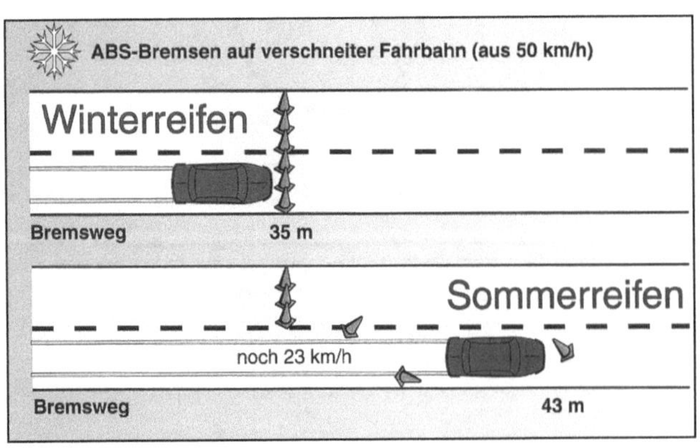

Bremsvergleich Sommer- und Winterreifen mit ABS.

Besser auf »eigene« Felgen montieren – Winterreifen

Ein guter Winterreifen muss nicht breit sein: Das kleinste freigegebene Reifenformat reicht auf Ihrem Ka allemal aus. Außerdem sind kleine Reifen billiger als üppige Breitreifen: Investieren Sie das »clever« gesparte Geld besser in einen zweiten Satz passender Felgen – das ständige Ummontieren von Sommer- auf Winterreifen macht die Reifen nicht besser und kommt Sie auf Dauer ohnehin viel teurer als ein zweiter Satz Felgen. Die Räder müssen übrigens nach jeder Montage neu ausgewuchtet werden. Fahren Sie Winterreifen mit 0,2 bar höherem Luftdruck als Sommerreifen. Liegt die zulässige Höchstgeschwindigkeit Ihrer Winterpneus unter der des Autos, ist hierzulande ein Warnaufkleber im Sichtbereich des Armaturenbretts vorgeschrieben. Ihr Reifenhändler hat entsprechende Aufkleber vorrätig. Übrigens, servicefreundliche Reifenhändler oder Fachwerkstätten lagern Ihre Reifen bis zum nächsten Wechsel auch gegen eine geringe Gebühr fachgerecht ein.

Praxistipp

Das schont die Reifen

- Fahren Sie niemals schneller als es Ihre Reifen zulassen. Das gilt vor allem für M+S-Reifen der Kategorie »Q« (160 km/h). Zu hohes Tempo bewirkt mehr Abrieb, im schlimmsten Fall sogar den Reifenkollaps.
- Vermeiden Sie Höchstgeschwindigkeit mit schwer beladenem Auto. Machen Sie die Wärmeprobe: Ist der Reifen handwarm, steht es gut um ihn. Ein heißer Pneu birgt Gefahren: Meistens ist der Luftdruck zu gering oder der Unterbau beschädigt. Trauen Sie solchen Reifen nicht über den Weg – zumindest so lange nicht, bis ein Reifenfachmann die Karkasse auf mögliche Schäden geprüft hat.
- Wenn Sie häufiger auf der Autobahn mit hohen Tempi unterwegs sind: Montieren Sie Reifen, deren Geschwindigkeitsindex eine Klasse höher ist als im Fahrzeugschein verlangt (zum Beispiel »T« statt »S«).
- Achten Sie darauf, dass Sie beim Einparken nicht den Bordstein mit der Reifenflanke »rempeln«. Rollen Sie über Bordsteine und Schwellen grundsätzlich nur langsam und im rechten Winkel.
- Erhöhen Sie den Luftdruck Ihrer Reifen generell um 0,3 bar – das spart Kraftstoff und schadet dem Reifen nicht.

Räder richtig tauschen

Praxistipp

Wenn Sie beim ersten Reifenwechsel Ihr neuwertiges Ersatzrad einbeziehen, sparen Sie »bares« Geld. Vorausgesetzt: Das Fabrikat ist mit dem gleichen Profil noch lieferbar. In diesem Fall kaufen Sie einen Reifen dazu und haben eine Achse neu bereift. Die Laufleistung Ihrer Reifen können Sie übrigens auch erhöhen: Tauschen Sie regelmäßig die Räder einer Fahrzeugseite, also nicht über Kreuz, gegeneinander aus. Ihre Reifen nutzen so gleichmäßiger ab, und Sie haben beim nächsten Neukauf Ihr Auto dann mit vier »frischen« Reifen besohlt. Ein Nachteil dieser Methode: Beim Wechsel in kurzen Kilometerabständen können Sie mögliche Fehler an der Radaufhängung, Lenkung und den Stoßdämpfern nicht mehr deutlich am Reifenprofil erkennen. Achten Sie beim Reifentausch generell darauf, dass die Achsen paarweise mit Reifen des gleichen Fabrikats, des gleichen Profils und mit gleichem Produktionsdatum (± 1 Jahr) bestückt sind.

An kalten Reifen prüfen – Reifendruck

Den Luftdruck sollten Sie stets an »kalten Reifen« prüfen, denn während der Fahrt erwärmt sich der Reifen und der Reifendruck steigt. Folge: Sie erhalten daher ungenaue Werte – erfahrungsgemäß fahren Sie dann meistens mit zu geringem Reifendruck. Checken Sie den Reifendruck regelmäßig alle drei bis vier Wochen, ein Druckverlust von 1,5 Prozent im Monat ist durchaus normal. Verlieren Ihre Reifen mehr Luft, prüfen Sie die Pneus genauer: Oftmals »gärt« es unter der Oberfläche.

Nicht vergessen – Ventilschutzkappen aufschrauben

Die Reifenventile sollten Sie nach jedem Luftcheck stets mit Schutzkappen verschließen. Denn wenn erst einmal Schmutz ins Ventil gelangt ist, hat's mit der relativen Dichtheit ein Ende – der Reifen verliert jetzt ständig Luft. Das birgt Gefahren. Fahren Sie auf keinen Fall mit zu geringem Luftdruck – die Reifentemperatur steigt dann über Gebühr. Früher oder später führt das »todsicher« zu Auflösungserscheinungen bzw. zu Reifenplatzern. Ein höherer Luftdruck (etwa 0,2 – 0,3 bar) kann dagegen durchaus vorteilhaft sein: Die Lenkung arbeitet feinfühligerer, die Reifen halten länger und der Kraftstoffverbrauch sinkt geringfügig. Nachteil: Der Wagen rollt etwas straffer ab.

Zu geringer Luftdruck: *Der Reifen wird zu heiß und löst sich auf.*

Luftdruckwerte bei kalten Reifen (bar)

Reifengröße*	Normalbelastung bis 3 Personen		Volle Belastung über 3 Personen	
	vorne	hinten	vorne	hinten
165/65 R 13	2,1	1,8	2,5	2,5
165/60 R 14	2,2	1,8	2,5	2,5

*Sommerreifen

Rad wechseln

Arbeitsschritte

① Handbremse anziehen; ersten Gang oder Rückwärtsgang einlegen. Auf öffentlichen Straßen müssen Sie laut StVZO den Warnblinker einschalten und ein Warndreieck aufstellen.

② Radzierblende abziehen. Dazu Schraubendreher (Bordwerkzeug) zwischen Felge und Blende ansetzen und Radabdeckung abheben.

③ Radschrauben lockern (eine Umdrehung).

④ Wagen anheben. Den Wagenheber nur in den vorgesehenen Bereichen des Seitenschwellers ansetzen.

⑤ Radschrauben ausdrehen.

⑥ Rad abnehmen und neues Rad (Notrad) gegen die Radnabe drücken.

⑦ Rad auf der Nabe ausrichten – Felgenlöcher müssen mit den Gewindelöchern in der Radnabe übereinstimmen.

⑧ Radschrauben eindrehen und handfest vorziehen.

⑨ Wagen ablassen, Radschrauben festziehen. Das Anzugsdrehmoment soll 85 Nm nicht übersteigen – die

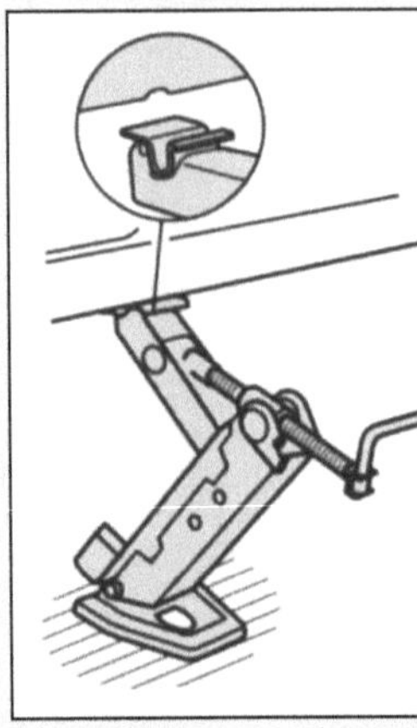
Nur am Schweller ansetzen: Bordwagenheber

Muttern daher lediglich mit einem Radkreuzschlüssel »gut« festziehen und nicht mit einem verlängerten Radschlüssel »anknallen«.

⑩ Radabdeckung ansetzen, Ventilöffnung korrekt ausrichten.

⑪ Radmuttern nach ca. 10 Kilometern erneut auf Festsitz prüfen.

⑫ Höchstgeschwindigkeit mit Notrad – 80 km/h.

Reifenzustand checken

Die Vorderräder treiben Ihren Ka an, lenken ihn, bauen den größten Teil der Seitenführungskräfte auf – bei jedem Bremsvorgang leisten sie zusätzlich noch den Hauptteil der Arbeit. Sie verschleißen daher schneller als die hinteren Reifen. »Gönnen« Sie den Reifen regelmäßig einen kritischen Blick – am besten bei aufgebocktem Wagen.

Arbeitsschritte

① Drehen Sie jedes Rad einmal komplett durch. Entfernen Sie Steinchen und andere Fremdkörper vorsichtig aus der Lauffläche. Sitzt in der Reifendecke eine Glasscherbe oder ein Nagel, kann die Karkasse bereits angegriffen sein. Lassen Sie den Reifen auf jeden Fall von einem Fachmann untersuchen – auch wenn noch keine Luft entweicht.

② Achten Sie auf Unregelmäßigkeiten wie Einstiche, Schnitte, Risse und herausgebrochene Profilstücke. Bei einem beschädigten Gummi dringt leicht Feuchtigkeit ins Reifeninnere, die Sie von außen mit bloßem Auge nicht erkennen können. Lassen Sie den Reifen zur Sicherheit von einem Fachmann prüfen. Das gilt übrigens auch bei auffälligem Reifenabrieb.

③ Das Reifenprofil muss mindestens zwei Millimeter über die gesamte Lauffläche betragen. Die Restprofilstärke »lesen« Sie auf der Lauffläche gleich an mehreren Stellen ab. Überall dort wo auf der Reifenflanke die Buchstaben »twi« (tread wear indicator) eingeprägt sind, haben die Profilrillen in 1,6 Millimeter Höhe quer verlaufende Profilstege. Wenn die Querstege »eins« mit der Lauffläche sind, müssen Sie die Reifen sofort erneuern. Denn das Fahrverhalten wird mit abnehmendem Profil schlechter, vornehmlich auf nasser Fahrbahn. Tauschen Sie Sommerreifen besser bereits bei 2,5 Millimeter Restprofil gegen neue Pneus aus. Winterreifen verlieren bereits bei rund 4,5 Millimeter ihren Grip.

④ Kontrollieren Sie, ob alle Reifen gleichmäßig abgefahren sind.

⑤ Schauen Sie genau auf die Reifenflanken: Beulen sind ein untrügliches Indiz für beschädigte Karkassen.

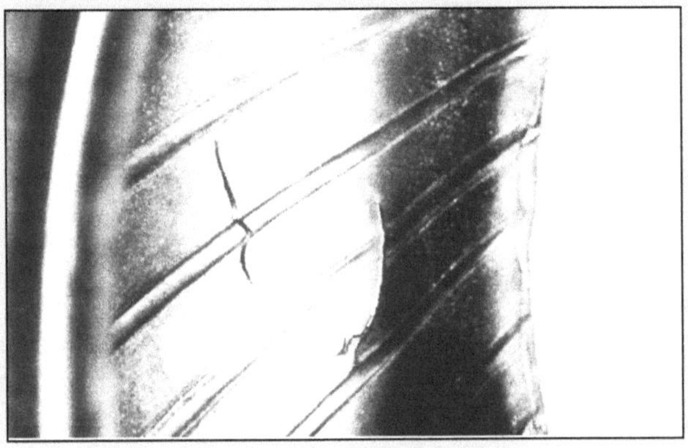
Auf der Innenseite sichtbar: Karkassenbruch.

Was das Reifenlaufbild verrät

Technik-lexikon

- **Außenseite abgefahren** (Vorderreifen): Zügiges Kurvenfahren. Vorspur überprüfen, Reifen in Laufrichtung auf den Felgen drehen lassen oder gegen Hinterräder austauschen.
- **Außenseiten stärker abgefahren als Profilmitte**: Zu geringer Luftdruck.
- **Schräges Profil**: Falsche Radeinstellung – überwiegend dann der Fall, wenn nur ein Reifen einseitig abgefahren ist.
- **Profilmitte stärker als Außenseiten abgenutzt**: Entsteht bei häufigem Fahren mit Höchstgeschwindigkeit. Die Reifen »bauchen« durch die Fliehkraft aus und nutzen daher in der Mitte stärker als an den Flanken ab. Besonders deutlich an den Hinterrädern zu beobachten.

***Einseitig abgefahren:** Folgeschaden bei verstellter Achsgeometrie.*

***Profilmitte verschlissen:** Folge häufiger Fahrten im Höchstgeschwindigkeitsbereich und viel zu hohen Luftdrucks.*

Gleichmäßige Auswaschungen über die gesamte Lauffläche: Vermutlich Stoßdämpfer defekt (Reifen »tanzt« auf der Fahrbahn).

Auswaschungen an beiden Reifenflanken (über den Umfang verteilt): Untrüglicher Hinweis auf Unwucht. Räder auswuchten lassen.

Lauffläche an einer Stelle stark abgenutzt: Bremsplatte. Tritt bei Blockierbremsung nur an Autos ohne ABS auf.

***Bremsplatten**: Mit ABS unmöglich.*

Unwuchtige Vorderräder erkennen Sie an Lenkradvibrationen oder mehr oder weniger kräftigen Schüttelbewegungen im Vorderwagen. Ursache dafür: Ungleichmäßig über den Radumfang verteilte Massenverhältnisse. Die Reifen verschleißen dann schneller. Suchen Sie also schnellstens eine Fachwerkstatt auf und lassen die Räder Ihres Ka auswuchten.

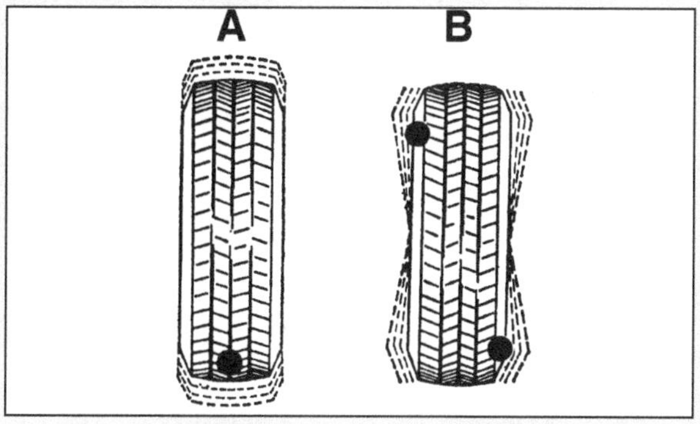

Statische Unwucht (A): Zeigt sich bereits, wenn das Rad am hochgebockten Wagen frei auspendeln kann: Der Schwerpunkt wird ganz von selbst nach unten »wandern«. Ein Rad mit einer statischen Unwucht hüpft beim Fahren, die Stoßdämpfer verschleißen schneller.

Dynamische Unwucht (B): Tritt erst bei höheren Geschwindigkeiten auf den Plan. Die »andersgewichtige« Stelle sitzt nicht in der Radmittelebene, sondern etwas nach außen bzw. innen versetzt. Das Rad beginnt bei hohen Fahrtempi (ab etwa 100 km/h) auf der Fahrbahn zu »tanzen«.

So »pausieren« Reifen richtig

Praxistipp

Vorübergehend aus dem Verkehr gezogene Reifen »schätzen« als Lagerplatz einen trockenen, kühlen und dunklen Raum. Lassen Sie kein Benzin, Öl, Fett oder andere Chemikalien mit Lösewirkung an Ihre Reifen heran – besagte »Mittelchen« zersetzen auf Dauer die Gummimischung – fürs Auge übrigens meistens unsichtbar.

Markieren Sie zunächst die Laufrichtung und Position der Reifen mit Ölkreide aus dem Verbandkasten (VR = vorne rechts, VL = vorne links, usw.).

Reifen abnehmen, mit Wasser reinigen und gut trocknen. Säubern Sie die Profilrillen von sämtlichen Fremdkörpern.

Komplette Räder »parken« Sie liegend übereinander – am besten auf einer Holzpalette.

Reifen ohne Felgen stellen Sie einfach nebeneinander auf. Vergessen Sie nicht, die Pneus von Zeit zu Zeit zu drehen.

DIE BREMS-ANLAGE

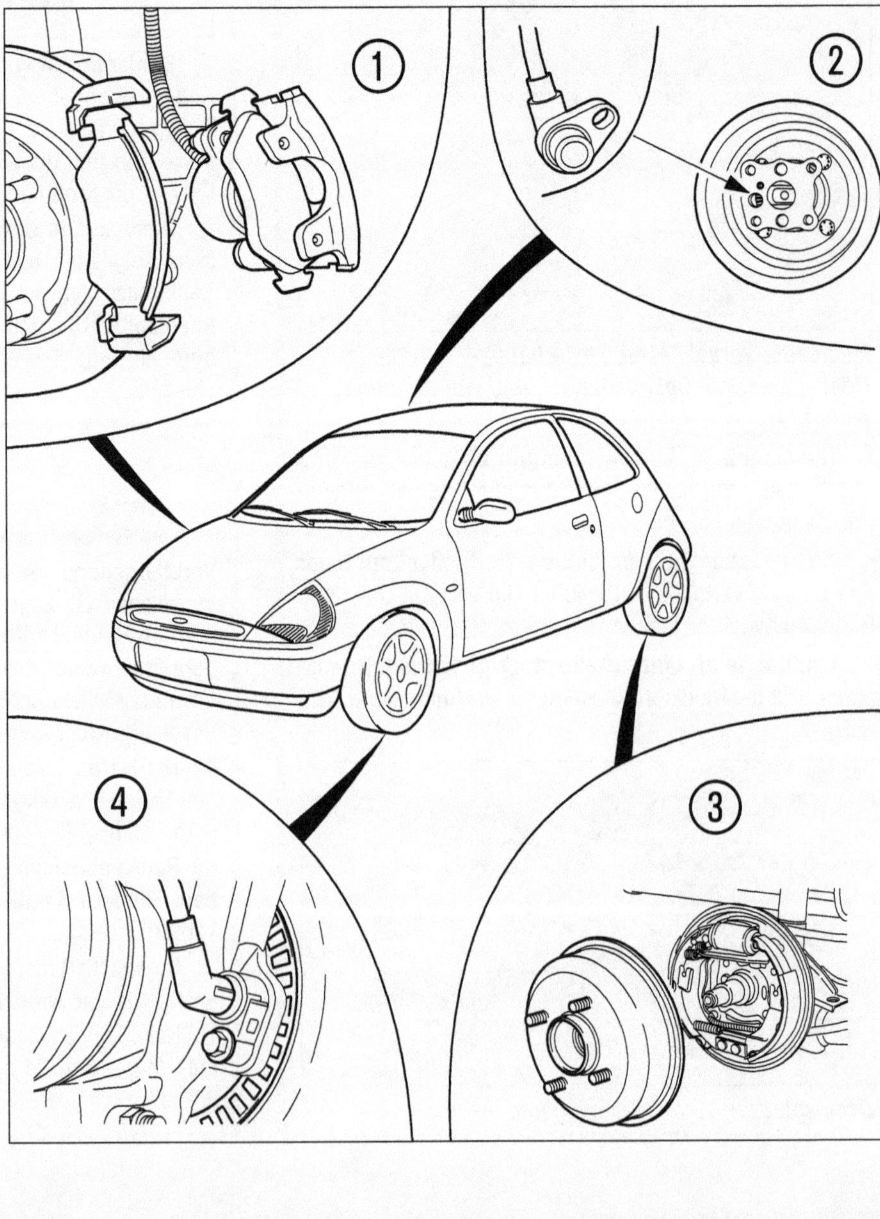

So verzögert Ihr Ka:
❶ Bremsscheibe mit Schwimmsattel,
❷ ABS Drehzahlsensor,
❸ Trommelbremse mit Simplex-Radbremszylinder,
❹ ABS Drehzahlsensor

Wartung

Reparatur

Die Straßenverkehrs-Zulassungsordnung (StVZO) schreibt grundsätzlich zwei unabhängig voneinander wirkende Bremssysteme (Fuß- und Feststellbremse) vor. Hintergrund: Fällt ein Bremssystem aus, verzögert immer noch das andere mit verminderter Leistung. Die Betriebsbremse Ihres Ka ist zudem auch diagonal »geteilt« - ein Bremskreis wirkt jeweils auf ein Vorder- und das gegenüberliegende Hinterrad: Bei Ausfall eines Kreises bleiben Vorder- und Hinterrad des anderen Kreises dennoch bremsfähig. Mit nur einem aktiven Bremskreis bremst Ihr Ka zwar wesentlich schlechter als gewohnt, aber immerhin – er kommt zum Stehen. Sie bemerken den Ausfall eines Kreises übrigens nicht nur am längeren Bremsweg, sondern gleichermaßen auch an einem längeren Bremspedalweg und an einer »brennenden« Kontrollleuchte im Instrumententräger.

Die Ka-Bremsen

Serienmäßig verzögert der Ka mit zwei Bremsscheiben an der Vorder- und zwei Bremstrommeln an der Hinterachse – ABS ist nur gegen Aufpreis lieferbar. An der Vorderachse nehmen Faustsättel mit 48 Millimeter großen Bremskolben 12 Millimeter starke Bremsscheiben mit 240 Millimeter Durchmesser in die Zange. Hinten sind zwei Simplex-Radbremszylinder mit von der Partie: Ihre Kolben pressen 29 Millimeter Breite und 6 bzw. 4 Millimeter breite Bremsbacken gegen Bremstrommeln mit 180 Millimeter Durchmesser.
Beim Tritt aufs Bremspedal presst eine mit dem Pedal verbundene und auf den Tandem-Hauptbremszylinder (HBZ-T) wirkende Druckstange zwei hintereinander liegende Kolben in den Bremszylinder. Er ist, zusammen mit dem Vakuum-Bremskraftverstärker, im Motorraum montiert. Bremspedal und -gestänge sind auf optimale Bremsleistung ausgelegt. Ein Bremskraftverstärker unterstützt den Bremsfuß im Ka mit einer 229 Millimeter großen Membrane.

Selbstnachstellend - die Ka-Bremsen

Scheiben- und Trommelbremsen sind im Ka selbstnachstellend – an der Hinterachse »regelt« das eine aufwendige Mechanik. Die mechanisch über Seilzug auf die Hinterräder wirkende Handbremse verlangt wenig Kraftaufwand. Ihr Hebelweg wird direkt im Fahrzeuginnenraum nachgestellt.

Auf einen Blick - Bremsenknigge

Zweikreisbremsanlage: Diagonal geteilte Bremsanlage. Jeweils ein Bremskreis verbindet ein Vorderrad und das gegenüberliegende Hinterrad.
Hauptbremszylinder (HBZ): Wandelt den Weg des Bremspedals in hydraulische Kraft. Bei gelöster Bremse bricht der Systemdruck schlagartig zusammen. Im Ka ist ein Tandem Hauptbremszylinder (HBZ-T) mit zwei hintereinander liegenden Kolben und Bremskreisen montiert.
Bremskraftverstärker (Bremsservo): Sitzt im Motorraum vor dem Hauptbremszylinder. Verstärkt bei jedem Bremsvorgang die mechanischen Pedalkräfte um rund 60 Prozent. Bremskraftverstärker beziehen ihre »Energie« über einen Schlauch direkt aus dem Ansaugrohr oder einer separaten Vakuumpumpe. Während des Bremsvorgangs reagiert eine mit der Kolbenstange des HBZ verbundene Membrane auf den Druckunterschied zwischen dem äußeren Luftdruck und dem im Ansaugkrümmer herrschenden Vakuum.
Radbremszylinder (RBZ) / **Bremszange** (BZ): Der Bremsflüssigkeitsdruck baut sich vom HBZ ausgehend in einem Leitungssystem im RBZ, respektive in der BZ, auf und wirkt dort auf freigängige Kolben. Bei Scheibenbremsen überträgt sich der Kolbenweg auf Bremsklötze – in Trommelbremsen sind's die Bremsbacken.

Die Bremsen

Technik-lexikon

Vorderachse

Bremsscheibe: Dreht sich synchron mit der Achsnabe. Führt Reibungswärme an die Atmosphäre ab.

Bremssattel: Wie eine Faust umschließt der Bremssattel des Ka die Bremsscheibe. An seiner Innenseite befindet sich ein Hydraulikkolben.

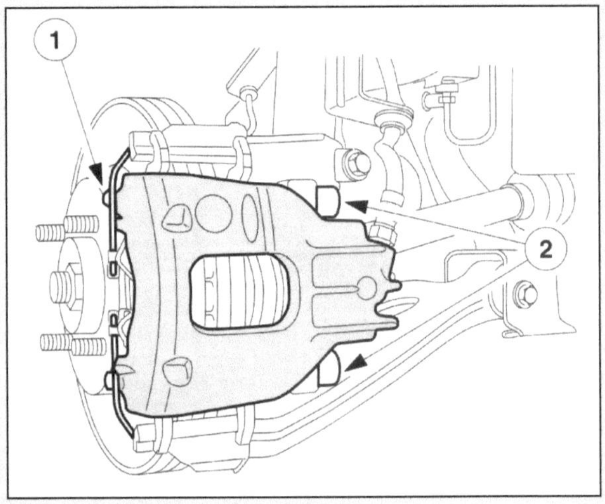

Scheibenbremse mit Faustsattel:
❶ Faustsattel, ❷ Gleitstifte.

Bremspedal treten: Der im HBZ erzeugte Systemdruck wirkt auf den Bremssattelkolben und drückt den inneren Bremsklotz gegen die Bremsscheibe. Dadurch verschiebt sich die gleitgelagerte Bremszange nach innen und presst den äußeren Bremsklotz gleichfalls gegen die Bremsscheibe.

Bremspedal lösen: Der Hydraulikdruck bricht schlagartig zusammen, die Kolbendichtung zieht den Kolben mitsamt Bremssattel von den Bremsscheiben zurück. Zwischen Bremsklötzen und Scheibe entsteht dadurch ein geringfügiges Spiel – die Bremsscheibe dreht wieder frei.

Hinterachse

Trommelbremse: An der Hinterachse verzögert der Ka mit einer Simplexbremse. Sie besteht aus je zwei halbkreisförmigen Bremsbacken. Die Belagstärke der vorderen Backe (Auflaufbremsbacke) ist größer als die der hinteren (Ablaufbremsbacke). Beide Bremsbacken presst ein Radbremszylinder mit zwei freigängigen Kolben gegen die Bremstrommeln. Die Backen stabilisieren sich dabei an einem gemeinsamen Stützlager auf der dem RBZ gegenüberliegenden Seite. Das Lager ist mit der Bremsankerplatte vernietet.

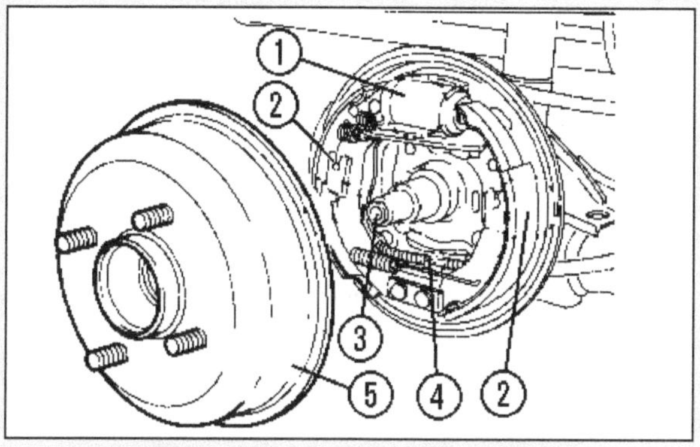

Trommelbremse mit einem Radbremszylinder:

❶ Radbremszylinder, ❷ Bremsbacken, ❸ Hinterachsstummel, ❹ Handbremsseil, ❺ Bremstrommel.

Das Antiblockierbremssystem

Technik-lexikon

ABS-Steuergerät: Verarbeitet ständig die Drehzahlinformationen der Radsensoren und vergleicht sie mit fest programmierten Werten. Signalisieren unterschiedliche Drehzahlfrequenzen drohende Blockiergefahr an einem oder mehreren Rädern, animiert das Steuergerät die Hydraulikeinheit – den Bremsdruck an dem betreffenden

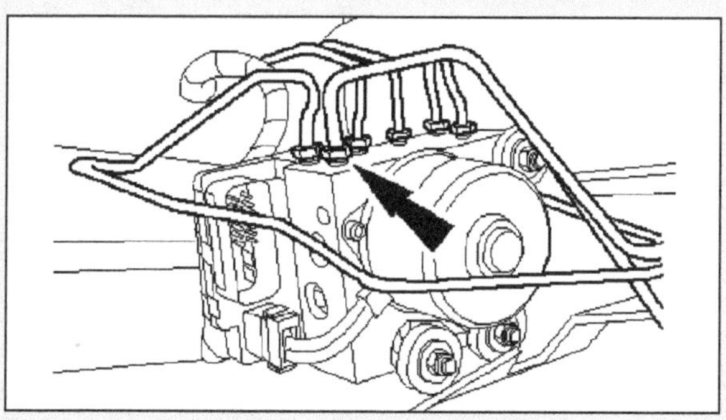

Zentral gesteuert: *Die Bremsleitungen (Pfeil) »speisen« die Hydraulikeinheit.*

Rad so lange zu reduzieren, bis es wieder synchron mit den anderen Rädern läuft. Dieses Wechselspiel erfolgt während des gesamten Bremsvorgangs im Millisekundentakt.

Elektrohydraulische Steuereinheit: Umfasst die Elektropumpe sowie den Ventilblock mit Magnetventilen. Beim Tritt aufs Bremspedal drücken Bremskolben im Hauptbremszylinder die Bremsflüssigkeit über den Ventilblock zu den Rädern. Dabei regelt der Ventilblock den Bremsdruck in den Bremsleitungen, die jeweils ein Vorderrad mit dem diagonal gegenüberliegenden Hinterrad verbinden. Tritt ABS in Funktion, erteilt das Steuergerät den Befehl»Bremsdruck reduzieren«. Die Bremsflüssigkeit fließt direkt vom Ventilblock in den Ausgleichsbehälter zurück. Wird der Bremsdruck wieder angehoben, strömt die Bremsflüssigkeit aus dem Ausgleichsbehälter durch die Hydraulikpumpe direkt in den entsprechenden Bremskreis. Wenn die Pumpe arbeitet, bemerken Sie das übrigens am Bremspedal: Es beginnt leicht zu pulsieren.

Raddrehzahlgeber: Mit geringem Abstand zu einer Zahnscheibe (Impulsrad) fest mit der Radnabe verbunden. Das Impulsrad dreht sich mit seinen zahnförmigen Erhebungen je nach Radumdrehung (Geschwindigkeit) schneller oder langsamer am Geber vorbei. Jeder Zahn des Impuls-

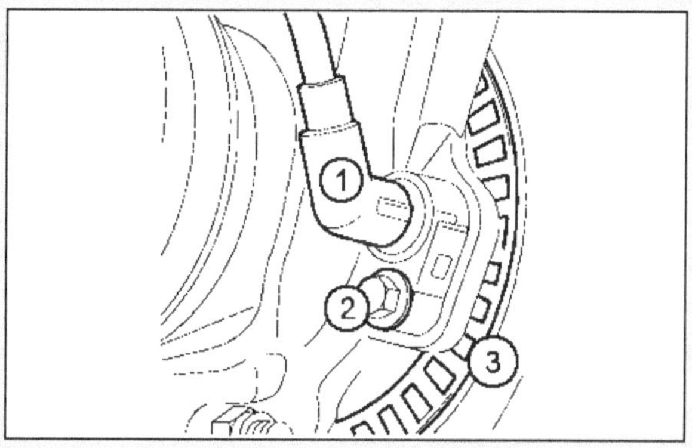

❶ Radsensor, ❷ Befestigungsschraube, ❸ Impulsrad.

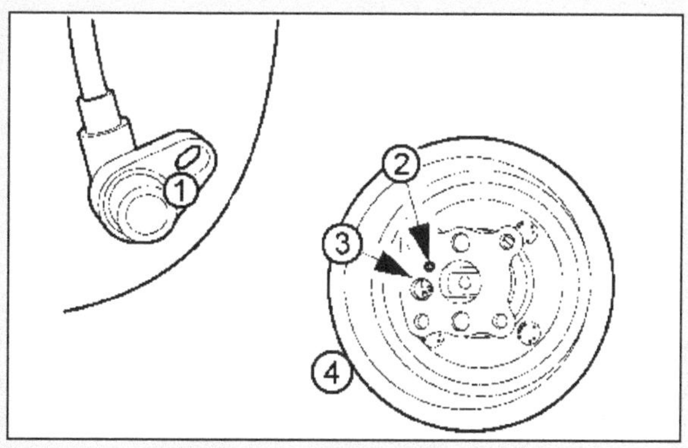

❶ Radsensor, ❷ Radsensorbefestigung, ❸ Sensorbohrung, ❹ Bremstrommel.

rads induziert so einen kurzen Spannungsanstieg. Dadurch entsteht im Geber eine Wechselspannung die ihre Frequenz, entsprechend der Raddrehzahl, ändert. Die Sensoren messen die jeweilige Raddrehzahl und leiten sie als elektrische Signale an das Steuergerät.

Längsbeschleunigungssensor: Besteht aus zwei Pendelschaltern, die unter der Mittelkonsole montiert sind. Sie befinden sich bei normaler Fahrt sowie bei leichter Beschleunigung oder Verzögerung in Ruhestellung. Werden die im Steuergerät programmierten Verzögerungs- oder Beschleunigungswerte überschritten, leiten die Sensoren ein entsprechendes Signal an das Steuergerät weiter.

Störungen am ABS: Bei eingeschalteter Zündung leuchtet die Kontrollleuchte des ABS auf. Sie verlischt bei laufendem Motor spätestens nach zwei Sekunden. Brennt sie auch während der Fahrt, liegt eine Störung im ABS vor. Sie können meistens trotzdem weiterfahren – die Bremse funktioniert dann eben ohne ABS-Funktion. Zur Beseitigung des Defekts ist allein Ihre Ford-Werkstatt zuständig. Als Nichtfachmann können Sie allenfalls den korrekten Sitz der Steckverbindungen zum Steuergerät, zu den Relais, den Radsensoren und zur Hydraulikeinheit prüfen.

Bremseninspektion – beim geringsten Selbstzweifel ein Fall für die Werkstatt

Auf jedem Meter im öffentlichen Straßenverkehr entscheiden die Bremsen über Ihre und die Sicherheit anderer Verkehrsteilnehmer. Deshalb sind intakte Bremsen die beste Lebensversicherung. Scheuen Sie sich also nicht, von Zeit zu Zeit die Räder abzunehmen um den Zustand der Bremsbeläge zu prüfen. Wartungsarbeiten an der Bremsanlage sind grundsätzlich kein Hexenwerk. Dennoch »legen Sie Ihre Hand nur dann an die Bremse«, wenn Sie sich absolut sicher sind: Beim geringsten Zweifel überlassen Sie »die Bremse« besser einer Fachwerkstatt mit aktuellem Know-how und den entsprechenden Spezialwerkzeugen.

Stand der Bremsflüssigkeit prüfen

Ihr Ka hat im Armaturenbrett eine Bremssystem-Warnleuchte mit Doppelfunktion. Sie erlischt, sobald der Handbremshebel gelöst ist. Falls nicht, kontrollieren Sie den Bremsflüssigkeitsstand im Vorratsbehälter – links in Höhe der Spritzwand – unter der Motorhaube. Flackert die Leuchte während der Fahrt auf, gehen Sie davon aus, dass Bremsflüssigkeit fehlt und ein Bremskreis bereits ausgefallen ist. Der zweite Kreis ist dann in der Regel noch funktionstüchtig, so dass Sie mit defensiver Fahrweise die nächste Werkstatt erreichen können. Unser Rat: Gerade an einem so sicherheitsrelevanten Bauteil wie der Bremse sollten Sie nicht unbedingt einer »Automatik« vertrauen – schauen Sie ab und an besser selbst »nach dem Rechten«.

Gefahr im Verzug: Sobald die Warnleuchte brennt.

Arbeitsschritte

① Der Bremsflüssigkeit-Vorratsbehälter sitzt in Fahrtrichtung links vor der Spritzwand unter der Motorhaube. Checken Sie regelmäßig den Bremsflüssigkeitsstand.

② Auch in einer dichten Bremsanlage sinkt der Flüssigkeitspegel. Grund: Verschleiß an den Bremsbelägen. Die Kolben »wandern« dann aus den Bremszangen, bzw. Radbremszylindern. Das dadurch automatisch entstehende größere Zylindervolumen gleicht aus dem Vorratsbehälter nachfließende Bremsflüssigkeit kurzerhand aus.

③ Solange die Bremsflüssigkeit im Vorratsbehälter zwischen »MIN« und »MAX« steht, ist das jedoch kein Grund zur Sorge.

Normal: *Stand der Bremsflüssigkeit im oberen Drittel zwischen »MIN« und »MAX«.*

Bremsanlage prüfen

Arbeits-schritte

① Damit Sie eventuelle Leckagen eindeutig erkennen können, muss Ihr Auto von unten trocken sein. Suchen Sie sich also keinen Regentag für die »Inspektion« aus.

② Prüfen Sie sämtliche Schlauchanschlüsse und Verbindungsleitungen sowie die Bremssättel und Radbremszylinder. Dunkle Flecken und feuchte Stellen sind ein untrügliches Indiz für ein »Loch« im System.

③ Inspizieren Sie die Bremsschläuche. Sie dürfen keine Scheuerstellen aufweisen, weder feucht noch aufgequollen sein. Falls doch, tauschen Sie die Schläuche schnellstens aus.

④ Reinigen Sie von außen die Bremsleitungen nur mit Kaltreiniger. Zum Schutz gegen Rost sind die Leitungen mit einer Kunststoffschicht überzogen, lassen Sie daher Schraubendreher, Schmirgelleinen oder Drahtbürste in der Schublade. Ist die Schutzschicht dennoch bereits beschädigt, »retten« Sie Leitung in dem Bereich mit einer Rostschutzgrundierung. Stellen Sie allerdings schon tiefe Rostnarben, Verformungen oder Steinschlagspuren fest, ersetzen Sie die maladen Leitungen umgehend.

⑤ Sind die Entlüftungsventile an Bremssätteln und Radbremszylindern noch mit Staubschutzkappen geschützt? Falls nicht, sorgen Sie dafür.

⑥ Machen Sie im Frühjahr und Herbst regelmäßig eine (provisorische) Bremsdruckprobe. Treten Sie dazu das Bremspedal mit voller Kraft etwa eine Minute – eben so, als wenn Sie eine Vollbremsung machen. Das Pedal darf dabei nicht »auf den Boden wandern«. Falls doch, ist die Anlage undicht (defekte Manschetten im Hauptbremszylinder oder an den Bremszangen). Suchen Sie dann akribisch nach der Leckage. Sollten Sie dabei nicht fündig werden, vertrauen Sie Ihren Ka einem Profi an – er geht dem Fehler mit Druckstandsanzeigern auf den Grund.

Bremskraftverstärker prüfen

Arbeits-schritte

① Treten Sie das Bremspedal mehrmals ganz durch und halten es in der tiefsten Stellung fest.

② Jetzt starten Sie den Motor und achten dabei auf das Bremspedal. Sobald der Motor läuft, muss es noch ein paar Millimeter weiter Richtung Bodenblech »nachgeben«. Falls nicht, kann das folgende Ursachen haben:

- **Unterdruckschlauch vom Ansaugrohr zum Bremskraftverstärker undicht:** Prüfen Sie zunächst beide Anschlussflanschen auf Dichtheit. Falls Sie dort keinen Fehler entdecken, ersetzen Sie unbedingt den Schlauch mitsamt den Schlauchschellen.
- **Rückschlagventil im Unterdruckschlauch defekt:** Um das zu checken, lösen Sie den Unterdruckschlauch am Bremskraftverstärker und lassen den Motor mit Leerlaufdrehzahl laufen. Falls Sie keine rhythmischen Ansauggeräusche hören, verschließen Sie das freie Schlauchende mit einer Fingerkuppe. Wenn sich dabei kein Vakuum im Schlauch aufbaut, ist das Ventil defekt.
- **Gummidichtung zwischen Hauptbremszylinder und Bremskraftverstärker porös:** Zum Austausch demontieren Sie den Hauptbremszylinder vom Bremskraftverstärker und erneuern den Dichtring.
- **Luftfilter am Druckstößel des Bremskraftverstärkers verdreckt:** Den Filter mit einem Drahthaken von der Druckstange abziehen. Neuen Filter bis zum Mittelpunkt aufschneiden und um den Druckstößel in seinen Sitz drücken. Achten Sie darauf, dass der Filter um den Stößel geschlossen ist, sonst kann ungefilterte Luft in den Bremskraftverstärker gelangen.
- **Verstärkermembrane defekt:** Eine Reparatur ist nicht möglich. Sie müssen sich mit einem komplett neuen Bremskraftverstärker »anfreunden«.

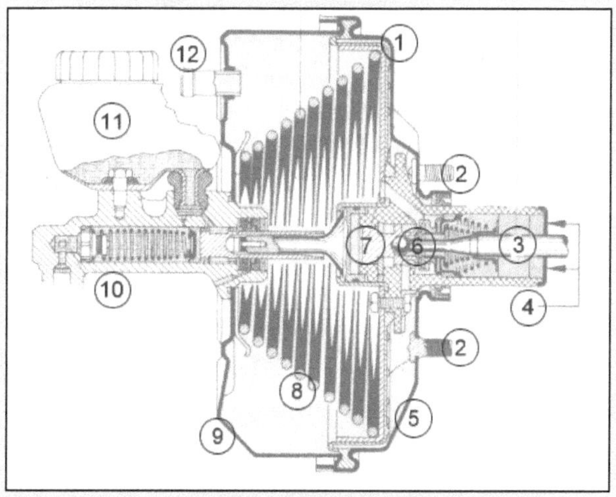

Allgemeines Funktionsprinzip eines Vakuumbremskraftverstärkers: *❶ Druckkammer, ❷ Befestigungsbolzen, ❸ Bremspedal-Kolbenstange, ❹ Außenlufteintritt zur Druckkammer, ❺ Verstärkermembrane, ❻ Tellerventil, ❼ Ventilkolben, ❽ Kolbenrückführfeder, ❾ Unterdruckkammer, ❿ Hauptbremszylinder, ⓫ Bremsflüssigkeitsvorratsbehälter, ⓬ Vakuumanschluss.*

Bremsen prüfen

Machen sie auf der Straße nur dann eine Bremsprobe, wenn Sie andere Verkehrsteilnehmer damit nicht behindern oder gefährden. Suchen Sie sich dazu eine ebene, möglichst abgelegene Straße mit guter Oberfläche aus. Falls Sie ein Auto mit ABS besitzen, deaktivieren Sie vorher das System am Steuergerät unter der Motorhaube.

Arbeitsschritte

① Fahren Sie zunächst mit Schritttempo, treten das Kupplungspedal ganz durch und bremsen gleichzeitig mit voller Kraft. Vergleichen Sie danach die Bremsspuren auf dem Asphalt – gleich lange »Striche« sind ein Beleg für eine gleichmäßig arbeitende Bremse. Wiederholen Sie den Check auch mit der Handbremse.

② Danach halten Sie das Lenkrad »locker« in der Hand und beschleunigen Ihr Auto auf etwa 50 km/h. Treten Sie dann das Kupplungspedal voll durch und bremsen »scharf« bis zum Stillstand. Korrigieren Sie nicht die Fahrtrichtung: Ihr Auto muss bis zum Stillstand »auch freihändig« sicher in der Spur bleiben. Andernfalls zieht die Bremse schief – suchen Sie dann schnellstmöglich eine Fachwerkstatt mit Bremsenprüfstand auf und lassen den Fehler diagnostizieren.

③ Nach diesem Test lassen Sie Ihren Ka auf einer leicht abschüssigen Strecke aus dem Stand losrollen. Damit testen Sie, ob die Räder frei und leichtgängig sind. Fassen Sie, aus dem gleichen Grund, am Ende einer längeren Fahrt ab und an die Felgen an: Wenn alle Räder »frei« laufen, sind die Felgen in etwa gleich warm.

Scheibenbremsbelag-verschleiß messen

Die vorderen Scheibenbremssegmente verschleißen schneller als die Beläge an der Hinterachse. Kontrollieren Sie, bei normaler Fahrweise, die Beläge etwa alle 20.000 Kilometer – generell jedoch einmal jährlich. Messen Sie, inklusive der Trägerplatte, weniger als sechs Millimeter, tauschen Sie die Beläge vorsichtshalber paarweise aus.

Arbeitsschritte

① Um den Belag »richtig« inspizieren zu können, schrauben Sie das jeweilige Rad ab.

② Nehmen Sie ein Zehnpfennigstück und halten es zwischen Bremsscheibe und Belagträger. Sind die Beläge in etwa so stark wie der Groschen, erneuern Sie alle Segmente an der betreffenden Achse.

Praxistipp

Bremspedalweg testen

Der Leerweg des Bremspedals (mit der Hand hinunterdrücken) sollte nicht mehr als ein Drittel des gesamten Pedalwegs betragen.

Mit dieser Prüfung entlarven Sie grundsätzlich keine verschlissenen Bremsbeläge: In freigängigen Bremssätteln reichen die Elastizität der Bremskolbendichtung und der serienmäßige Taumelschlag der Bremsscheibe (0,05 Millimeter) aus, um die Segmente – nach jedem Bremsvorgang – automatisch von der Bremsscheibe abzurücken.

Bei gelöstem Pedal bleibt die Grundstellung des Belags zur Bremsscheibe und der Bremspedalweg also gleich, zumindest so lange, wie die Beläge nicht total verschlissen sind. Dann nämlich wird der Pedalweg deutlich größer. Gehen Sie in diesem Fall von verschlissenen – oder evtl. im Sattel verklemmten – Bremsbelägen aus, mitunter »klemmt« auch die Bremszange.

Sollte sich der Pedalweg freilich nach mehrmaligem Pumpen verkürzen, haben Sie möglicherweise Luft im System: Gehen Sie der tieferen Ursache auf den Grund, beheben den Schaden und entlüften die Anlage dann wie beschrieben.

Die Maße der Bremsscheiben

Durchmesser	Scheibenstärke	Verschleißgrenze
240 Millimeter	12 Millimeter	10 Millimeter

Bremsscheibenverschleiß kontrollieren

Bocken Sie den Wagen rüttelsicher auf und nehmen die Räder der betreffenden Achse ab: Checken Sie bei gleicher Gelegenheit auch die Bremsbeläge.

Arbeitsschritte

① Leicht bläulich angelaufene Scheiben sind völlig normal.

② Achten Sie auf tiefe Riefen in den Scheiben. Riefen entstehen durch Schmutz, verhärtete oder verschlissene Beläge. »Spuren« bis zu drei Millimeter Tiefe sind kein Grund zur Sorge. Andernfalls demontieren Sie die Beläge und entfernen evtl. eingequetschte Fremdkörper (z. B. Splitt, Rostpartikel) im Belagmaterial.

③ Die Scheibenstärke messen Sie am besten mit einer Schublehre und zwei Münzen. Legen Sie auf jeder Scheibenseite jeweils eine Münze zwischen Schublehre und Bremsscheibe. Ihren objektiven Messwert müssen Sie natürlich um die Stärke der Münzen reduzieren.

④ Unter Mindestmaß »abgebremste« Scheiben sind generell Schrott. Nicht so riefige Scheiben – lassen Sie die Scheiben bei einem Bremsendienst planschleifen. Erneuern und planen Sie Bremsscheiben **NUR** paarweise.

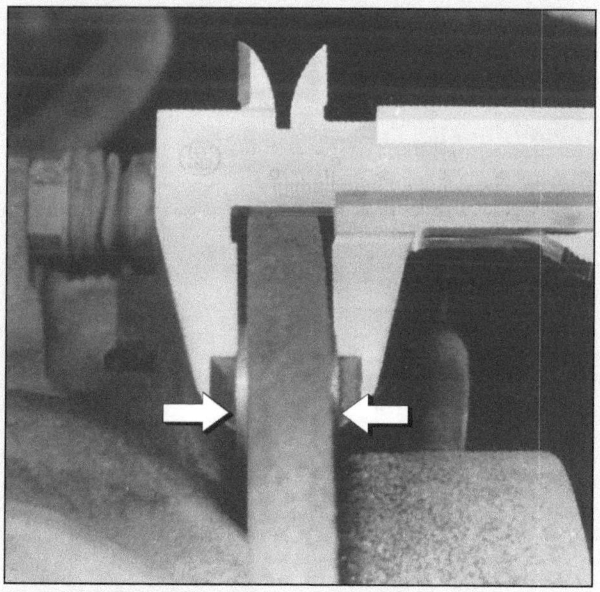

Ablesen und subtrahieren:
Um den richtigen Wert zu ermitteln, müssen Sie nach der Messung die Stärke beider Münzen subtrahieren.

Stärke der Trommelbremsbeläge kontrollieren

Der Belag an der auflaufenden Bremsbacke ist im Neuzustand zwei Millimeter stärker als an der ablaufenden Seite. Grund: Die Auflaufbacke (6 mm) nutzt im Fahrbetrieb schneller ab als die Ablaufbacke. Durch die unterschiedliche Stärke kommen beide Backen allerdings fast gleichzeitig an ihre Verschleißgrenze, sie beträgt, inklusive Belagträger, 2,5 Millimeter.
Tauschen Sie dünnere Beläge sofort und stets paarweise auf beiden Seiten. Um die Belagstärke an der Hinterachse zu kontrollieren, demontieren Sie besser beide Trommeln und verlassen sich nicht auf »ominöse Schaufenster in den Bremsankerplatten«. Bei der Gelegenheit können Sie dann auch gleich die Trommeln mit einer Schublehre vermessen. Lassen Sie unrunde Bremstrommeln ausdrehen – vorausgesetzt, die Trommeln liegen danach noch innerhalb der Verschleißgrenze.

Die Maße der Bremstrommeln

Innendurchmesser	Bremsflächenbreite	Verschleißgrenze
180 Millimeter	29 Millimeter	181 Millimeter

Bremsen

Störungsbeistand

Störung	Ursache	Abhilfe
A Bremse quietscht.	**1** Resonanzgeräusche zwischen Bremsscheibe und Belägen.	Beläge wechseln, ggf. Bremsbelagträgerplatte auf der Rückseite mit Anti-Quietsch-Paste einstreichen.
	2 Beläge verschlissen bzw. verhärtet.	Erneuern.
	3 Bremsflächen der Scheiben bzw. Trommeln stark verschmutzt, verschmiert oder abgenutzt.	Scheiben reinigen bzw. Trommeln ausdrehen lassen. Ggf. austauschen.
	4 Belagführung am Bremssattel verschmutzt oder verrostet.	Säubern bzw. blank schleifen.
	5 Kolben blockiert im Bremssattel.	Gängig machen oder Bremssattel überholen lassen.
	6 Nachstellmechanismus der Trommelbremse nicht in Ordnung.	Mechanismus reinigen, gängig machen bzw. Einbaulage der Einzelteile überprüfen.
	7 Festsitzender Kolben im Radbremszylinder.	Gängig machen bzw. Bremszylinder austauschen (lassen).
	8 Neue Bremsbeläge tragen noch nicht vollflächig.	Außenkanten mit Schruppfeile brechen, evtl. Beläge egalisieren.
B Bremswirkung lässt nach (Fading).	**1** Pedalweg normal: a) Beläge verölt, verbrannt oder verhärtet. b) Siehe A3 und 7.	Bremsbeläge ersetzen (lassen).
	2 Pedalweg kurz: Bremskraftverstärker arbeitet nicht oder kein Unterdruck am Verstärker.	Bremskraftverstärker bzw. Unterdruckleitung auf Knicke prüfen; Unterdruckventil verstopft; prüfen und evtl. ersetzen (lassen).
	3 Pedalweg lang: a) Siehe A5. b) Ein Bremskreis ausgefallen.	Kontrollieren, schadhafte Teile auswechseln lassen.
	4 Falscher Belag.	Bremsbeläge tauschen (lassen).
	5 Hinterradbremse(n) defekt.	Bremsanlage prüfen (lassen).
C Bei hohem Bremspedaldruck schwache Bremsleistung.	**1** Siehe A2 bis 5. **2** Siehe B1 bis 4.	
D Bremspedalweg schwammig.	**1** Luft in der Anlage.	Bremsanlage prüfen, entlüften (lassen).
	2 Bei überbeanspruchter Bremse (Gebirgsfahrt, Anhängerbetrieb) Dampfblasenbildung (Bremsfading).	Anhalten, Bremse abkühlen lassen. Verhalten fahren und bremsen, häufiger einen Gang herunter schalten (Motorbremse).
	3 Hauptbremszylinder nicht richtig befestigt.	Befestigung prüfen.
E Bremspedal lässt sich ganz durchtreten, keine Bremswirkung.	**1** Hauptbremszylinder ausgefallen.	Austauschen.
	2 Bremsschlauch oder Leitung gerissen, Dichtung leck.	Ersetzen.
	3 Bremsflüssigkeit zu alt oder überhitzt (Dampfblasenbildung).	Erneuern.

Störungsbeistand

Bremsen

Störung	Ursache	Abhilfe
F Pedalweg zu lang. Scheibenbremsen:	**1** Radlager lose oder verschlissen.	Befestigen, evtl. ersetzen lassen.
	2 Scheiben unrund, Beläge verschoben.	Scheibe und Beläge prüfen, evtl. ersetzen lassen.
Trommelbremsen:	**3** Falsch eingestellt	Einstellen (lassen).
	4 Bremsflüssigkeit läuft aus.	Hydrauliksystem auf Dichtheit prüfen; Mangel beheben lassen.
G Stand der Bremsflüssigkeit zu gering.	**1** Bremsscheiben oder Beläge verschlissen.	Bremsscheiben bzw. Beläge prüfen, ersetzen (lassen).
	2 Leck in der Hydraulik.	Hydraulik auf Leck prüfen und Mangel beheben (lassen).
H Bremsen ziehen einseitig.	**1** Bremsscheiben defekt oder unterschiedliche Beläge.	Prüfen, evtl. ersetzen (lassen).
	2 Siehe A3.	
	3 Siehe A5 und 7.	
	4 Falsche Reifen oder falscher Reifendruck.	Prüfen; richtige Reifen aufziehen, Reifendruck kontrollieren.
	5 Lenkung defekt.	Prüfen lassen.
	6 Stoßdämpfer verschlissen.	Prüfen, evtl. ersetzen (lassen).
I Beläge stark oder ungleichmäßig verschlissen.	**1** Bremsscheiben sind korrodiert oder weisen Riefen auf.	Prüfen, evtl. ersetzen (lassen).
	2 Siehe A5.	

Bremsanlage entlüften

Luft im Bremssystem »degradiert« jede Bremse zur »Luftpumpe« – entlüften Sie die Anlage also umgehend. Zum Beispiel nach allen Arbeiten, bei denen Sie die Bremsschläuche abnehmen oder Bremsleitungen öffnen mussten. Häufig reicht es, nur den Bremskreis zu entlüften, an dem Sie gearbeitet haben. Ganz auf Nummer SICHER gehen Sie jedoch, wenn Sie alle Bremskreise entlüften. Verwenden Sie IMMER nur neue Bremsflüssigkeit (Spezifikation DOT4 ESD – M6C57A) und einen sauberen, transparenten Kunststoffschlauch (Scheibenwaschanlage oder Aquarienbelüftung). Außerdem sollte Ihnen ein Helfer assistieren. Ihren Ka stellen Sie auf einer ebenen Fläche ab. Während des gesamten Entlüftungsvorgangs halten Sie den Bremsflüssigkeit-Vorratsbehälter stets bis zur »MAX«-Markierung aufgefüllt. Der Bremsflüssigkeitspegel darf auf keinen Fall unter »MIN« abfallen. Falls doch, gelangt über die Nachfüllbohrungen wieder neue Luft ins System.

Achten Sie darauf, dass keine Bremsflüssigkeit auf die Lackoberfläche kommt. Andernfalls spülen Sie die Flächen umgehend mit klarem Wasser ab. Ansonsten wird der Lack »blind« oder löst sich gar auf.

Wichtig: *Platzieren Sie den Auffangbehälter etwa **30** Zentimeter Ⓧ über dem Entlüftungsnippel. Sie geben der Außenluft dann keine Chance, sich – an den Gewindegängen vorbei – ins Bremssystem zu »schmuggeln«.*

Arbeitsschritte

① Zentralstecker des Flüssigkeitssensors ❶ vom Verschlussdeckel abziehen. Deckel ❷ abschrauben.

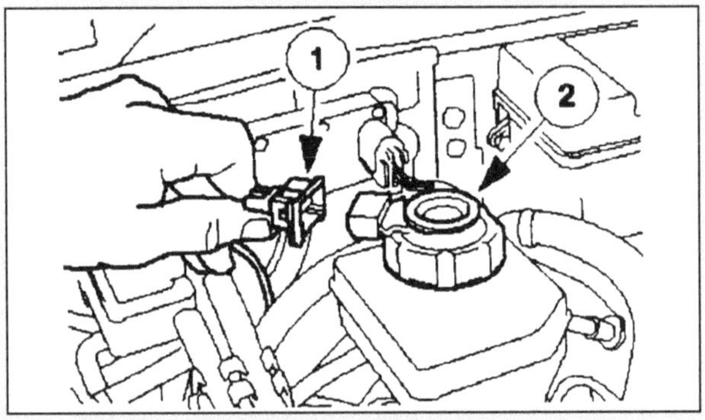

Zentralstecker Flüssigkeitssensor ❶ vom Verschlussdeckel abziehen. Deckel ❷ abschrauben.

② Arbeitsreihenfolge: Entlüftungsventil links vorne – rechts hinten; Entlüftungsventil rechts vorne – links hinten.

③ Staubschutzkappen von Entlüftungsventilen abziehen, Ventilnippel säubern.

④ Kunststoffschlauch auf den Nippel schieben und das freie Schlauchende in einen leicht mit Bremsflüssigkeit gefüllten Auffangbehälter eintauchen.

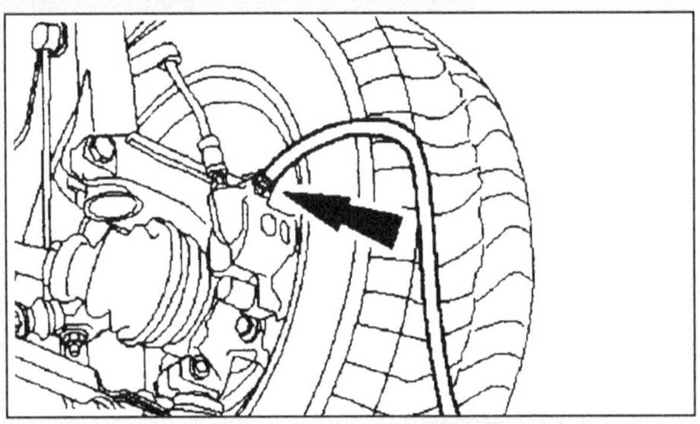

Entlüftungsventil mit angeschlossenem Schlauch.

⑤ Entlüftungsnippel maximal eine Umdrehung lösen. Ihr Helfer tritt das Bremspedal langsam bis zum Bodenblech durch und lässt es schnell in seine Ruhestellung zurück.

⑥ Danach warten Sie etwa 3 Sekunden – der HBZ muss sich erst wieder füllen.

⑦ Den Vorgang wiederholen Sie so lange, bis keine Luftbläschen mehr aus dem Entlüftungsnippel entweichen und reine Bremsflüssigkeit austritt.

⑧ Halten Sie das Bremspedal am Boden, schließen den Entlüftungsnippel und lassen dann das Pedal hochkommen. Ziehen Sie den Schlauch vom Entlüftungsnippel ab und ergänzen die Bremsflüssigkeit im Vorratsbehälter.

⑨ Diesen Vorgang wiederholen Sie an allen Rädern – bis die Anlage entlüftet ist.

⑩ Dann füllen Sie den Ausgleichsbehälter bis zur »MAX«-Markierung auf, schrauben den Verschlussdeckel auf und schließen den Zentralstecker an.

⑪ Prüfen Sie die Bremsfunktion auf einer »vorsichtigen« Probefahrt.

Die Bremsflüssigkeit

Technik-lexikon

Hauptbestandteile der Bremsflüssigkeit sind Glykol und Polyglykolether. Diese Mischung ist bei –40° C noch dünnflüssig und hat mit etwa 270° C einen sehr hohen Siedepunkt. Die Rezeptur verrät es schon: Bremsflüssigkeit ist hoygroskopisch – sie nimmt auch im dichten System über die Entlüftungsbohrung des Vorratsbehälter-Verschlussdeckels Wasser aus der Luft auf. Jährlich etwa zwei Prozent, dadurch sinkt der Siedepunkt – bei einem Wassergehalt von rund 2,5 Prozent schon auf 150° C. In diesem Fall können sich bei stark erhitzten Bremsen (Gebirgsfahrt, Vollbremsungen, Gespannbetrieb) Dampfblasen in der Bremsflüssigkeit bilden. Das hat die gleiche Wirkung wie Luft im System – das Bremspedal lässt sich bis auf die Bodenplatte durchtreten. Wechseln Sie daher zu Ihrer Sicherheit die Bremsflüssigkeit konsequent im Zweijahres-Rhythmus. Wenn Sie Ihren Ford regelmäßig in der Werkstatt warten lassen, geschieht das automatisch.

Wie Sondermüll entsorgen – alte Bremsflüssigkeit

Bremsflüssigkeit ist giftig. Nicht mit Mund oder offenen Wunden in Berührung bringen. Sie greift Metall- und Gummiteile zwar nicht an, wirkt jedoch auf Autolack aggressiv. Bremsflüssigkeit, die Sie einmal aus dem System abgelassen haben, dürfen Sie später nicht mehr einfüllen. Verwenden Sie auch keine Bremsflüssigkeit aus einem Behälter, der längere Zeit offen gestanden hat. Gebrauchte Bremsflüssigkeit ist Sondermüll – kümmern Sie sich um eine fachgerechte Entsorgung.

Bremsflüssigkeit wechseln

Der Wechsel der Bremsflüssigkeit ist alle zwei Jahre fällig. Fachwerkstätten erledigen das mit einem speziellen Befüllgerät. Sie können sich aber auch selbst ans Werk machen – die Arbeit ist die gleiche wie beim Entlüften. Für das gesamte System benötigen Sie rund zwei Liter Bremsflüssigkeit (achten Sie auf die richtige Spezifikation).

Arbeits-schritte alle 24 Monate

① Bremsflüssigkeit aus dem Vorratsbehälter mit einer Pipette oder einer sauberen Injektionsspritze entfernen.

② Die Arbeitsschritte sind ansonsten die gleichen wie unter Bremsanlage entlüften beschrieben. Alte Bremsflüssigkeit ändert ihr Aussehen: Sie wirkt milchiger. Warten Sie also an jedem Radzylinder bis tatsächlich saubere »neue« Flüssigkeit austritt.

Vorratsbehälter vom HBZ demontieren

Arbeits-schritte

① Zentralstecker des Flüssigkeitssensors abziehen.

② Verschlussdeckel abschrauben. Legen Sie den Deckel nicht auf den »Kopf gestellt« ab, die elektrischen Kontakte könnten verbiegen.

③ Saugen Sie den Vorratsbehälter mit einer Pipette oder Spritze aus.

④ Hebeln Sie vorsichtig den leeren Behälter mit den Händen vom Hauptbremszylinder ab.

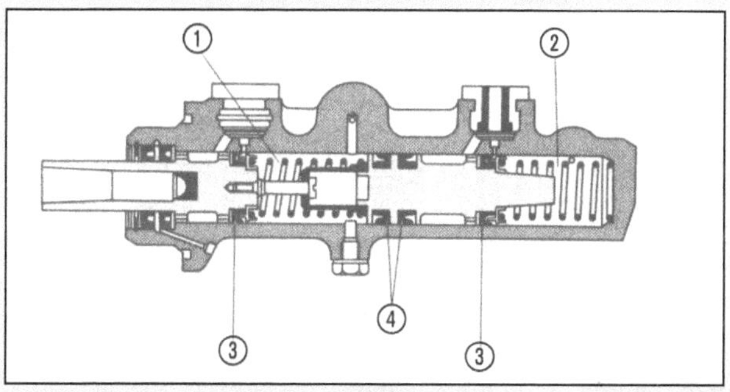

Zweikreis- (Tandem) HBZ: *❶ Druckstangenbremskreis, ❷ »Schwimmender« Hauptbremskreis, ❸ Primärmanschetten, ❹ Trennmanschetten.*

⑤ Zur Montage setzen Sie neue Dichtringe in die Bohrungen des Hauptbremszylinders ein. »Massieren« Sie Dichtringe vorher mit frischer Bremsflüssigkeit.

⑥ Pressen Sie den Vorratsbehälter per Hand gleichmäßig in die Dichtringe ein. Der Behälter muss einrasten. – Befüllen Sie ihn danach.

⑦ Verschlussdeckel aufschrauben. Checken Sie die Funktion des Warnlichtschalters, drücken Sie dazu auf die elastische Deckelmitte.

⑧ Bremsanlage wie beschrieben entlüften.

Hauptbremszylinder demontieren und montieren

Vor der Demontage des HBZ stellen Sie sicher, dass der Bremskraftverstärker »belüftet« ist. Ziehen Sie dazu entweder die Unterdruckleitung vom Bremskraftverstärker ab oder betätigen bei abgestelltem Motor mindestens 20-mal das Bremspedal.

Arbeits-schritte

① Verschlussdeckel abschrauben. Ziehen Sie vorab den Stecker am Bremsflüssigkeitsniveausensor ab.

② Vorratsbehälter wie beschrieben entleeren.

③ Schlauch zum Geberzylinder demontieren.

④ Bremsleitungen von Hauptbremszylinder demontieren.

⑤ Hauptbremszylinder an zwei Schrauben lösen und vorsichtig vom Bremskraftverstärker abziehen.

Montage

⑥ Beenden Sie die Arbeit in umgekehrter Reihenfolge.

⑦ Entlüften Sie die Bremsanlage wie beschrieben und...

⑧ ...checken die Bremse auf einer »vorsichtigen« Probefahrt.

Bremskraftverstärker demontieren und montieren

Vor der Demontage des HBZ stellen Sie sicher, dass der Bremskraftverstärker »belüftet« ist. Ziehen Sie dazu entweder die Unterdruckleitung vom Bremskraftverstärker ab oder betätigen bei abgestelltem Motor mindestens 20-mal das Bremspedal.

Arbeits-schritte

① Verschlussdeckel abschrauben.

② Vorratsbehälter entleeren.

③ Schlauch zum Geberzylinder demontieren.

④ Bremsleitungen von Hauptbremszylinder demontieren.

⑤ Hauptbremszylinder demontieren.

⑥ Unterdruckschlauch vorsichtig vom Bremskraftverstärker abziehen.

⑦ Bremskraftverstärker demontieren. Schrauben Sie dazu die vier Muttern ❶ ab und schieben den Bremskraftverstärker ❷ nach vorne.

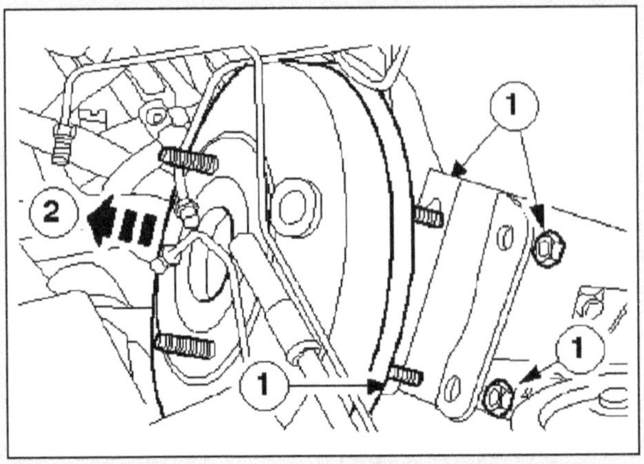

Bremskraftverstärker demontieren, ❶ *Befestigungsmuttern,* ❷ *Bremskraftverstärker.*

⑧ Bremspedal mit geeignetem Kantholz spannen. »Fahren« Sie dazu den Fahrersitz ganz zurück und bugsieren eine passende Dachlatte zwischen Bremspedal und Sitzrahmen. Schieben Sie dann den Sitz soweit nach vorne, dass das Bremspedal gespannt ist.

⑨ Clip und Stift (Pfeil) von der Druckstange des Bremskraftverstärker abziehen.

Clip und Stift (Pfeil) von der Druckstange des Bremskraftverstärkers abziehen.

⑩ Bremskraftverstärker komplett demontieren.

Montage

⑪ Montieren Sie sämtliche Bauteile in umgekehrter Reihenfolge.

⑫ Die Muttern am Bremskraftverstärker ziehen Sie mit 25 Nm an, gleichfalls die des HBZ. 13 Nm »bekommen« die Bremsleitungsanschlüsse. Entlüften Sie die Bremse nun wie beschrieben und …

⑬ … checken Ihre Arbeit auf einer »vorsichtigen« Probefahrt.

Praxistipp

So »stoppen« Sie die Bremsflüssigkeit

Wenn Sie eine Bremsleitung (oder einen Bremsschlauch) lösen, läuft die Bremsflüssigkeit langsam aus dem Vorratsbehälter. Verhindern Sie das mit einem einfachen Trick: Öffnen Sie vor der Arbeit einen Entlüftungsnippel des betreffenden Bremskreises und stecken einen Entlüftungsschlauch auf. Das freie Schlauchende »hängen« Sie in ein sauberes Gefäß und treten dann das Bremspedal voll durch. Das Bremspedal fixieren Sie dann am Bodenblech mit einem Kantholz oder entsprechenden Gewicht. In dieser Pedalstellung sind die Zulaufbohrungen im HBZ verschlossen und die Bremsflüssigkeit »gestoppt«.

Bremsschlauch demontieren

Arbeitsschritte

① Lösen Sie zuerst die Überwurfmutter der Bremsleitung und dann die andere Schlauchseite. Achten Sie darauf, dass Sie die Leitung nicht verdreht.

② Gegen Rutschen sind die meisten Bremsschläuche mit einem Schlauchhalter (Blechbügel) gesichert. Vergessen Sie den Halter bei der Montage eines neuen Schlauchs nicht.

③ Zur Montage des Bremsschlauchs ziehen Sie zuerst das Außengewinde an. Danach verschließen Sie die andere Seite mit der Überwurfmutter.

④ Montieren Sie niemals einen »verdrehten« Bremsschlauch. Sie erkennen den richtigen Sitz am durchgehenden Farbstreifen, dem Gummianguss oder dem Gummiprofil entlang des Schlauchs.

⑤ Entlüften Sie nun das Bremssystem wie beschrieben und …

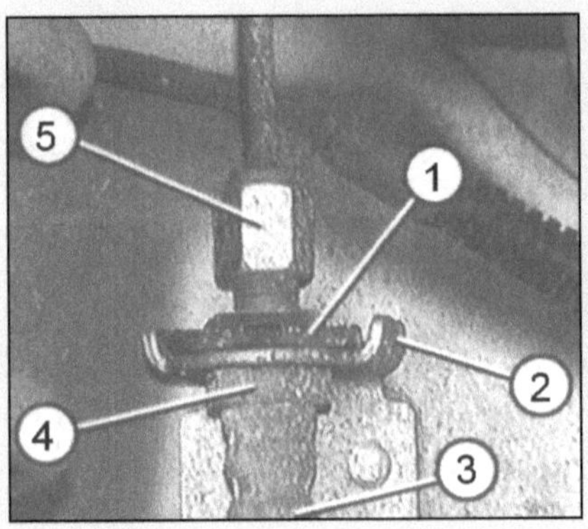

Bremsschlauchmontage: *Gehen Sie der Reihe nach vor.* ❶ *Sicherungsfeder,* ❷ *Halterblech,* ❸ *Gewindeflanschanschluss,* ❹ *Sechskant,* ❺ *Überwurfmutter.*

⑥ … kontrollieren unbedingt, ob der Bremsschlauch auch beim Einfedern des Rads den nötigen Freigang hat. Falls nicht, verschieben Sie den Abstandhalter und checken den Bremsschlauch nach einer längeren »vorsichtigen« Probefahrt erneut.

Braucht Freigang beim Einfedern: Bremsschlauch (Pfeil).

Scheibenbremsbeläge erneuern

Bremsbeläge können Sie grundsätzlich immer nur paarweise auf beiden Achsseiten tauschen. Ansonsten entstehen an den Bremsscheiben bzw. in den Bremstrommeln unterschiedliche Reibkoeffizienten, die Ihren Ka »spätestens« bei Vollbremsungen »sicher aus der Spur bringen«. Neue Bremsbeläge ändern während der ersten 500 Kilometer durch Wärmeeinwirkung ihre Struktur: Vermeiden Sie in der Zeit daher häufige Vollbremsungen. Ansonsten könnten die Beläge schnell verhärten (»verglasen«) und dadurch niemals ihre bestmöglichen Verzögerungswerte erreichen. Achten Sie zudem peinlich genau darauf, dass Bremsenersatzteile für Ihr Auto eine Herstellerfreigabe und eine gültige ABE haben. Lassen Sie im Zweifelsfall »die Finger« von dubiosen Wühltischschnäppchen und decken sich besser mit Originalersatzteilen bei Ihrem Ford-Händler ein.

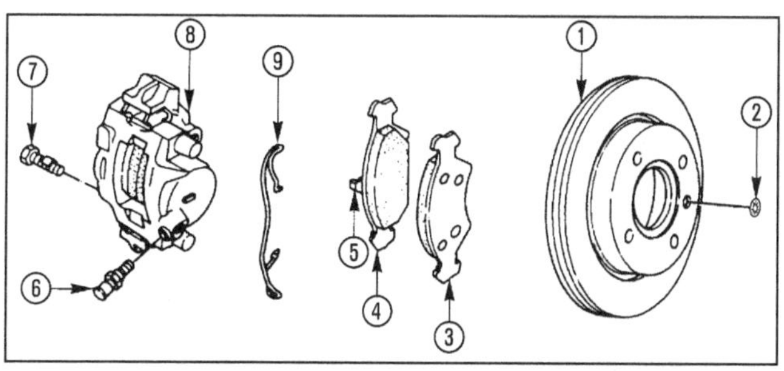

Die vordere Scheibenbremse im Detail: *❶ Bremsscheibe, ❷ Clip, ❸ äußerer Belag, ❹ innerer Belag, ❺ Halteblech, ❻ Entlüftungsnippel, ❼ Schraube, ❽ Bremssattel, ❾ Halteklammer.*

Arbeitsschritte

① Vorderwagen auf ebener Fläche rüttelsicher aufbocken. Räder demontieren.

② Lenkung jeweils zu einer Seite einschlagen, Sie haben dann mehr Platz an den Bremszangen.

③ Ziehen Sie mit einem schmalen Schraubendreher die Sicherungsklammer an der Bremszange aus dem Haltekeil.

④ Abdeckkappen ❶ von beiden Befestigungsschrauben entfernen. Schrauben ❷ herausdrehen.

⑤ Ziehen Sie den äußeren Bremsklotz aus dem Bremssattel heraus.

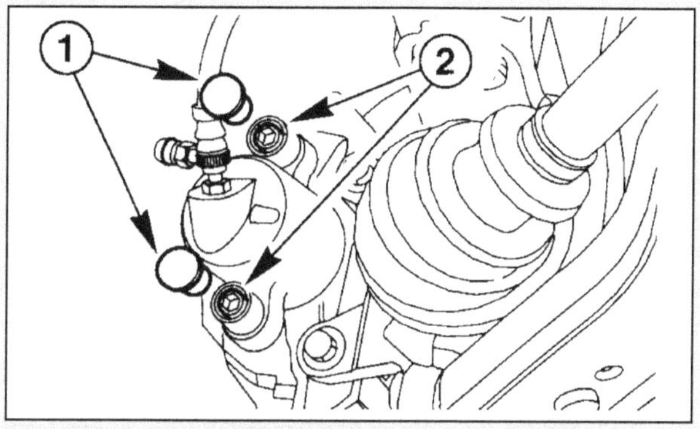

Bremssattel mit Abdeckklappen und Schrauben.

⑥ Der innere Bremsklotz verbleibt zur Demontage des Bremssattels im Bremsklotzträger.

⑦ Um den Bremsschlauch nicht zu beschädigen, fixieren Sie den Bremssattel provisorisch mit Schweißdraht im Radlauf.

⑧ Nehmen Sie den inneren Bremsklotz vom Gleitkolben ab.

⑨ Entfernen Sie den Belagabrieb auf den Bremsbelagsführungen mit Spiritus (keinesfalls Benzin) und Lappen bzw. mit Flaschen- oder harter Zahnbürste. Festgebackene Staubkrusten kratzen Sie vorsichtig mit einem flachen Schraubendreher ab – beschädigen Sie in »blinder Putzwut« nicht die Staubmanschette des Gleitkolbens.

⑩ Werfen Sie einen Blick auf die Bremsscheibe – haben sich Fett, Straßenschmutz oder tiefe Riefen »eingenistet«? Prüfen Sie im gleichen Aufwasch auch die Scheibenstärke (Verschleißgrenze!).

⑪ Vor der Montage der neuen Belege setzen Sie den Gleitkolben mit einem stabilen Schraubendreher oder Hammerstiel vollständig in den Zylinder zurück. Achten Sie darauf, den Kolben und die Staubmanschette nicht zu beschädigen.

Vorsicht: Beim Zurücksetzen des Gleitkolbens kann Bremsflüssigkeit aus dem Vorratsbehälter austreten. Spülen Sie sofort mit klarem Wasser nach.

⑫ Setzen Sie den inneren Bremsbelag ❷ mit Spreizfeder in den Belagschacht ein. Die Kontaktflächen reiben Sie vorab mit Gleitmittel (Kupferpaste) ein. Paste darf auf keinen Fall auf die Bremsflächen gelangen.

⑬ Äußeren Bremsbelag ❹ auf Bremsbelagträger ❸ aufsetzen.

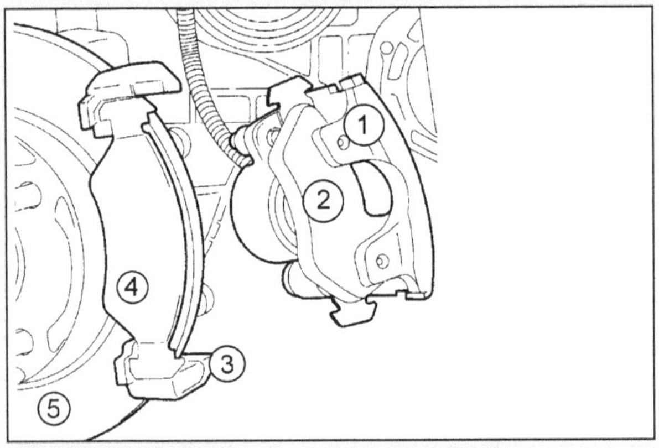

❶ Bremssattel, ❷ innerer Bremsbelag, ❸ Bremsträger, ❹ äußerer Belag, ❺ Bremsscheibe.

⑭ Bremssattel aufsetzen und beide Führungsbolzen am Bremsträger mit 58 Nm festschrauben.

Nicht vergessen: Schutzkappen aufdrücken. Haltefeder (Pfeil) in Bremssattel einsetzen. Nachdem sie in beiden Bohrungen fixiert ist, drücken Sie die Feder unter den Bremsträger. Ansonsten gleicht der Bremssattel nicht den Verschleiß des äußeren Belags aus.

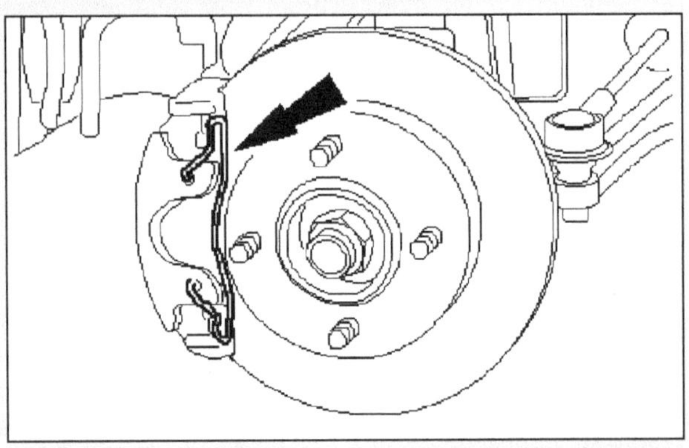

Schutzkappen aufdrücken und Haltefeder (Pfeil) im Bremssattel einsetzen.

⑮ Treten Sie das Bremspedal so lange, bis die Beläge an den Scheiben anliegen – Sie spüren das am Widerstand im Bremspedal.

⑯ Bremsflüssigkeitsstand im Vorratsbehälter überprüfen. Evtl. mit Pipette bis »MAX« absaugen oder mit frischer Flüssigkeit auf »MAX« ergänzen.

⑰ Räder montieren und Wagen ablassen.

⑱ Bremsen Sie die neuen Beläge vorsichtig ein. Auf Nebenstraßen einige Male ganz »piano« von etwa 100 km/h auf 50 km/h herunterbremsen. Lassen Sie die Bremse zwischendurch immer wieder gut abkühlen.

Bremsscheibe demontieren und montieren

Bremsscheiben erneuern Sie grundsätzlich immer paarweise. Andernfalls verändern Sie den Reibkoeffizienten zwischen den Scheiben – die Bremse kann dann schief ziehen.

Arbeitsschritte

① Bremsklötze wie oben beschrieben demontieren.

② Lösen Sie den Bremssattel (Pfeile) am Lenkschwenklager und fixieren ihn mit Schweißdraht provisorisch am Federbein.

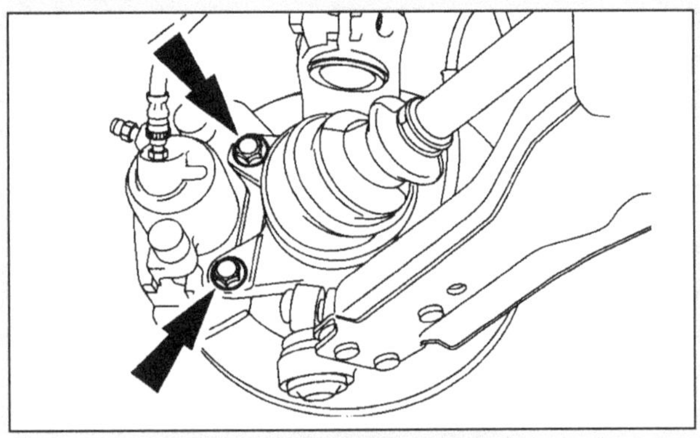

Befestigungsschrauben des Bremssattels.

③ Sie müssen nun die Sicherungsklammer der Bremsscheibe von den Radbolzen abziehen. Ersetzen Sie die korrodierte Klammer.

④ Markieren Sie die Stellung der Bremsscheibe zur Radnabe und…

⑤ …treiben sie mit einem Gummihammer von der Radnabe.

⑥ Anlageflächen an Radnabe und Bremsscheibe gründlich mit einer Drahtbürste säubern. Sie wirken damit einem verstärkten Scheibenschlag (Scheibentaumeln) entgegen.

⑦ Bremsscheibe auf Radnabe aufsetzen. Beachten Sie Ihre Markierung.

⑧ Sicherungsklammer auf Radbolzen schieben.

⑨ Bremssattel mit 58 Nm am Lenkschwenklager festziehen.

Bremssattel und Bremskolben gangbar machen – Staubmanschette wechseln

Bei defekten oder nachlässig montierten Staubmanschetten dringen Schmutz und Feuchtigkeit in den Hydraulikzylinder ein. In der Folgezeit korrodiert der Gleitkolben dann langsam aber sicher. Folge: Hoher Bremsbelag- und Scheibenverschleiß, ungleichmäßige Bremswirkung.

Arbeitsschritte

① Bremsbeläge wie beschrieben demontieren bzw. montieren.

② Überprüfen Sie den Belagfreigang in den Belagschächten, ggf. reinigen Sie die Schächte wie beschrieben. Staubmanschetten dabei nicht beschädigen oder von ihrem Sitz lösen. Bevor Sie die Bremsbeläge einsetzen, geben Sie auf die Kontaktflächen etwas Gleitpaste (Kupferpaste).

③ Achten Sie darauf, dass die Bremssättel freigängig sind. Falls nicht, machen Sie die Sättel gängig und »schmieren« sie mit etwas Kupferpaste.

Bremskolben prüfen

① Bevor Sie die Gängigkeit des Bremskolbens prüfen, setzen Sie am Bremssattel als Anschlag eine Schraubzwinge mit Holzstück an. Der Kolben »entgleitet« Ihnen dann nicht aus dem Zylinder. Selbstverständlich muss der gegenüberliegende Bremssattel vorschriftsmäßig montiert sein.

② Lassen Sie nun einen Helfer das Bremspedal vorsichtig treten. Falls der Kolben klemmt, »pumpen« Sie so lange bis er sich bewegt. Dann drücken Sie den Kolben mit einem Montierhebel in den Zylinder zurück. Den Vorgang wiederholen Sie so lange, bis der Kolben leichtgängig im Zylinder gleitet.

Achtung: Haben Sie damit keinen Erfolg, lassen Sie den Sattel besser in einer Fachwerkstatt überholen.

Staubmanschette erneuern

① Staubmanschette mit gebogenem Schweißdraht oder kleinem Winkelschraubendreher vom Bremssattel und Gleitkolben abheben. Dabei Gleitkolben- und Zylinderlaufflächen nicht zerkratzen! Achten Sie gleichfalls darauf, ob bereits Bremsflüssigkeit aus dem Zylinder austritt. Für den Fall lassen Sie den Sattel besser in einer Fachwerkstatt überholen.

② Reinigen Sie die Dichtflächen mit Brennspiritus oder sauberer Bremsflüssigkeit. Bevor Sie die neue Manschette montieren, konservieren Sie die gereinigten Flächen mit Bremszylinderpaste (Ate, Bosch, Girling).

③ Bugsieren Sie die neue Staubmanschette vorsichtig auf die Dichtflächen, achten Sie darauf, dass die Manschette »satt« sitzt.

④ Drücken Sie den Kolben bis zum Anschlag in den Zylinder zurück.

⑤ Bremsbeläge wie beschrieben montieren und ...

⑥ ... den Bremsflüssigkeitsstand prüfen.

⑦ Machen Sie eine »vorsichtige« Probefahrt und checken danach, ob die Bremsanlage dicht ist.

Bremstrommel abnehmen

Arbeitsschritte

① Hinterwagen rüttelsicher auf ebener Fläche aufbocken, Hinterrad abnehmen.

② Schutzmanschette auf Mitteltunnel abhebeln und bis zum Griff des Handbremshebels hochziehen.

③ Handbremshebel vollständig entriegeln und Einstellmutter (Pfeil) des Handbremsseils lösen.

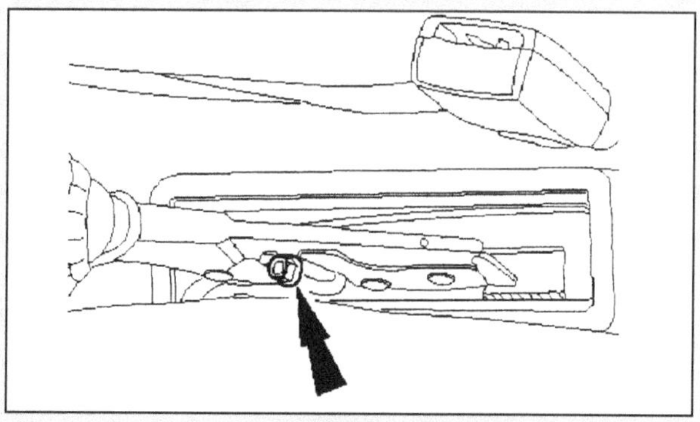

Einstellmutter (Pfeil) des Handbremsseils.

④ Radnabenkappe vorsichtig abziehen, nehmen Sie eventuell einen Hammer und Meißel zur Hilfe. Wenn Sie die Kappe beschädigen, nehmen Sie grundsätzlich eine neue.

⑤ Nabenmutter lösen und mit Anlaufscheibe abnehmen.

⑥ Bremstrommel jetzt komplett mit Radnabe abziehen. Ggf. Bremstrommel drehen und mit einem Gummihammer ringsum losschlagen. Fachwerkstätten arbeiten mit einer Abziehvorrichtung.

⑦ Bremstrommel auf Verschleiß, Riefen und Härterisse überprüfen.

⑧ Bremstrommel gründlich mit Schmirgelleinen reinigen. Bremsankerplatte mit sauberem Pinsel und Spiritus abwaschen und mit Druckluft trocken blasen. Denken sie daran, Bremsstaub ist atemgängig, schützen Sie sich mit einer Atemmaske. Den losen Abrieb entfernen Sie mit einem Staubsauger.

⑨ Montage in umgekehrter Reihenfolge beenden.

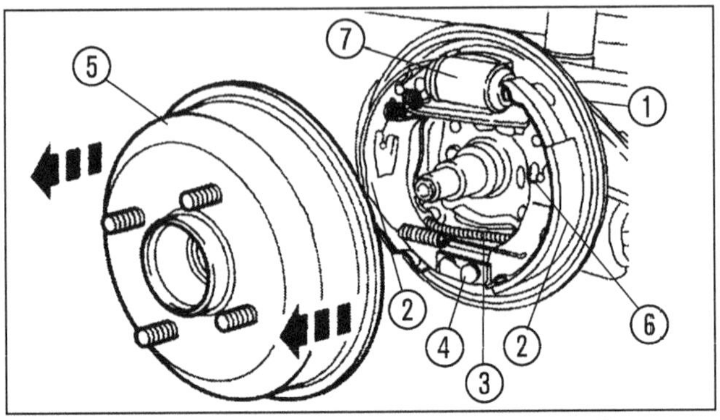

Hinterradbremse im Detail: *❶ Bremsträgerplatte, ❷ Bremsbacke, ❸ Handbremsseil, ❹ Stützlager, ❺ Bremstrommel, ❻ Bremsbacken-Rückhalteclips, ❼ Radbremszylinder.*

Praxistipp

Bremstrommeln ausdrehen

Neue Bremstrommeln haben einen Innendurchmesser von 180 Millimeter. Stellen Sie auf der Bremsfläche starke Riefen fest, können Sie die Trommel plan- bzw. ausdrehen lassen. Allerdings immer beide und nicht über die Verschleißgrenze von 181 Millimeter hinaus: In diesem Fall müssen Sie beide Trommeln ersetzen – gleichmäßig ziehende Bremsen setzen Trommeln mit gleichem Durchmesser voraus.

Bremsbacken demontieren und montieren

Bremsbacken sollten Sie grundsätzlich immer nur paarweise und auf beiden Achsseiten wechseln. Ansonsten zieht die Bremse nach der Reparatur einseitig. Fahren Sie neue Bremsbacken erst vorsichtig ein und vermeiden während der ersten 500 Kilometer Vollbremsungen (siehe Scheibenbremsbeläge). Neue Bremsbacken sind zum Beispiel dann angesagt, wenn die alten abgenutzt, verölt oder »verbrannt« (Handbremse schleift) sind. Achten Sie peinlich genau darauf, dass die neuen Bremsbacken eine Herstellerfreigabe und gleichfalls eine gültige ABE haben. Decken Sie sich nicht mit »Wühltischqualitäten« ein, sondern bedienen sich bei Ihrem Fachhändler.

Arbeitsschritte

Demontage

① Handbremshebelmanschette abziehen und ...

② ...das Handbremsseil wie beschrieben lösen (eine Mutter).

③ Radmuttern lösen, Hinterwagen rüttelsicher aufbocken, Hinterrad abbauen.

④ Radnabe wie beschrieben mit Bremstrommel demontieren. Falls vorhanden, ABS-Sensor demontieren.

⑤ Rückhalteclips an den Bremsbacken entfernen.

⑥ Beide Bremsbacken nach außen (Pfeile) vom Radbremszylinder abziehen. Achtung: Beschädigen Sie dabei nicht die Staubschutzkappen der Radbremszylinder.

⑦ Sichern Sie die Kolben im Radbremszylinder mit einer kleinen Schraubzwinge.

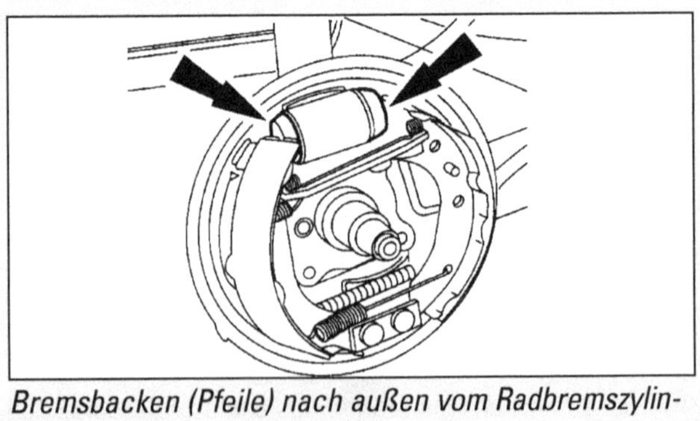

Bremsbacken (Pfeile) nach außen vom Radbremszylinder abziehen.

⑧ Ziehen Sie die Bremsbacken von unterem Stützlager ab und drehen sie nach unten weg.

⑨ Die hintere (ablaufende) Bremsbacke ❷ ziehen Sie zurück und hängen das Handbremsseil ❶ aus. Drücken Sie den Clip in der Trägerplatte zusammen und ziehen das Handbremsseil aus der Platte.

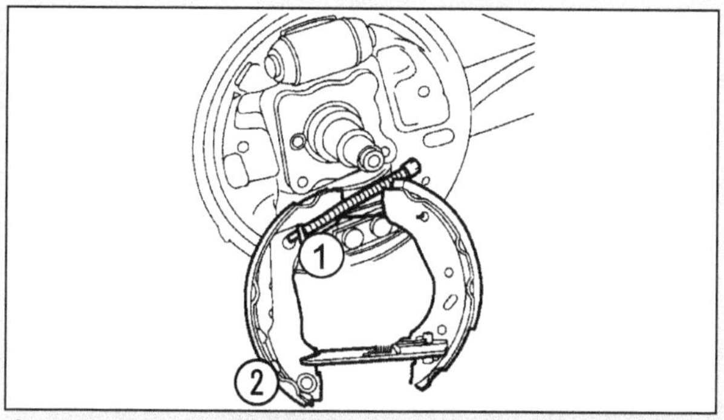

Ausgehängte Bremsbacken nach unten »klappen« und dann Handbremsseil aushängen.

⑩ Zunächst die untere – danach die obere Rückzugfeder aushängen.

⑪ Lösen Sie die vordere (auflaufende) Bremsbacke ❶ von der Druckstrebe. Evtl. müssen Sie die automatische Nachstellvorrichtung ❷ so drehen, dass die Klinke die Bremsbacke freigibt.

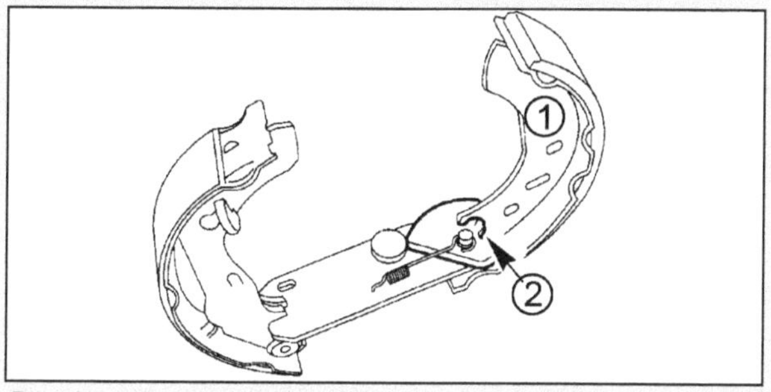

Druckstrebe lösen. Verdrehen Sie dazu die Bremsbacke ❶ in der nachstellvorrichtung ❷.

⑫ Druckstrebe von hinterer Bremsbacke um etwa 90° drehen und abnehmen. Haltefeder aushängen.

Montage

① Trägerplatte und Lagerpunkte (Pfeile) am Stützlager reinigen, prüfen und leicht mit Kupferpaste bestreichen.

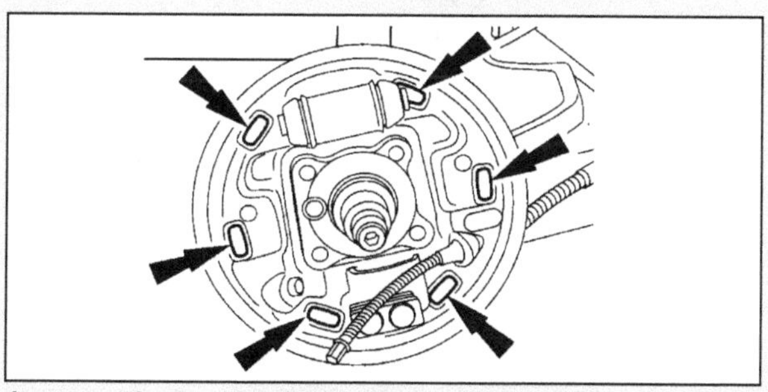

Lagerpunkte an der Trägerplatte.

② Bremsbacken und Druckstrebe montieren. Achten Sie darauf, dass die automatische Nachstellvorrichtung vollständig zurückgestellt ist.

③ Rückzugfedern einhängen.

④ Handbremsseil einhängen.

⑤ Bremsbacken mit einer Drehbewegung vorsichtig auf Radbremszylinder aufsetzen. Die Staubschutzkappen des Radbremszylinders dabei nicht beschädigen. Vorher Schraubzwinge abnehmen.

⑥ Beide Bremsbacken in Stützlager einsetzen.

⑦ Radnabe und Bremstrommel auf Achsstumpf montieren. Neue Radnabenmutter (generell verwenden) mit 235 Nm vorziehen, dann etwa 2,5 Umdrehungen lösen. »Gelöste« Bremstrommel einige Male von Hand drehen und Radnabenmutter währenddessen mit 235 Nm erneut festziehen.

⑧ Fettkappe etwa zur Hälfte mit neuem Radlagerfett füllen und mit passendem Rohr und Hammer vorsichtig in die Radnabe einschlagen.

⑨ Treten Sie das Bremspedal so lange durch, bis die Backen anliegen – Sie bemerken das am Widerstand. Die neu montierten Bremsbacken »legen« sich dabei an die Trommeln an und die automatische Bremsnachstelleinrichtung justiert derweil die Bremse.

⑩ Räder montieren und Fahrzeug auf die Räder stellen.

⑪ Handbremse wie beschrieben einstellen.

⑫ Bei der abschließenden Probefahrt bremsen Sie zunächst vorsichtig – checken Sie auch die Handbremswirkung.

Praxistipp

Tipps zum Tausch der Bremsbacken

- Markieren Sie vor der Demontage die Montagerichtung und den Sitz der einzelnen Teile – das gilt vor allem für die Zugfedern. Sie erleichtern sich damit den Einbau und vermeiden spätere Funktionsstörungen.
- Wenn Sie gleichzeitig an beiden Achsseiten arbeiten, dürfen Sie die Teile unter keinen Umständen seitenverkehrt montieren.
- Treten Sie niemals bei demontierten Bremsbacken aufs Bremspedal: Sie drücken sonst automatisch die Kolben aus den Radbremszylindern. Sichern Sie die Kolben am besten mit einer Schraubzwinge oder einem strammen Gummiband.
- Bei abgenommenen Bremsbacken sollten Sie stets auch die Radbremszylinder auf Dichtheit kontrollieren. Klappen Sie dazu vorsichtig die Staubmanschetten zurück: Erkennen Sie Feuchtigkeit, lassen Sie den Zylinder bei Ihrem Fachhändler überholen oder tauschen ihn gegen ein Neuteil aus. Erfahrungsgemäß sollten Sie die andere Achsseite dann gleich mit erledigen.

Radbremszylinder demontieren und montieren

Wenn Sie einen Radbremszylinder demontieren, läuft in der Regel die Bremsflüssigkeit aus der Bremse. Sie können das verhindern, indem Sie vor der Arbeit den Entlüftungsnippel des betreffenden Zylinders lösen und einen Entlüftungsschlauch aufstecken. Das freie Schlauchende »hängen« Sie einfach in ein möglichst kleines, sauberes Gefäß und treten einige Male das Bremspedal voll durch. Sobald das Schlauchende von Bremsflüssigkeit umspült ist, fixieren Sie das Bremspedal (Holzlatte oder Ziegelstein) am Bodenblech. Die Zulaufbohrungen im HBZ bleiben dann verschlossen und versperren der Bremsflüssigkeit den weg ins Freie.

Arbeitsschritte

① Bremstrommel und Bremsbacken wie beschrieben demontieren.

② Bremsleitung an der Bremsankerplatte abschrauben. Öffnung wie beschrieben gegen Schmutz und auslaufende Bremsflüssigkeit »verschließen«.

③ Befestigungsschrauben lösen und den Radbremszylinder abnehmen.

④ Beenden Sie die Arbeit in umgekehrter Reihenfolge.

⑤ Nach der Montage entlüften Sie die Anlage, unternehmen eine »vorsichtige« Probefahrt und kontrollieren hernach die Bremse auf Dichtheit.

Die Handbremse

Mit der Handbremse sichern Sie Ihren Ka gegen unbeabsichtigte »Rollversuche« im Stand oder bei Berganfahrten. Die Handbremse wirkt mechanisch über Seilzüge auf die Hinterräder. Bei Betätigen des Handbremshebels wirkt das vordere Seil auf einen Ausgleichbügel (Seilwippe), der die beiden hinteren, mit den ablaufenden Bremsbacken verbundenen Seile arretiert. Die Hebelbewegung »verkürzt« die Seile und presst zunächst die ablaufenden Bremsbacken gegen die Bremstrommel. Über eine Druckstrebe wird die Bewegung gleichfalls auf die beiden auflaufenden Bremsbacken übertragen. Der Ausgleichbügel zeichnet dafür verantwortlich, dass die Hebelkraft gleichmäßig auf beide Hinterräder wirkt.

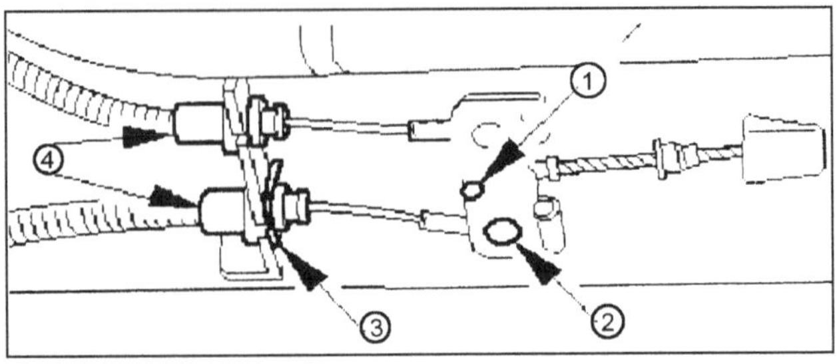

❶ Vorderes Handbremsseil, ❷ Nippeltasche für Handbremsseil h.l., ❸ Befestigungsclip für Handbremsseil h.l., ❹ Halterung (Widerlager) für hintere Handbremsseile.

Handbremsseile wechseln

Arbeitsschritte

① Hinterwagen auf ebener Fläche rüttelsicher aufbocken und die Hinterräder demontieren.

② Handbremshebelmanschette vom Mitteltunnel lösen und nach oben auf den Handbremshebel schieben.

③ Handbremsseil (Pfeil) lösen (eine Mutter).

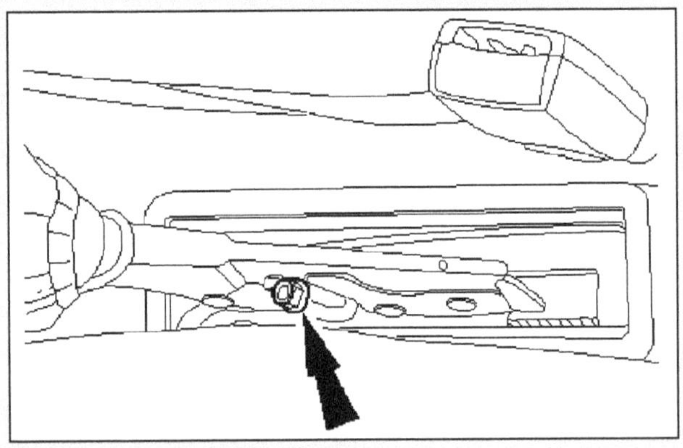

Handbremsseil (Pfeil) lösen.

④ Bremstrommeln und Radnaben wie beschrieben demontieren.

⑤ Demontieren Sie die Bremsbacken und sichern die Kolben in den Radbremszylindern mit einer kleinen Schraubzwinge bzw. einem strammen Gummiband.

⑥ Hängen Sie die Handbremsseile aus. Drücken Sie dazu den Hebel ❶ nach innen und hebeln dann die Seile ❷ aus.

⑦ Handbremsseile wie beschrieben aus Trägerplatte ziehen.

⑧ Clipsen Sie nun die Handbremsseile aus der Hinterachse und dem Unterboden aus.

⑨ Demontieren Sie den vorderen Teil (Pfeile) des Hitzeschutzschilds (vier Muttern) und...

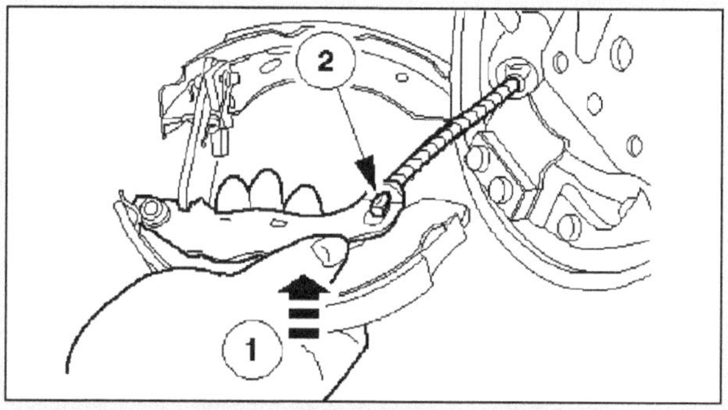

Handbremsseile aushängen. ❶ Hebel, ❷ Seile.

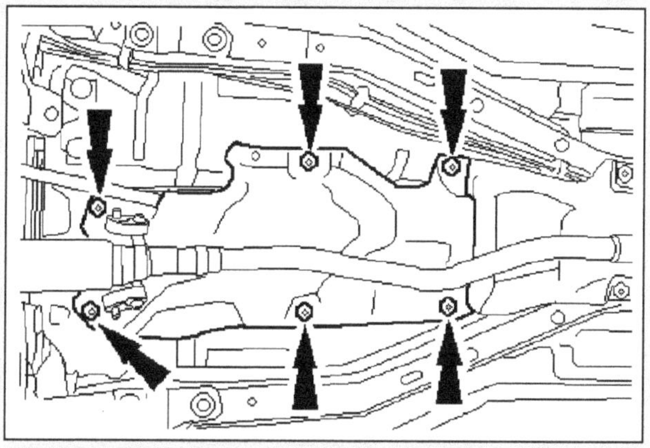

Vorderen Teil (4 Schrauben) des Hitzeschutzschildes demontieren.

⑩ … danach den mittleren Teil des Hitzeschutzschilds (vier Muttern).

⑪ Jetzt hängen Sie die Seile aus der Handbremsseilwippe aus. Beginnen Sie mit dem vorderen Seil ❶, clipsen dann die Handbremsseile ❷ hinten aus dem Halter und lösen danach die Handbremsseile ❸.

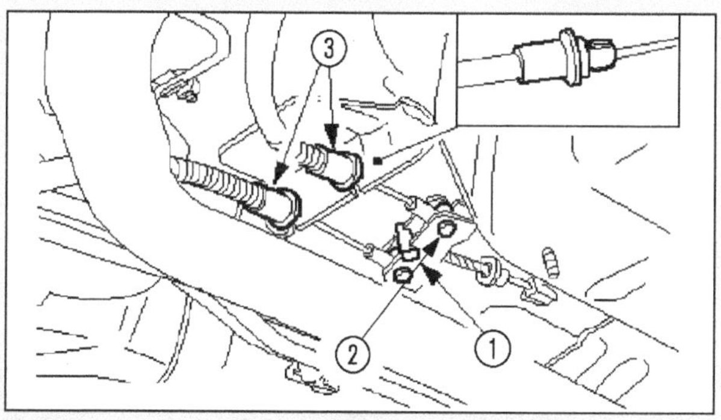

Seile aus der Handbremsseilwippe und den beiden Widerlagern aushängen: ❶ vorderes Seil, ❷ hintere Seile, ❸ Widerlager.

⑫ Beenden Sie die Arbeit in umgekehrter Reihenfolge.

⑬ Stellen Sie den Hebelweg der Handbremse ein.

Handbremse einstellen

Kontrollieren Sie vorab, ob das Handbremsseil in den Führungen richtig verlegt ist und die automatische Nachstellvorrichtung an der Hinterachse einwandfrei funktioniert.

Arbeitsschritte

① Schutzmanschette über Handbremshebel stülpen.

② Bei gelöster Handbremse Bremspedal einige Male voll treten. Sie aktivieren damit die Nachstelleinrichtung.

③ Einstellmutter ❶ lösen und Handbremshebel sechs Rasten anziehen.

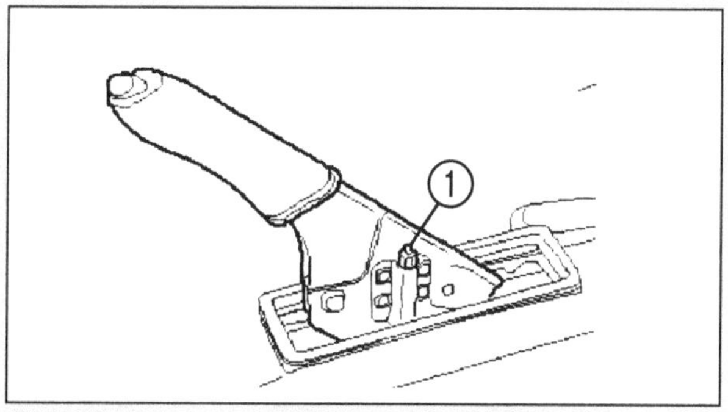

Einstellmutter.

④ Einstellmutter mit 4 Nm festziehen.

⑤ Schutzmanschette montieren.

⑥ Bremsprüfung auf abgelegener Seitenstraße vornehmen.

Handbremsspiel

Praxistipp

Wenn das Handbremsspiel in kurzen Nachstellabständen schnell größer wird, nehmen Sie die Bremstrommeln ab und checken den automatischen Nachstellmechanismus. Eventuell ist er verdreckt, und Sie müssen seine Mechanik nur gangbar machen. Wenn die Handbremse, trotz vorschriftsmäßiger Grundeinstellung, nicht richtig funktioniert, klemmt im Ausgleichsbügel möglicherweise ein hinteres Bremsseil (oder beide). Hängen Sie dann das vordere Seil aus, machen die Bolzen in der Wippe mit Rostlöser gangbar und »konservieren« danach Ihre Arbeit mit einem Silikonspray.

DIE FAHRZEUG-ELEKTRIK

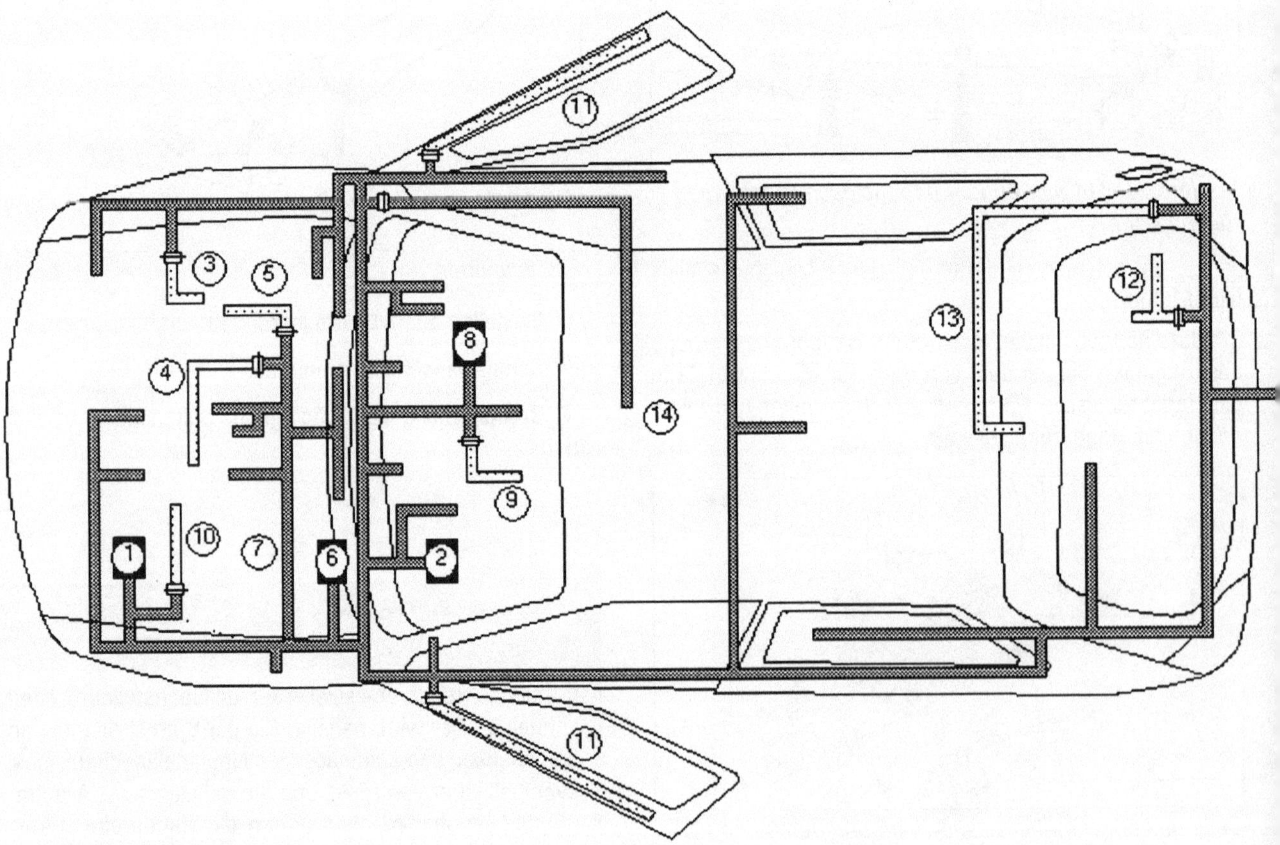

Kommunizierende Verbindungen. Leitungen zu den Aggregaten:
❶ Batterie Verteilerbox, ❷ Zentral Elektrikbox, ❸ Kabelstrang Generator/Anlasser, ❹ Kabelstrang Motorregelung, ❺ Kabelstrang Zündung, ❻ Antriebsstrang Steuergerät (PCM), ❼ Hauptkabelstrang, ❽ Airbag-Modul, ❾ Kabelstrang Lüftung/Umluft, ❿ Kabelstrang Batterie, ⓫ Kabelstrang Tür, ⓬ Kabelstrang Heckklappe, ⓭ Kabelstrang Zusatzbremsleuchte, ⓮ Kabelstrang Kurbel-/Sonnendach.

Wartung

Reparatur

Ohne Batterie, Anlasser, Generator und rund einem Dutzend Kilometer elektrischer Leitungen läuft in Ihrem Ka »NICHTS« – zumindest nicht koordiniert: Mit leerer Batterie kommt kein Anlasser auf Touren, ohne Anlasser bleibt der Motor stumm, ohne Motor pausiert der Generator – und ohne elektrische Leitungen schalten die drei Global-Player ohnehin auf STUR.

Elektrische Energie – »Lebenssaft« fürs Motormanagement

Ihr Ka ist, wie jedes moderne Auto, während der Fahrt von elektrischer Energie abhängig: Subsysteme wie das Motormanagement, die Kraftstoffeinspritzung oder die Beleuchtung sind total auf elektrische Energie angewiesen. Bei soviel Abhängigkeit erscheint es nicht verwunderlich, dass viele Autofahrer unangenehme Erlebnisse mit dem Trio Batterie, Anlasser, Generator verbinden. Die Ursache dafür liegt häufig unter der Motorhaube, also dem Arbeitsplatz und der Peripherie dieser drei Akteure. Zur Erklärung sei gesagt: Die dort vorherrschenden Arbeitsbedingungen sind nicht gerade ideal. Mal ist es zu kalt, mal zu warm, vielfach ist es feucht und mitunter triefend nass. Viele Stromverbraucher sitzen zudem an exponierten Stellen, da sind Störungen in der Bordelektrik eigentlich vorprogrammiert. Zudem kapituliert die Batterie bisweilen vor klirrender Kälte und großer Hitze.

Einfach zu beheben – viele Störungen an der Bordelektrik

Nach der Lektüre dieses Kapitels sollte es für Sie allerdings keinen triftigen Grund mehr geben, vor einem »toten« Schalter oder einer »schwarzen« Lampe zu kapitulieren. Oft »wackelt« nämlich nur ein Kabelanschluss oder ein Kontakt ist korrodiert. Viele Störungen an der Bordelektrik sind mit einfachen Mitteln zu beheben, auch dann, wenn Sie kein Elektrikprofi sind und auch keine Ambitionen dazu haben.

Grundbegriffe der Elektrik

Technik-lexikon

Elektrische Spannung fließt nur in geschlossenen Stromkreisen. Stromkreise bestehen aus Erzeuger (z. B. Batterie, Generator), Verbraucher (z. B. Glühlampe, Anlasser) und den Kabelsträngen mit unzähligen einzelnen Leitungen. Kabelstränge schaffen gewollte Verbindungen zwischen Erzeuger und Verbraucher.

Die Grundbegriffe der Elektrik macht unser Beispiel deutlich: Stellen Sie sich bitte eine Wasserleitung vor, in der unter bestimmtem Druck eine definierte Menge Wasser von A (Erzeuger / Wasserwerk) nach B (Verbraucher / z. B. Waschmaschine) fließt. Nichts anders passiert in den Stromkreisen Ihres Ka: Auch dann, wenn Ihnen beim Öffnen der Tür »ein Licht aufgeht«.

Spannung: Sie entspricht dem Druck in der Wasserleitung. Die Maßeinheit für Spannung ist Volt (V).

Strom: Entspricht der Wassermenge, die in einer definierten Zeit in der Wasserleitung fließt. Die Maßeinheit für Strom ist Ampere (A).

Leistung: Ist das Produkt aus Spannung und Strom. Sie gibt an, wieviel Leistung ein elektrischer Verbraucher von einem Stromerzeuger bekommt. Die Maßeinheit für Leistung ist Watt (W).

Widerstand: Vergleichbar mit einem Wasserhahn. Ist der Hahn voll geöffnet, fließt das Wasser ungehindert (Widerstand 0) aus der Leitung. Sobald Sie den Wasserstrahl regulieren, steigt in der Leitung kontinuierlich der Widerstand – und zwar soweit, bis bei verschlossenem Hahn schließlich kein Wasser mehr fließt (Widerstand ∞). Die Maßeinheit für Widerstand ist Ohm (Ω).

Kabel: Vergleichbar mit einer Wasserleitung. Die erforderliche Stärke der Leitung (Querschnitt) bestimmt der Verbraucher: Ein Kontrolllämpchen kommt mit einer Kabelstärke von 0,5 mm^2 aus. Der Anlasser verlangt dagegen ein starkes 16 mm^2 Kabel – in unserem Beispiel würde das dem Hauptwasseranschluss entsprechen. Ein zu dünnes Kabel heizt sich auf – die Spannung fällt zwangsläufig ab. An den Scheinwerfern kommen dann beispielsweise nicht mehr 12 Volt, sondern nur 10 oder 9,5 Volt an – das Licht wird trübe.

Batterie und Anlasser

Sechs in Reihe geschaltete Zellen bilden das Herz einer 12-Volt-Auto-Batterie. Eine Zelle besteht aus einer Kombination positiver und negativer Platten, die in einer Art von chemischem Teamwork jeweils eine Spannung von etwa zwei Volt produzieren. Die Platten setzen sich zusammen aus Hartbleigittern, die jeweils mit einer aktiven Masse gefüllt sind. Die positive Platte enthält Bleidioxid, die negative Platte reines Blei. Dazwischen sitzt ein Separator. Er trennt zwar die Platten voneinander, lässt das Elektrolyt jedoch durch mikroskopisch feine Poren passieren. Elektrolyt ist eine leitfähige Flüssigkeit, die zu etwa 37 Prozent aus konzentrierter Schwefelsäure und 63 Prozent destilliertem Wasser besteht.

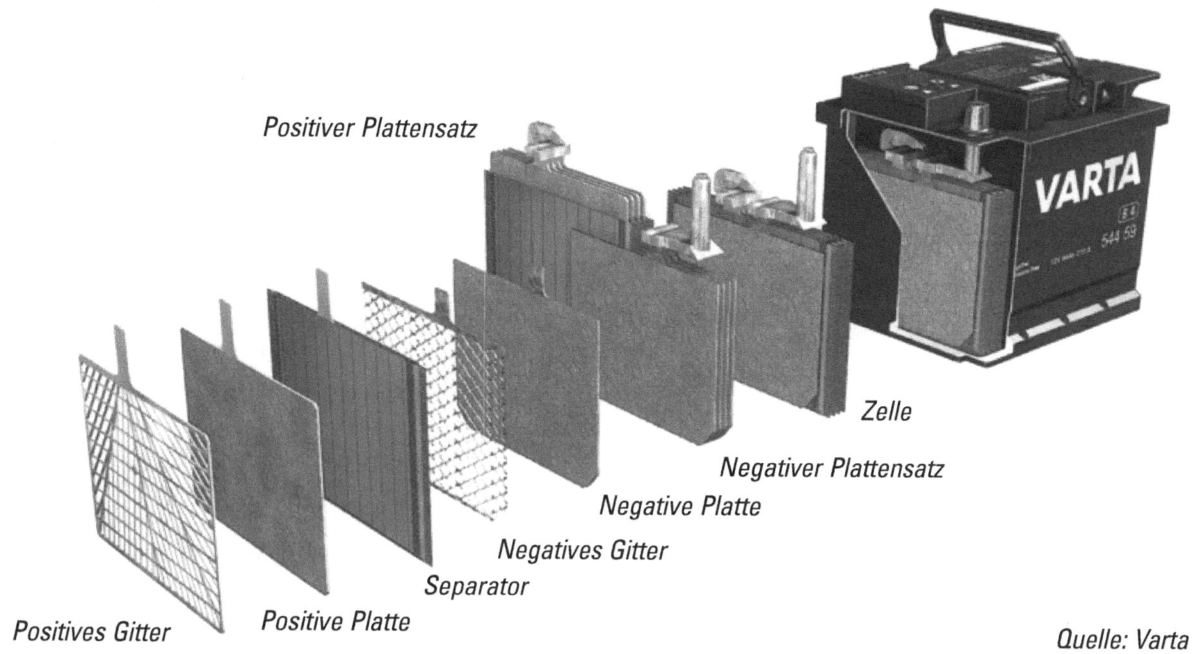

Energiespeicher: *Die Innereien einer 12 Volt Batterie.*

Die »Batterieverordnung«

Praxistipp

Seit dem 1. Oktober 1998 gelten hierzulande die Vorschriften der »Batterieverordnung«: Das Regelwerk richtet sich gleichermaßen an Händler, Werkstätten und Endverbraucher. Als Endverbraucher müssen Sie seither eine alte Batterie zum Beispiel bei einem Händler oder in einer Werkstatt »entsorgen«. Das kostet Sie übrigens keinen Pfennig.

Beim Neukauf einer Starterbatterie gelten besondere Regeln: Unsere Übersicht nennt die gravierendsten Auflagen.

- Für eine neue Starterbatterie, die Sie bei einem Händler oder in einer Werkstatt kaufen, berechnet Ihnen der Verkäufer zum Verkaufspreis zusätzlich ein Pfand in Höhe von derzeit 15 Mark: Sie erhalten dafür eine Quittung oder Pfandmarke.
- Keine Regel ohne Ausnahme: Wenn Sie beim Kauf eine alte Batterie zurückgeben, zahlen Sie kein Pfand.
- Haben Sie dem Händler oder der Werkstatt für die alte Batterie bereits Pfand gezahlt, erhalten Sie Ihr Geld gegen Vorlage der Quittung zurück.
- Ihr Pfand bekommen Sie grundsätzlich nur dort zurück, wo Sie die neue Batterie gekauft haben. Natürlich nur dann, wenn Sie, zusammen mit der alten Batterie, die Quittung (Pfandmarke) vorlegen können.
- Unbrauchbare Starterbatterien müssen freilich nicht mit der Batterie identisch sein, für die Sie Pfand gezahlt haben: Sie können vielmehr – gegen Vorlage der Quittung – eine x-beliebige Starterbatterie abgeben.
- Geben Sie beim Kauf der neuen Batterie eine alte zurück, für die Sie keine Pfandmarke haben, ist's egal, woher der Akku stammt: Sie müssen dem Verkäufer dann kein »Pfand« zurücklassen.

Speichert elektrische Energie – die Batterie

Zur Energieaufnahme und Speicherung laufen im Inneren der Batterie chemische Prozesse ab: Bei der Stromabgabe wird dann chemische Energie in elektrische Energie umgewandelt. Der stressigste Batteriejob besteht darin, den Anlasser während des Startvorgangs mit der nötigen Power zu versorgen: Je nach Motor und Anlassertyp sind das kurzzeitig bis zu 2000 Watt – dafür muss die Batterie in Höchstform sein.

Ein Großteil der immensen Leistung geht bei jedem Kaltstart auf das Konto interne Reibungsverluste. Warmstarts realisiert der Anlasser schon mit rund einem Fünftel dieser Leistung. Alle oszillierenden und rotierenden Bauteile lassen sich dann untereinander mehr »Platz« und »warme« Öle sind ohnehin flexibler als ausgekühlte Schmierstoffe, die sich nur äußerst unwillig im Ölkreislauf bewegen.

Die Batterie – Begriffe und Normen

Technik-lexikon

Kennzeichnung: Befindet sich auf dem Batteriegehäuse und spezifiziert ihre Eigenschaften. Beispiel: »12V 43Ah 200A« (12V = Nennspannung; 43Ah = Nennkapazität; 200A = Kälteprüfstrom).

Nennspannung: Allgemeine Spannungsabgabe (Maßeinheit »V«). Beträgt bei allen Ka-Modellen 12 Volt. Die tatsächliche Spannung hängt allerdings vom Ladezustand der Batterie ab. Sie kann die Nennspannung über- oder unterschreiten.

Nennkapazität: Beziffert das Speichervermögen einer Batterie mit der Maßeinheit »Ah«. Es ist die Kapazität, die eine vollgeladene Batterie bei einer Temperatur von 27 Grad in 20 Stunden abgeben kann, ohne dass dabei die Spannung unter 10,5 Volt absinkt (Entladeschlussspannung). Das Standlicht Ihres Ka nimmt zum Beispiel 25 Watt auf. Bei der Bordspannung von 12 Volt gibt die Batterie einen Strom von 2,08 Ampere ab, nach der Formel »Strom (A) = Leistung (W)/Spannung (V)«. Mit einer gefüllten 43Ah-Batterie gingen Ihrem Ka theoretisch also nach rund 20,3 Stunden die Lichter aus. Die Betonung liegt auf »theoretisch«, denn in der Praxis geht die Batterie bereits nach etwa 16 Stunden in die Knie.

Kapazität: Die entnehmbare Strommenge in Amperestunden (Ah). Sie hängt vor allem vom Entladestrom, der Temperatur, dem Ladezustand und dem Allgemeinzustand (Alter) der Batterie ab.

Kälteprüfstrom: Steht für die Startfähigkeit einer Batterie bei Kälte (Maßeinheit »A«). Ein definierter Entladestrom, der einer 12-Volt-Batterie bei –18 Grad entnommen werden kann, ohne dass die Spannung innerhalb von 30 Sekunden unter 9 Volt, innerhalb von 150 Sekunden unter 6 Volt absinkt.

Selbstentladung: Chemische Vorgänge in den Batteriezellen führen zur Entladung, auch wenn kein Verbraucher angeschlossen ist. Eine geladene, neuwertige Autobatterie verliert täglich etwa 0,5 Prozent ihrer Ladung. Hohe Temperaturen, Beschädigungen und Verschmutzungen des Batteriedeckels beschleunigen die Selbstentladung.

Der Schub-Schraubtrieb-Anlasser

Technik-lexikon

Dem Motor des Ford Ka haucht beim Start ein Schub-Schraubtrieb-Anlasser die nötigen »Lebensgeister« ein.

- Drehen Sie den Zündschlüssel in Richtung »Start«, liefert am Zündschloss die Klemme 50 Spannung an einen Magnetschalter oben auf dem Anlasser.
- Eine Einrückgabel schiebt dann auf einem Steilgewinde das Anlasserritzel der Ankerwelle in den Zahnkranz des Schwungrads (Schubweg).
- Gegen Ende des Schubwegs »steht« das Anlasserritzel unmittelbar vor dem Zahnkranz der Schwungscheibe. Der Magnetschalter gibt jetzt über die Hauptkontakte den vollen Batteriestrom frei (Klemme 30). Das Ritzel schraubt sich weiter in den Zahnkranz und stellt so den Kraftschluss her (Schraubweg) – der Anlasser dreht den Motor durch.
- Sobald der Motor angesprungen ist und Sie den Zündschlüssel loslassen, bricht das magnetische Feld in der Haltewicklung des Magnetschalters zusammen. Eine Rückzugfeder zieht dann die Einrückgabel in ihre Ruhestellung. Das Anlasserritzel spurt aus dem Schwungrad aus, die Stromzufuhr zum Anlasser wird unterbrochen.

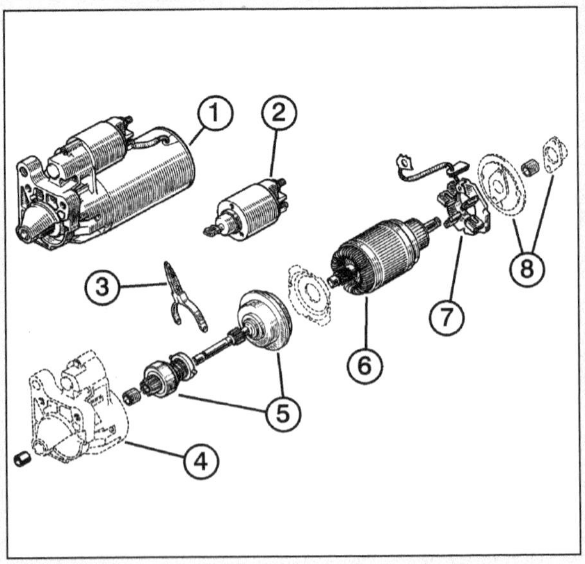

Die Teile des Anlassers.
❶ Anlasser komplett, ❷ Magnetschalter, ❸ Einrückgabel, ❹ Antriebslagerschild, ❺ Ritzelantrieb mit Freilauf, ❻ Anker mit Kollektor, ❼ Bürstenhalter, ❽ Kollektorlagerschild mit Kleinteilen zur Lager-Axialspieleinstellung.

Der Generator

Der Generator (Lichtmaschine) ist ein kompaktes »Stromkraftwerk«. Es versorgt bei laufendem Motor alle elektrischen Aggregate mit Strom und lädt mit seiner überschüssigen Energie ständig die Batterie auf. Im Ka arbeiten 14 Volt Drehstromlichtmaschinen mit 70, respektive 90 Ampere Leistung. Sie werden von Keilrippenriemen angetrieben und laufen ungefähr mit doppelter Motordrehzahl. Drehstrom-Generatoren erzeugen Wechselstrom, den ein im Gehäuse integrierter Gleichrichter in Gleichstrom umwandelt. Die erforderliche Bordspannung begrenzt ein an der Rückseite des Generators montierter Regler. Der Generator lädt die Batterie und versorgt gleichzeitig alle eingeschalteten elektrischen Verbraucher.

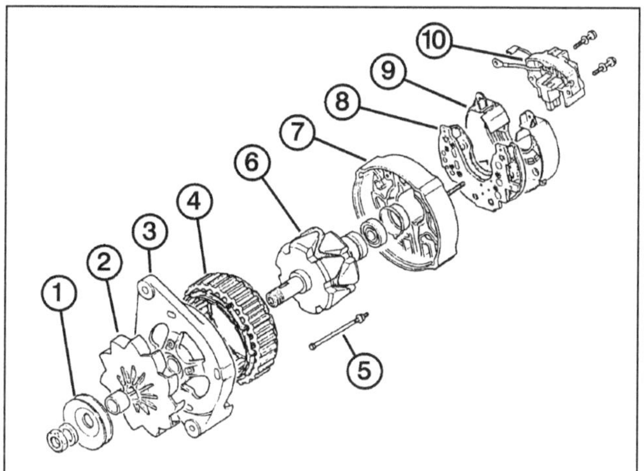

***Lichtmaschine** (Explosionszeichnung):*
❶ Keilriemenscheibe, ❷ Lüfter, ❸ Antriebslagerschild, ❹ Ständerwicklung, ❺ Verbindungsschraube, ❻ Läufer mit Schleifringen, ❼ Schleifring-Lagerschild, ❽ Gleichrichter mit Dioden, ❾ Plastikabdeckung, ❿ Regler mit Bürstenhalter. Der Aufbau der in den verschiedenen Ka-Modellen eingebauten Lichtmaschinentypen ist ähnlich.

Regelt die Bordspannung – der Spannungsregler

Je schneller die Lichtmaschine dreht, um so höher steigt die Spannung – das funktioniert ähnlich wie bei einem Fahrraddynamo. Für die Lebensdauer der Stromverbraucher im Auto wäre eine ständig wechselnde und überhöhte Spannung absolut schädlich. Daher »bremst« ein Spannungsregler die Lichtmaschine ein. Er schont mit seinem Tun die Bordverbraucher und verhindert zugleich ein Überladen der Batterie. Der Regler befindet sich an der Rückseite in der Lichtmaschine. Er begrenzt die Betriebsspannung, je nach Batterie- und Umgebungstemperatur, auf Werte zwischen 13,8 und 14,5 Volt. Moderne Generatoren, wie der Ihres Ka, sind ab Werk praktisch wartungsfrei. Selbst die Schleifkohlen halten unter normalen Bedingungen gut 100 000 Kilometer. Generatorreparaturen sollten Sie der Fachwerkstatt überlassen.

Spannung, Strom und Widerstand messen

Technik-lexikon

Wenn es Sie interessiert, ob die verschiedenen elektrischen Verbraucher Ihres Ka in Ordnung sind, kann Ihnen nicht nur ein Autoelektriker helfen: Im Fachhandel gibt es eine Reihe von Prüfgeräten, mit denen Sie die Elektrik selbst inspizieren können.

Prüflampe (mit Nadelkontakt): Damit testen Sie, ob ein Stromkreis Spannung führt: Je heller die Lampe leuchtet, um so mehr Spannung liegt an. Stechen Sie mit dem Nadelkontakt der Lampe einfach die Isolierung des zu prüfenden Kabels an. Die Klemme am Lampenkabel clipsen Sie dazu an Masse (z. B. Batterie Klemme 31 »Minuspol«, Motorgehäuse, blankes Karosserieblech o. ä.) fest. Vorsicht: Prüflampen nehmen viel Leistung auf, sie eignen daher nicht um elektronische Bauteile (z. B. Motormanagement) zu prüfen. Verwenden Sie hier besser einen Spannungsprüfer mit Leuchtdioden.

Spannungsprüfer mit Leuchtdioden: Je nach Ausführung zeigen jene Spannungsprüfer Gleich- und Wechselspannungen zwischen sechs und rund 700 Volt an. Die Anzeige erfolgt optisch über Leuchtdioden. »Brauchbare« Geräte gibt's im Fachhandel ab etwa 15 Mark.

Multimeter (Vielfachinstrument): Damit messen Sie Spannung, Strom (Gleich-/Wechselstrom) und Widerstand. Geeignete Geräte mit digitaler Anzeige gibt's bereits ab etwa 25 Mark. Multimeter funktionieren in der Regel mit einer internen Batterie.

Spannung messen: Wenn Sie beispielsweise die Batterie-Ruhespannung mit einem Multimeter messen möchten, klemmen Sie das mit » – « gekennzeichnete schwarze Kabel an Klemme 31 der Batterie (Minuspol) oder an Masse an. Das rote » + «-Kabel des Messgeräts verbinden Sie mit Klemme 30 der Batterie (Pluspol) oder mit der zu messenden Leitung. Zeigt das Instrument etwa nur 10,4 Volt an, deutet das auf eine defekte Batteriezelle hin. Prüfen Sie darum die Batteriespannung während des Anlassvorgangs – »schlappe« Akkus verraten sich mit Messergebnissen von 5 Volt (+/- 0,5 V).

Strom messen: Dazu unterbrechen Sie den Stromkreis und schalten das Messgerät dazwischen. In der Regel reicht es, wenn Sie bei Ihrem Ka den betreffenden Steckkontakt abziehen und das Messgerät einfach zwischen Stecker und Kontaktzunge schalten. Vorsicht: Achten Sie stets auf den Messbereich Ihres Multimeters. In Verbrauchern, wie z. B. dem Anlasser, fließen sehr hohe Ströme – Ihr Gerät könnte darunter leiden.

Widerstand messen: Mit dem Multimeter prüfen Sie auch Kabel oder Schalter auf Durchgang. Fließt der Strom ungehindert, lesen Sie auf dem Gerät den Messwert 0, defekte Kabel oder Schalter erkennen Sie dagegen am Messwert unendlich (∞). Außerdem prüfen Sie mit dem Multimeter auch den Innenwiderstand elektrischer Bauteile.

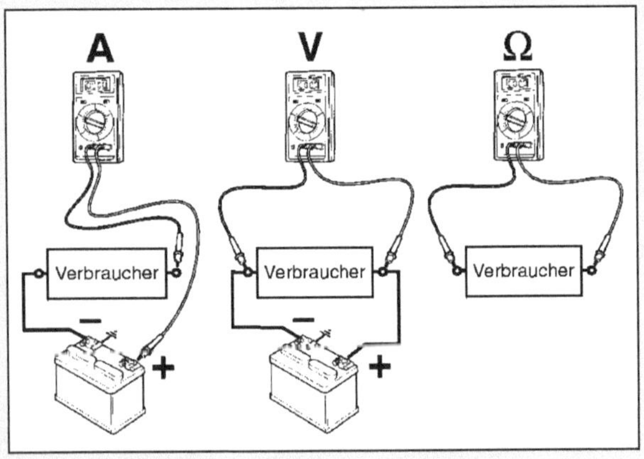

***Schematischer Anschluss eines Multimeters:** Strom (A), Spannung (V) und Widerstand (Ω). Verbraucher sind z. B. Lampen, Elektromotoren oder Anlasser.*

Säurestand der Batterie kontrollieren – Kontakte pflegen

Der Ka hat ab Werk eine weitgehend wartungsfreie Batterie an Bord. Ihre Lebensdauer hängt natürlich stark von den Einsatzbedingungen ab: Jeder Kaltstart, überwiegender Kurzstreckenverkehr mit vielen Ampelstopps und Stop-and-go-Verkehr, jeder zusätzliche Bordverbraucher (Klimaanlage, beheizbare Heckscheibe, Innenraumgebläse, Fahrlicht, etc.) stressen den Stromspeicher mehr als regelmäßiger Langstreckenbetrieb. Dennoch – drei bis fünf Jahre halten moderne Batterien allemal.

Wenn Sie sich danach für eine weniger bequeme »Ersatzbatterie mit offenen Zellen« entscheiden sollten, raten wir Ihnen den Stand der Batterieflüssigkeit von Zeit zu Zeit zu prüfen. Batterieflüssigkeit besteht aus mit destilliertem Wasser verdünnter Schwefelsäure. Hohe Umgebungstemperaturen gleichwie ein defekter Spannungsregler reduzieren den Wasseranteil der Batteriesäure – das Wasser verdunstet.

Während langer Stillstandszeiten entlädt sich die Batterie automatisch selber. Auch das kann zu »Wassermangel« führen, ebenfalls Überbeanspruchungen von externen Stromverbrauchern (z. B. Kühlbox, Kleinkompressoren, etc.). Füllen Sie grundsätzlich nur destilliertes Wasser nach – Leitungswasser enthält, ähnlich wie abgekochtes Wasser, leitfähige Salze und weitere mineralische Stoffe, die der Batterie schaden. In servicefreundlichen Batterien kondensiert die »verdampfte« Flüssigkeit in einem Leitungslabyrinth oberhalb der Zellen und tropft wieder in die Zelle zurück.

Arbeitsschritte

① Batteriesäure muss mindestens bis zur »MIN-Markierung« am Gehäuse reichen (Oberkanten der Platten müssen gut bedeckt sein).

② Zu geringe Säurestände ergänzen. Dazu schrauben Sie den Verschlussstopfen heraus oder hebeln ihn mit einem Schraubendreher ab.

③ Den Flüssigkeitsstand einer geladenen Batterie ergänzen Sie bis zum oberen Strich (ca. 15 mm oberhalb der Platten) mit destilliertem Wasser.

④ Befüllen Sie eine stark entladene Batterie gerade so weit, dass die Platten bedeckt sind. Beim Aufladen steigt der Säurestand erheblich. Checken Sie danach den Säurestand erneut und ergänzen die Flüssigkeit – falls erforderlich – bis zur oberen Marke mit destilliertem Wasser.

⑤ Überfüllen Sie niemals die Batterie. Falls doch, tritt Säure an den Verschlussstopfen oder an der seitlichen Entlüftungsbohrung aus. Das führt zu Korrosion und Säurekristallen an der Batterieoberfläche und im Umfeld ihres Standplatzes. Säurekristalle lösen Sie vorsichtig mit einer Messingbürste und spülen sie danach mit reichlich Wasser ab. Vergessen Sie nicht, vorher Klemme 31 (Minuspol) der Batterie abzuklemmen.

Kontakte pflegen

① Oxidkristalle an den Batterieklemmen waschen Sie mit warmem Sodawasser ab oder entfernen sie mit einem speziellen Reiniger, zum Beispiel »Neutralon« von Varta.

② Danach fetten Sie die Batteriepole und Kabelklemmen mit Säureschutzfett »Ft 40v1« (Bosch) leicht ein. Vorsicht: Verteilen Sie kein Fett zwischen die Polkontaktflächen.

Batterie prüfen

Wirkt die Batterie trotz richtigem Säurestand und regelmäßiger Pflege »schlapp«, prüfen Sie mit einem Säureheber (Aräometer) den Ladezustand. Aräometer messen die Elektrolytenkonzentration in der Batterieflüssigkeit. Natürlich können Sie den Ladezustand auch mit einem Multimeter (Anzeigegenauigkeit ± 0,02 Volt) messen: Anhand der gemessenen Ruhespannung lässt sich der Batterieladezustand bestimmen.

Arbeitsschritte

Säuremessung

① Führen Sie den Test erst aus, nachdem die Batterie mindestens sechs Stunden »Ruhe« hatte.

② Batterie-Verschlussstopfen herausdrehen bzw. -hebeln.

③ Halten Sie das Messgerät senkrecht. Dann saugen Sie soviel Batteriesäure an, bis die Messspindel frei schwimmt.

Säuremessung

Säuregewicht (kg/l)	1,28	1,2	1,12
Zustand der Batterie	voll geladen	halb geladen	entladen

Ermittelt die Säuredichte jeder einzelnen Zelle: Säureheber. Zur Messung »heben« Sie nur soviel Batteriesäure aus der Zelle, bis der Schwimmer freigängig »schwimmt«. Bei einer intakten Batterie sind die Messergebnisse jeder Zelle nahezu identisch.

Spannung messen

① Liegt der letzte Ladevorgang weniger als 6 Stunden zurück, schalten Sie für etwa 30 Sekunden das Abblendlicht ein. Sie nivellieren dann etwaige Spannungsspitzen.

② Nach vier bis fünf Minuten Wartezeit prüfen Sie dann die Batteriespannung. Schalten Sie während der Messung alle Stromverbraucher aus.

Spannungsmessung

Spannung (V)	12,66 u. m.	12,48	12,3
Zustand der Batterie	100% gelad.	75% gelad.	50% entl.

Mit dem Multimeter lässt sich die Batteriespannung exakt messen. Bei einer Ruhespannung unter 12,3 Volt sollte die Batterie geladen werden.

Motor »fremdstarten« – per Starthilfekabel kein Problem

Verwenden Sie zur Starthilfe nur spezielle Elektronik-Starthilfekabel. Damit schützen Sie die elektronischen Bauteile Ihres Ka vor gefährlichen Spannungsspitzen.

Arbeitsschritte

① »Fremdstarter« möglichst nah an »die leere Batterie« heranfahren. Starthilfekabel sollten bequem zwischen die Batterien passen.

② Schalten Sie im Havaristen alle Stromverbraucher ab.

③ Im ersten Schritt verbinden Sie die Batteriepluspole mit dem roten Starthilfekabel. Klemmen Sie grundsätzlich zuerst die leere und dann die volle Batterie an.

④ Danach verbinden Sie mit dem schwarzen Starthilfekabel die Minuspole beider Batterien. Sollte die Kabellänge nicht reichen, nutzen Sie eine »satte« Masseverbindung (z. B. Federbeindom) im Motorraum.

⑤ Starten Sie den Motor im »Helferauto« und lassen ihn bei mittlerer Drehzahl laufen. Die Lichtmaschine liefert dann bereits genügend Spannung.

⑥ Starten Sie jetzt den Havaristen: Wenn der Motor nicht gleich anspringt, legen Sie nach weiteren Versuchen immer wieder eine kleine Pause ein. Der Anlasser könnte sonst zu warm werden. In den »Zwangspausen« fließen »die Ströme« bereits aus der vollen in die leere Batterie. Solange der Motor des »Fremdstarters« läuft, schadet das der »Starterbatterie« nicht.

⑦ Sobald der Motor läuft, klemmen Sie zuerst das schwarze Fremdstartkabel am Minuspol der »leeren« und dann an der vollen Batterie ab. Mit dem roten Kabel verfahren Sie anschließend auf die gleiche Art und Weise.

⑧ Damit sich die leere Batterie jetzt »erholen« kann, »gönnen« Sie ihr auf einer Probefahrt etwa 30 Kilometer mit leicht erhöhter Motordrehzahl.

Wagen anschieben

Praxistipp

»Streikende« Ka können Sie selbstverständlich auch anschieben. Das macht allerdings nur dann Sinn, wenn der Motor »theoretisch« in Ordnung ist. Sobald Sie zum Beispiel die Zündfunken unter der Motorhaube »knistern« hören, schonen Sie besser Ihre Kräfte und beheben den Schaden. Das kann sich sogar positiv auf Ihr Budget auswirken: Wenn Zündfunken unkoordiniert »unter der Motorhaube springen«, gelangen unverbrannte Frischgase in den Auspuff und verpuffen dort. Das schadet dem Katalysator – er verliert an Wirkungsrad.

① Zündung einschalten. Da in höheren Gängen die Lichtmaschine zu wenig Energie liefern würde, legen Sie zum Anschieben möglichst den ersten Gang ein.

② Auskuppeln und Wagen anschieben LASSEN.

③ Sobald der Wagen ausreichend in Schwung ist, lassen Sie abrupt die Kupplung kommen – der Motor dreht durch und müsste anspringen.

④ Treten Sie dann sofort die Kupplung, nehmen den Gang heraus, ziehen die Handbremse an und geben dann gefühlvoll Gas.

⑤ Sollten Ihre Helfer »zu wenig Schwung« haben, um den Motor zu »bewegen«, versuchen Sie auf die gleiche Art Ihr Glück im zweiten Gang.

Wagen anschleppen

Praxistipp

Sollte Ihr Ka nicht sofort anspringen, »quälen« Sie ihn nicht mit langen »Seilfahrten« – das könnte nämlich dem Katalysator den Garaus bereiten: Frischgase, die im Auspuff verpuffen, schaden seinen Waben (siehe Praxistipp »Wagen anschieben«. Vertrauen Sie sich immer nur einem erfahrenen »Schlepper« an und denken daran, dass mit stehendem Motor der Bremsweg länger ist (Bremskraftverstärker wirkungslos).

① Zündung einschalten, 2. Gang einlegen und Kupplung treten.

② Der Zugwagen fährt jetzt »weich« an.

③ Bei etwa 15 km/h lassen Sie die Kupplung langsam kommen. Bleiben Sie stets bremsbereit (Hand an die Handbremse).

④ Läuft der Motor, treten Sie die Kupplung, nehmen den Gang heraus und geben gefühlvoll Gas.

⑤ Geben Sie dem »Schlepper« ein Hupsignal und bremsen Ihren Wagen sanft ab.

Batterie laden

Eine demontierte oder im »Winterschlaf« befindliche Batterie sollten Sie monatlich nachladen. In völlig leeren Batterien kristallisiert die Schwefelsäure und setzt sich an den Zellwänden ab. Folge: Mit der Zeit »verglasen« die Zellen und werden unbrauchbar. Zudem frieren entladene Batterien bei Minustemperaturen ein – unterhalb –4°C können sie sogar platzen. Randvoll geladen, macht Ihnen Kälte dagegen wenig aus. Sollten Sie die Batterie nicht demontiert haben, klemmen Sie zur »Erhaltungsladung« auf jeden Fall das Minuskabel (Masseanschluss) ab.

Arbeitsschritte

① Klemmen Sie zunächst das Minuskabel (Masseanschluss) von der Batterie ab. Danach verbinden Sie das Pluskabel des Ladegeräts (rot) mit dem Pluspol und das Minuskabel (schwarz) mit dem Minuspol der Batterie.

② Der Ladestrom sollte zunächst etwa 10% der Batteriekapazität betragen (z.B. 4,0 A beim 43-Ah-Akku) und während des Ladevorgangs automatisch abnehmen.

③ Während des Ladevorgangs bildet sich oberhalb der Zellen Knallgas (Gasbläschen aus Wasser- und Sauerstoff). Das Gemisch entweicht aus den Entlüftungsbohrungen oder der Zentralentlüftung in die Atmosphäre und »verdünnt« dort sofort. Vorsicht ist dennoch geboten, vornehmlich in geschlossenen Räumen – wenn ihnen dort beißender Geruch in die Nase sticht, ist die Konzentration bereits gefährlich.

④ Sorgen Sie also grundsätzlich für eine wirkungsvolle Entlüftung des Arbeitsplatzes. Das gilt vor allem, wenn hohe Ladeströme fließen. Knallgas – in der richtigen Konzentration – entzündet sich übrigens schon an den »Funken«, die beim Ab- oder Anklemmen des Ladegeräts bzw. der Batteriekabel entstehen. Beachten Sie also die Sicherheitsvorschriften, ansonsten »fliegt Ihnen irgendwann das Garagendach davon«.

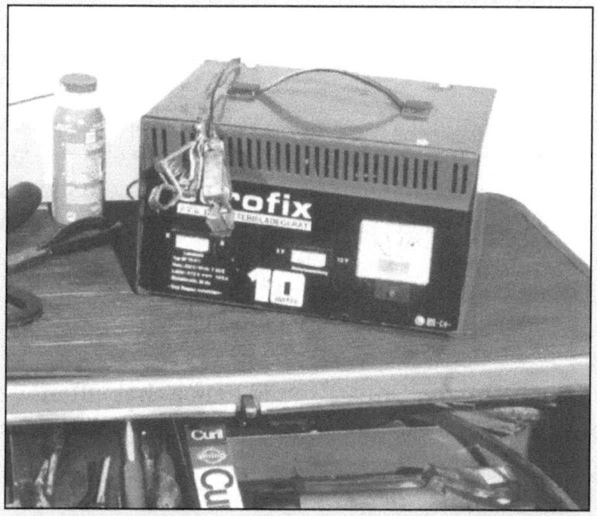

Eine ausgebaute Batterie sollten Sie einmal im Monat mit einem Heimwerker-Ladegerät nachladen.

Batterie und Lichtmaschine

Störungsbeistand

Störung	Ursache	Abhilfe
A Rote Ladekontrolle brennt nicht bei eingeschalteter Zündung.	**1** Batterie leer.	Mit Starthilfekabeln starten oder Wagen anschleppen.
	2 Batteriekabel gebrochen, Kabelklemmen lose oder oxidiert.	Batteriekabel und -klemmen kontrollieren.
	3 Kontrollleuchte defekt.	Ersetzen.
	4 Kabelweg zwischen Zündschloss, Kontrolllampe und Lichtmaschine unterbrochen.	Stromweg mit Prüflampe kontrollieren.
	5 Spannungsregler defekt.	Regler austauschen.
	6 Lichtmaschine defekt.	Lichtmaschine überholen lassen oder austauschen.
	7 Feuchtigkeit bildet einen isolierenden Schmierfilm zwischen Schleifringen und Kohlen (z. B. nach Motorwäsche) der Lichtmaschine.	Lichtmaschine mit Druckluft ausblasen, evtl. Schleifringe und Kohlen säubern.
B Ladekontrolle brennt oder glimmt bei laufendem Motor.	**1** Keiriemen lose bzw. gerissen.	Keilriemenspannung kontrollieren bzw. Keilriemen erneuern.
	2 Mangelnder Kontakt an Kabelanschlüssen der Lichtmaschine oder unterbrochene Kabel.	Kabelanschlüsse und Kabel prüfen.
C Batterieoberfläche feucht.	**1** Batteriezellen mit destilliertem Wasser überfüllt.	Ausgasen lassen. Keine Säure absaugen.
	2 Batterieverschlüsse verstopft.	Entlüftungsbohrungen mit Stecknadel säubern.
D Batterie gast stark.	**1** Spannungsregler defekt.	Regler prüfen bzw. erneuern.

Batterie aus- und einbauen

Bevor Sie die Batterie abklemmen, notieren Sie sich sämtliche Codes Ihres Ka, so zum Beispiel den Radiodiebstahlcode, seine gespeicherten Stationssender usw. Falls Sie das vergessen sollten, bleibt hernach das Radio stumm. Außerdem »vergisst« auch die elektronische Steuerung der Betriebssysteme einen Großteil ihrer Informationen. Sie schaltet kurzerhand auf Notprogramm und regeneriert sich normalerweise im Fahrbetrieb nach rund 20 Kilometer. Sollte das bei Ihrem Ka jedoch nicht der Fall sein, fahren Sie Ihren Ford-Händler an und lassen das PCM neu einlesen – das Prozedere ist in wenigen Minuten erledigt.
»Dieser Hinweis gilt grundsätzlich bei allen Arbeitsschritten zu denen die Batterie abgeklemmt wurde.«

Arbeitsschritte

① Batterieabdeckung abnehmen. Damit kein Kurzschluss entsteht, klemmen Sie zuerst das Batterie-Minuskabel ab. Dazu lösen Sie die Klemmmutter und ziehen die Klemme vom Batteriepol ab.

② Pluskabelklemme lösen und abnehmen.

③ Batteriebefestigungsbügel abschrauben.

④ Batterie aus dem Motorraum herausheben.

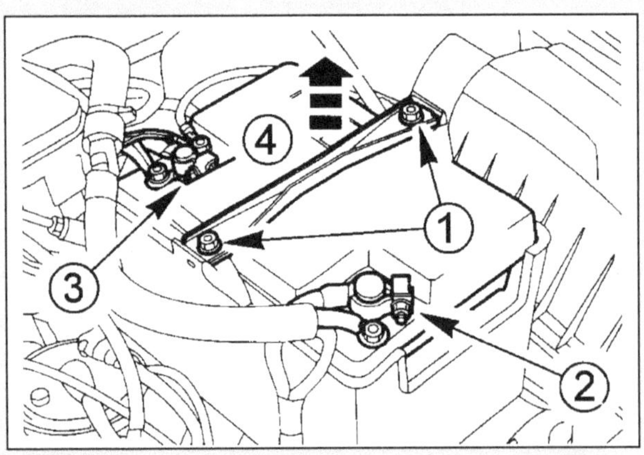

***Beachten Sie die Reihenfolge:** Zuerst den Minus- ❸ und dann erst den Pluspol ❷ abklemmen. Danach lösen Sie die Befestigung ❶ und heben die Batterie nach oben ❹ aus.*

⑤ Achten Sie bei der Montage darauf, dass Sie die Batterie stabil auf der Konsole abstellen. Falls nicht, können Bleiplatten zerstört werden (Vibrationen).

⑥ Zur Montage schließen Sie zuerst das Pluskabel und dann erst das Minuskabel an. Die Kabelklemmen können Sie nicht vertauschen, da die Batteriepole unterschiedlich dick sind.

⑦ Schützen Sie die Pole gegen Sulfatieren mit Säureschutzfett »Ft 40v1« (Bosch) oder Vaseline.

»Lutschen« den Akku leer – stille Bordverbraucher

Macht eine völlig intakte Batterie plötzlich »schlapp«, hat sich meistens ein »stiller« Verbraucher aus dem Bordnetz ihres »Safts« bedient. Machen Sie eine Spannungsprüfung. Falls erforderlich, kreisen Sie danach den stillen Verbraucher ein.

Arbeitsschritte

① Batterie-Minuskabel abklemmen, Kabel des Multimeters zwischen Minuspol und Batteriekabel anschließen. Zeigt das Gerät »Ströme« an, gehen Sie von einem defekten Verbraucher aus.

② Massekabel anschließen, Sicherungskasten öffnen und eine Sicherung herausnehmen. An die »leeren« Kontakte schließen Sie dann das Multimeter an. Fließt kein Strom, ist der betreffende Stromkreis in Ordnung. Auch ein geringer Stromfluss ist kein Alarmsignal: Geräte wie Bordcomputer, Uhren, Radios und Alarmanlagen stehen ständig unter Strom. Ihr Stromverbrauch ist freilich viel geringer als bei einem defekten Verbraucher.

③ Wiederholen Sie die Messungen am Sicherungskasten so lange, bis Sie den Stromkreis mit dem »stillen Verbraucher« entdeckt haben. Die Sicherungstabelle auf Seite 195 zeigt Ihnen, welche Verbraucher diesem Stromkreis angeschlossen sind.

④ Jetzt klemmen Sie der Reihe nach sämtliche Verbraucher ab und messen jeweils den Strom. Sobald das Multimeter keine Spannung anzeigt, haben Sie den stillen Verbraucher entlarvt.

Spannungsregler prüfen

Arbeitsschritte

① Multimeter zwischen Klemme » + « (rotes Kabel) der Lichtmaschine und Masse anklemmen.

② Motor 2 Minuten mit 3000 bis 4000min^{-1} hochdrehen lassen, damit die Lichtmaschine betriebswarm wird (ca. 80° C).

③ Schalten Sie Standlicht, Radio oder das Frischluftgebläse ein. Das entspricht einer Strombelastung von 3 bis 7 Ampere. Die Regulierspannung muss jetzt zwischen 13,5 und 14,8 Volt liegen.

④ Bei höherer Spannung ist der Regler defekt – tauschen Sie ihn aus. Bei zu geringer Spannung sind erfahrungsgemäß die Generatorkohlen verschlissen. In diesem Fall bauen Sie die Lichtmaschine aus und lassen sie in der Fachwerkstatt (Bosch-Dienst) überholen.

Praxistipp: Fahren mit defekter Lichtmaschine

Wenn die Lichtmaschine oder der Regler streikt, können Sie eingeschränkt weiterfahren: Die Batterie übernimmt dann die Stromversorgung. Je nach Ladezustand und Kapazität reicht ihre Energie für etwa fünf Stunden aus – allerdings nur dann, wenn Sie alle überflüssigen Verbraucher ausschalten.

- Ziehen sie den Mehrfachstecker an der Lichtmaschine ab, die Batterie kann sich dann nicht über den defekten Generator oder Spannungsregler entladen.
- Benutzen Sie möglichst wenig den Anlasser – er benötigt besonders viel Strom. Wenn möglich, lassen Sie den Wagen anrollen.
- Schalten Sie Zusatzverbraucher – beheizbare Heckscheibe, Gebläse, Radio, AC. etc. aus.
- Scheibenwischer und Scheibenwaschanlage nur bei Bedarf in Betrieb nehmen.
- Bei Dunkelheit fahren Sie möglichst nur mit Abblendlicht.

Keilriemen wechseln

Bei den Ka-Motoren hält ein automatischer Riemenspanner den Keilrippenriemen »auf Zug«. Um die Riemenspannung müssen Sie sich also nicht mehr kümmern. Der Spannrolle sollten Sie jedoch von Zeit zu Zeit einen Blick gönnen. Fällt Ihnen »im Stand« dabei nichts Außergewöhnliches auf, starten Sie den Motor und achten auf die Bewegung der Rolle, sie muss beispielsweise beim Einschalten der Klimaanlage (falls vorhanden) bzw. beim schnellen Hochdrehen leicht »pendeln«. Falls nicht, könnte eine Riemenscheibe oder Welle verbogen oder eine Riemenscheibe unrund respektive ihr Dämpfungsmechanismus beschädigt sein. Starker Riemenverschleiß (ungleichmäßig tiefe Rillen) lassen die Spannrolle fortlaufend pendeln. Um der Sache auf den Grund zu gehen, erneuern Sie zunächst den Antriebsriemen. Achten Sie darauf, dass der neue Riemen die gleiche Bezeichnung hat.

Arbeitsschritte

Demontage

① Handbremse anziehen und Vorderwagen rüttelsicher aufbocken.

② Batteriemassekabel abklemmen.

③ Schaffen Sie sich Platz und demontieren den rechten Scheinwerfer.

④ Entspannen Sie den Riemen zunächst an der Spannrolle ❶. Drehen Sie dazu die mittlere Schraube so lange nach rechts, bis Sie den Riemen »locker« aus dem Riementrieb ❷ ziehen können.

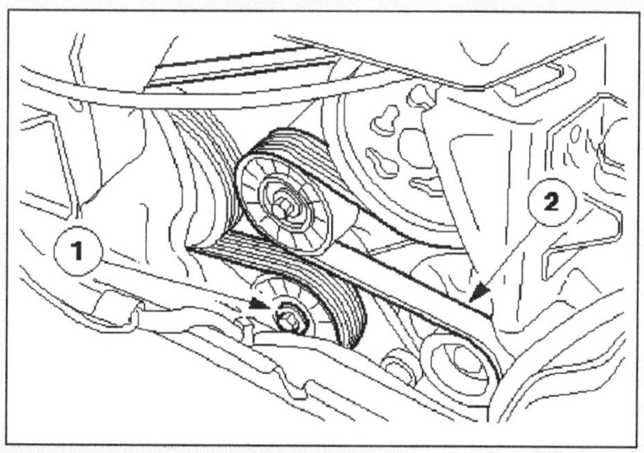

Antriebsriemen entspannen.
❶ Spannrolle, ❷ Riementrieb.

Montage

① Legen Sie den Antriebsriemen auf und achten darauf, dass er korrekt auf allen Riemenscheiben sitzt.

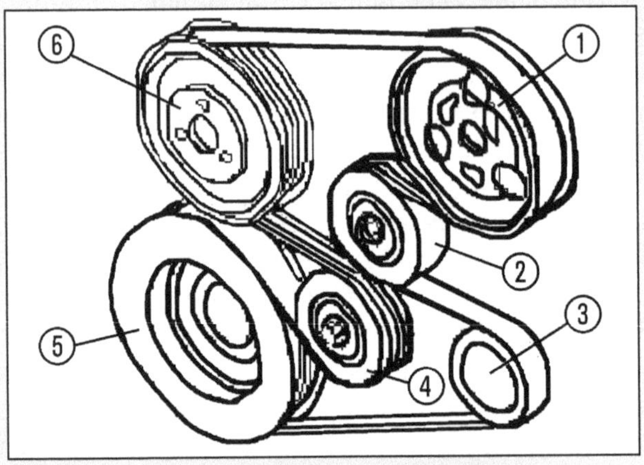

Riehmentrieb ohne AC: *❶ Servopumpe, ❷ Zwischenrolle, ❸ Generator, ❹ Spannrolle, ❺ Kurbelwelle, ❻ Wasserpumpe.*

Ka mit Servolenkung und Klimaanlage

② Achten Sie darauf, dass der neue Riemen auch geschmeidig über die Servopumpe läuft.

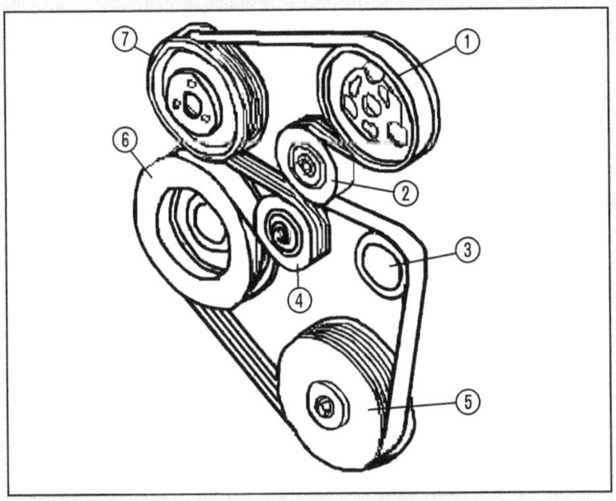

Riehmentrieb mit AC: *❶ Servopumpe, ❷ Zwischenrolle, ❸ Generator, ❹ Spannrolle, ❺ Klimaanlage, ❻ Kurbelwelle, ❼ Wasserpumpe.*

alle Modelle

③ Prüfen Sie ob die Bezeichnungen des neuen Riemens identisch mit denen des Vorgängers sind. »Schwenken« Sie nun die Spannrolle soweit nach rechts, bis der Riemen bequem über die Riemenscheiben passt.

④ Danach lassen Sie die Spannrolle in ihre Ausgangsstellung zurück. Die Vorspannung reicht einstweilen um den Motor starten zu können. Bereits nach einigen Umdrehungen fixiert der automatische Spanner dann den Riemen mit der richtigen Vorspannung.

⑤ Beenden Sie die Montage in umgekehrter Reihenfolge und ziehen die Spannrolle mit 35 Nm fest.

⑥ Überprüfen Sie die Scheinwerfereinstellung. Falls erforderlich richten Sie den rechten Scheinwerfer am linken aus und überlassen die Feineinstellung einer Werkstatt mit Scheinwerfereinstellgerät.

Riemenspannrolle wechseln

Arbeitsschritte

① Antriebsriemen wie beschrieben abnehmen.

② Generatorhalter (Pfeile) mit Riemenspanner und Umlenkrolle demontieren.

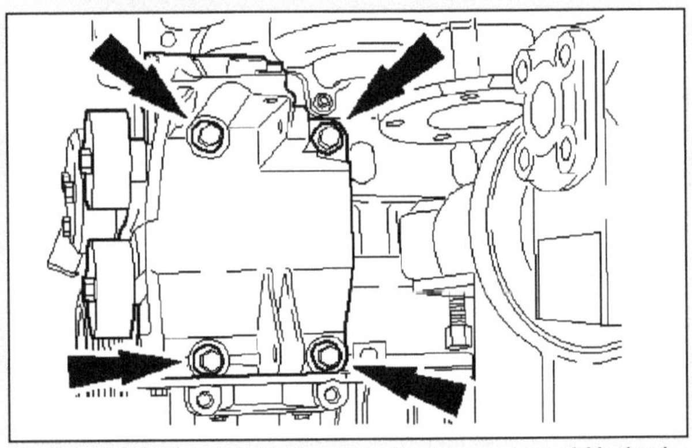

Generatorhalter (Pfeil) mit Riemenspanner und Umlenkrolle demontieren.

③ Spannrolle mit Halter abnehmen.

④ Halter mit neuer Spannrolle ansetzen und vorziehen.

⑤ Befestigungsmuttern mit 47 Nm anziehen.

⑥ Montage in umgekehrter Reihenfolge beenden. »Schwenken« Sie zunächst die Spannrolle soweit nach rechts, bis der Riemen bequem über die Riemenscheiben passt.

⑦ Danach lassen Sie die Spannrolle in ihre Ausgangsstellung zurück. Die Vorspannung reicht einstweilen um den Motor starten zu können. Bereits nach einigen Umdrehungen fixiert der automatische Spanner dann den Riemen mit der richtigen Vorspannung.

⑧ Ziehen Sie die neue Spannrolle mit 35 Nm an.

⑨ Überprüfen Sie die Scheinwerfereinstellung. Falls erforderlich richten Sie den rechten Scheinwerfer am linken aus und überlassen die Feineinstellung einer Werkstatt mit Scheinwerfereinstellgerät.

Generator demontieren

Arbeitsschritte

① Batteriemassekabel abklemmen und Vorderwagen rüttelsicher aufbocken.

Modelle bis Modelljahr '99

② Stecker vom Ansauglufttemperatursensor und Luftmassenmesser abziehen.

Alle Modelle

③ Ansaugschlauch (Pfeile) demontieren.

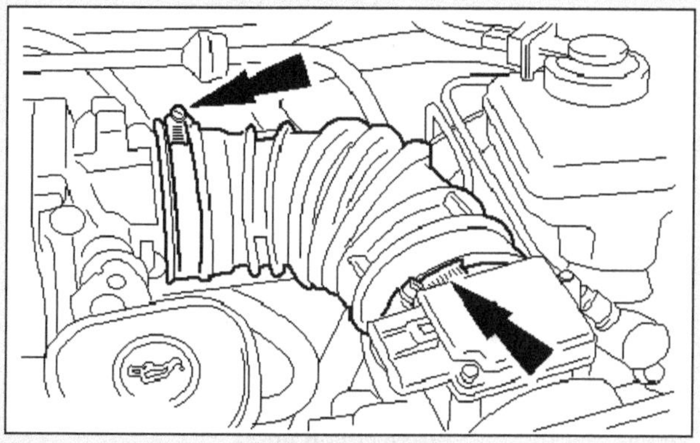

Ansaugschlauch (Pfeil) demontieren.

④ Luftfilterdeckel demontieren.

⑤ Luftfilteransaugrohr demontieren, Filtereinsatz herausnehmen und Gehäuse komplett demontieren.

⑥ Kabelstrang- und AC-Befestigung lösen.

⑦ Rechten Scheinwerfer demontieren.

⑧ Antriebsriemen demontieren.

⑨ Riemenscheibe (Pfeil) von der Servolenkungspumpe demontieren.

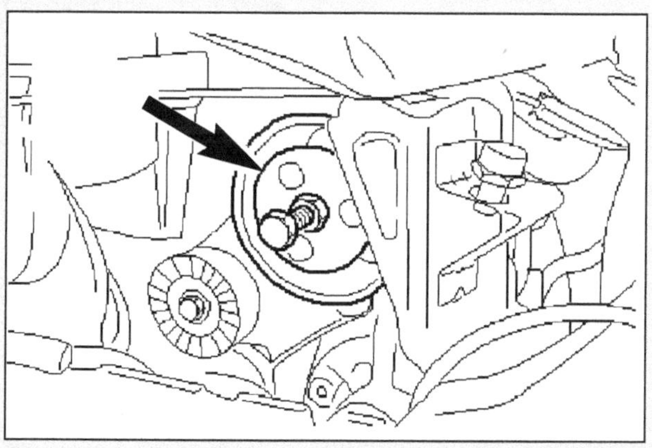

Riemenscheibe (Pfeil) von der Servolenkungspumpe demontieren.

⑩ Untere Kühlerabdeckung demontieren.

⑪ Schraube (Pfeil) des unteren Kühlerschlauchs herausdrehen.

Schraube (Pfeil) des unteren Kühlerschlauchs herausdrehen.

Modelle mit Klimaanlage (AC)

⑫ Stecker vom Verdichter abziehen.

⑬ Leitungsschelle des AC-Verdichters demontieren.

⑭ AC-Verdichter (Pfeile) komplett mit Leitungen demontieren und provisorisch mit Schweißdraht aufhängen. Behandeln Sie die Anschlussleitungen vorsichtig.

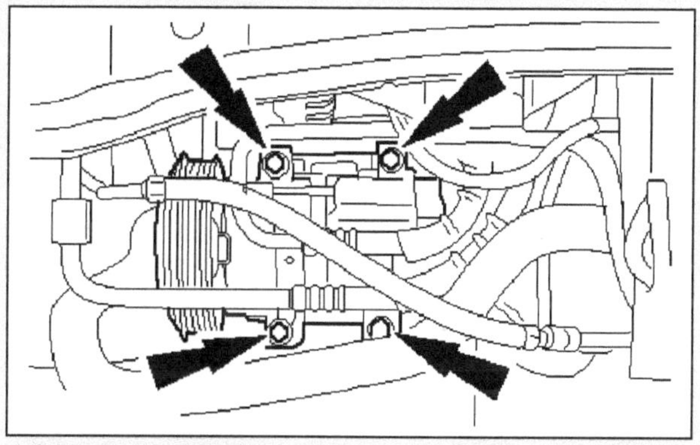

AC-Verdichter (Pfeile) komplett mit Leitungen demontieren.

⑮ Vorderwagen absenken.

Alle Modelle

⑯ Demontieren Sie nun das Hitzeschutzschild des Generators. Beginnen Sie mit der oberen Schraube und. . .

⑰ ...heben den Vorderwagen dann wieder rüttelsicher an.

⑱ Generatoranschlüsse (Pfeile) demontieren.

⑲ Drehen Sie am Generator nun die oberen Befestigungsschrauben heraus – starten Sie mit der rechten.

⑳ Lösen Sie den Generator am Halter. Drehen Sie dazu zunächst die Schrauben ❶ heraus und lösen dann den Generator vom Halter ❷.

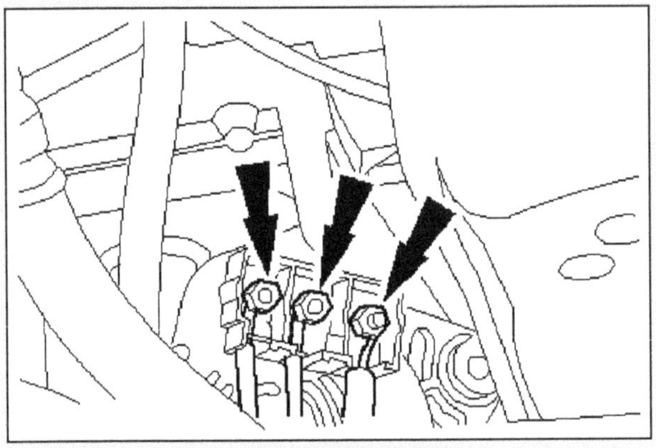

Generatoranschlüsse (Pfeile) demontieren.

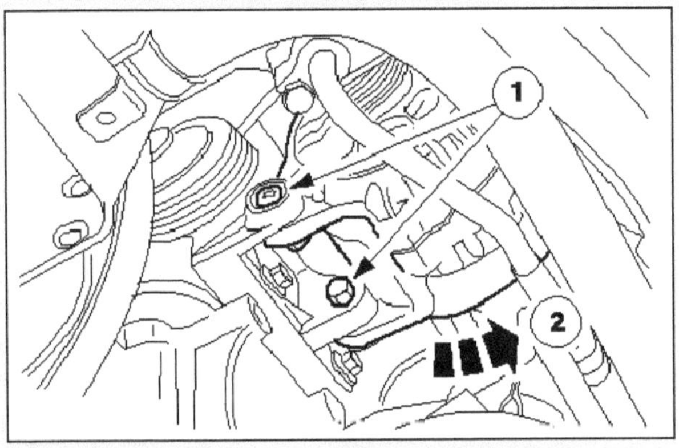

Generator vom Halter lösen ❷; dazu zunächst die Schrauben ❶ heraus drehen.

㉑ Zum Abschluss der Montage montieren Sie alle Einzelteile in umgekehrter Reihenfolge und stellen den Wagen wieder auf die Räder.

Anlasser demontieren

Streikt der Anlasser, sind meist mehrere Komponenten daran beteiligt. Der Magnetschalter oder die Schleifkohlen zum Beispiel können klemmen oder verschlissen sein. Auch die Ankerwelle kann in ihren Lagerstellen »gefressen« haben. Bevor Sie sich auf eine Reparatur einlassen, entscheiden Sie sich besser für einen Austauschanlasser oder ein gebrauchtes Aggregat aus einem neuwertigen Unfallwagen. Als Ersatzteil bietet Ford nur noch komplette Austauschanlasser an.

Arbeits-schritte

① Batteriemassekabel abklemmen.

② Ansaugrohr vom Drosselklappengehäuse demontieren.

③ Stecker vom Luftmassenmesser und Ansauglufttemperatursensor abziehen.

④ Luftfilter demontieren.

⑤ Obere Anlasserschraube (Pfeil) lösen.

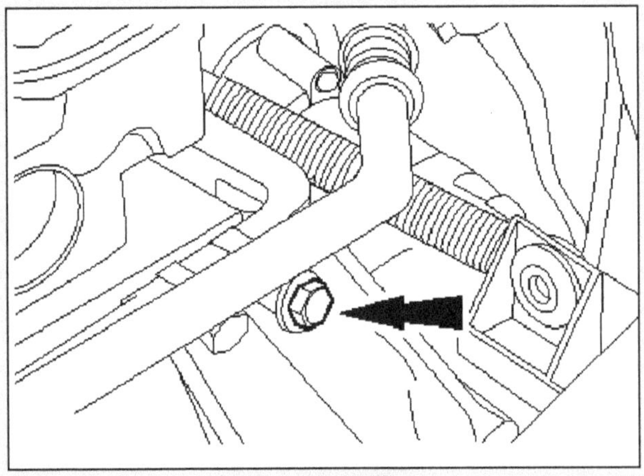

Obere Anlasserschraube (Pfeil) lösen.

⑥ Anlasserkabel aus dem Halter am Luftfilter ausclipsen.

⑦ Vorderwagen rüttelsicher aufbocken.

⑧ Beide Anlasserkabel (Pfeile) abklemmen.

Beide Anlasserkabel (Pfeile) abklemmen.

⑨ Beenden Sie die Montage in umgekehrter Reihenfolge und ziehen die Befestigungsschrauben mit 35 Nm an.

Anlasser

Störungs-beistand

Störung	Ursache	Abhilfe
A Anlasser dreht zu schwergängig oder gar nicht.	**1** Kontrolllampen brennen schwach oder verlöschen:	
	a) Batterie entladen,	Mit Starthilfekabeln starten, Auto anschieben/anschleppen.
	b) Kabelanschlüsse lose oder oxidiert,	Kabel befestigen, Anschlüsse säubern, Keilriemenspannung prüfen.
	c) Anlasser hat Masseschluss.	Anlasser überholen lassen oder austauschen.
	2 Kontrolllampen brennen hell, Klicken aus Richtung Anlasser – kurz auf den Magnetschalter klopfen. Dreht der Anlasser immer noch nicht:	
	a) Kohlebürsten bzw. deren Anschlüsse im Anlasser gelöst,	Anlasser überholen lassen.
	b) Kontakte im Magnetschalter verschmort (verklebt),	Anlasser überholen lassen oder austauschen.
	c) Anlasserwicklung schadhaft.	Magnetschalter erneuern bzw. Anlasser überholen lassen oder austauschen.
	3 Kontrolllämpchen brennen hell, keinerlei Anlassergeräusche:	Anschlüsse überprüfen.
	a) Klemme 1 am Magnetschalter lose,	Klemme neu befestigen.
	b) Klemme-1-Leitung vom Zündschloss zum Magnetschalter unterbrochen.	Leitung mit Prüflampe auf Durchgang kontrollieren, Klemmen auf festen Sitz prüfen.
B Anlasser läuft, Motor steht still.	**1** Ritzel verschmutzt oder verschlissen.	Ritzel reinigen bzw. erneuern.
	2 Einrückvorrichtung klemmt.	Anlasser überholen lassen.
	3 Zahnkranz auf Motorschwungscheibe beschädigt.	Wagen bei eingelegtem Gang ein Stück vorschieben. Erneut starten. Beschädigte Teile ersetzen lassen.
C Magnetschalter schaltet rhythmisch ein und aus, Anlasser läuft nicht	**1** Batterie stark entladen, Startspannung zu schwach.	Batterie laden.
D Anlasser läuft weiter, obwohl Zündschlüssel nicht mehr in Startstellung.	**1** Magnetschalter hängt oder Kontakte verklebt.	Zündung ausschalten, notfalls Batterie abklemmen. Magnetschalter erneuern, evtl. Anlasser austauschen lassen.
	2 Zünd-/Anlassschalter defekt.	Schalter ersetzen.
E Ritzel spurt nach Anspringen des Motors nicht aus.	**1** Rückstellfeder des Einrückhebels defekt, Schubschraubtrieb verschlissen.	Zündung abschalten, Anlasser auf Prüfstand kontrollieren, schadhafte Teile ersetzen, ggf. Anlasser austauschen.

Die Außenbeleuchtung

Die Außenbeleuchtung des Ka besteht aus Hauptscheinwerfern, Rück- und Bremsleuchten, Rückfahrscheinwerfer, Nebellampen (Option), Nebelschlussleuchten sowie Blink- und Kennzeichenleuchten. Die restlichen Lichtquellen beschreiben wir im Kapitel »Der Innenraum«.
Die meisten äußeren »Lampen« bestehen aus Lichtquelle, Reflektor und Streuscheibe. Als Lichtquelle in den Haupt- und Nebelscheinwerfern bemüht der Ka Halogenlampen. Seine Hauptscheinwerfer »beinhalten« jeweils zwei Kunststoff-Freiformreflektoren. Im Gegensatz zu Scheinwerfern herkömmlicher Bauart – deren Lichtquelle bündelt jeweils ein Parabolreflektor und eine profilierte Streuscheibe projiziert das Licht auf die Straße – reflektieren Freiformreflektoren ihr Licht in einer Vielzahl von Reflektorsektoren mit unterschiedlichen geometrischen Formen.
Daraus ergeben sich unterschiedliche Neigungswinkel der reflektierten Lichtstrahlen zur Reflektorachse. Im Klartext: Das Licht »verteilen« allein die Reflektoren mit ihren unterschiedlichen Brennpunkten auf die Straße – eine Streuscheibe ist da völlig überflüssig. Dementsprechend übernehmen die Polycarbonat »Streuscheiben« des Ka die Funktion eines transparenten »Kunststofffensters«, sie schützen die Scheinwerferinnereien vor Witterungseinflüssen, Straßenschmutz und äußeren Beschädigungen.

»Maßkonfektion« - zwei unterschiedliche Lampen fürs Fern- und Abblendlicht

Als »Abblendlicht« umschreibt der Gesetzgeber eine spezielle Lichtverteilung mit asymmetrischer Hell-/Dunkel-Grenze. Ihr Lichtmaximum konzentriert sich in Ländern mit Rechtsverkehr auf die rechte Fahrbahnseite. Das Ka-Abblendlicht »schöpft« seine Energie aus zwei H7-Halogenlampen, die »weiten Distanzen« leuchten gleichfalls zwei H7-Halogenlampen aus.
Falsch eingestellte Scheinwerfern blenden den Gegenverkehr und bei feuchter Witterung Sie selbst noch dazu. Lassen Sie darum Ihre Scheinwerfer regelmäßig prüfen – kostenlos zum Beispiel bei den jährlich im Herbst stattfindenden Aktionen von ADAC, TÜV und Dekra. Sie selbst sollten zudem vor jeder Nachtfahrt die Beleuchtung Ihres Ka inspizieren. Falls Sie dabei ein »blindes Auge« entdecken, beheben Sie den Schaden an Ort und Stelle.

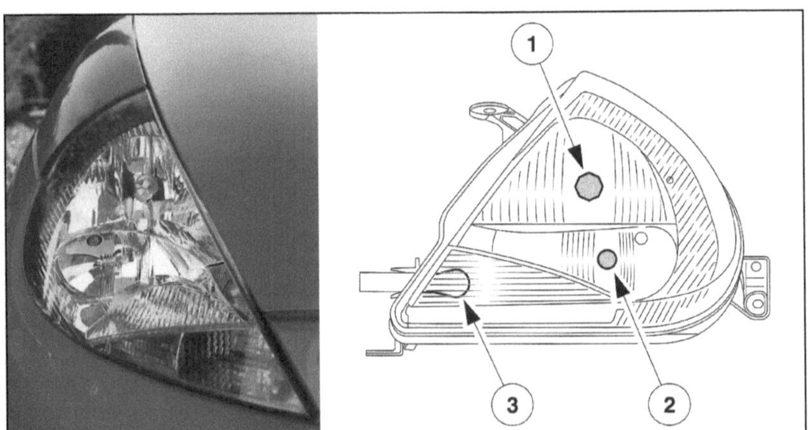

»Aalglatte« Oberfläche, »zerklüftetes« Innenleben: die Hauptscheinwefer des Ford Ka. ❶ *Abblendlicht,* ❷ *Fernlicht,* ❸ *Blinker.*

Sinnvoll - Ersatzlampenset an Bord

Denn der Gesetzgeber schreibt verbindlich vor, dass alle äußeren Beleuchtungskörper ständig funktionieren müssen. Vorausschauende Fahrer stellen sich darum ein Ersatzlampenset zusammen. Im Ka »brennen« generell 12 V-Lampen:

Abblendlicht	–	H7L	55W
Fernlicht	–	H7L	55W
Nebelscheinwerfer	–	H1	55W
Blinklicht vorne	–	Kugellampe	21W
Standlicht vorne	–	Glassockellampe	5W
seitliche Blinker	–	Glassockellampe	5W
Blinklicht hinten	–	Kugellampe	21W
Rücklicht	–	Kugellampe	5W
Nebellicht	–	Kugellampe	21W
Bremslicht	–	Kugellampe	21W
mittleres Bremslicht	–	Glassockellampen	5 W
Rückfahrlicht	–	Kugellampe	21W
Kennzeichenleuchte	–	Glassockellampe	6W
Gepäckraumleuchte	–	Soffitte	5W
Innenleuchte	–	Glassockellampe	10W
Leseleuchte	–	Soffitte	5W

Die Leuchtweiten-regelung

Technik-lexikon

Ab Werk ist jeder Ka mit einer Leuchtweitenregelung ausgestattet. Damit passen Sie die Leuchtweite exakt der Beladung an – der Gegenverkehr wird so unter keinen Umständen geblendet. Die Leuchtweitenregelung arbeitet mit spannungsgesteuerten Schrittmotoren. Mit dem Betätigungsschalter, rechts vom Lenkrad, variieren Sie einen verstellbaren Widerstand. Er leitet die gewählte Spannung an die Stellmotoren weiter: Je nach Einstellung verstellt eine Spindel im Scheinwerfergehäuse den Reflektor. In der Grundeinstellung, also mit zwei Personen besetzt, sollte das Rändelrad in Stellung »0« stehen, die Skala reicht im Ka bis Schalterstellung »4«.

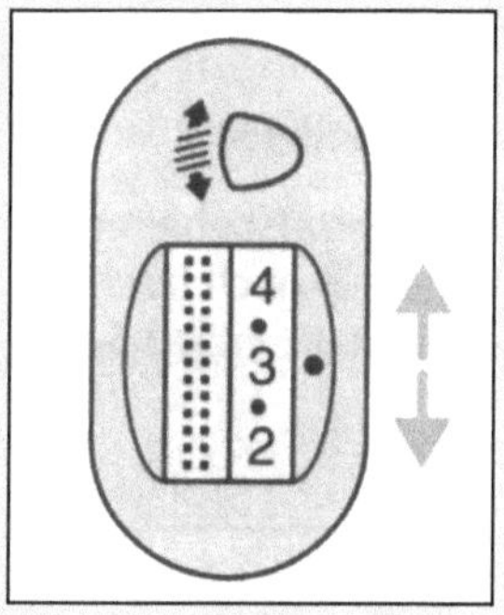

Leuchtweiten-Drehregler.

Kein Problem – Scheinwerferlampen wechseln

Die Lampen für Fahr-, Fern- und Standlicht finden Sie allesamt im Scheinwerfergehäuse. Zum Tausch müssen Sie die Scheinwerfer nicht demontieren. Öffnen Sie die Motorhaube und entfernen den Verschlussdeckel des betreffenden Scheinwerfers. **Wichtig:** Fassen Sie Halogenleuchten niemals am Glaskolben, sondern immer nur an der Fassung an. Verwenden Sie nur Ersatzlampen mit einem UV-Filter.

Arbeitsschritte (je Lampe)

Scheinwerfer, Standlicht

① Licht und Zündung ausschalten.

② Motorhaube öffnen.

③ Drahtbügel der Abdeckkappe an Scheinwerferrückseite nach oben drücken und Kappe abnehmen.

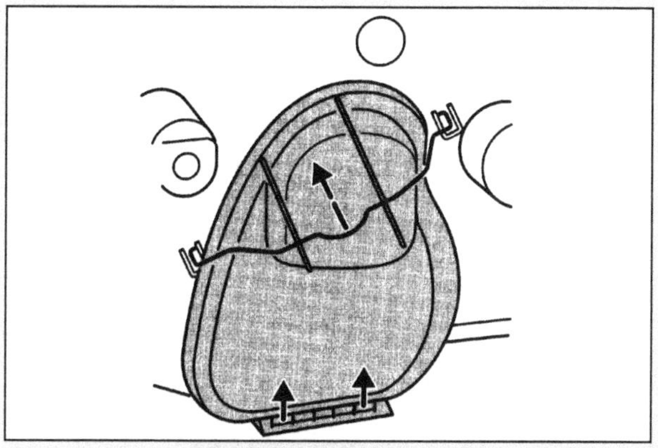

Drahtbügel der Abdeckkappe an der Scheinwerferrückseite nach oben drücken.

④ Lampenstecker abziehen, Drahtbügel seitlich weg klappen und Lampe am Sockel herausziehen.

⑤ Neue Lampe einsetzen, anschließen, Scheinwerfer verschließen. Achten Sie bei der Montage darauf, dass die Montagekerben der Lampe und die Führungslaschen der Abdeckkappe korrekt sitzen.

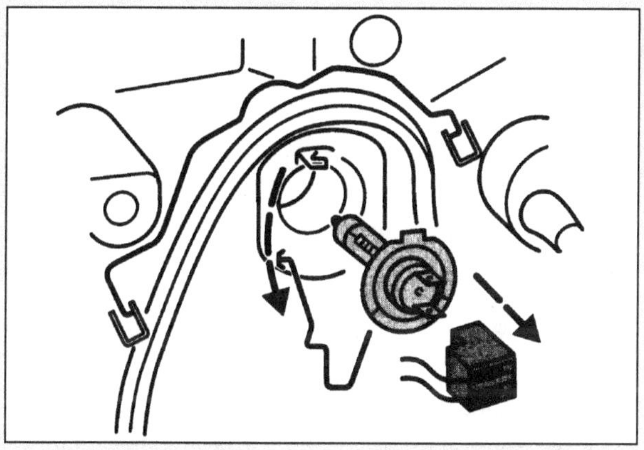

Abblendlampe wechseln.

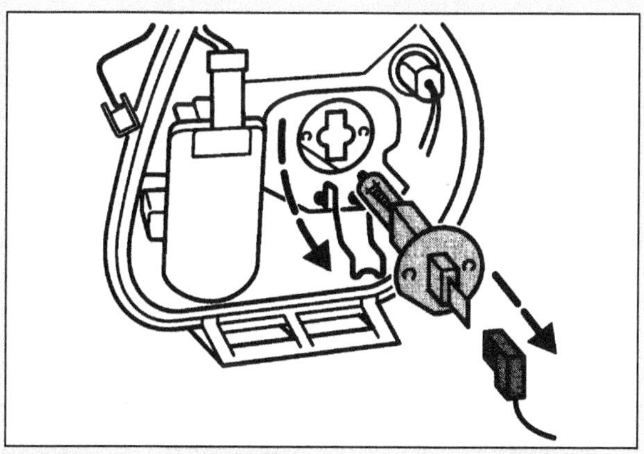

Fernlichtlampe wechseln.

Standlicht

① Lampenfassung aus dem Reflektor ziehen.

② Lampe aus der Fassung ziehen.

③ Neue Lampe einsetzen, anschließen, Scheinwerfer verschließen.

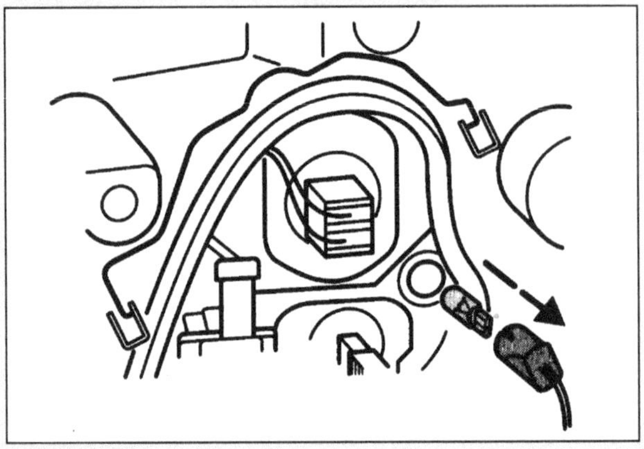

Standlichtlampe wechseln.

Praxistipp

Nach jedem Lampenwechsel – Scheinwerfereinstellung kontrollieren

Da sich beim Tausch der Scheinwerferlampen der Reflektor verstellen kann, sollten Sie den Wagen vor dem Lampenwechsel vor einer möglichst dunklen Wand abstellen und die Lichtkegel der intakten Lampen mit einem Kreidestrich an der Wand markieren. Nach dem Tausch den Lichtaustritt mit der Markierung vergleichen. Falls der Reflektor verstellt ist, lassen Sie das Licht besser in einer Fachwerkstatt mit einem optischen Scheinwerfereinstellgerät justieren.

vordere Blinkerlampe wechseln

① Lampenhalter nach links drehen und herausnehmen.

② Lampe bis zum Anschlag nach links drehen und herausziehen.

③ Neue Lampe einsetzen, anschließen, Lampenhalter einsetzen und bis zum Anschlag nach rechts drehen

seitliche Blinkerlampe wechseln

① Das gesamte Lampengehäuse gegen den Federdruck nach vorne oder hinten (abhängig von der Einbaulage) herausdrücken.

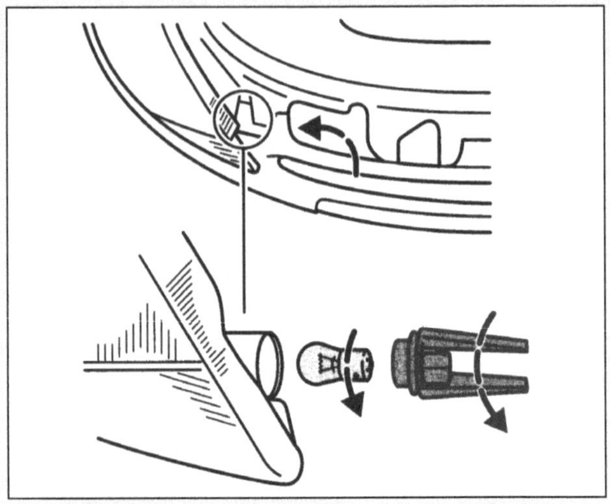

Vordere Blinkerlampe wechseln.

② Lampengehäuse mit Linksdrehung von der Lampenfassung trennen.

③ Lampe aus der Fassung ziehen.

④ Neue Lampe einsetzen, anschließen, Lampeneinheit befestigen.

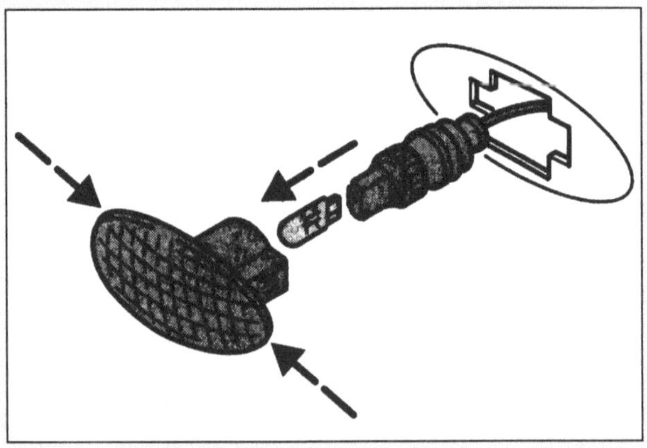

Seitliche Blinkerlampe wechseln.

Rücklichtlampen – Brems-, Schluss-, Blinklicht wechseln

① Heckklappe öffnen.

② Beide Laschen (Pfeile) des Lampenhalters zusammendrücken und den Lampenhalter komplett abziehen.

③ Defekte Lampe leicht in Lampenfassung hineindrücken und mit Linksdrehung aus der Fassung ziehen.

④ Neue Lampe einsetzen, anschließen, Lampenhalter befestigen.

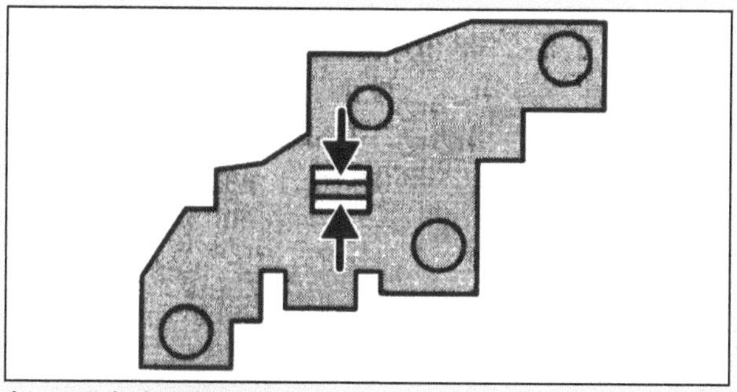

Lampenhalter herausnehmen.

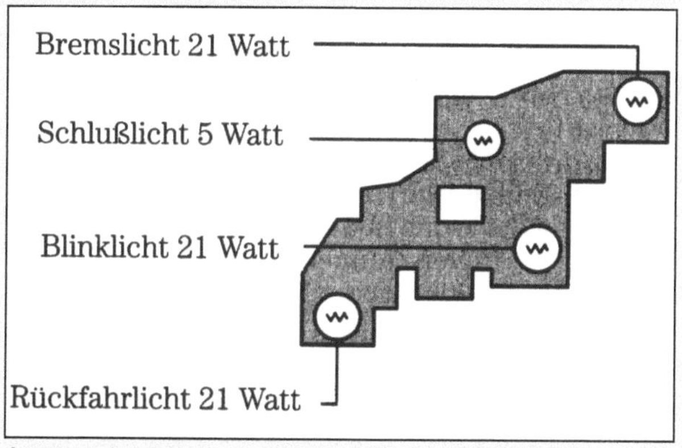

Lampe einsetzen.

mittlere Zusatzbremsleuchten-lampe wechseln

① Heckklappe öffnen.

② Beide Schrauben an der Bremsleuchteneinheit lösen und Gehäuse abnehmen.

③ Die seitlichen Verriegelungen nach außen drücken und gleichzeitig den Leuchtensockel inklusive der Abdeckung herausziehen.

④ Drücken Sie den Reflektoraufsatz aus den vier Arretierungspunkten und ziehen ihn ab.

⑤ Neue Lampe einsetzen, anschließen, Lampeneinheit befestigen.

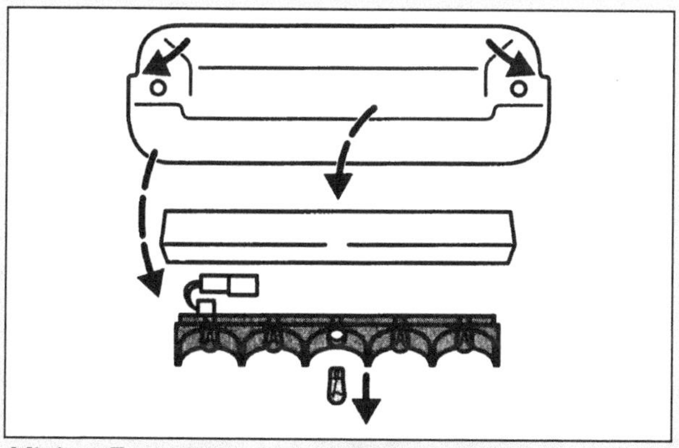

Mittlere Zusatzbremsleuchtenlampe einsetzen.

Kennzeichenleuchte wechseln

① Leuchteneinheit mit flachem Schraubendreher herausheben.

② Fassung nach links drehen und abnehmen.

③ Defekte Lampe herausziehen und neue Lampe einstecken.

④ Leuchteneinheit einclipsen.

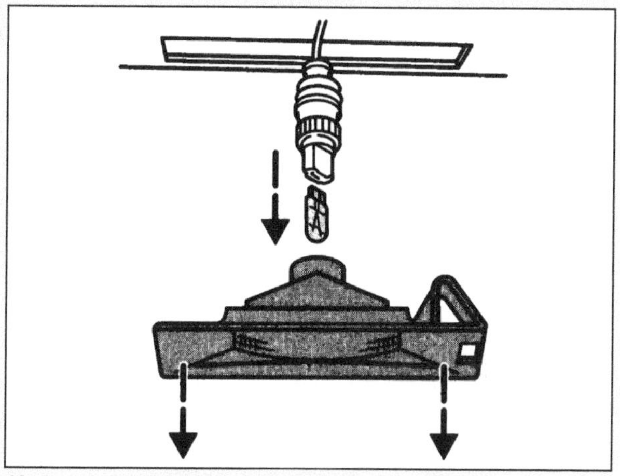

Kennzeichenleuchte einsetzen.

Innenleuchte wechseln

① Innenleuchte ausschalten.

② Leuchtengehäuse mit flachem Schraubendreher an der dem Schalter gegenüberliegenden Seite herausheben.

③ Lampe unter leichten Druck nach links drehen und aus der Fassung ziehen.

④ Neue Lampe einsetzen.

⑤ Leuchtengehäuse montieren.

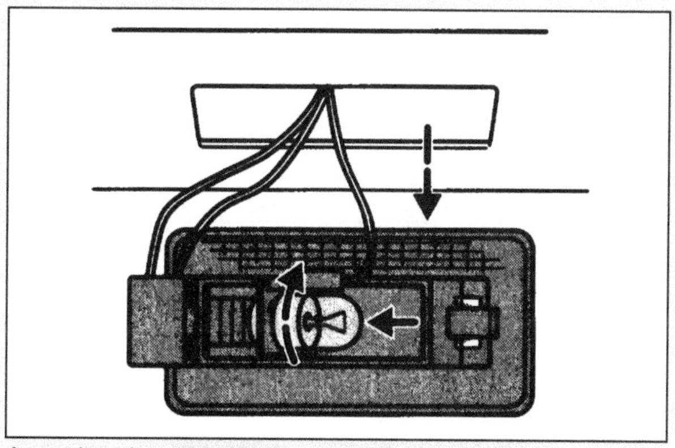

Innenleuchte einsetzen.

Praxistipp

Turnusmäßig wechseln – Glühlampen

Jede normale Glühlampe unterliegt einem Verschleiß: Partikel ihres Glühfadens verdampfen und mindern die Leuchtkraft. Erneuern Sie daher nach spätestens zwei Jahren grundsätzlich die Lampender Außenbeleuchtung (außer Halogenlampen). »Austauschwürdige« Lampen erkennen Sie übrigens auch an leicht geschwärzten Lampenkolben.

Scheinwerfer provisorisch einstellen

Falls Sie das Licht auf die Schnelle nicht ordentlich einstellen lassen können, »behelfen« Sie sich für den Moment:

- Der Tank sollte gut gefüllt sein. Ansonsten packen Sie etwa 30 Kilogramm Ballastgewicht in den Kofferraum.
- Prüfen Sie den Reifendruck und pumpen die Pneus eventuell auf.
- Stellen Sie Ihr Auto gegenüber einer möglichst dunklen Einstellwand ab. Der Abstand zwischen Front und Wand beträgt exakt fünf Meter.
- Drücken Sie den Wagen mehrmals kräftig in die Federn.
- Stellen Sie die Scheinwerferregulierung auf »0«.
- Entweder Sie setzen jetzt einen »Helfer« hinter das Lenkrad oder Sie belasten den vorderen Fußraum mit rund 75 Kilogramm.
- Messen Sie den Abstand zwischen Boden und Mittelpunkt der beiden Scheinwerfer aus: Das Maß markieren Sie an der Wand und verbinden es mit einer Linie S1.
- Fünf Zentimeter darunter zeichnen Sie eine parallele Linie E an die Wand. Das ist die Neigung des Abblendlichts auf fünf Meter Entfernung.
- Peilen Sie nun durch das Heckfenster nach vorne und lassen Ihren Helfer exakt in Fahrzeugmitte eine senkrechte Linie M einzeichnen.
- Messen Sie auf beiden Seiten den Abstand zwischen Fahrzeugmitte und dem Mittelpunkt des Scheinwerfers. Übertragen Sie diese Werte auf die Hilfslinie S1 (rechts und links vom Schnittpunkt der beiden anderen Linien M und S1) und markieren sie mit einem Einstellkreuz S2.

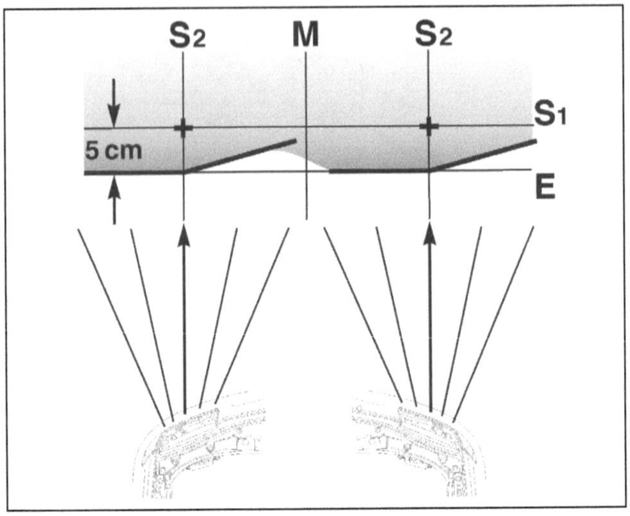

Mit Kreide, Zollstock und einem Assistenten: So sieht die Einstellskizze aus.

- Genau fünf Zentimeter unter diesen Kreuzen justieren Sie jetzt auf der Einstelllinie E die Abknickpunkte des Abblendlichts.
- Sollte Ihr Auto Nebelscheinwerfer besitzen (Option), ermitteln Sie auf die gleiche Art »Ihre« Einstellkreuze für die Nebelleuchten.
- Die Einstellschrauben verstellen Sie vom Motorraum aus.
- Verdrehen Sie die Höhenverstellschraube ❶ so lange, bis die Hell/Dunkelgrenze des Abblendlichtkegels mit seiner waagrechten Einstelllinie E übereinstimmt.
- Danach verstellen Sie an der Scheinwerferinnenseite die Seitenverstellschraube ❷. Der Abknickpunkt im Abblendlichtbild muss genau auf das Einstellkreuz ausgerichtet sein – ein Streuanteil von rund 15 Prozent darf über der Linie liegen.
- Nach der Einstellung »stimmt« das Fernlicht automatisch.

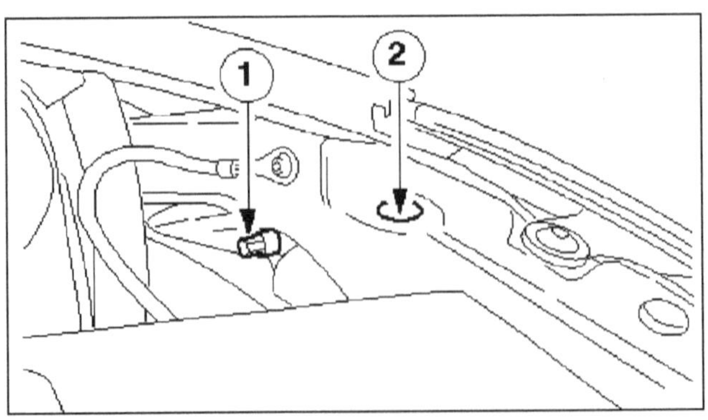

Scheinwerfereinstellschrauben: *❶ Höhenverstellschraube, ❷ Seitenverstellschraube.*

Die Signaleinrichtungen

Um anderen Verkehrsteilnehmern eindeutig Ihre Fahrabsichten mitteilen zu können, hat Ihr Ka Signaleinrichtungen an Bord. Wenn Sie zum Beispiel die Fahrtrichtung ändern, »verrät« der Blinker den Kurswechsel, beim Tritt aufs Bremspedal warnen die Bremsleuchten Ihren Hintermann. Als aufmerksamer Autofahrer haben Sie und andere das Verkehrsgeschehen um Sie herum im »Griff« – zumal Ihr Ka Ihnen noch mehr »Kommunikationsmöglichkeiten« als den Blinker und das Bremslicht bietet.

Pflicht im öffentlichen Straßenverkehr – Hupe und Warnblinker

Die Straßenverkehrs-Zulassungsordnung (StVZO) schreibt jedem Kraftfahrzeug zwingend ein Signalhorn vor. Außerdem verlangt der Gesetzgeber bei zweispurigen Kraftfahrzeugen eine Warnblinkanlage, mit der Sie Ihren Ka im Notfall »vom Fahrersitz aus« absichern können. Da die Warnblinkanlage auch bei ausgeschalteter Zündung funktionieren muss, »hängt« sie, von einer Sicherung vor möglichem Kurzschluss geschützt, direkt am Batteriestromkreis. Die Richtungsblinker stehen dagegen nur bei eingeschalteter Zündung unter Strom.

Checken Sie Ihre Signaleinrichtungen übrigens vor jeder Fahrt.

Warnblinkanlage:

- Betätigen Sie bei ausgeschalteter Zündung die Warnblinkanlage. Alle sechs Blinker – mitsamt der Kontrollleuchte im Schalter – müssen im gleichen Rhythmus aufleuchten.

Blinker:

- Schalten Sie die Zündung ein und betätigen den Blinkerhebel. Die Blinker müssen »einträchtig« und seitengleich im gleichen Rhythmus mit der Kontrollleuchte im Cockpit blinken.

Bremsleuchten:

- Rangieren Sie Ihren Ka mit dem Heck vor eine möglichst dunkle Wand. Sobald Sie das Bremspedal treten – reflektiert die Wand das Bremslicht. Das Gleiche funktioniert auch in einer stehenden Fahrzeugkolonne, beispielsweise vor einer roten Ampel: Kontrollieren Sie im Rückspiegel, ob Ihre »brennenden« Bremsleuchten in den Scheinwerfern oder in der Lackierung Ihres Hintermanns zu erkennen sind.

Warnblink- und Blinkanlage

Störungsbeistand

Störung	Ursache	Abhilfe
A Blinkerkontrolllampe leuchtet in kurzen Intervallen auf, Warnblinker funktioniert im normalen Rhythmus.	Blinkleuchte defekt oder Kontaktschwäche.	Auswechseln – Kontaktschwäche mit Kontaktspray beseitigen.
B Blink- und Kontrollleuchte brennen ungetaktet.	Blinkrelais defekt.	Auswechseln.
C Blinkleuchten o.k. – Warnblinker nicht.	**1** Sicherung defekt.	Auswechseln.
	2 Kabel vom Steckkontakt des Warnblinkerschalters zur Sicherung bzw. Blinkerrelais unterbrochen.	Durchgang kontrollieren evtl. instandsetzen.
	3 Warnblinkschalter defekt.	Auswechseln (lassen).
D Warnblinken o.k. – Richtungsblinker nicht.	Kabel zwischen Blinkerschalter und Blinkerrelais unterbrochen.	Durchgang prüfen, evtl. instandsetzen.

Bremslicht

Störungs-beistand

Störung	Ursache	Abhilfe
A Eine Bremsleuchte brennt nicht.	1 Lampe defekt.	Austauschen.
	2 Masseverbindung unterbrochen. Brennen alle übrigen Lampen in derselben Heckleuchte? Falls nicht:	Masseanschluss instand setzen (säubern).
	3 Zuleitung unterbrochen.	Kabel kontrollieren.
B Alle Bremslichter funktionieren nicht.	1 Sicherung defekt.	Ersetzen.
	2 Bremslichtschalter defekt.	Überprüfen, ggf. ersetzen.
C Bremslicht brennt dauernd.	1 Bremspedal hängt.	Gangbar machen.
	2 Bremslichtschalter defekt.	Bremslichtschalter und Zuleitungen kontrollieren.

Bremslichtschalter prüfen

Sollten alle drei Bremslichter nicht funktionieren, »misstrauen« Sie getrost dem Bremslichtschalter. Er sitzt im Innenraum direkt am Lagerbock des Bremspedals. Beim Betätigen des Bremspedals »wandert« ein Druckstift aus dem Schaltergehäuse nach außen. Die Kontakte im Schalter schließen und geben den Stromkreis zu den Bremsleuchten frei. Den Schalter prüfen Sie, indem Sie die Zuleitungen abziehen und zusammenhalten – bei defektem Schalter leuchten jetzt die Bremslichter.

Signalhorn prüfen

Der Hupenkontakt im Lenkrad führt Spannung. Sollte das Signalhorn »schweigen«, prüfen Sie zunächst ob Spannung anliegt. Wenn ja, lassen Sie einen Helfer »hupen« und checken den Kabelanschluss direkt am Signalhorn (Fahrtrichtung links hinter dem Stoßfänger). Wenn dort Spannung anliegt, freunden Sie sich mit einer neuen Hupe an.

Arbeits-schritte

Demontage

① Handbremse anziehen und Hinterachse zusätzlich mit einem Unterlegkeil sichern. Vorderwagen links rüttelsicher aufbocken.

② Kabelstecker am Signalhorn abziehen.

③ Signalhorn vom Holm abschrauben.

Montage

④ Montage in umgekehrter Reihenfolge beenden. Bitte achten Sie darauf, das der Halter »satt« in der Aufnahmebohrung sitzt und genügend »Masse« liefert.

Instrumente und Bedienungselemente

Viele technische Komponenten zwischen den Vorder- und Hinterrädern Ihres Ka stehen, sobald Sie den Zündschlüssel betätigen, unter elektronischer »Aufsicht«. Das erhöht die Sicherheit und kommt Ihnen zudem sehr entgegen: Sie können während der Fahrt Ihre Aufmerksamkeit auf die wesentlichen Anzeigen und Kontrolllämpchen richten. Diese Signale unterschätzen Sie bitte nicht: Plötzlich erscheinende Warnsignale im Ka-Cockpit haben immer »ernste« Hintergründe.

Verlöschen kurz nach dem Start – Öldruck-, Airbag- und ABS-Kontrollleuchte

Das gilt für die Öldruckleuchte ebenso wie für die Airbag-Kontrolle und die ABS-Funktionsanzeige, die – während des Startvorgangs – nur wenige Sekunden aufleuchten. Bleiben die Lämpchen jedoch immer »dunkel« oder flackern während der Fahrt auf, gehen Sie von einem Systemdefekt aus. Um jetzt größere Schäden und unnötige Gefahrenmomente zu vermeiden, vertrauen Sie Ihren Ka zur Diagnose umgehend einem Ford-Kundendienst an.

Nicht ausgeschlossen – Fehlinformationen aus dem Cockpit

Ergonomisch durchdacht: Das Armaturenbrett des Ford Ka.

Allerdings stehen sich elektronische On-Bordsysteme mitunter auch »selbst im Weg«: Ab und an »spinnen« nämlich nicht die Systeme, sondern lediglich Sensoren oder Anschlusskabel, bisweilen provozieren auch nur defekte Schalter die Fehlinformationen. Bemerken Sie zum Beispiel, dass mehrere Anzeigen gleichzeitig aus dem »Takt« sind, steht häufig nur ein schadhafter Spannungsregler als »Hektiker« im Hintergrund. Sei's drum, Sie sind auf jeden Fall gut beraten, die Ursache schnell einzukreisen und abzustellen.

Routine für Profis – Sichtkontrollen vor der Fahrt

Bevor Sie mit Ihrem Ka starten, gönnen Sie stets seinem Cockpit einen aufmerksamen Blick – im Unterbewusstsein haben Sie sich längst das »normales Bild« eingeprägt (die Anzahl der Anzeigen hängt von der jeweiligen Ausstattung Ihres Modells ab), kleine Abweichungen fallen Ihnen da sofort auf.

- Funktioniert die Zeituhr?
- Mit eingeschalteter Zündung leuchten Ladekontrolle, Öldruckwarnleuchte, die Handbremskontrollleuchte (bei angezogener Handbremse), die Airbag-Kontrolle und die ABS-Funktionsanzeige auf.
- Vergessen Sie auch nicht die Schalter für Warnblinker, beheizbare Heckscheibe, Nebelscheinwerfer und Nebelschlussleuchte zu bedienen. Kontrollieren Sie ob die entsprechenden Kontrollleuchten funktionieren.
- Funktioniert bei eingeschaltetem Fahrlicht die Schalter- und Cockpitbeleuchtung?
- Betätigen Sie den linken Kombihebel – funktioniert die Blinker- und Fernlichtkontrolle?
- Erlischt die Lade- und Öldruck-Kontrollleuchte, nachdem der Motor läuft? Gehen die Airbag-Kontrolle und ABS-Funktionsanzeige aus?
- Achten Sie während der Fahrt auf den Tacho und Drehzahlmesser.

Praxistipp

Instrumente zeigen nicht an

Öldruck-Kontrollleuchte brennt nicht: Zündung einschalten, Kabel am Öldruckschalter abziehen und gegen blankes Metall (Masse) halten. Brennt die Leuchte, liegt der Defekt im Öldruckschalter (austauschen). Bleibt das Lämpchen aus, prüfen Sie nacheinander die Zuleitung, die Leiterfolie des Kombiinstruments und die Lampe. Den Öldruckschalter »finden« Sie am Motorblock direkt neben dem Ölfilterflansch.

Tankanzeige funktioniert nicht: Entweder ist das Anzeigeinstrument oder der Tankgeber defekt (Schwimmer klemmt). Eventuell ist nur die Stromzufuhr unterbrochen oder der Massekontakt reicht nicht aus. Die Kraftstoffanzeige selbst lässt nur eine eingeschränkte Fehlersuche zu. Um die Zuleitungen am Tank zu prüfen, ist beim Ka einige Vorarbeit nötig: Entfernen Sie unterhalb der Rückbank die Tankgeberabdeckung und checken mit dem Multimeter die Zuleitungen samt Geber auf Durchgang. Werden Sie dort nicht fündig, empfehlen wir Ihnen eine Werkstatt mit Hebebühne aufzusuchen und die Arbeit – eventuell muss der Tank demontiert werden – dort erledigen zu lassen.

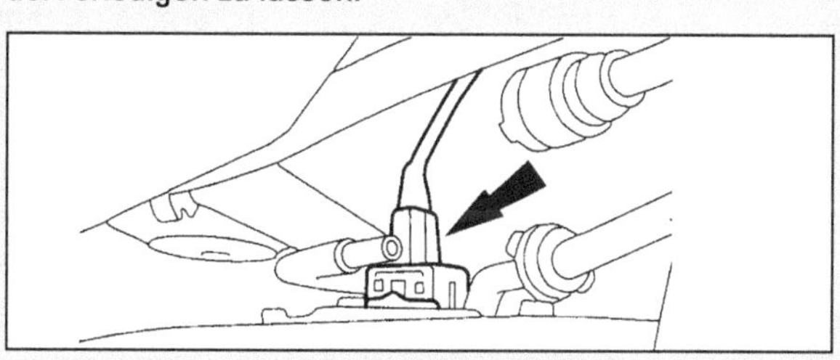

Elektrische Zuleitungen Tankanzeige.

Warnleuchten funktionieren nicht: Überprüfen Sie zunächst die zuständige Sicherung, dann die Kabelanschlüsse, Zuleitungskabel und Geberelemente auf Funktion. Das Multimeter ist Ihnen auch hier eine wertvolle Hilfe. Wenn Sie den Fehler lokalisiert haben, ist der Austausch der meisten Geberelemente oder Kontrolllämpchen für Do it yourselfer keine große Herausforderung mehr. Von Reparatureingriffen an der Schaltplatine des Kombiinstruments sehen Sie allerdings besser ab: Betrauen Sie Ihre Ford-Werkstatt damit.

Schalter-Funktionsprüfung

Manchmal bringen in ihrem Ka auch nur defekte Schalter die »Ströme« durcheinander. Im Ka kommen übrigens die unterschiedlichsten Schaltertypen »zu Ehren«. Ihre Funktionsprüfung erledigen Sie am besten mit Hilfe einer Prüflampe – der Nadelkontakt an der Lampenspitze muss dazu allerdings noch »Nadel spitz« und nicht etwa »Nagel stumpf« sein. Tauschen Sie defekte Schalter nur gegen original Ford-Ersatzteile.

Arbeitsschritte

① Besorgen Sie sich den aktuellen Schaltplan für Ihren Ka.

② Zuerst machen Sie das (die) spannungsführende(n) Kabel aus. Dazu legen Sie eine Prüflampe an und stechen die Kabelisolierung mit der Nadelspitze an.

③ Prüfen Sie, ob am Schalter Spannung anliegt. Dazu müssen Sie in der Regel vorher die Zündung oder Beleuchtung einschalten.

④ Den Schalter einschalten und checken, ob der Schalter die Eingangsspannung auch wieder »herauslässt«.

Das Kombiinstrument

Das Kombiinstrument des Ka ist, frei von jeglichem »Schnickschnack«, einfach und übersichtlich ausgelegt. Je nach Ausstattungsumfang ist es unterschiedlich mit Anzeigeinstrumenten und Kontrollleuchten für sämtliche Fahrzeugsysteme bestückt. Da die Leuchten in modernen Cockpits erfahrungsgemäß ein Autoleben lang halten, gehen wir in diesem Kapitel nicht mehr weiter auf die Beleuchtungseinrichtungen ein. Gut im Sichtbereich dominiert im Ka ein großer Geschwindigkeitsmesser: Kilometerzähler und Tageskilometerzähler sind dort integriert. Rechts daneben hat der Kraftstoff-Vorratsanzeiger seinen Platz, darüber acht Kontrollleuchten.
Ihre Funktionen:

- Fernlichtkontrolle,
- Bremse/Handbremskontrolle,
- Zündkontrolle,
- Motortemperaturanzeige,
- Öldruck-Kontrollleuchte,
- Blinkerkontrolle,
- Airbagkontrollleuchte,
- Katalysatorfunktionskontrolle.

Wichtig – immer zusammenhängende Systeme auf Funktion prüfen

Prüfen Sie bei Fehlfunktionen stets zusammenhängende Systeme, das bewirkt mitunter eine Zeitersparnis. Instrumente und Kontrollleuchten im Ka-Cockpit erhalten ihre Impulse nicht über Kabel, sondern über eine Folie (Platine) mit aufgedampften Leitungen. Je nach Ausstattungsumfang und Modell sind die Platinen unterschiedlich.
Beachten Sie das bitte bei Reparaturen und bei der Ersatzteilbeschaffung. Ihr Ford-Händler erkennt die richtige Platine anhand der Schlüsselnummer in Ihrem Kfz.-Brief oder Fahrzeugschein. Aber nicht jede Störung erfordert eine neue Platine: An der Demontage des Kombiinstruments kommen Sie dann jedoch meistens auch nicht vorbei.

Kombiinstrument demontieren und montieren

Arbeitsschritte

① Batteriemassekabel abklemmen.

② Heizungsbedienungseinheit (Pfeile) an zwei Schrauben, zwei Clips demontieren.

③ Heizungszug aushängen.

④ Stecker abziehen und Heizungsregulierungsblende demontieren.

⑤ Jetzt lösen Sie die fünf Schrauben des Kombiinstruments (Pfeile) und heben das Instrument vorsichtig aus der Einbauöffnung.

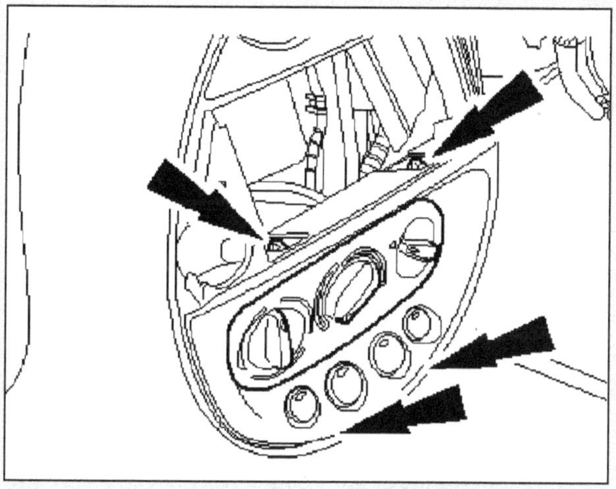

Heizungsbedienungseinheit (Pfeile) demontieren.

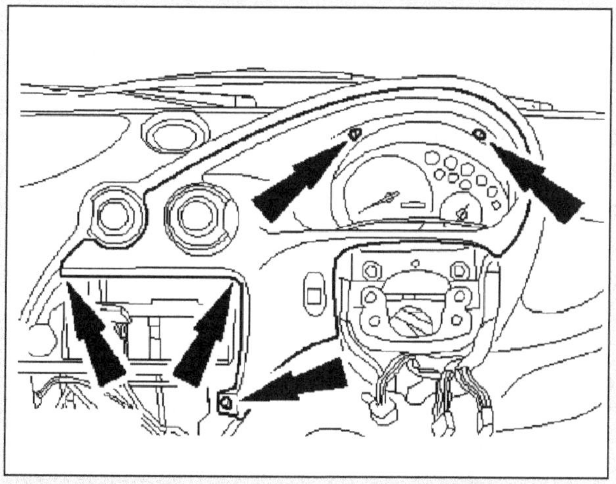

Kombiinstrument demontieren, dazu fünf Schrauben (Pfeile) lösen.

⑥ Ziehen Sie den Stecker vom Schalter der Leuchtweitenregulierung ab.

⑦ Demontieren Sie nun die Blende des Kombiinstruments. Lösen Sie dazu vier Schrauben.

⑧ Ziehen Sie das Kombiinstrument vorsichtig soweit aus der Montageöffnung, dass Sie die Tachowelle und den Zentralstecker an der Rückseite abschrauben bzw. abziehen können.

⑨ Beenden Sie die Arbeit in umgekehrter Reihenfolge und …

⑩ … klemmen Sie die Batterie an und geben die »gelöschten« Codes neu ein. Vergessen Sie nicht die abschließende Funktionskontrolle.

Instrumente demontieren

Arbeitsschritte

Tachometer

① Lösen Sie die linke Befestigungsschraube des Tachometers und ziehen das Instrument nach oben aus dem Instrumententräger.

② Demontieren Sie jetzt das Steckergehäuse (Pfeil).

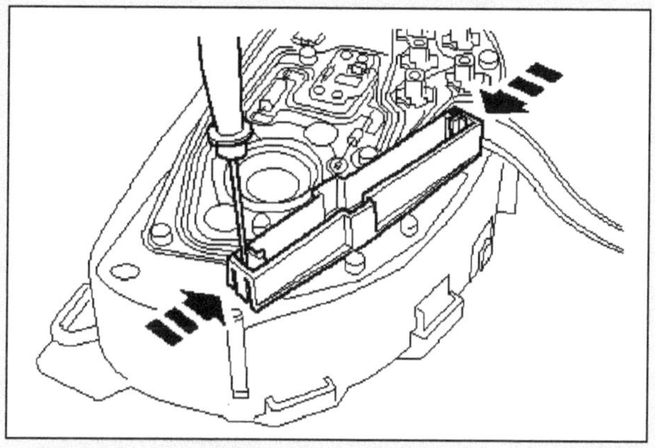

Steckergehäuse (Pfeil) demontieren.

③ Drehen Sie die restlichen acht Lampenfassungen auf der Rückseite des Instrumentengehäuses raus.

④ Lösen Sie nun die Kontakte (Pfeil) …

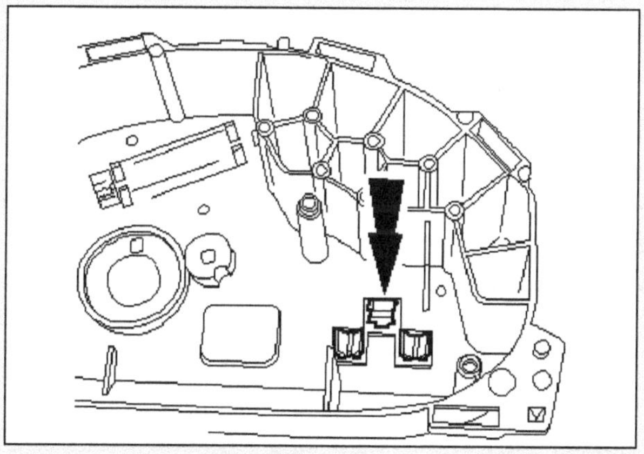

Kontakte (Pfeil) lösen.

⑤ … demontieren die Leiterplatte, sie ist mit neun Zapfen fixiert.

⑥ Wenn Sie Tankuhr und Tachometer bereits ausgebaut haben, heben Sie die Leiterplatte jetzt einfach nach oben aus dem Instrumentengehäuse.

⑦ Ziehen Sie die Kontakte (Pfeil) aus der alten Leiterplatte aus.

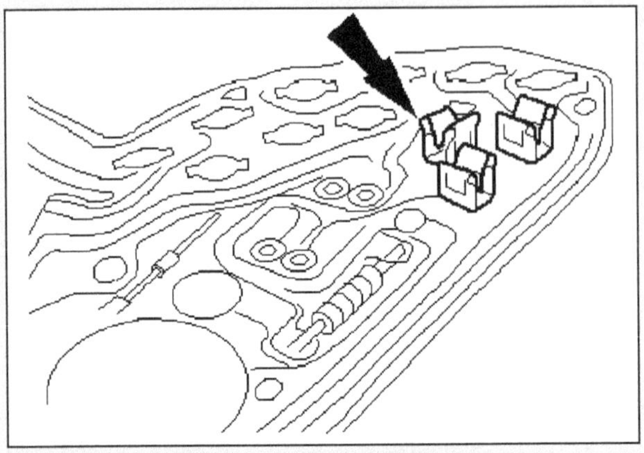

Kontakte (Pfeil) aus der Leiterplatte ausbauen.

⑧ Vor der Montage ins Instrumentengehäuse komplettieren Sie die neue Leiterplatte auf der Werkbank. Achten Sie peinlich genau darauf, dass Sie beim Einbau NICHTS verbiegen oder beschädigen.

⑨ Setzen Sie das Kombiinstrument ins Armaturenbrett ein und beenden die Arbeit in umgekehrter Reihenfolge.

Nicht immer einfach zu verfolgen – die »verschlungenen« Wege der Stromkabel

Die meisten Stromverbraucher haben im Ka eine Doppelklemme. Doch oft lässt sich nur ein Kabel durchgängig bis zur Batterie oder zum Generator zurückverfolgen. Das andere endet »irgendwo« an irgendeinem Massekontakt der Karosserie, des Motors, am Getriebe oder in einer anderen Steckerzunge. Für Laien laufen »Ströme« häufig sonderbar…

Leiten Masse – Metalle

Autobauer nutzen in der Bordelektrik ein physikalisches Prinzip – Metalle, Autoelektriker bezeichnen sie als Masse, leiten Strom. Die Hersteller sparen damit – völlig legitim – lange Kabel zur Spannungsableitung an den Batterie-Minuspol: Im Auto übernimmt den Job schlichtweg die Karosserie. Wenn ein Verbraucher nicht funktioniert, liegt dies häufig nicht an der Zuleitung, sondern an der unvollkommenen Masseverbindung. Der Massekontakt schleicht dann mitunter über »seltsame« Umwege ans Ziel. Folge: Die Bordelektrik »spinnt«: Sie setzen beispielsweise den Blinker und eine Rückleuchte glimmt »taktvoll« mit. – Spätestens dann kommen Laien ins »rotieren« …

Mit System geordnet – Kabel und Klemmen

Trotz rationeller Bauweise würde der hintereinander gelegte Kabelbaum des Ka rund 10 Kilometer weit reichen. Das scheinbare bunte Gewirr ist allerdings sehr gut geordnet – die Kabelfarben weisen den Weg. Zudem sind die meisten Anschlüsse an den Mehrfachsteckern und Relais nummeriert. Bei der Wahl der Kabelfarben bedient sich die »Ford-Norm« gängiger Vorbilder.

Wissenswert – häufige Kabel und Klemmenbezeichnungen

Klemme 15: Erhält nur bei eingeschalteter Zündung Spannung ab Zündschloss, wobei außer der Zündung auch jene Stromverbraucher »unter Strom stehen«, die eigentlich nur während des Betriebs »Saft« erhalten sollten. Die vielfach schwarzen 15er-Kabel besitzen im Ka bisweilen auch farbige Zusatzstreifen.

Klemme 30: Bekommt immer Strom – bei abgestelltem Motor direkt von der Batterie, ansonsten vom Generator. Das kann bei unvorsichtigem Umgang mit Werkzeug zu Kurzschlüssen und Funkenregen führen – nämlich dann, wenn Sie vor Arbeitsbeginn nicht das Minuskabel an der Batterie abgeklemmt haben. Diese »heißen« Kabel tragen im Ka grundsätzlich eine rote Farbe, ggf. gibt es sie auch mit zusätzlichen Farbstreifen.

Klemme 49: Versorgt die Blink- und Warnblinkanlage.

Klemme 53: Speist den Scheibenwischer. Die Kabel sind überwiegend grün und mit weiteren Zusatzfarben (z. B. gelb) gekennzeichnet.

Klemme 56: Mit gelb/schwarzen Farben versorgt sie das Abblendlicht und mit weiß/schwarzen Farben das Fernlicht mit Strom.

Klemme 58: Gibt dem Standlicht (vorne) sowie den Schluss- und Kennzeichenleuchten Strom. Die Kabelgrundfarbe ist grau und variiert mit zusätzlichen Farbstreifen.

Klemme 31: Batterie Masseklemme. Schwarzes Kabel über das jeder Verbraucher seine »Energie« ableitet. Im Bordnetz sind die betreffenden Kabel jeweils braun umhüllt.

Überlastungsschutz – Sicherungen unterhalb der Instrumententafel

In Ihrem Ka schützen zahlreiche Sicherungen die Bordelektrik vor Überlastung. Ihre Schutzfunktion ist genau auf die theoretische Maximalbelastung der einzelnen Stromkreise hin ausgelegt. Sicherungen unterbrechen den Stromfluss – zum Beispiel wenn ein Kurzschluss (defekter Verbraucher, beschädigtes Stromkabel) die Bordspannung unkoordiniert an Masse ableitet. Sie schützen somit die Bordelektrik Ihres Ka vor größeren Schäden, etwa vor Kabelbränden. In Ihrem Ford sind Flachstecksicherungen installiert, deren Schmelzdraht – im Überlastungsfall – verglüht.

Der »Tatbestand« des Überlastungsfalls tritt für eine Sicherung übrigens auch dann ein, wenn Sie bereits voll ausgelastete Stromkreise nachträglich mit zusätzlichen Verbrauchern (z. B. HiFi-Anlage, Booster, nicht zugelassenen Hochleistungsleuchten) »aufmotzen«. Auch Autostaubsauger und Kühlboxen, die Sie kurzerhand mit Strom aus der Steckdose des Zigarettenanzünders »füttern«, können ab und an schon die Sicherung »dahin schmelzen« lassen. Wenn Sie derlei Zusatzverbraucher also nutzen möchten, rüsten Sie Ihren Ka mit einem »stabilen« Stromkreis auf. Sollte Ihnen die Sache freilich »zu heiß« sein, beauftragen Sie einen Kfz.-Elektriker: Der verlegt Ihnen die erforderlichen Kabelquerschnitte (min. 1,5 mm^2) und sichert seine Leitungen auch ausreichend ab.

Verteilt auf diverse Stromkreise – Bordsicherungen

Damit Ihr Ka bei einem elektrischen Defekt nicht gänzlich ohne Strom dasteht, verteilen Ford-Ingenieure die elektrischen Verbraucher auf diverse Stromkreise. Das Motormanagement und die meisten leistungsstarken Aggregate haben ohnehin eine eigene Absicherung. Die so genannten Nebenverbraucher sind dagegen in verschiedene Gruppen zusammengefasst und jeweils über eine Sicherung geschaltet. Nicht so die Stromkreise zwischen Anlasser, Batterie, Lichtmaschine und Zündschloss: Hier liegt ständig die volle Batteriekapazität an. Besondere Vorsicht also bei Arbeiten an diesen Stromkreisen: Klemmen Sie »IMMER« zuerst die Batterie ab! Andernfalls programmieren Sie kapitale Schäden und Kabelbrände bis hin zu Fahrzeugbränden geradezu vor.

Schnell erledigt – Sicherungen erneuern

Die meisten Sicherungen finden Sie im Wageninnern links unterhalb des Lenkrads, dort sind auch zwei Relaisboxen installiert. Bevor Sie eine Sicherung oder ein Relais wechseln, schalten Sie besser die Zündung und alle Stromverbraucher (z. B. Radio) aus.

Arbeitsschritte

① Durchgebrannte Sicherung vorsichtig mit den Fingerspitzen oder kleiner Flachzange aus dem Steckplatz ziehen.

② Neue Sicherung mit gleicher Amperezahl in den Steckplatz eindrücken. Achten Sie dabei auf festen Kontakt der Sicherung.

③ Brennt die neue Sicherung sofort wieder durch, ist Sie eventuell zu schwach, oder der Stromkreis hat einen Masseschluss (Verbraucher defekt, Kabelisolation gegen Masse durchgescheuert).

Die Sicherungen des Ka

Technik-lexikon

In den Sicherungshaltern des Ka stecken so genannte Flachstecksicherungen. In ein durchscheinendes Kunststoffteil sind zwei flache Stecker eingebettet, die durch einen Schmelzdraht verbunden sind. Eine durchgebrannte Sicherung erkennen Sie am unterbrochenen Schmelzdraht. Oft ist auch der Rücken der Plastikumhüllung herausgebrochen oder geschmolzen.

An der Farbe zu erkennen – die Ampere-Zahl

Zur besseren Differenzierung der Maximalbelastung sind Sicherungen, zusätzlich zu ihrer Beschriftung, farbig markiert.

- Blau (15A)
- Gelb (20A)
- Hellgrün (30A)
- Rot (10A)
- Braun (7,5A)
- Hellblau (20A)
- Orange (40A)
- Weiß (25A)

Verteilen hohe Arbeitsströme – Schaltrelais

Ihr Ka hat eine Reihe von Verbrauchern, die, im Vergleich zu anderen, höhere Arbeitsströme erfordern. Um dort, mit möglichst geringen Kabeldurchmessern, ein Maximum an Sicherheit zu gewährleisten, steuert Ford jene Verbraucher aus zwei Relaisboxen über separate Schaltrelais an. Über den Ein- und Ausschalter fließt dann lediglich ein geringer Schaltstrom, um im Relais den Arbeitsstrom zum Verbraucher zu schalten.

Unterschiedliche Aufgaben – Schaltstrom und Arbeitsstrom

Beim Einschalten des betreffenden Verbrauchers wirkt der Schaltstrom im Schaltrelais auf eine Magnetspule. Die Magnetspule zieht einen kräftigen Kontakt gegen Federdruck an und schließt so den Arbeitsstromkreis zum Verbraucher. Um den Verbraucher mit möglichst hoher Spannung zu bedienen, gelangt der Arbeitsstrom auf direktem Weg durch das Relais an sein Ziel. Die Relaiskontakte sind so stabil ausgelegt, dass sie »hohe« Ströme auch langfristig gut vertragen. Außerdem kürzt der vermeintliche »Umweg« durchs Relais den Weg des Arbeitsstroms ab. Vorteil: Je kürzer die Wege, um so geringer die Spannungsverluste zwischen Schalter und Verbraucher.

Erfüllen unterschiedliche Aufgaben – spezielle Relaistypen

Um die Übersichtlichkeit und Fehlersuche zu verbessern, sind im Ka die meisten Relais in Relaisboxen unterhalb der Instrumententafel zusammengefasst. Zusätzlich arbeiten im Bordnetz noch Relaistypen, die, ganz in der Nähe ihres »Arbeitsplatzes«, bestimmte Funktionen erfüllen. Dazu gehören zum Beispiel das Blinkrelais und das Scheibenwischerrelais.

Sicherungs- und Relaisbelegung

Sicherungskasten
(unterhalb der Instrumententafel)

Sicherung	Amperezahl	abgesicherte Stromkreise
1	20	beheizbare Heckscheibe/Zentralverriegelung/elektrisches Schiebedach
2	10	Innenbeleuchtung/Zeituhr/Radio/Diagnosestecker
3	30	ABS-Modul
4	3	EEC IV-Modul
5	15	Zigarettenanzünder
6	10	Standlicht links, Instrumentenbeleuchtung
7	10	Standlicht rechts
8	10	Abblendlicht links
9	10	Abblendlicht rechts
10	10	Fernlicht links
11	10	Fernlicht rechts
12	30	Heizgebläsemotor
13	15	Lichtschalter/Rückfahrleuchte/Bremslicht
14	30	elektrisch betätigte Fensterheber
15	20	Lichtschalter
16	20	Wischermotor/Scheibenwaschpumpe
17	10	AC/Zündung/Kombiinstrument
18	10	Airbag-Modul
19	10	Kraftstoffpumpe
20	15	elektronische Motorregelung
21	30	Kühlgebläsemotor
22	10	Blinkleuchten

Überschaubar: Der Sicherungskasten unterhalb der linken Instrumententafel.

Sicherungen an der Relaisbox
(unterhalb der Instrumententafel)*

Sicherung	Amperezahl	abgesicherte Stromkreise
23	20	Warnblinkanlage/Signalhorn
24	40	Zündschloss
25	30	ABS-Modul
26	–	–
27	10	Gepäckraum-Fernentriegelung
28	–	–
29	10	Nebelschlussleuchte
30	10	Geber-Lambda-Sonde
31	–	Diode-Kraftstoffpumpenrelais
32	–	–
33	–	–
34	–	–
35	10	Radio/elektrisches Schiebedach
36	3	ABS-Modul

Relaisbox (unterhalb der Instrumententafel)*

Relais	Farbe	geschaltete Stromkreise
I	grün	Kühlgebläsemotor (nur ohne AC)
II	rot	Wischerintervall (vorn)
III	–	–
IV	–	–
V	grün	Zündung
VI	grün	beheizbare Heckscheibe
VII	grün	Startsperre
VIII	weiß	„Licht an"-Warnsummer
A	braun	Abblendlicht
B	braun	Fernlicht
C	braun	Kraftstoffeinspritzung
D	braun	Kraftstoffpumpe
E	braun	Schalter AC
F	braun	Gepäckraum-Fernentriegelung
G	–	–

* Lassen Sie diese Sicherungen/Relais besser in Ihrer Fachwerkstatt austauschen.

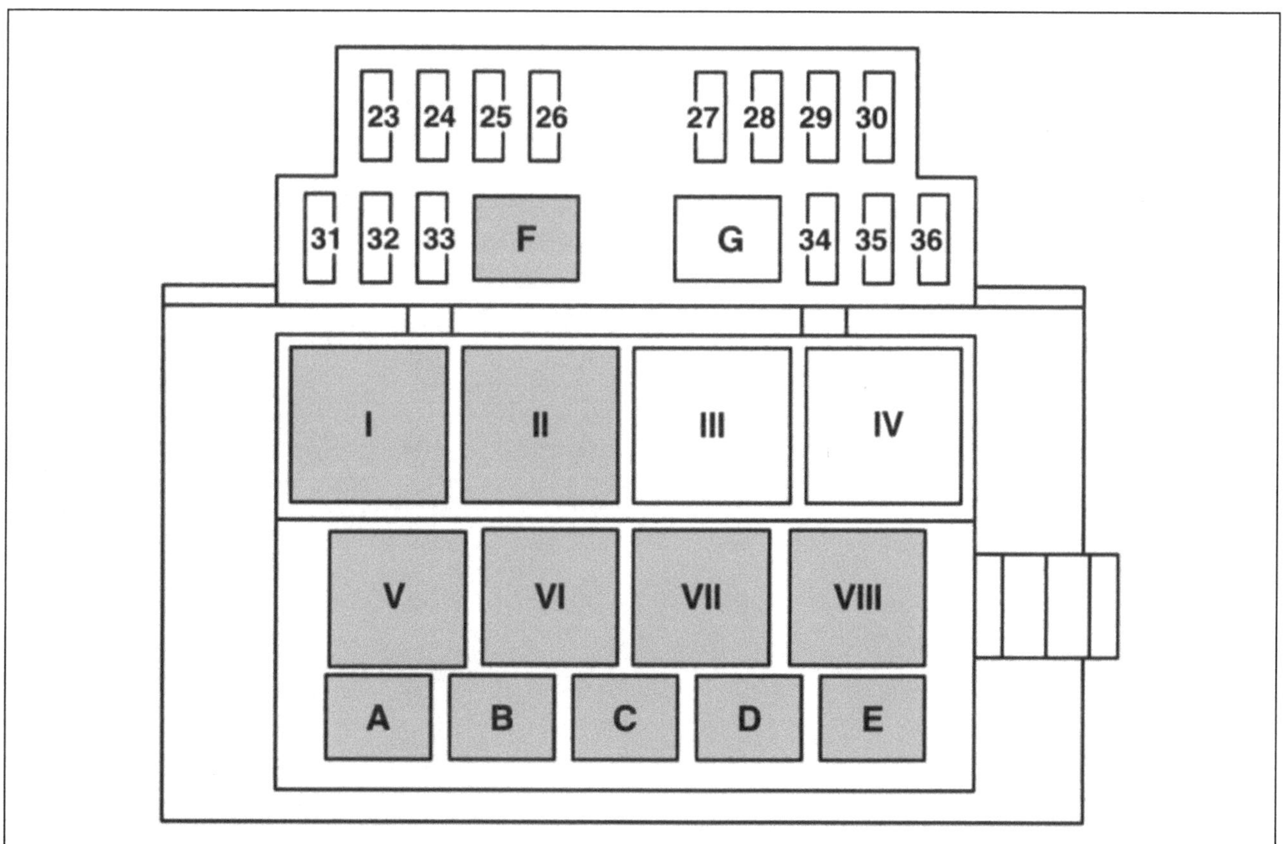

Können variieren – die Schaltpläne

Die Schaltpläne in diesem Ratgeber gelten für die Motorelektronik der populärsten Ka-Ausstattungsvarianten. Sie entsprechen dem technischen Stand zur Zeit der Recherche. Schaltpläne zur allgemeinen Bordelektrik konnten teilweise nicht berücksichtigt werden. Die kontinuierliche Modellpflege am Ka schließt auch Änderungen in den Stromlaufplänen nicht völlig aus. Abweichungen zu den veröffentlichten Vorlagen sind somit durchaus möglich.

Mehr oder weniger einheitlich – Schaltplansystematik

Kabelfarben sind in Schaltplänen erfahrungsgemäß mit Kurzbezeichnungen kenntlich gemacht. Hier die häufigsten Bezeichnungen:

- BL – Blau
- BR – Braun
- GE – Gelb
- GR – Grau
- GN – Grün
- RS – Rosa
- RT – Rot
- SW – Schwarz
- VI – Violett
- WS – Weiß

Leitungsquerschnitte:
Darüber enthalten Schaltpläne häufig keine Angaben. Im Falle einer Leitungsreparatur messen Sie darum besser vor Ort den Leitungsquerschnitt aus.

Nummern:
Eingerahmte Ziffern kennzeichnen elektrische Bauteile; eingerahmte Ziffern mit Zusatzbuchstaben deuten meistens auf eine Steckverbindung hin.

Motorkühlung ohne AC

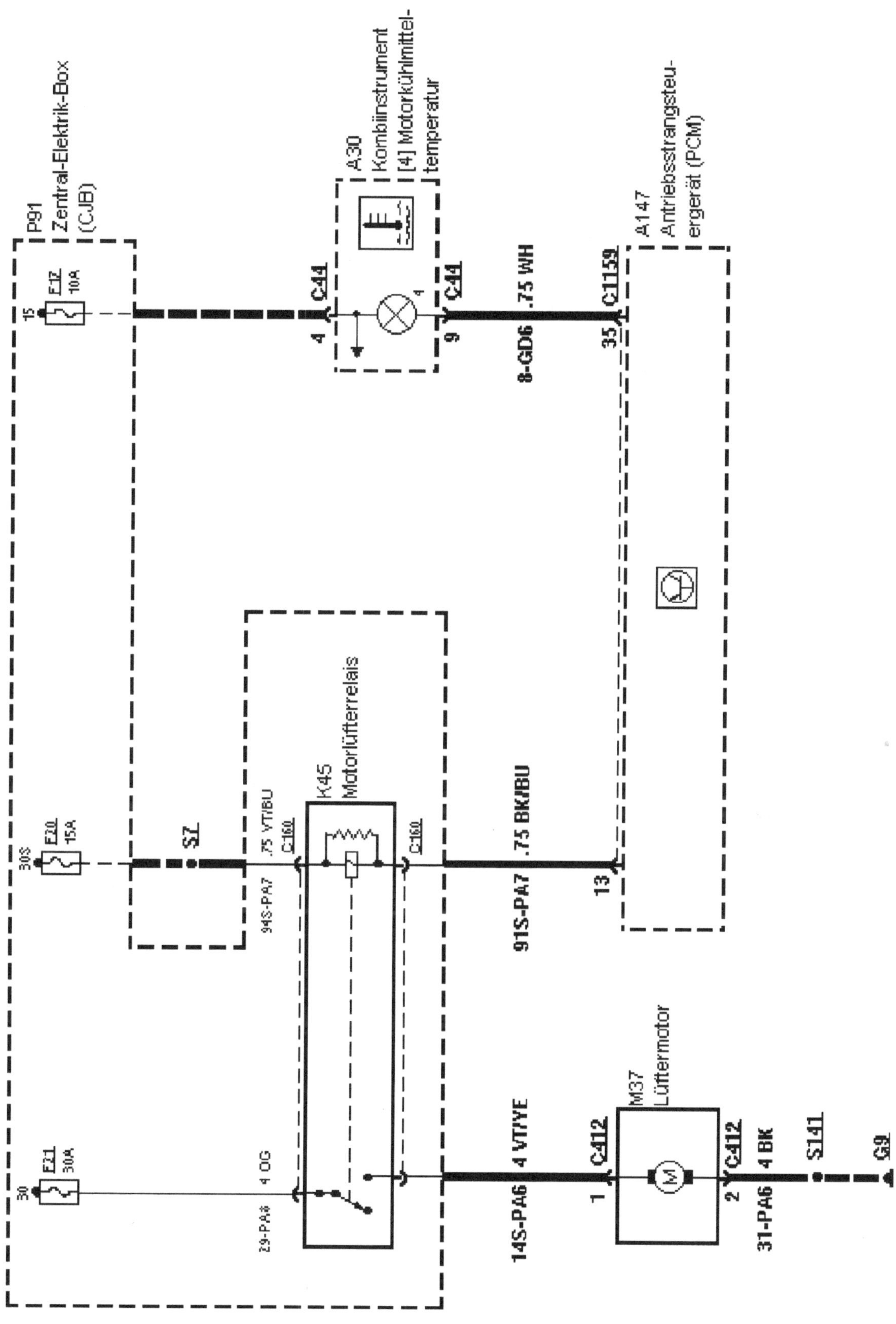

Motorkühlung mit AC

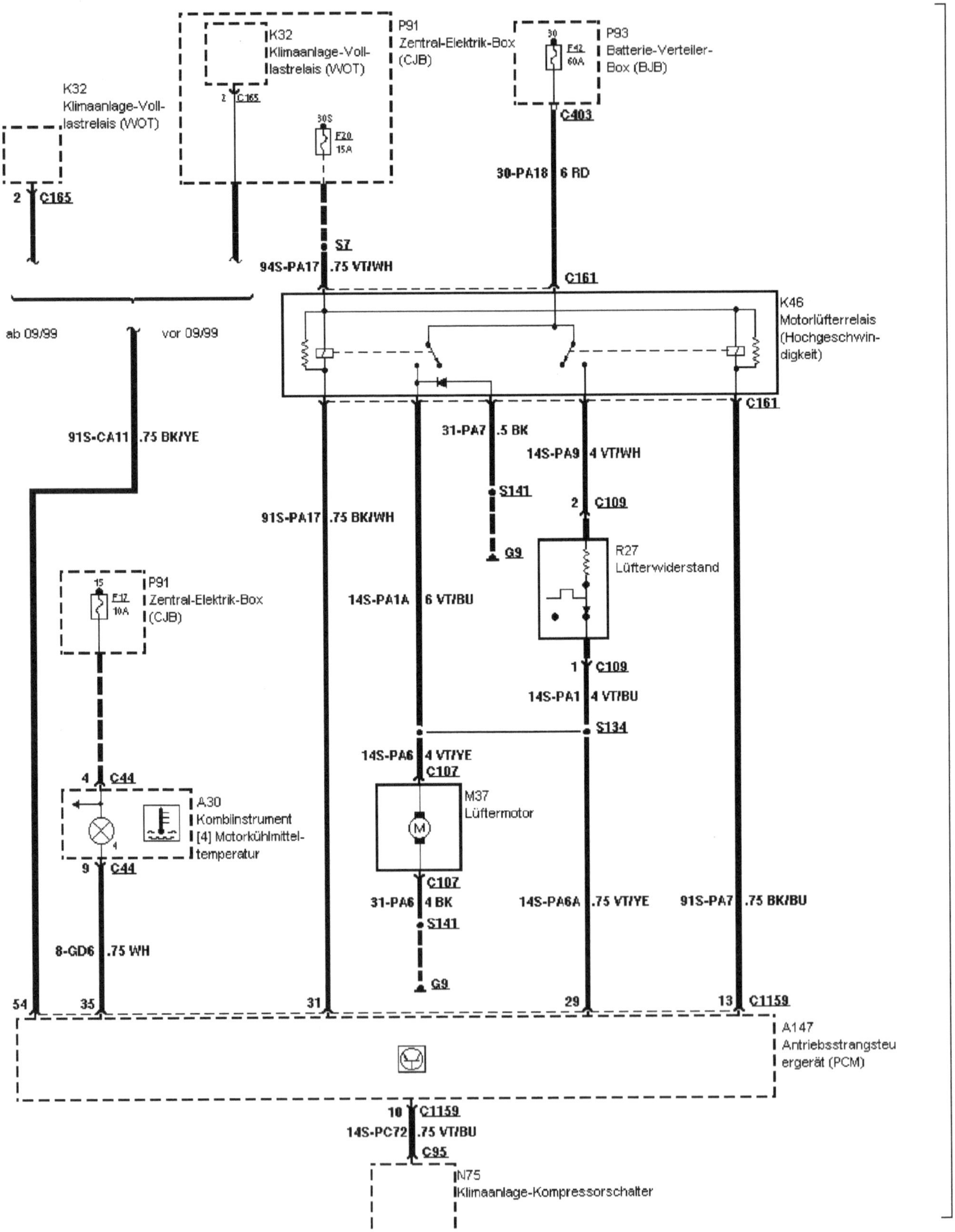

Kraftstoffsystem

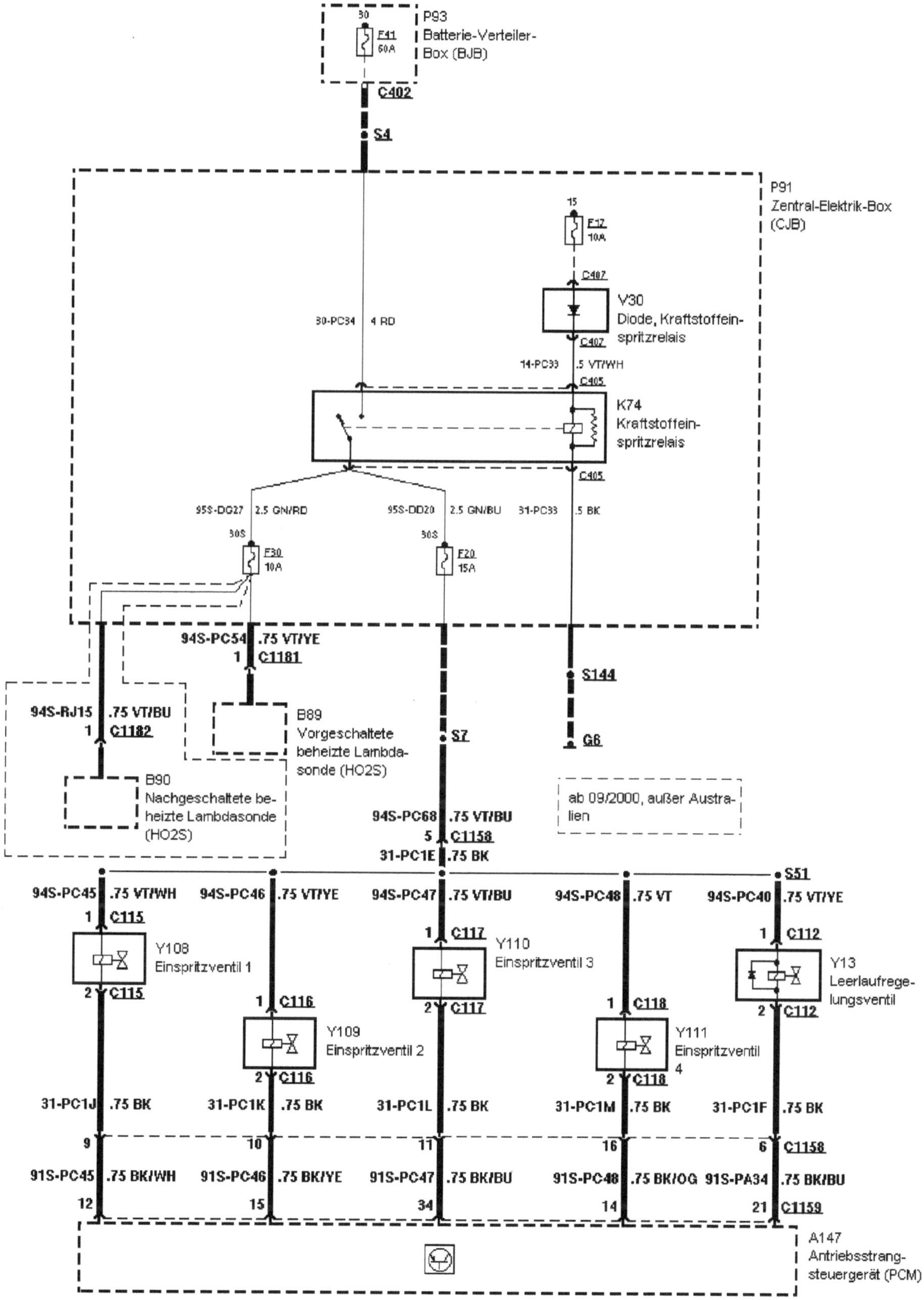

Anlasssystem

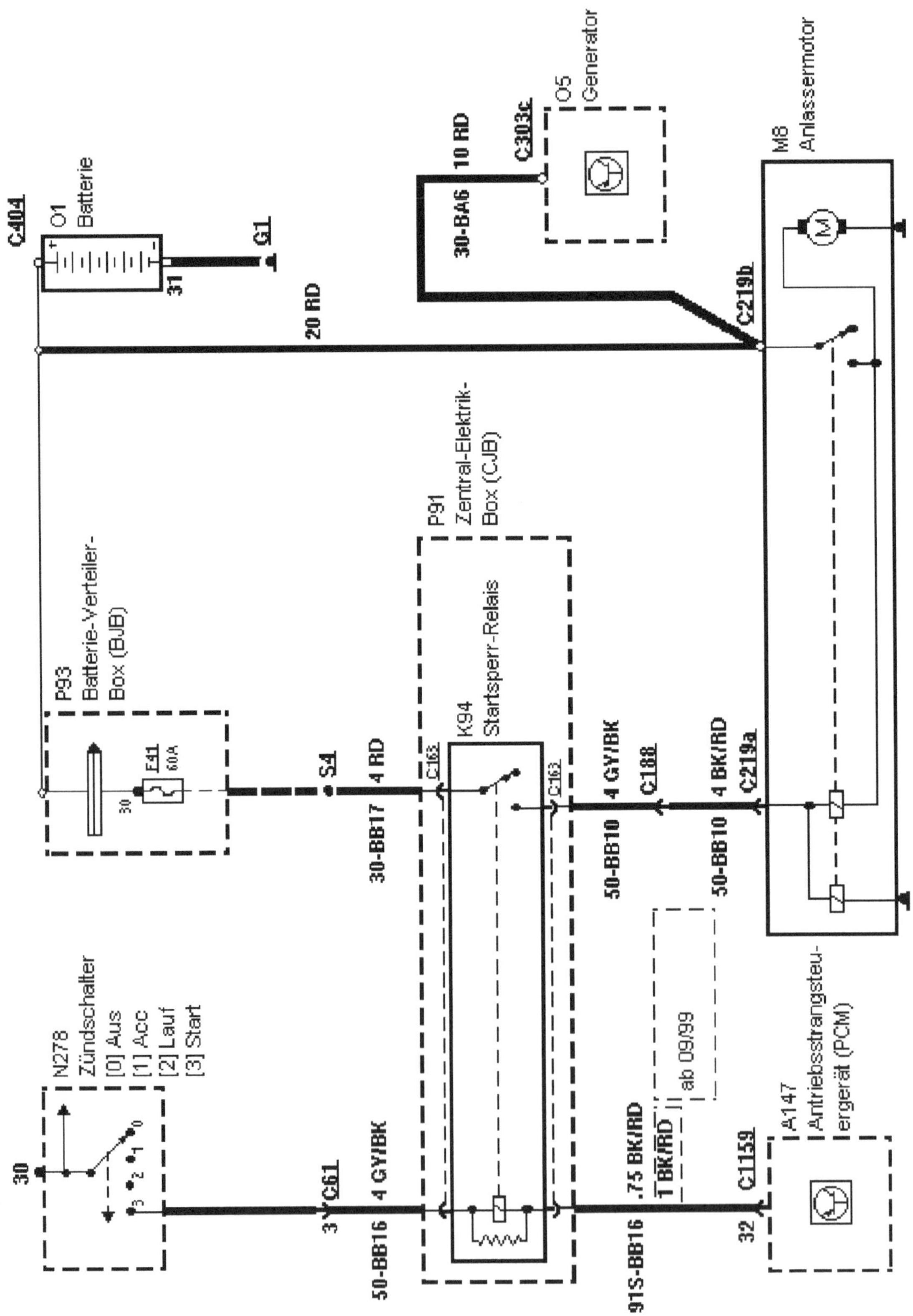

Zündsystem

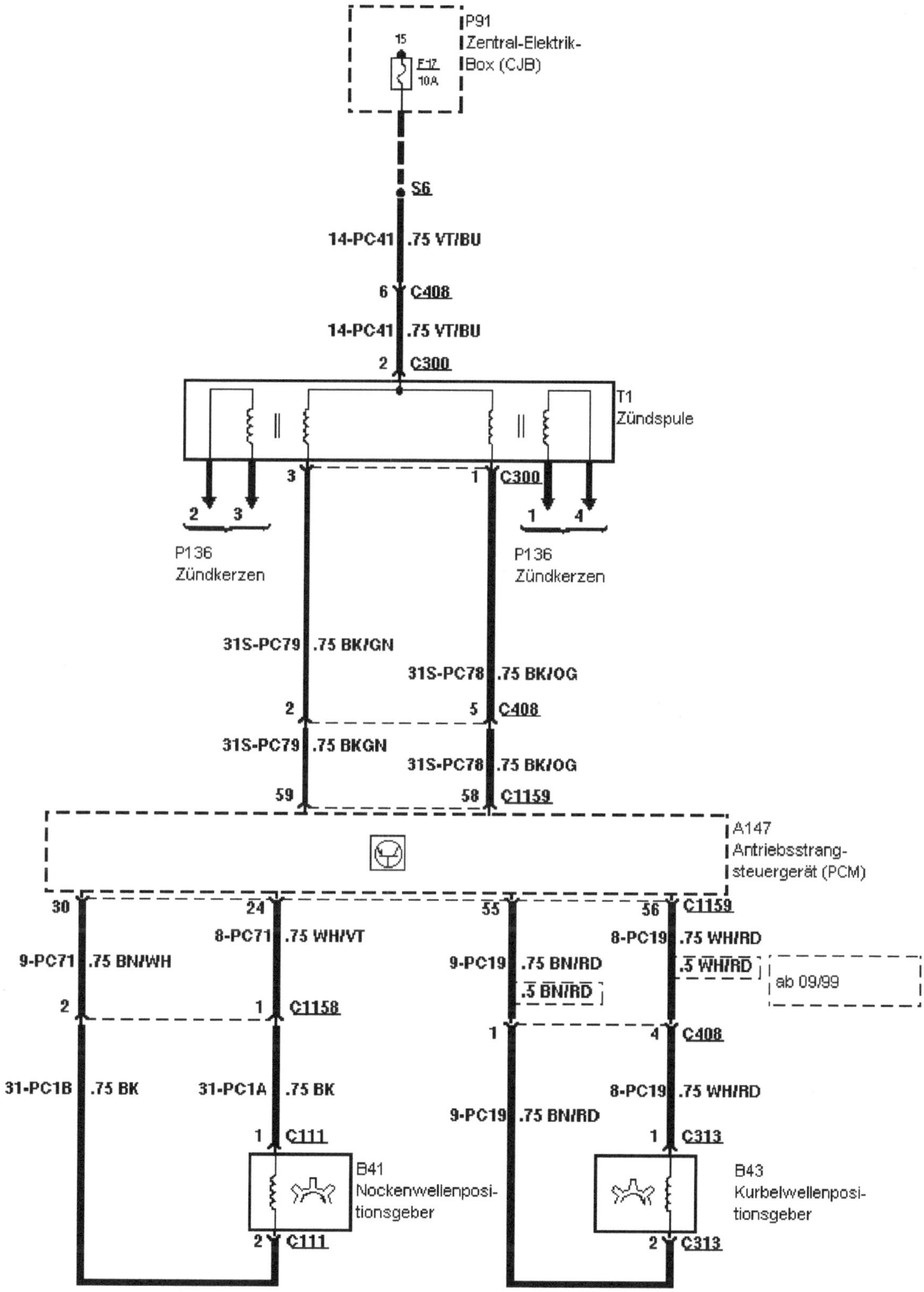

P91
Zentral-Elektrik-
Box (CJB)
15
F17
10A
S6
14-PC41
.75 VT/BU
6
C408
14-PC41
.75 VT/BU
2
C300
T1
Zündspule
3
1
C300
2
3
P136
Zündkerzen
1
4
P136
Zündkerzen
31S-PC79
.75 BK/GN
31S-PC78
.75 BK/OG
2
5
C408
31S-PC79
.75 BKGN
31S-PC78
.75 BK/OG
59
58
C1159
A147
Antriebsstrang-
steuergerät (PCM)
30
24
55
56
C1159
8-PC71
.75 WH/VT
8-PC19
.75 WH/RD
9-PC71
.75 BN/WH
9-PC19
.75 BN/RD
.5 WH/RD
ab 09/99
.5 BN/RD
2
1
C1158
1
4
C408
31-PC1B
.75 BK
31-PC1A
.75 BK
8-PC19
.75 WH/RD
9-PC19
.75 BN/RD
1
C111
1
C313
B41
Nockenwellenposi-
tionsgeber
B43
Kurbelwellenposi-
tionsgeber
2
C111
2
C313

Motorregelung, Blockschaltbild I

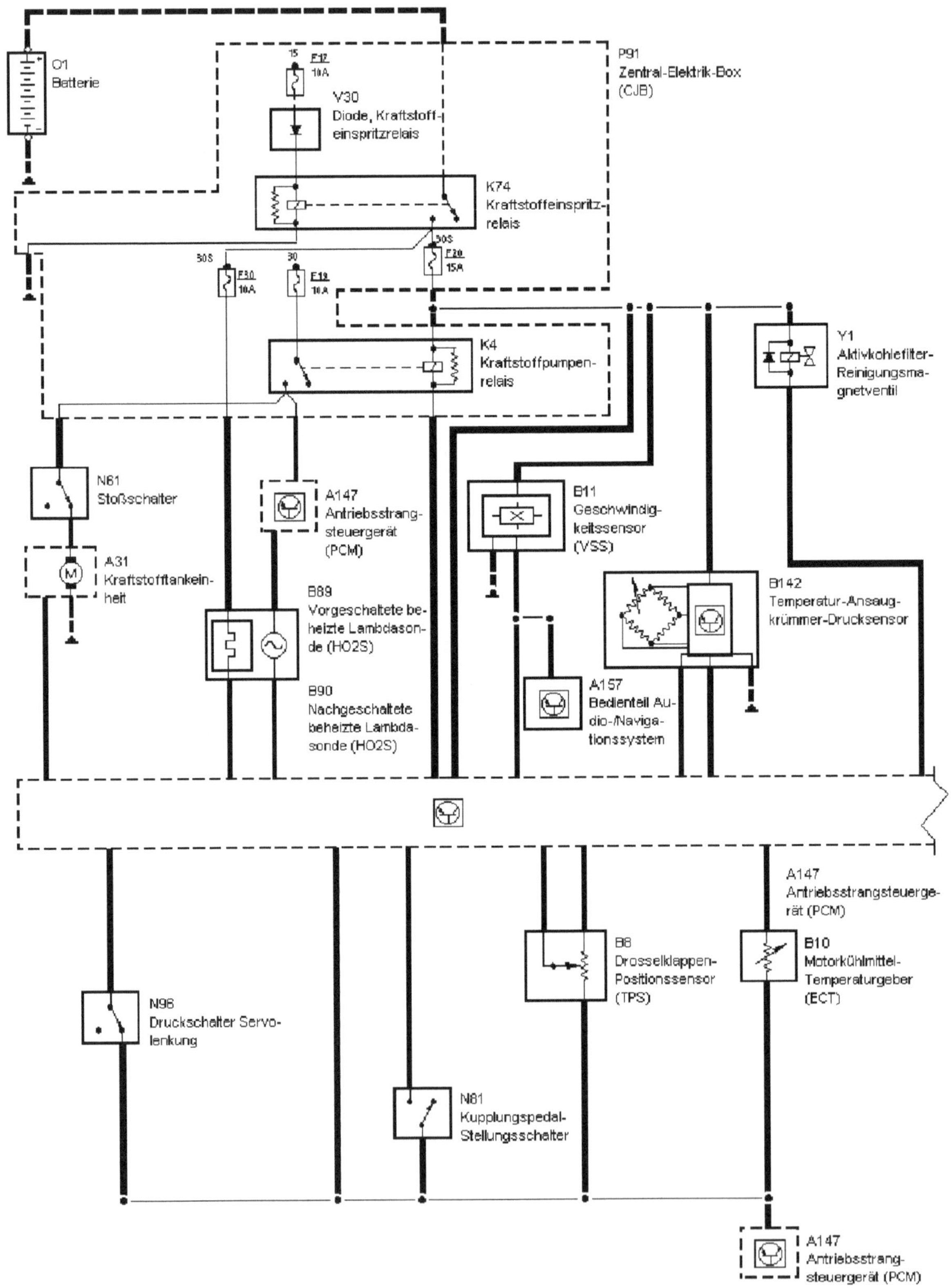

Motorregelung, Blockschaltbild II

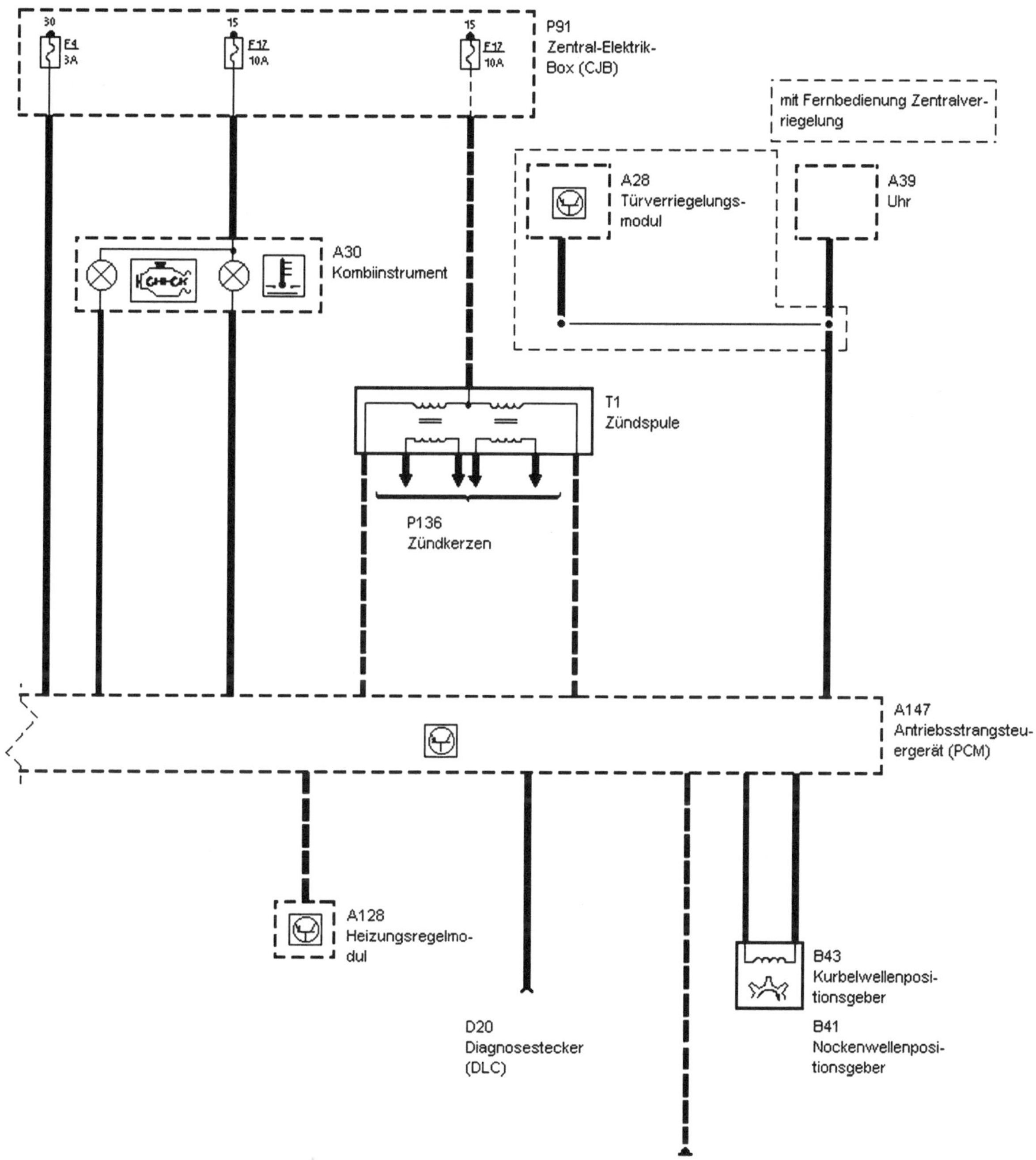

Motorregelung ab 09/2000

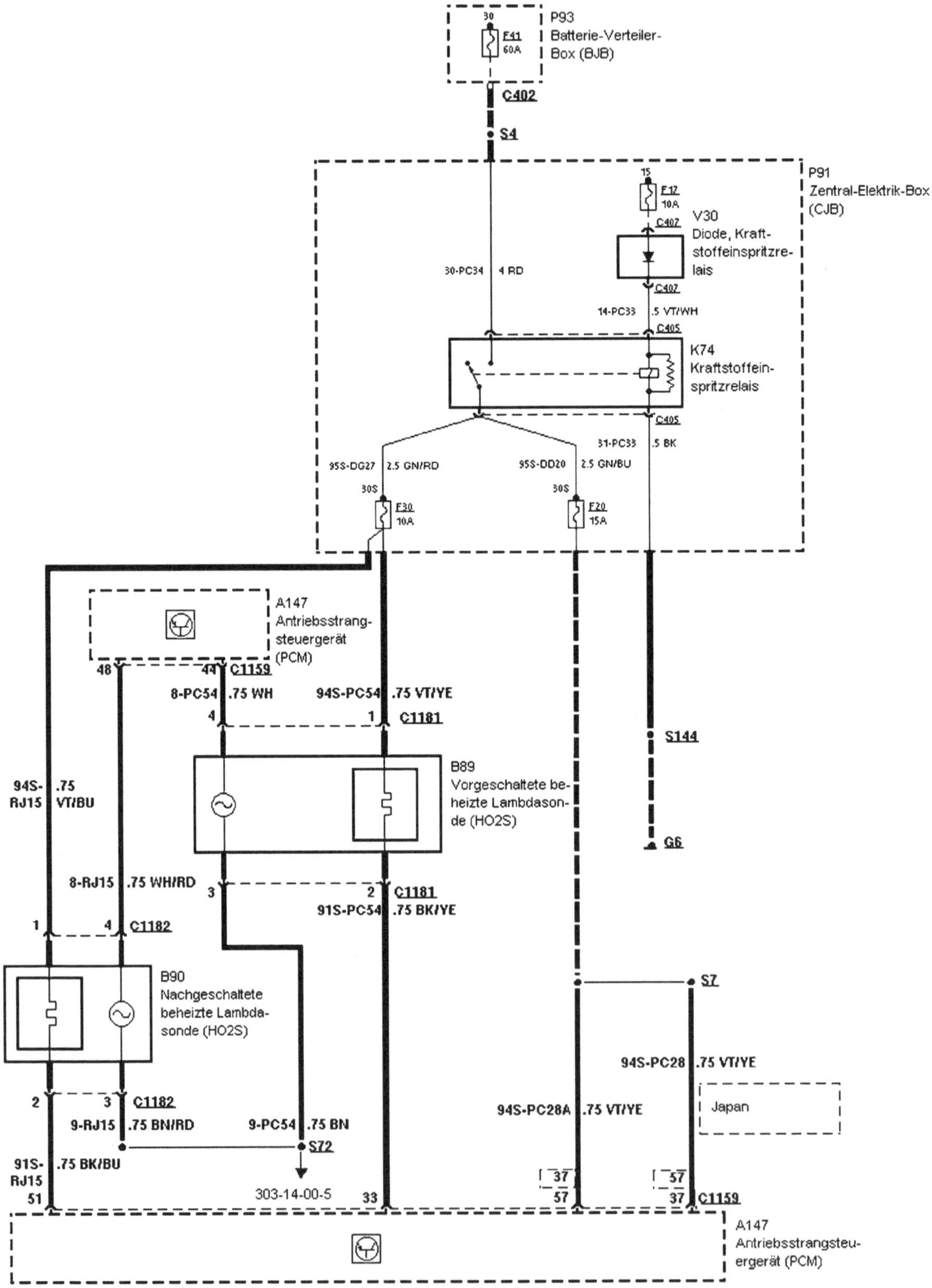

Motorregelung

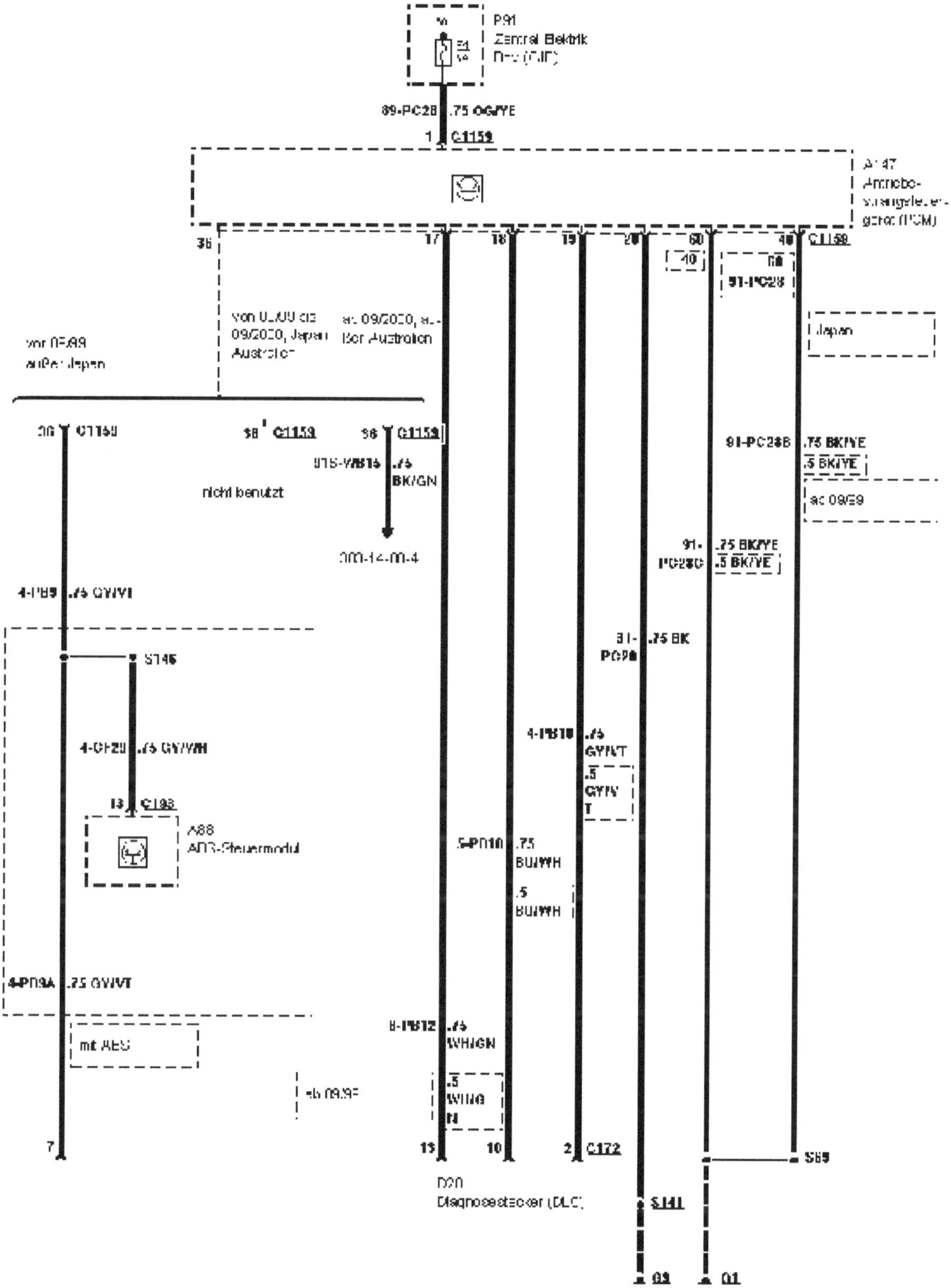

Motorregelung

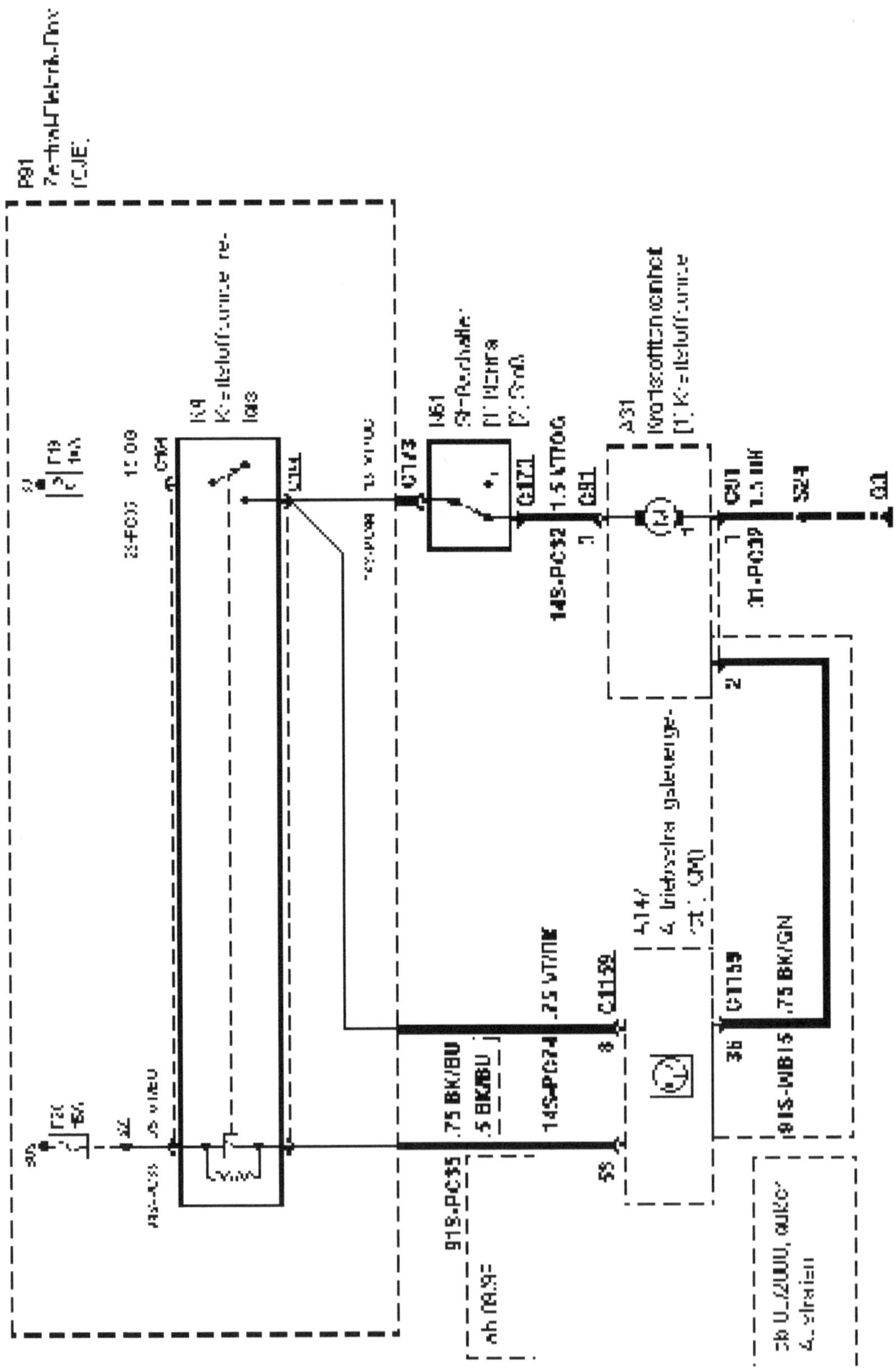

Motorregelung

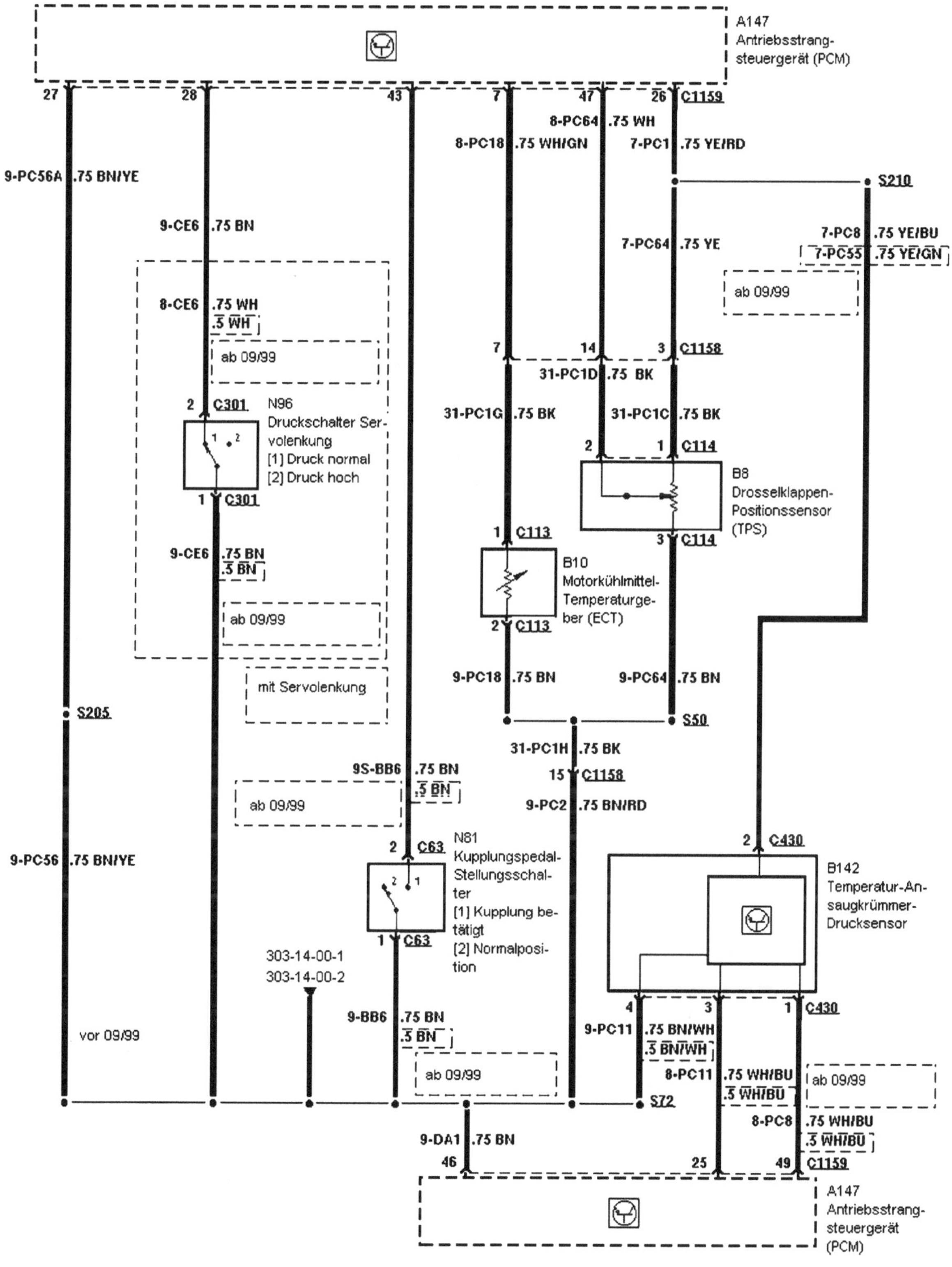

Motorregelung

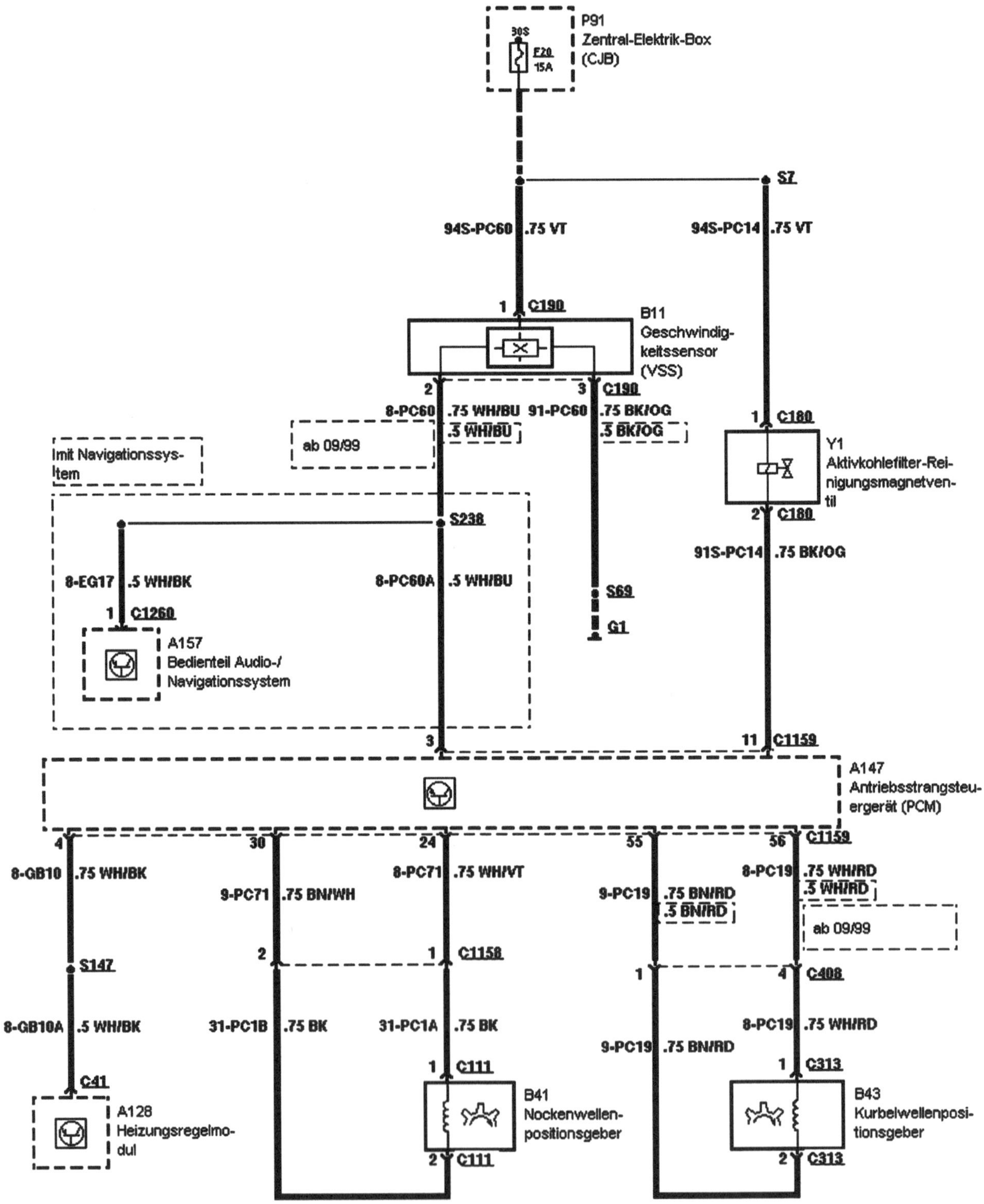

Motorregelung

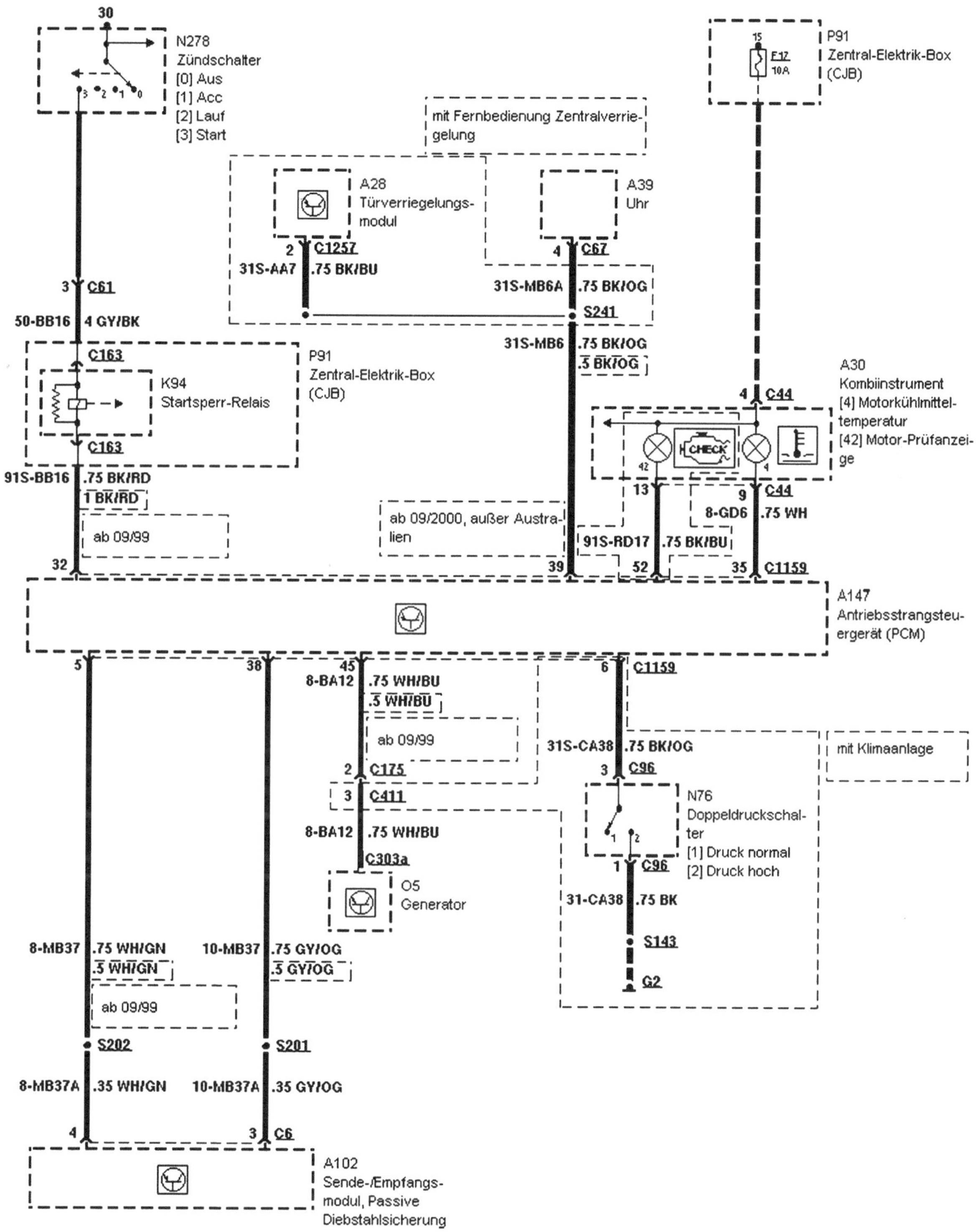

Scheibenwischer und Scheibenwaschanlage

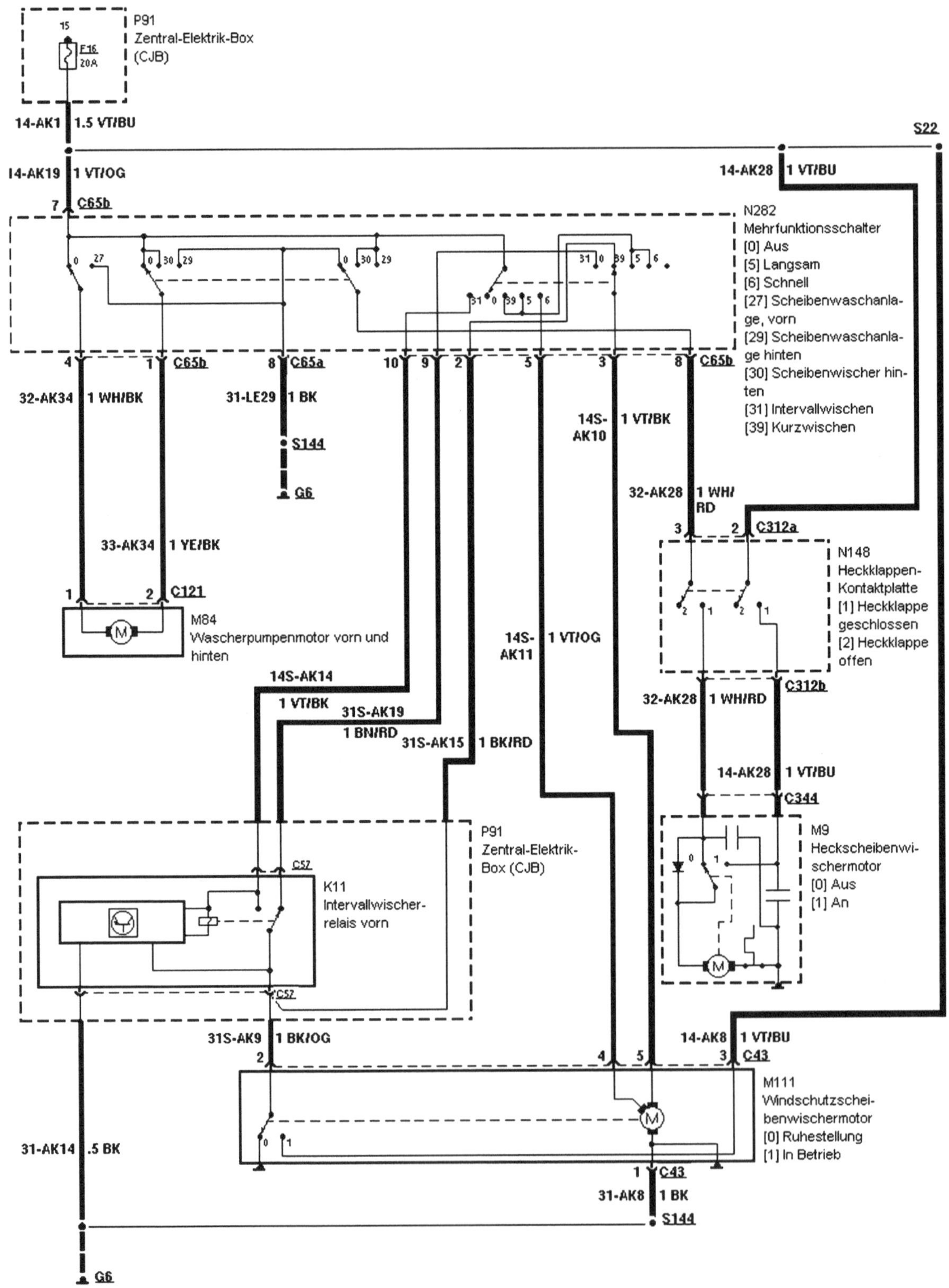

Zeituhr

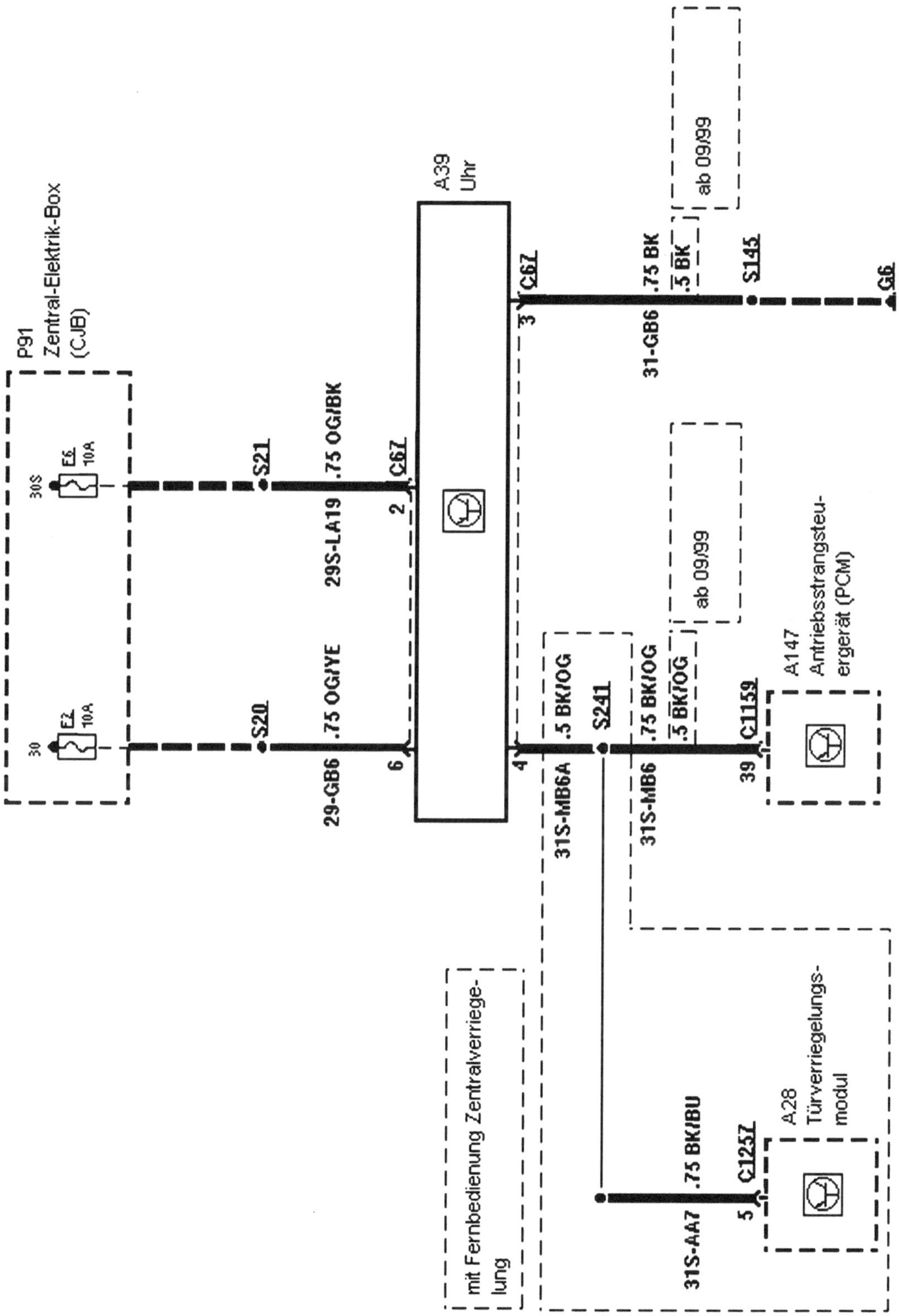
P91
Zentral-Elektrik-Box
(CJB)
30
F7
10A
30S
F6
10A
S20
S21
29-GB6
.75 OG/YE
29S-LA19
.75 OG/BK
6
2
C67
A39
Uhr
3
C67
31-GB6
.75 BK
.5 BK
S145
G6
ab 09/99
4
31S-MB6A
.5 BK/OG
S241
31S-MB6
.75 BK/OG
.5 BK/OG
39
C1159
ab 09/99
A147
Antriebsstrangsteu-
ergerät (PCM)
31S-AA7
.75 BK/BU
5
C1257
A28
Türverriegelungs-
modul
mit Fernbedienung Zentralverriege-
lung

Außenbeleuchtung, Scheinwerfer

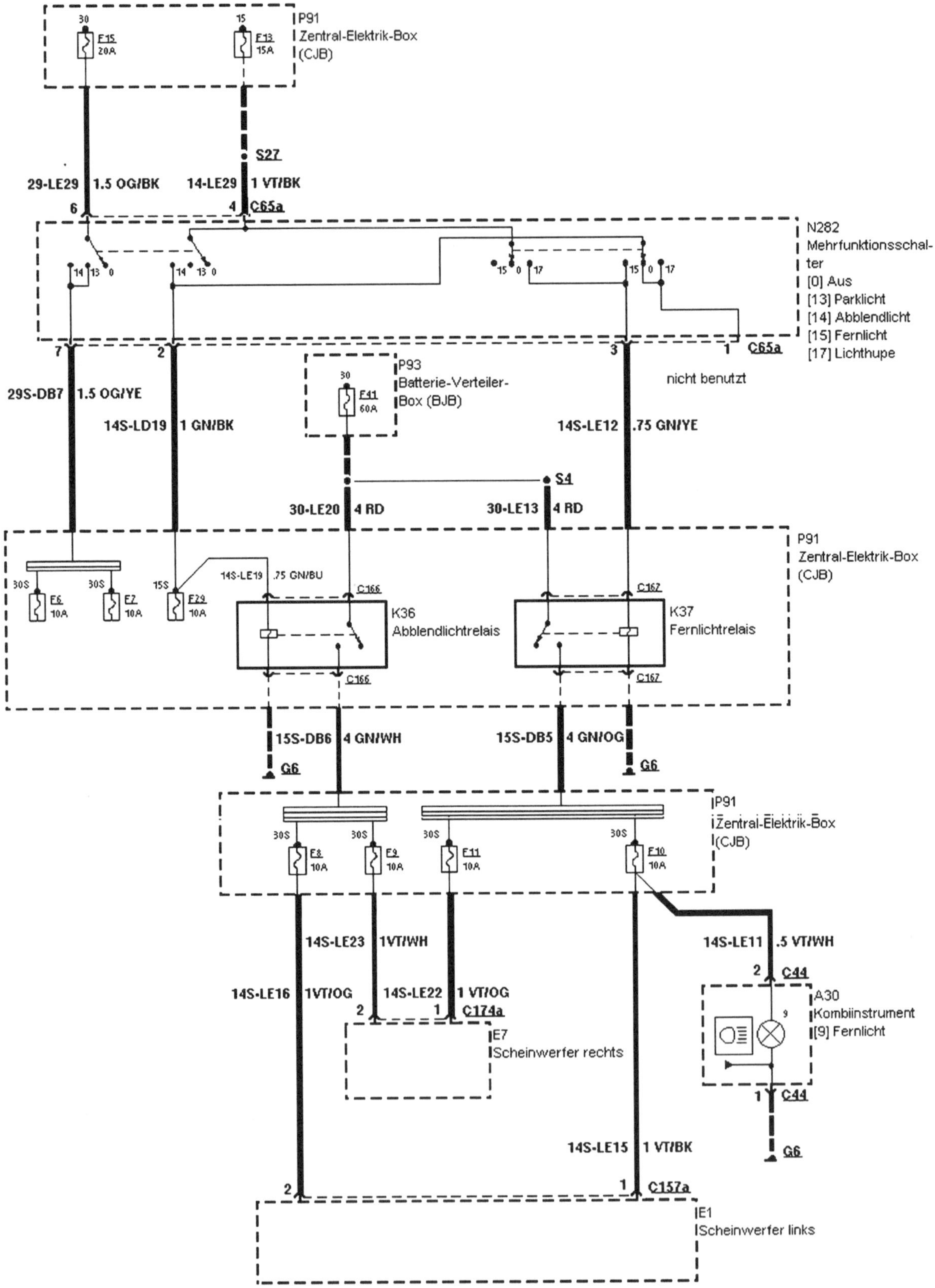

Außenbeleuchtung, Positions-, Parkleuchten, Kennzeichenleuchten

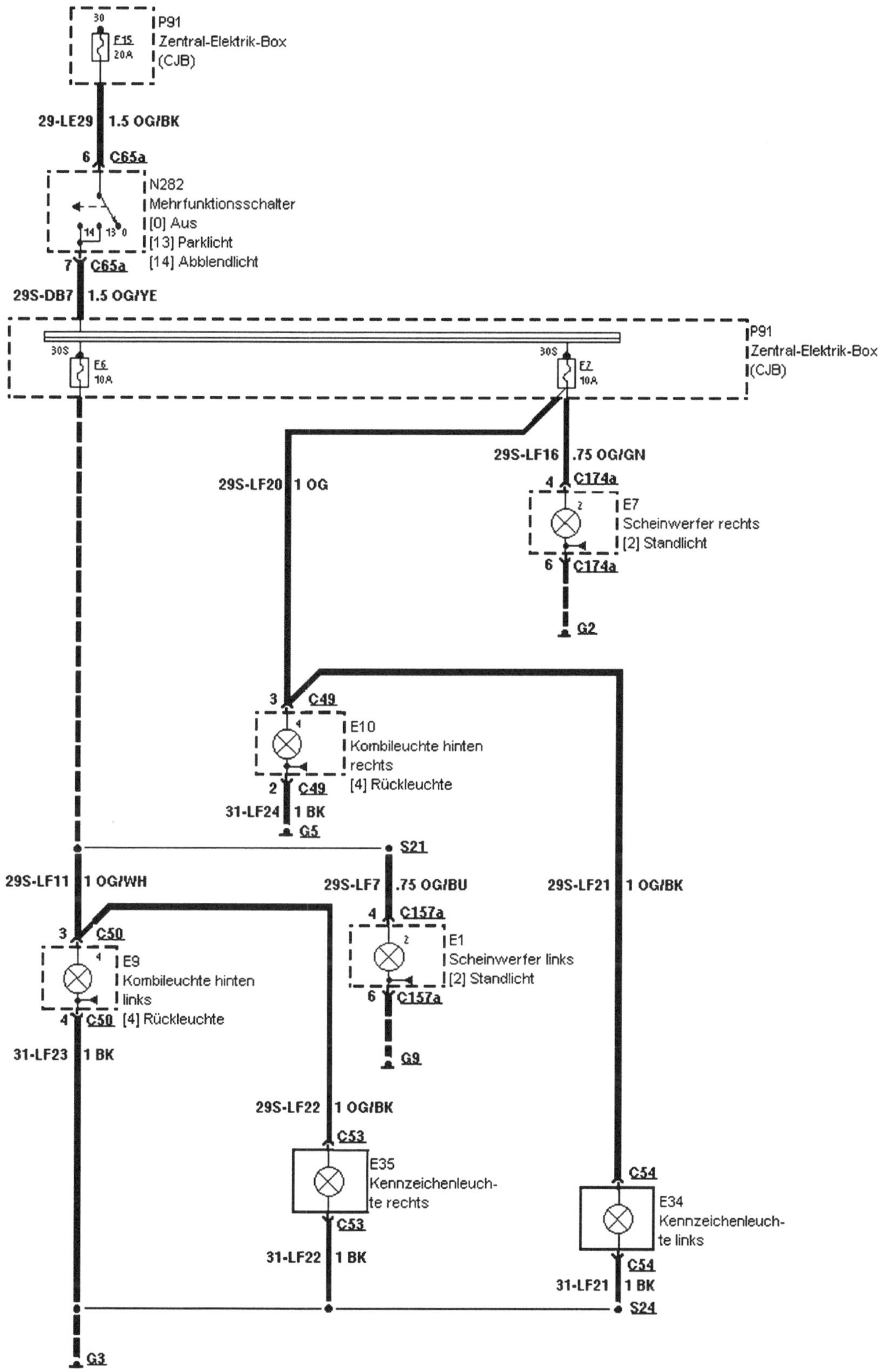

Außenbeleuchtung, Blinkleuchten

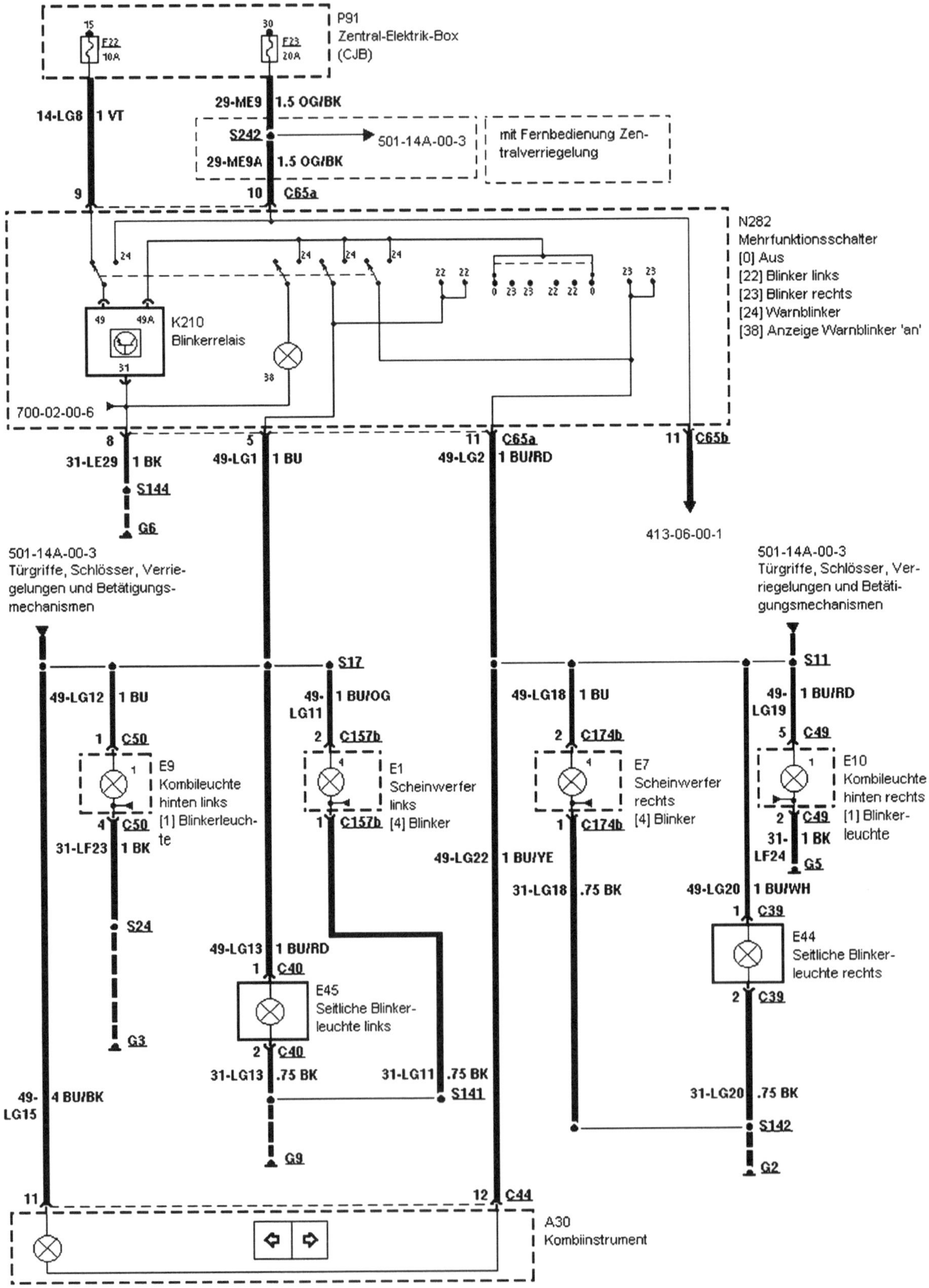

Signalhorn

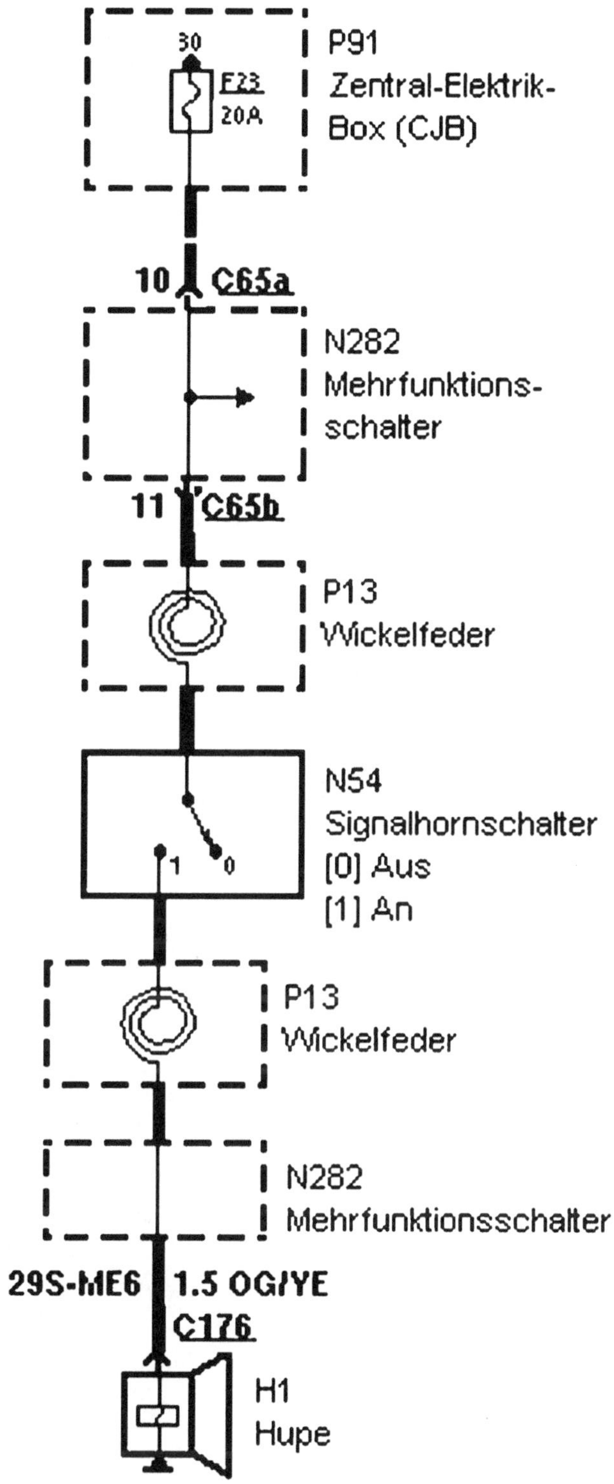
30
F23
20A
P91
Zentral-Elektrik-
Box (CJB)
10
C65a
N282
Mehrfunktions-
schalter
11
C65b
P13
Wickelfeder
N54
Signalhornschalter
1
0
[0] Aus
[1] An
P13
Wickelfeder
N282
Mehrfunktionsschalter
29S-ME6
1.5 OG/YE
C176
H1
Hupe

DER INNEN-RAUM

Wartung

Reparatur

Innere Größe: *Der Ka bietet bis zu vier Passagieren gute Platzverhältnisse. Sein asymmetrisch gestylter Instrumententräger vermittelt Fahrer und Beifahrer gleichsam ein besonders großzügiges Raumgefühl. Airbags, Gurtstopper, Seitenaufprallschutz, Anti-Dive-Sicherheitssitze – hinsichtlich Insassenschutz fährt der kleine Ford den »Vertretern« des nächst größeren Fahrzeugsegments durchaus nicht hinterher.*

Ford setzte beim Ka nicht nur äußerlich auf alternative Linien, gleichermaßen nimmt der Innenraum die Formensprache des „New-Edge-Designs" auf. Der Ka hat mit fast 2,50 Meter den bislang längsten Radstand unter seinesgleichen. Zwischen den Achsen bietet der moderne Buckel-Ford beispielhafte Raumökonomie, geschmackvolles Design und anspruchsvolle Sicherheitsfeatures: »Anti-Dive-Sitze«, mit atmungsaktiven Polsterstoffen, steigern gleichermaßen die passive Sicherheit und den Komfort. Kleinkinder im »ISO-FIX Alter« reisen im Ka genau so locker wie »ausgewachsene« Mitteleuropäer: Die Ka-Konzeption stellt eindeutig Ergonomie, Komfort und Funktionalität in den Vordergrund: Sämtliche Bedienungselemente, inklusive Radio, sind bequem zu erreichen und liegen gut im Blickfeld. »Freundlich« aufeinander abgestimmt sind auch die Farbtöne in Innenraum – kein Zweifel, im Ka kommen Auge und Verstand auf ihre Kosten.
Ob Do it yourselfer im Kapitel »Der Innenraum« gleichermaßen auf Ihre Kosten kommen, erfahren Sie auf den folgenden Seiten. Wir empfehlen Ihnen dort »nur« jene Wartungs- und Reparaturarbeiten, die Sie nicht überfordern. Ein elektrischer Fensterheber in der Fahrertür zum Beispiel hält selten ein ganzes Autoleben unbeschadet. Und eine »blinde« Innenleuchte oder ein »abgefahrener« Außenspiegel wird Sie mitunter häufiger konfrontieren, als es Ihnen lieb sein mag. Wir sagen Ihnen auch, wann und wo der Profi auf jeden Fall die erste Adresse ist. Selbsthilfe macht freilich nicht nur bei Störungen Sinn – spätestens beim Wiederverkauf entpuppt sich ein regelmäßig gepflegter Innenraum als Wert erhaltende Investition.

Heizung und Lüftung

Ein Teil des Fahrtwinds gelangt vor der Frontscheibe durch das Lüftungsgitter ins Wageninnere. Optional passiert die Frischluft auf ihrem Weg in den Fahrgastraum im Ka einen Reinluftfilter, der, auf der Beifahrerseite im Windlauf installiert, dem Fahrtwind Partikel ab 0,003 mm Durchmesser entzieht.
Damit Ka-Fahrer auch bei feuchter Witterung ihren Durchblick behalten, »streicht« während der Fahrt ein zugfreier Luftstrom durch den Innenraum und an den Scheiben vorbei. Die Zwangsentlüftung sorgt für einen ständigen Luftaustausch – auch bei geschlossenen Frischluftdüsen und Fenstern.
Sollte das freilich alles nicht reichen, unterstützt den Luftumsatz im Innenraum ein vierstufiges Luftgebläse. Je nach Stellung der Luftführungsklappen wird der Ka-«Wohnbereich« mit Verteilerdüsen unterschiedlich klimatisiert. Die Luftverteilung übernimmt eine Zahnwelle, die Innenraumtemperatur leitet ein in das Bedienteil integriertes Potentiometer (regelbarer Widerstand) ein. Das Potentiometer »kommuniziert« elektrisch mit dem Heizungsregulierventil: Je nach Spannungspotential ändert sich der Heißwasserdurchsatz im Heizungswärmetauscher und dementsprechend auch die Innenraumtemperatur.

Umluftschaltung – serienmäßig mit Klimaanlage

Frische Außenluft strömt an den Aluminiumlamellen des Heizungswärmetauschers vorbei und erwärmt sich auf das gewünschte Temperaturniveau. Ohne

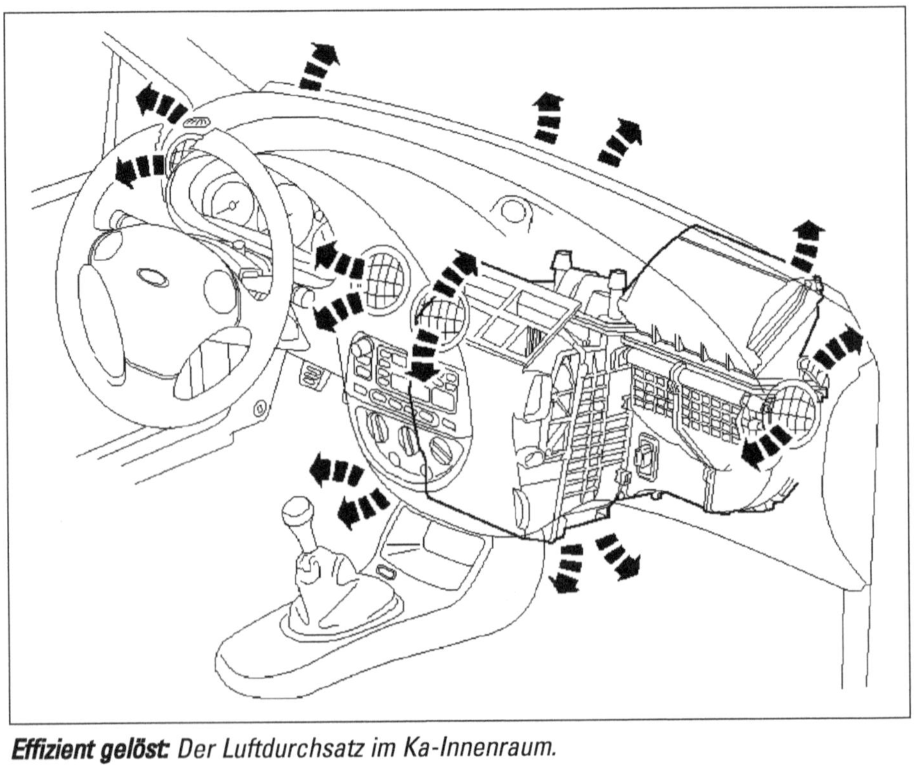

Effizient gelöst: *Der Luftdurchsatz im Ka-Innenraum.*

Heizung

Störungs-beistand

Störung	Ursache	Abhilfe
A Schwache Heizleistung.	**1** Luftklappe schließt nicht ganz.	Seilzüge kontrollieren; Klappe gängig machen, ggf. Fremdkörper entfernen.
	2 Wärmetauscher verstopft oder Zuleitungen gequetscht.	Wärmetauscher reinigen bzw. ersetzen (lassen); Zuleitungen kontrollieren.
	3 Heizungsbetätigung verstellt oder ausgehängt.	Einstellen bzw. neu einhängen.
	4 Vor- und Rücklauf des Wärmetauschers verstopft oder geknickt.	Kontrollieren, ggf. Schläuche ersetzen (lassen).
B Heizung fällt während der Fahrt aus.	**1** Heizungswärmetauscher teilweise leergelaufen (Kühlmittelverlust).	Temperaturanzeige beobachten. Wenn im roten Bereich, sofort anhalten, ansonsten besteht Gefahr für die Zylinderkopfdichtung! Leckage beheben und Kühlflüssigkeit ergänzen.

Luftgebläse funktioniert die Belüftung geschwindigkeitsabhängig, lassen Sie darum auf Kurzstrecken und im Stadtverkehr immer das Gebläse auf Stufe 1 oder 2 »mitarbeiten«. Vorteil: Der Luftstrom verteilt sich, unabhängig von der Fahrgeschwindigkeit, schneller im Innenraum. Das Luftgebläse sitzt vor dem Wärmetauscher und kühlt dadurch auch an kälteren Tagen die Luft nicht ab.

Sollte Ihr Ka eine Klimaanlage (AC) an Bord haben, können Sie – über einen Schalter im Bedienteil – per Umluftschaltung kurzerhand die »Außenwelt« aus Ihrem »mobilen Wohnzimmer« verbannen.

Ab und an checken – Heizung und Innenraumbelüftung

Checken Sie ab und an das »Innenraumklima« in Ihrem Ka: Staubpartikel, Straßenschmutz, Insekten oder fallendes Herbstlaub können schließlich die Luftkanäle und den optionalen Pollenfilter verstopfen. Sinnvollerweise machen Sie das auf einer wenig befahrenen Landstraße – und zwar während der Fahrt.

- Drehen Sie dazu den Heizungsregler bei betriebswarmem Motor bis zum Anschlag auf – strömt die Warmluft gleichmäßig aus den Düsen?
- Schließen Sie danach den Heizungsregler ganz. Jetzt darf nach einigen Kilometern nur noch kalte Luft aus den Düsen kommen. Falls nicht, schließen die Luftklappen nicht mehr dicht.
- Funktioniert die Luftverteilung nach oben, unten und in den Fond?
- Strömt die Luft gleichmäßig aus allen Öffnungen?
- Funktioniert der Umluftregler (Option)?
- Funktioniert das Gebläse in allen Stufen?

Heizungs- und Lüftungsbedieneinheit aus- und einbauen

Arbeitsschritte

① Batteriemassekabel abklemmen.

② Radio demontieren, um …

③ … danach die Bedienungsschalter der Heizung/AC auszubauen. Dazu lösen Sie beide Schrauben ❶ und die zwei Clips ❷.

Bedienungsschalter der Heizung/AC ausbauen, dazu die Schrauben ❶ und Clips ❷ lösen.

④ Ziehen Sie die Bedieneinheit soweit vor, dass Sie die Luftverteilerwelle (Pfeil) aushängen und den Heizungsregler demontieren können.

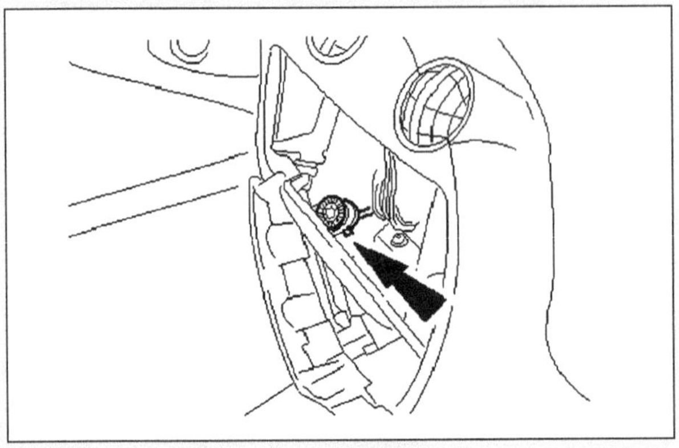

Luftverteilerwelle (Pfeil) aushängen.

⑤ Nun können Sie die gesamte Bedieneinheit nach vorne aus dem Armaturenträger ziehen.

⑥ Beenden Sie die Arbeit in umgekehrter Reihenfolge und …

⑦ … checken danach die Heizung, wie beschrieben, auf einer Probefahrt.

Heizungsventil aus- und einbauen

Arbeitsschritte

① Demontieren Sie den Kühlmittelausgleichsbehälter und legen ihn »gefüllt« im Motorraum ab.

② Beide Wischerarme demontieren.

③ Windlaufgrill komplett abnehmen. Ziehen Sie dazu auch den Schlauch von den Scheibenwaschdüsen ab.

④ Lösen Sie danach die acht Schrauben der Stirnwandverlängerung (Pfeile) und nehmen sie nach vorne ab.

Schrauben der Stirnwandverlängerung (Pfeile) lösen.

⑤ Jetzt können Sie das Heizungsventil problemlos demontieren. Damit Ihnen dabei möglichst wenig Kühlflüssigkeit verloren geht, verschließen Sie den Wärmetauscher und die Kühlmittelleitungen sofort mit passenden Stopfen.

⑥ Ziehen Sie zunächst den Stecker ❶ vom Heizungsventil ab. Danach demontieren Sie die Schläuche ❷.

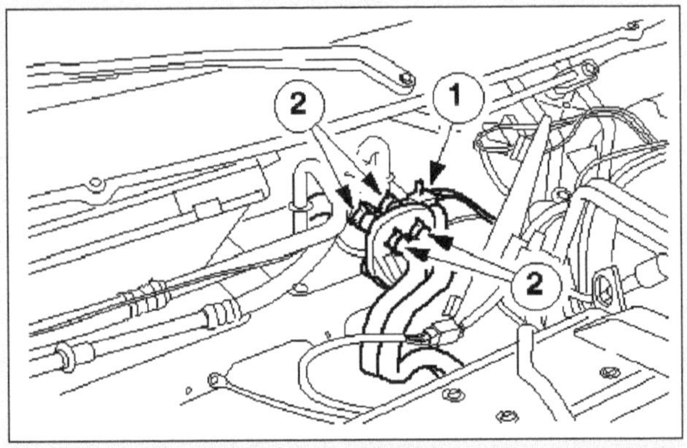

Heizungsventil demontieren. ❶ Stecker, ❷ Schläuche.

⑦ Achten Sie darauf, dass Sie zur Montage die Schläuche nicht vertauschen.

⑧ Montieren Sie das neue Ventil und beenden dann die Arbeit in umgekehrter Reihenfolge.

⑨ Ergänzen Sie die evtl. fehlende Kühlflüssigkeit und lassen den Motor danach im Stand warm laufen. Sobald der Thermostat geöffnet hat, checken Sie erneut den Kühlflüssigkeitsstand und ergänzen bis MAX. Verschließen Sie nun das System.

⑩ Checken Sie jetzt die Heizung auf einer kurzen Probefahrt.

Heizungswärmetauscher aus- und einbauen

Arbeitsschritte

① Gehen Sie zunächst wie unter »Heizungsventil aus- und einbauen« (Arbeitsschritt 1 – 6) beschrieben vor.

② Demontieren Sie dann die Wärmetauscherabdeckung (Pfeile) von der Spritzwand.

③ Der Wärmetauscher ❷ liegt jetzt »griffbereit« vor Ihnen. Falls Sie ihren Ka mit AC klimatisieren, gilt das Gleiche für den Verdampfer ❶.

④ Beenden Sie die Montage des Wärmetauschers in umgekehrter Reihenfolge und …

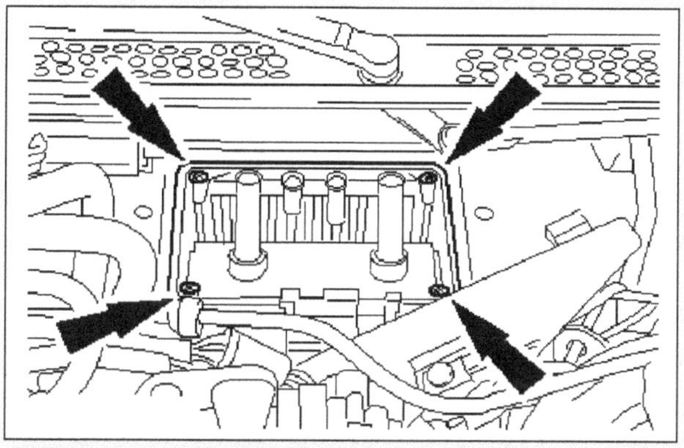

Wärmetauscherabdeckung (Pfeile) von der Spritzwand demontieren.

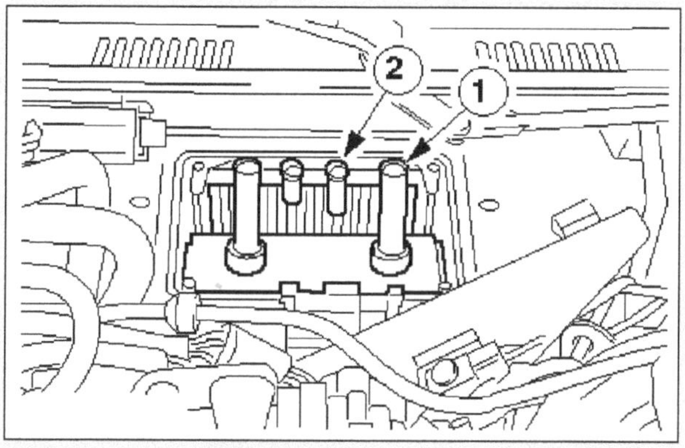

Wärmetauscher ❷ demontieren. Mit AC demontieren Sie gleichfalls den Verdampfer ❶.

⑤ ... ergänzen Sie die evtl. fehlende Kühlflüssigkeit und lassen den Motor danach im Stand warm laufen. Sobald der Thermostat geöffnet hat, checken Sie erneut den Kühlflüssigkeitsstand und ergänzen ihn bis »MAX«. Verschließen Sie nun das System.

⑥ Checken Sie die Heizung auf einer kurzen Probefahrt.

Das Gebläse

In allen Ka-Modellen unterstützt ein vierstufiges Radialgebläse den Luftaustausch im Innenraum. Das Gebläse sitzt vor dem Heizungswärmetauscher und kühlt auch Wintertags den Innenraum nicht aus. Vorgeschaltete Widerstände regeln den Gebläsemotor stufenweise ein. In Stufe 4 hat der Lüfter die größte Leistung. Seine Kapazität ist großzügig ausgelegt, so dass, unabhängig von der momentanen Fahrgeschwindigkeit, immer genügend Luft umgewälzt wird. Das gilt für wenige Minuten übrigens auch in Stellung »Umluft« (Option).

Störungssuche am Gebläse

Arbeitsschritte

① Arbeitet das Gebläse in keiner Schalterstellung, kontrollieren Sie zunächst die Sicherung 12 unterhalb des Armaturenbretts.

② Ist die Sicherung o. k., überprüfen Sie den Gebläseschalter. Dazu demontieren Sie – wie beschrieben – die Bedieneinheit.

③ Kontrollieren Sie, ob an den Anschlüssen des Mehrfachsteckers Spannung anliegt. Falls nicht, prüfen Sie, ausgehend vom Sicherungskasten, auch die Zuleitung.

④ Im nächsten Schritt checken Sie den Schalter in allen Stellungen auf »Durchgang«. Schließen Sie dazu ein Multimeter an.

⑤ Einen defekten Schalter tauschen Sie besser aus, Reparaturen sind erfahrungsgemäß nicht sinnvoll.

⑥ Sollte der Schalter jedoch o. k sein, überprüfen Sie im nächsten Schritt die Masseverbindung zum Gebläsemotor.

⑦ Liegt dort auch kein Fehler vor, ist der Gebläsemotor defekt (Kohlen abgebrannt, Ankerwicklungen »verschmort«).

Gebläsemotor aus- und einbauen

Mit etwas handwerklichem Geschick und den richtigen Werkzeugen tauschen Sie den Gebläsemotor locker in Eigenregie. So wird's gemacht:

Arbeitsschritte

① Batteriemassekabel abklemmen.

② Gehen Sie danach wie unter »Heizungsventil aus- und einbauen« (Arbeitsschritte1 – 6) beschrieben vor.

③ Demontieren Sie das Reinluftfiltergehäuse (Option) vor der linken Spritzwandseite (Pfeile) im Motorraum. Checken Sie bei der Gelegenheit gleich den Filtereinsatz und tauschen ihn eventuell gegen einen neuen Filter aus.

④ Jetzt liegt die Abdeckung des Gebläsemotors »vor Ihnen« – um den Deckel abzuheben, lösen Sie die beiden Deckelschrauben.

⑤ Zur Demontage des Gebläsemotors trennen Sie

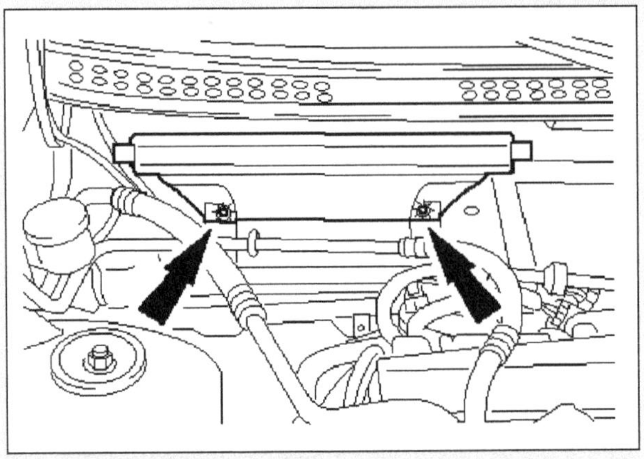

Reinluftfiltergehäuse demontieren (Pfeile).

zunächst im Beifahrerfußraum den Anschlussstecker. Dann schrauben Sie den Motor mit zwei Schrauben (Pfeile) von der Spritzwand, ziehen ihn leicht nach oben und bugsieren das Anschlusskabel samt Tülle und Stecker vorsichtig hinterher.

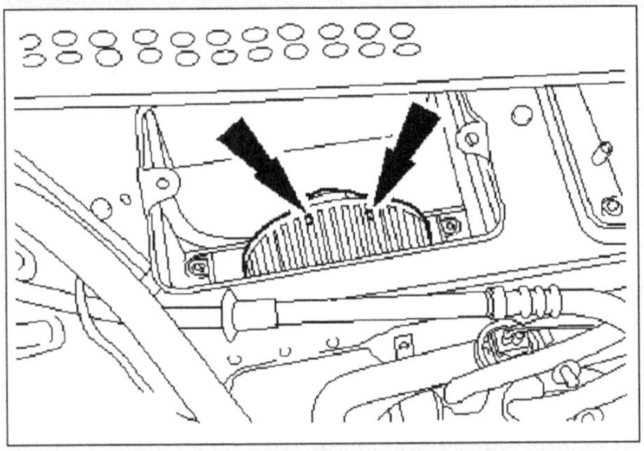

Gebläsemotor demontieren, dazu 2 Schrauben (Pfeile) an der Spritzwand herausdrehen.

⑥ Um Ihrem Beifahrer bei Regenwetter spätere »Fußduschen« zu ersparen, reinigen Sie vor der Montage des neuen Motors an der Spritzwand gründlich den gesamten Bereich um die Öffnung des Reinluftfilters.

⑦ Auf die »geputzten« Flächen tragen Sie eine etwa zehn Millimeter dicke »Raupe« Karosseriekitt oder Silikon auf.

⑧ Beenden Sie die Montage in umgekehrter Reihenfolge und ...

⑨ ... lassen den Motor dann im Stand warm laufen. Sobald der Thermostat geöffnet hat, checken Sie den Kühlflüssigkeitsstand im Vorratsbehälter und ergänzen ihn bis »MAX«. Verschließen Sie nun das Kühlsystem und ...

⑩ ... checken die Heizung auf einer kurzen Probefahrt.

Die Schalter

Im Ka sind unterschiedliche Schaltertypen verbaut. Rechts und links der Lenksäule reichen die Betätigungshebel des Lenkstockschalters aus der Verkleidung.
Das Heizgebläse und die Luftverteilung im Innenraum aktivieren Drehschalter in der Mittelkonsole.
Den elektrischen Fensterhebern (Option) sind Kippschalter vorbehalten.
Druckschalter setzen dagegen die Nebelschlussleuchte, die Klimaanlage (Option), die Umlufttaste, die Zusatzscheinwerfer sowie die beheizbare Heckscheibe und die Heckklappe in Aktion.
Mit etwas Geschick wechseln Sie defekte Kipp- und Druckschalter in eigener Regie – den Lenkstockschalter sollten Sie besser in Ihrer Fachwerkstatt wechseln lassen.

Aktiviert die Wegfahrsperre – das Lenk-/Zündschloss

Mit dem Lenk-/Zündschloss starten Sie den Motor und – bei abgezogenem Zündschlüssel – binnen fünf Sekunden auch die automatische Wegfahrsperre (PATS). Nach etwa einer halben Lenkraddrehung ohne Zündschlüssel rastet zudem das Lenkradschloss ein. An der Schließmechanik treten erfahrungsgemäß nur selten Störungen auf. An älteren Autos »verkleben schon mal« die elektrischen Kontakte des Zündschlosses oder sie korrodieren. Leider ist die Kontaktplatte nicht einzeln austauschbar, das gesamte Lenk-/Zündschloss muss erneuert werden – überlassen Sie die Arbeit besser Ihrer Werkstatt.
Zur Kontrolle der Wegfahrsperre sollten Sie übrigens – bevor Sie den Wagen verlassen – immer die Kontrollleuchte rechts in der Zeituhr ins »Auge fassen«. Die Wegfahrsperre ist nämlich nur dann betriebsbereit, wenn die Leuchte bei ausgeschalteter Zündung etwa alle zwei Sekunden blinkt.

Sollte Ihr Ka Startschwierigkeiten haben, achten Sie darauf, ob die Leuchte nach etwa 3 Sekunden erlischt oder statt dessen für ca. eine Minute in einen schnellen Blinkrhytmus übergeht bzw. mit Dauerbeleuchtung »nervt«. In diesem Fall hat das System die Schlüsselcodierung nicht erkannt. Ziehen Sie dann den Zündschlüssel ab und starten nach rund 20 Sekunden erneut.

Wichtig für den Datenfluß – Zündschlüssel nicht mit Metall abschirmen

Brennt die Kontrollleuchte dann etwa eine Minute ununterbrochen und blinkt danach mehrmals unregelmäßig auf, liegt eine Störung vor. Stellen Sie dann zunächst sicher, dass andere Schlüssel oder sonstige Metallteile (Schlüsselbund) Ihren Zündschlüssel nicht »abschirmen«. Sollten Sie dort die Fehlerquelle nicht lokalisieren, probieren Sie den Ersatzschlüssel oder codieren das »verstimmte« Exemplar mit dem »Masterschlüssel« neu. Falls Ihnen das zu aufwendig erscheint, hilft Ihnen auch Ihr Ford-Händler weiter.

Zündschlüssel codieren

Mit dem Masterschlüssel lassen sich Ersatzschlüssel oder maximal acht Duplikate codieren – das System ist wartungsfrei. Die folgenden Punkte müssen innerhalb von jeweils fünf Sekunden erledigt sein:

Arbeitsschritte

① Masterschlüssel auf Zündschlossstellung »II« drehen.

② Masterschlüssel auf Position »0« zurückdrehen und abziehen.

③ Zweitschlüssel ins Zündschloss stecken und auf Stellung »II« drehen.

④ Zweitschlüssel auf Position »0« zurückdrehen und abziehen. Der Codiermodus ist jetzt aktiv. Verfahren Sie nun innerhalb von zehn Sekunden mit einem weiteren uncodierten Schlüssel auf die gleiche Weise, haben Sie den neuen Schlüssel gleichfalls codiert.

⑤ Dem frisch codierten Schlüssel »gönnen« Sie nun etwa fünf Sekunden Ruhe – das System muss sich zunächst aktivieren.

⑥ War der Codiervorgang nicht erfolgreich, blinkt die Kontrollleuchte oberhalb der Zeituhr erneut. Warten Sie in diesem Fall rund 20 Sekunden und starten den Codiervorgang erneut.

⑦ Ford-Werkstätten können Masterschlüssel ersetzen und bereits codierte Schlüssel »löschen«.

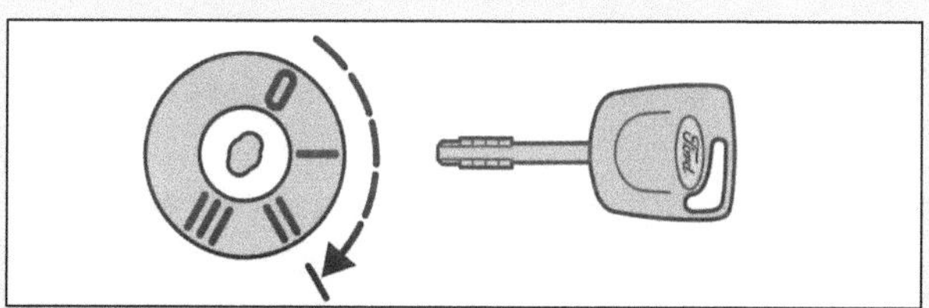

Zündschlüssel codieren: Schritt für Schritt vorgehen.

Bedienungselemente / Schalter

Autos ohne Klimaanlage (AC) haben ein herkömmliches Bedienteil mit drei Drehknöpfen. Die Klappen für Temperaturregelung und Luftverteilung betätigen je zwei Bowdenzüge. Die Umluftfunktion steuert ein elektrischer Stellmotor, den ein Schalter im Bedienteil aktiviert. Fahrzeuge mit AC besitzen im Bedienteil einen zusätzlichen Ein-/Ausschalter. Um die einzelnen Schalter im Bedienteil prüfen, bzw. demontieren zu können, bauen Sie – wie beschrieben – zunächst das komplette Bedienteil aus.

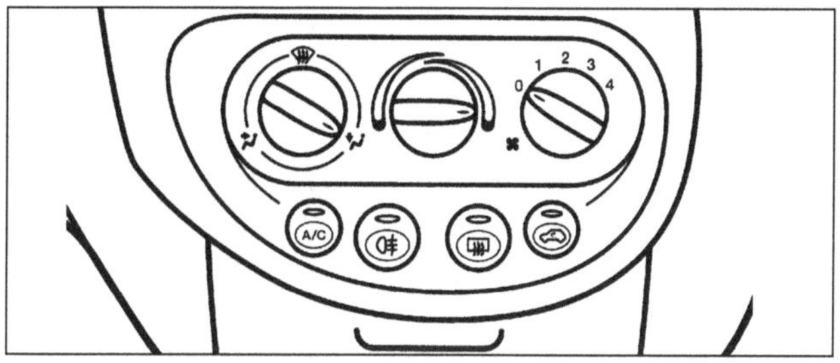

Die Bedienungselemente: *(o. l.) Luftverteilungsregler, (o. M.) Temperaturregler, (o. r.) Gebläseregler, (u. l.) AC-Schalter, (u. l. M.) Nebelscheinwerfer, (u. r.) Umluftschalter, (u. r. M.) beheizbare Heckscheibe.*

Bedienungsschalter der Warnblinkanlage aus- und einbauen

Arbeitsschritte

① Gehen Sie zunächst bis Arbeitsschritt 5 (»Radio aus- und einbauen«) vor.

② Drücken Sie die Haltenasen (unterbrochene Pfeile) ein und bauen den Schalter (Pfeil) aus der Radioblende aus.

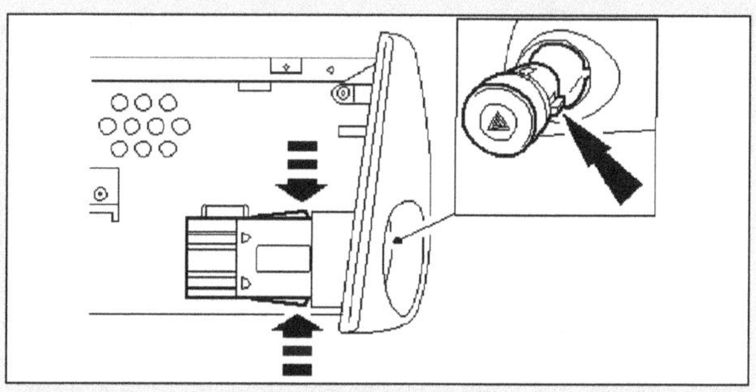

Haltenasen (unterbrochene Pfeile) und Schalter (Pfeil).

③ Beenden Sie die Arbeit in umgekehrter Reihenfolge.

Umluftklappenstellmotor aus- und einbauen

Arbeitsschritte

① Demontieren Sie zunächst die Abdeckung unterhalb der Armaturentafel und »ordnen« die umliegenden Kabel und Bowdenzüge.

② Ziehen Sie den Stecker ❶ ab und lösen Sie drei Schrauben ❷.

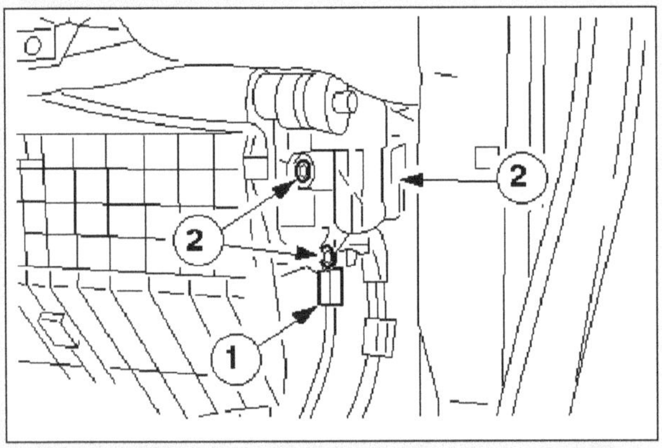

Sitzt mittig unterhalb des Armaturenbretts: Der Umluftklappenstellmotor. ❶ Stecker, ❷ Schrauben.

③ Nehmen Sie den Motor nach vorne heraus.

④ Beenden Sie die Arbeit in umgekehrter Reihenfolge.

⑤ Starten Sie den Motor, stellen das Gebläse an und prüfen dann die Funktion des Stellmotors.

Türkontaktschalter prüfen

Die Innenbeleuchtung wird über Kontaktschalter von den Türen gesteuert. Die Schalter sitzen (teilweise unter der Türdichtung versteckt) im mittleren Bereich der B-Säule. Falls die Innenbeleuchtung nicht funktioniert, checken Sie zuerst ob Spannung an der Innenleuchte anliegt. Erst danach checken Sie beide Schalter.

Arbeitsschritte

① Checken Sie zunächst die Sicherung 2 im Sicherungskasten unterhalb des Armaturenbretts. Ist sie o. k., ...

② ... ziehen Sie mehrmals bis zum Anschlag die Kontaktstifte der montierten Schalter hin und her. Die gegenüberliegende Tür muss dazu verschlossen sein.

③ Brennt danach die Leuchte, war der Türkontaktschalter »nur« korrodiert.

④ Schrauben Sie dann beide Schalter los und ziehen sie aus der B-Säule heraus. Entrosten Sie die Kontaktflächen und schützen beide Schalter mit einem Kontakspray gegen »Wiederholungsfälle«.

⑤ Sollten Sie jedoch feststellen, dass der Kontaktstift verzogen oder zu schwergängig gepasst ist, wechseln Sie den kompletten Schalter aus.

⑥ »Fangen« Sie den Kabelstecker – nachdem Sie ihn abgezogen haben – sofort ein, ansonsten könnte er Ihnen samt Anschlusskabel in die B-Säule fallen.

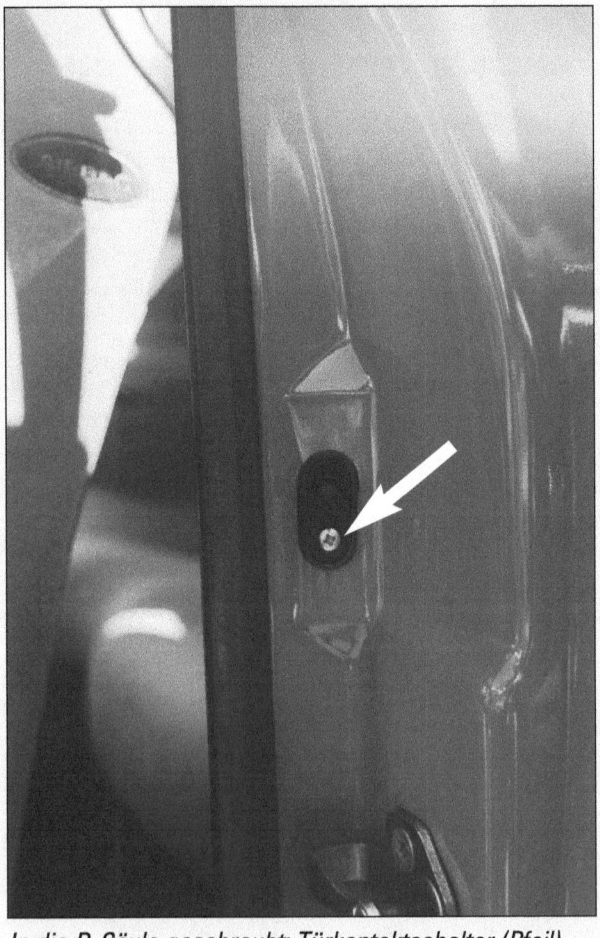

In die B-Säule geschraubt: Türkontaktschalter (Pfeil).

Radio aus- und einbauen

In der folgenden Beschreibung berücksichtigen wir nur das Ford-Radioprogramm. Beim nachträglichen Einbau eines Zubehörradios sollten Sie sich einen auf Ihren Ka abgestimmten Einbausatz beschaffen

– Befestigungs- und Montageprobleme sind damit weitgehend ausgeschlossen. Dem Einbausatz liegt erfahrungsgemäß eine detaillierte Montageanleitung bei. An bereits montierten Radios mit Anti-Diebstahl-Codierung (Keycode) müssen Sie vor der Demontage unbedingt die Codenummer notieren – ansonsten bleibt »der Kasten« nach der (Neu)Montage stumm.

Arbeits-schritte

① Zündung ausschalten – Batterie abklemmen.

② Radio/Cassettengerät ausschließlich mit U-förmigen Drahtwinkeln entsichern. Dazu auf jeder Seite jeweils einen Winkel ❶ in die vorgesehenen Bohrungen einschieben und gleichmäßig nach außen (siehe Pfeil) drücken. Sie entlasten damit die Haltekrallen.

③ Ziehen Sie das Gerät vorsichtig und gleichmäßig (ohne zu verkanten) mit den Drahtwinkeln aus der Montageöffnung ❷. Sie vermeiden so Beschädigungen an der Gerätehalterung.

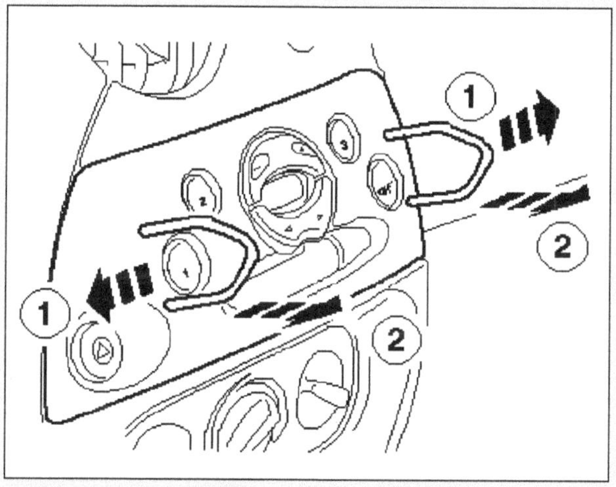

Radio demontieren. ❶ *Drahtwinkel,* ❷ *Montageöffnung.*

④ Zentralstecker vom Warnblinkanlagenschalter, Antennenkabel, Stromanschluss, Lautsprecher-Steckverbindung und Masseanschluss abziehen. Um bei der Montage keinen Anschluss »falsch« zu stecken, kennzeichnen Sie sich vorher die Stecker.

⑤ Beenden Sie die Arbeit in umgekehrter Reihenfolge. Achten Sie darauf, dass der hintere Halter »hörbar« einrastet.

Lautsprecher aus- und einbauen

Je nach Ausstattung und Radiovariante »trägt« Ihr Ka unterschiedlich viele Lautsprecher an Bord. Wir gehen auf die häufigste Ausstattungsvariante mit Türlautsprechern ein.

Arbeits-schritte

① Stellen Sie das Radio ab und …

② … demontieren, wie beschrieben, die Türverkleidung. Achten Sie darauf, dass die Türdichtfolie nicht einreißt. Ansonsten läuft Ihnen bei jedem Regenguss und jeder Wagenwäsche Wasser in den Fußraum.

③ Drehen Sie dann die vier Lautsprecher-Befestigungsschrauben mit einem Schraubendreher heraus und ziehen den Lautsprecher aus der Öffnung.

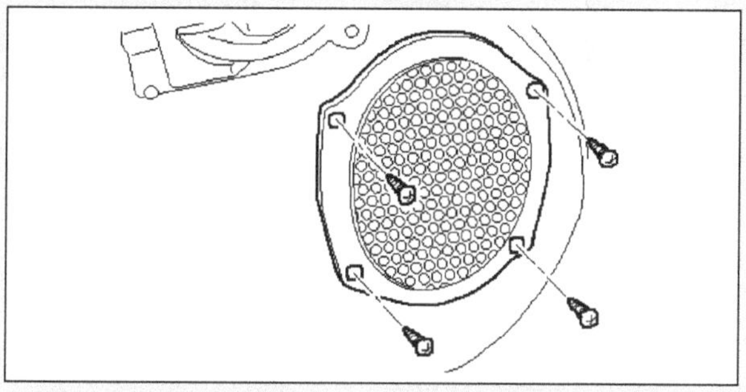

Lautsprecher demontieren, dazu vier Befestigungsschrauben lösen.

④ Ziehen Sie den Stecker vom Lautsprecherchassis ab und dann den Lautsprecher aus der Tür – ziehen Sie tatsächlich an den Steckern und nicht an den Kabeln.

⑤ Originalkabelsätze haben Formstecker. Um Verwechslungen an selbstverlegten Zwillingsleitungen auszuschließen, markieren Sie sich vorher die Anschlüsse.

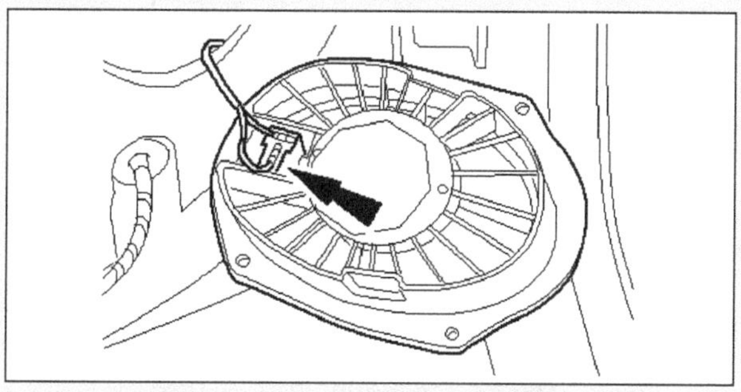

Stecker vom Lautsprecherchassis abziehen.

⑥ Beenden Sie die Arbeit in umgekehrter Reihenfolge.

Praxistipp

Hecklautsprecher – die Größe muss »stimmen«

Bevor Sie aus Ihrem Ka in Eigenregie einen rollenden Konzertsaal machen, achten Sie auf die Abmessungen der Lautsprechermontageöffnungen. Belassen Sie es bei da hineinpassenden Lautsprechern: Die Magnetwirkung größerer Boxen könnte andernfalls die Sperrwirkung der hinteren Gurtrollen beeinträchtigen. Folge: Die Gurte blockieren und lassen sich nicht mehr einwandfrei bedienen.

Dachantenne aus- und einbauen

Werksseitig montierte Radios »surfen« im Ka per Dachantenne »auf den Radiowellen«. Dachantennen sind nahezu unverwüstlich – vorausgesetzt, Sie muten ihnen keine Waschanlagen zu. Schrauben Sie daher vorher die Antenne kurzerhand vom Antennenfuß. Ansonsten verheddern sich die Waschbürsten in der Antenne und Ihre Dachantenne »zieht den Kürzeren«. Die dann fälligen Kosten können Sie jedoch locker minimieren: Kaufen Sie im Autozubehör eine passende Antenne und »sparen« sich die Montagekosten in die eigene Tasche. Sollten Sie eine komplette Neuinstallation vornehmen, müssen Sie selbstverständlich noch das Antennenkabel unter der A-Säulenblende und der Vorderkante des Himmels »verstecken«.

Arbeitsschritte

Antennenfuß

① Klemmen Sie die Batterie ab und ...

② ... bauen die Innenleuchte wie beschrieben aus.

③ Drehen Sie von innen die Befestigungsschraube am Antennenfuß (Pfeil) heraus.

Befestigungsschraube am Antennenfuß (Pfeil) heraus drehen.

④ Ziehen Sie den Antennenfuß nach oben vom Dach und...

⑤ ... richten den neuen Fuß auf dem Dach aus. Schrauben Sie vorher dazu die Antenne ein.

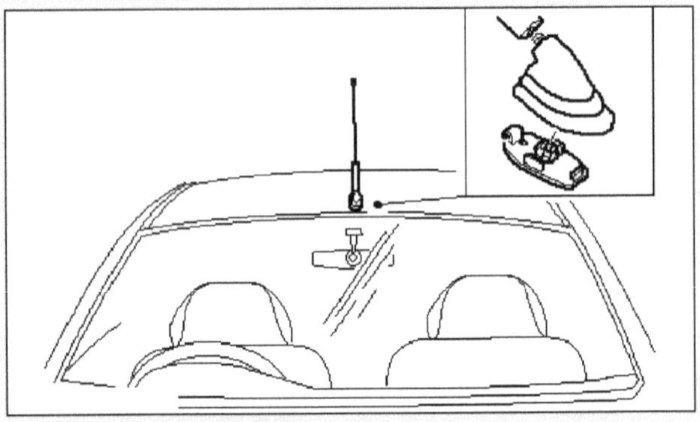

Antennenfuß ausrichten.

⑥ Beenden Sie die Arbeit in umgekehrter Reihenfolge.

Antennenkabel

① Montieren Sie den Antennenfuß wie beschrieben und...

② ... demontieren die rechte A-Säulenverkleidung inklusive der Sonnenblende.

③ Lösen Sie vorsichtig die Vorderkante des Dachhimmels und legen das Antennenkabel frei.

④ Demontieren Sie dann das Radio wie beschrieben.

⑤ »Befreien« Sie das alte Kabel von seinen Clipsen und bauen es aus.

⑥ Das neue Kabel verlegen Sie »klapperfrei« und schließen es am Antennenfuß und Radio an.

⑦ Beenden Sie die Arbeit umgekehrter Reihenfolge.

Nicht zu empfehlen – Vordersitze in Eigenregie aus- und einbauen

Im Ka sitzen Fahrer und Beifahrer auf so genannten »Anti-Dive-Sitzen«: ein Bestandteil des Ford-Sicherheitssystems (SRS). Beide vorderen Sitzkonsolen sind mit Gurtstraffern verschraubt, die bei einem Crash die »Bänder« schlagartig anziehen, um die Gurtlose auf ein Minimum zu reduzieren. Unsachgemäß behandelte Gurtstraffer differenzieren allerdings nicht zwischen einer Sitzdemontage oder einem realistischen Crash – sie »zünden« und sind danach unbrauchbar. Sollten Sie dennoch vor einer Sitzdemontage nicht zurückschrecken, fragen Sie vorab Ihren Ford-Händler nach den Sicherheitsvorschriften. Ka-Sitze bestehen übrigens aus einem Stahlrahmen mit Federdrahtbespannung und integrierter Stützrampe. Die Rampe hindert vorne Sitzende bei Auffahrunfällen daran, unter dem Sicherheitsgurt durch zu tauchen. Beide Vordersitze haben höhenverstellbare Kopfstützen. Einen höhenverstellbaren Fahrersitz sowie hintere Kopfstützen bekommen Ka-Käufer gegen Aufpreis geliefert.

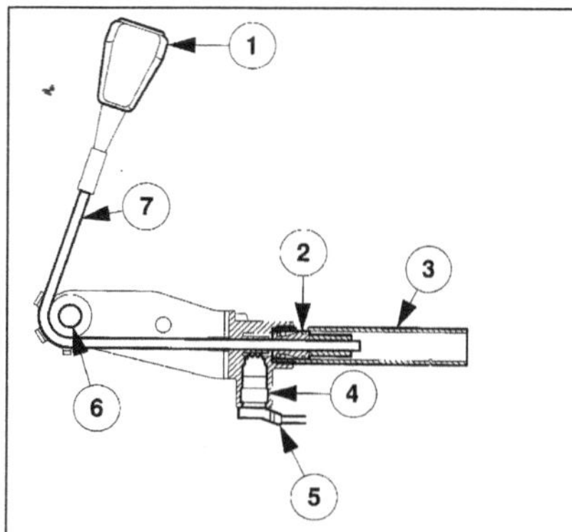

Der Gurtstraffer im Detail:
❶ *Gurtschloss,*
❷ *Straffkolben,*
❸ *Arbeitsgehäuse,*
❹ *Gasgenerator,*
❺ *Zündeinheit,*
❻ *Umlenkelement,*
❼ *Straffseil.*

Arbeits-schritte

WICHTIG: Klemmen Sie vor der Sitzdemontage unbedingt die Batterie ab. Warten Sie danach auch mindestens noch eine Minute, bis Sie den Stecker des Rückhaltesystems abziehen. Andernfalls könnten Airbags und Gurtstraffer ungewollt zünden und Verletzungen verursachen – ganz abgesehen von den immensen Kosten für ein neues System. Während der Arbeiten am Rückhaltesystem unterlassen Sie auch Keycodespeicherungen – auch damit könnten Sie den pyrotechnischen Zündern ungewollt einen »Ernstfall« vorgaukeln.

Vordersitz

① Klemmen Sie das Batteriemassekabel ab (Ka mit Seitenairbag) und warten mindestens eine Minute bis Sie den Stecker des Sicherheitssystems abziehen.

② Schieben Sie dann den Sitz vollständig nach vorn und drehen die hinteren Schrauben an den Sitzschienen heraus.

③ Schieben Sie jetzt den Sitz vollständig nach hinten und drehen die vorderen Schrauben an den Sitzschienen heraus.

④ Ziehen Sie den Stecker (Pfeile) des Sicherheitssystems (Ka mit Seitenairbag) ab.

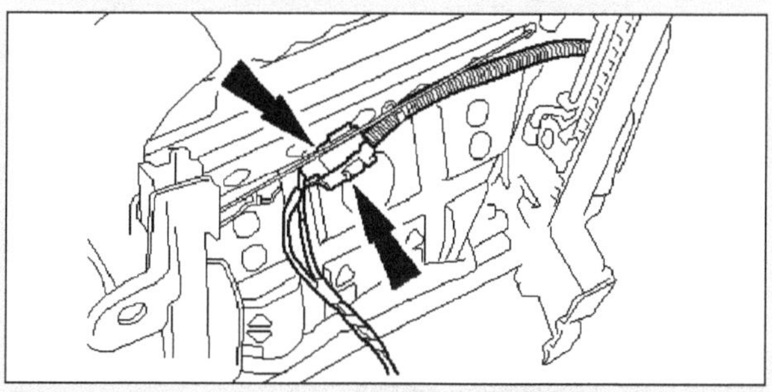

Sicherheitssystemstecker (Pfeile) abziehen.

⑤ Beenden Sie die Arbeit in umgekehrter Reihenfolge. Alle Schrauben bekommen mit 22 Nm das gleiche Drehmoment. Richten Sie zuvor den Sitz über den Schraubenkäfigen aus und ziehen zunächst die vorderen, inneren Sitzschrauben fest. Jetzt ziehen Sie hinten die äußere Schraube an, dann bekommen die beiden äußeren, vorderen Schrauben ihr Drehmoment. Ziehen Sie danach die beiden hinteren, inneren Schrauben und dann die äußere Schraube fest.

Rücksitzbank

① Drehen Sie beide vorderen Befestigungsschrauben (Pfeile) heraus.

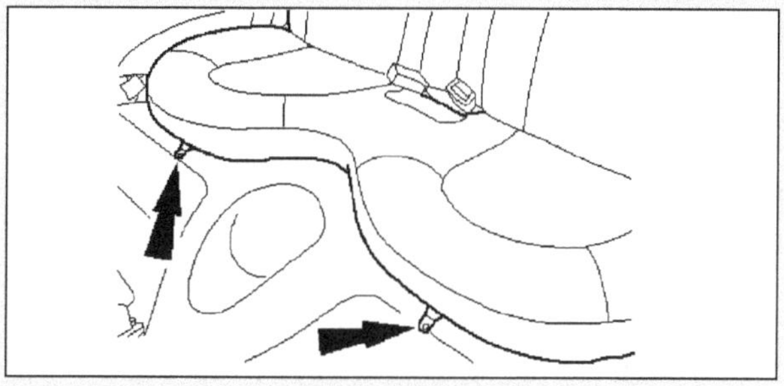

Vordere Befestigungsschrauben (Pfeile).

② Demontieren Sie die linke Sitzlehne. Dazu klappen Sie die Lehne um und lösen vier Schrauben (Pfeile).

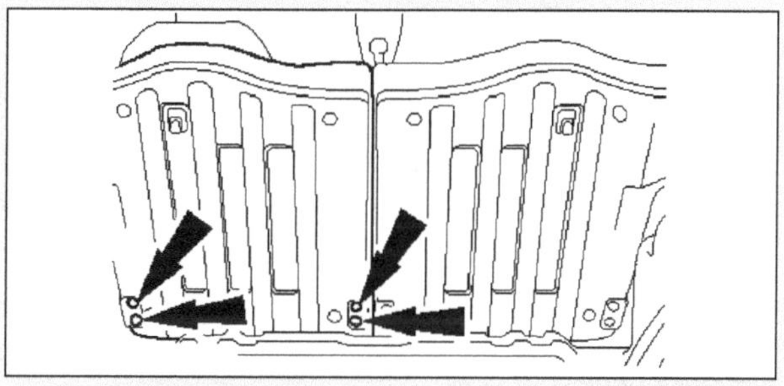

Linke Sitzlehne demontieren, dazu vier Schrauben (Pfeile) lösen.

③ Rücksitzpolster demontieren. Schieben Sie das Polster ❶ nach hinten, heben das Sitzkissen ❷ vom Halter ab und bugsieren die Gurtschlösser ❸ durch die Polsteraussparungen.

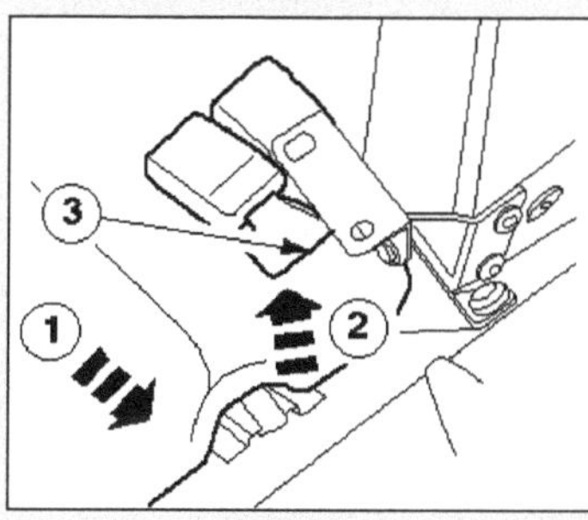

Rücksitzpolster demontieren. ❶ *Polster,* ❷ *Sitzkissen,* ❸ *Gurtschlösser.*

④ Beenden Sie die Montage in umgekehrter Reihenfolge.

Praxistipp

Sicherheitsgurt – Check

Sicherheitsgurte haben eine lebensrettende Funktion.

Nach einem Unfall sind sie daher, ungeachtet ihres scheinbaren äußeren Zustands, unbrauchbar und dementsprechend zu erneuern.

Damit Ihre Sicherheitsgurte im Notfall auch tatsächlich funktionieren, prüfen Sie die »Bänder« also von Zeit zu Zeit. Der Ka ist vorn und hinten mit Automatiksicherheitsgurten ausgerüstet – auf den Vordersitzen mit pyrotechnischen Gurtstraffern. Fehler im Rückhaltesystem des Ka signalisiert die Airbag-Kontrollleuchte in der Armaturentafel. Ist das der Fall, suchen Sie eine Ford-Werkstatt auf: Komponenten des Gurtstraffers oder des Airbags dürfen Sie nicht zerlegen oder reparieren.

Die Rollgurte des Ka haben zwei Sensoren: Ein Fahrzeugbewegungssensor wird beim Bremsen, Kurvenfahren, steilen Bergaufpassagen und ungünstiger Fahrzeuglage aktiv. Der Gurtsensor bremst das »Band«, wenn es ruckartig abgerollt wird. Beide Systeme müssen einwandfrei funktionieren, und das können Sie mit einem Beifahrer selbst prüfen. Doch bevor Sie den Gurten »dynamisch« auf den Zahn fühlen, stellen Sie sicher, dass Ihre Gurte keine:

- welligen Gurtbänder mit …
- … ausgefransten Kanten,
- aufgeriebenes Gewebe und
- angerissenen Nähte haben.

Ist das der Fall, tauschen Sie den (die) betreffenden Gurt(e) ohne Wenn und Aber sofort aus. Die folgenden dynamischen Prüfungen wären dann »reine Zeitverschwendung«.

Bremsprüfung

- Legen Sie den Sicherheitsgurt korrekt an.
- Starten Sie den Motor und fahren im ersten Gang exakt 10 km/h (niemals schneller).
- Bremsen Sie scharf, um das Auto anzuhalten. Funktioniert der Bewegungssensor einwandfrei, verriegelt die Aufrollautomatik, und der Sicherheitsgurt sperrt. Lassen Sie sich das auch von Ihrem Beifahrer bestätigen.
- Wiederholen Sie die Prüfung mit allen Automatikgurten.

Zusatzprüfung (Kurvenfahren)

Machen Sie diesen Check nur auf einem Parkplatz der Ihnen genügend Freiraum bietet: Sie müssen Ihren Ka mit voll eingeschlagenen Vorderrädern fahren.

- Fahren Sie mit ganz eingeschlagener Lenkung und max. 16 km/h (nicht schneller) im Kreis.
- Ihr Beifahrer versucht derweil die Gurte nacheinander langsam aus der Aufrollautomatik herauszuziehen. Hat er damit Erfolg, »verschrotten« Sie schnellstens den betreffenden Gurt.

Gurtsensor prüfen

- Halten Sie auf ebener Fläche und im stehenden Fahrzeug den Gurt nahe der oberen Verankerung fest und ziehen ihn ruckartig heraus. Nach spätestens 25 cm muss der Gurt sperren. Lässt sich das Gurtband weiter herausziehen, erneuern Sie den Gurt.
- Bevor Sie neue Gurte montieren, prüfen Sie peinlich genau die Befestigungspunkte – ein neuer Gurt in »angeknackster« Befestigung hat allenfalls das Sicherheitspotential eines Hosenträgers.

Türverkleidung aus- und einbauen

An Modellen mit elektrischen Fensterhebern klemmen Sie vorher die Batterie ab. Achten Sie darauf, dass Ihnen die Türdichtfolie nicht einreißt. Falls doch, erneuern Sie die Folie und verlegen sie auf den gereinigten Türrahmen in eine »satte« Silikonraupe. Falls Sie das allzu oberflächlich machen, läuft Ihnen später bei jedem Regenguss und jeder Wagenwäsche Wasser in den Fußraum.

Arbeitsschritte

Modelle ohne elektrische Fensterheber

① Seitenfenster hoch kurbeln und Fensterkurbel demontieren.

Modelle mit elektrischen Fensterhebern

② Den inneren Türgriff abhebeln. Stützen Sie dazu den Schraubendreher mit einem Polster ab.

③ Ziehen Sie den Stecker vom Fensterheberschalter ab.

Alle Modelle

④ Lösen Sie die vorderen beiden Schrauben an der Türverkleidung, …

⑤ … ziehen die Clips (Pfeile) aus dem Türblech und nehmen die Verkleidung von der Tür.

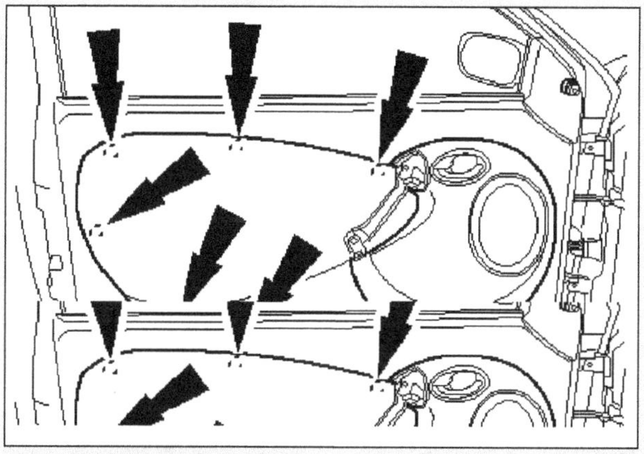

Türverkleidung demontieren.

⑥ Beenden Sie die Arbeit in umgekehrter Reihenfolge. An Modellen ohne elektrische Fensterheber richten Sie die Fensterkurbel zum Türgriff aus.

Türscheibe aus- und einbauen

Bei Versionen mit elektrischen Fensterhebern klemmen Sie vorher die Batterie ab.

Arbeitsschritte

Demontage

① Demontieren Sie die Türverkleidung wie beschrieben.

② Ziehen Sie die Türdichtfolie vorsichtig ab. Trennen Sie dazu den Folienklebestreifen mit einem Kunststoffmesser (Einwegbesteck). Vermeiden Sie die Klebefläche unnötig zu berühren – darunter leidet die Klebewirkung.

③ Bei Modellen mit Fensterkurbel setzen Sie die Kurbel jetzt kurz aufs Getriebe und senken die Scheibe ab – ansonsten lassen Sie die Scheibe elektrisch in der Tür »verschwinden«. Die Schrauben (Pfeile) des Fensterhebers müssen zugänglich sein.

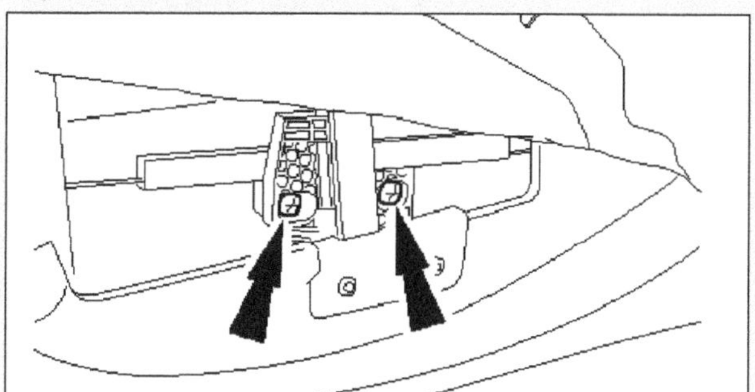

Müssen zugänglich sein: Fensterheber-Befestigungsschrauben.

④ Demontieren Sie nun die Abdeckung der Außenspiegelbetätigung und bauen die innere Verkleidung (zwei Clips, zwei Haltelaschen) ab.

⑤ Lösen Sie die Überwurfmutter (Pfeil) des Außenspiegels und ziehen den Spiegel nach außen aus der Tür.

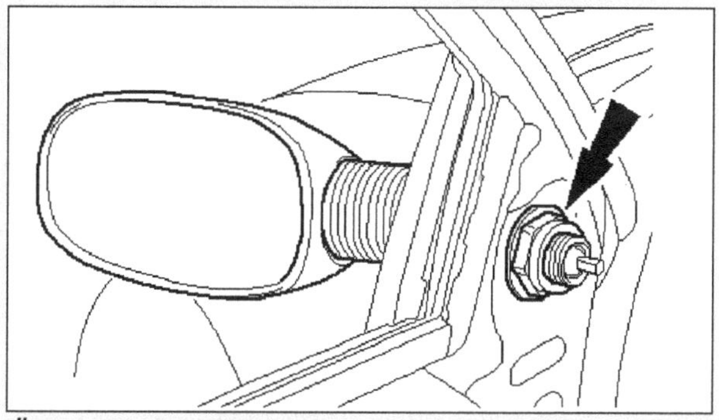

Überwurfmutter (Pfeil) lösen – Spiegel nach außen von der Tür abziehen.

⑥ Ziehen Sie die äußere Verkleidung des Außenspiegels und das äußere und innere Dichtgummi der Seitenscheibe mit einem Holz- oder Kunststoffspeitel ab. Achten Sie darauf, nicht den Lack zu beschädigen. Unterlegen Sie den Speitel darum mit einem weichen Lappen.

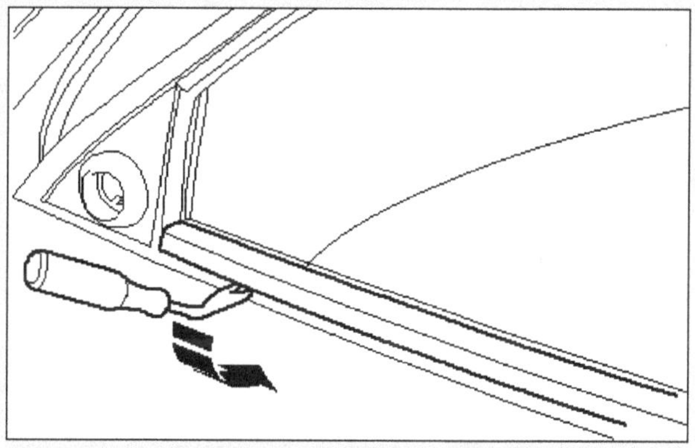

Dichtgummi der Seitenscheibe mit einem Holz- oder Kunststoffspeitel lösen.

⑦ Trennen Sie jetzt die Seitenscheibe vom Fensterheber und …

⑧ … demontieren die Scheibe. Neigen Sie das Glas zunächst nach vorne ❶ und heben es dann nach oben aus dem Fensterschacht ❷.

Montage

⑨ Heben Sie den Fensterheber vor der Montage geringfügig an und …

⑩ … bugsieren dann die Scheibe in den Fensterschacht.

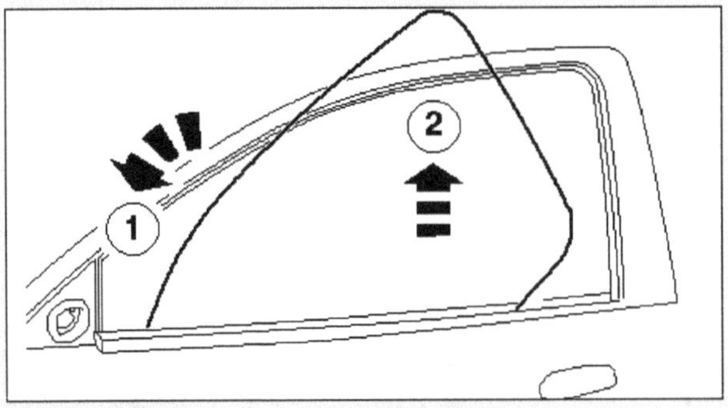

Demontage der Seitenscheibe. Achten Sie auf die Reihenfolge.

⑪ Halten Sie die Scheibe hinten an der Oberkante fest und schieben sie gleichzeitig nach hinten und unten.

⑫ Sobald die Scheibe am Fensterheber anliegt, üben Sie leichten Druck auf das Glas aus und ziehen es mit beiden Klemmschrauben fest.

⑬ Die restlichen Bauteile montieren Sie in umgekehrter Reihenfolge.

Fensterheber aus- und einbauen

Bei Versionen mit elektrischen Fensterhebern klemmen Sie vorher die Batterie ab.

Arbeitsschritte

① Führen Sie die Arbeitsschritte ① bis ⑦ analog »Seitenscheibe demontieren« aus.

② Senken Sie die Scheibe ab, um sie vom Fensterheber trennen zu können.

③ Blockieren Sie in der oberen Führungsschiene mit Holzkeilen die Scheibe in fast geschlossener Stellung.

④ An Modellen mit manuellem Fensterheber bohren Sie nun die fünf Popnieten (Pfeile) aus und bugsieren den Fensterheber aus der Tür.

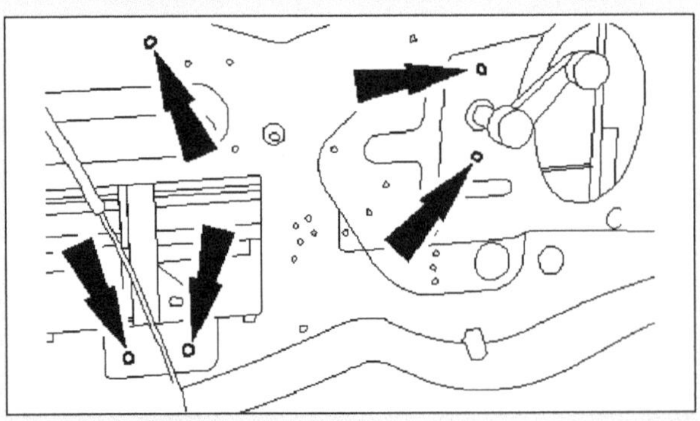

Popnieten (Pfeile) ausbohren.

Modelle mit elektrischen Fensterhebern

① Scheibe vom Fensterheber lösen, vier Popnieten ausbohren und drei Schrauben lösen.

② Den Stecker vom Motor abziehen und ...

③ ... den kompletten Fensterheber aus der Tür bugsieren.

④ Beenden Sie die Montage in umgekehrter Reihenfolge und ...

⑤ ...fahren zum Test danach die Scheibe rauf- und runter. Sollte das Fenster schwergängig sein, justieren Sie evtl. die Führung oder bestreichen die Reibflächen dünn mit Vaseline.

Praxistipp

Elektrischer Fensterheber streikt

Schalter defekt: Den Schalter auf der anderen Seite ausbauen und Mehrfachstecker umstecken. Mit dem intakten Schalter können Sie nun das Fenster schließen.

Zuleitung zum Elektromotor unterbrochen: Ein Hilfskabel von der Batterie (wenn Plusstrom fehlt) oder an Masse (wenn Masse fehlt) zum Motor legen. Motor laufen lassen.

Motor blockiert: Türverkleidung abbauen. Die Scheibe an der Hebeschiene aushängen und fest nach oben drücken. Das Fenster in dieser Stellung mit starkem Klebeband sichern oder zum Beispiel mit einem geeigneten Stück Holz verkeilen. Beides ist natürlich nur eine Notlösung.

Die Zentralverriegelung

Die optionale Zentralverriegelung öffnet oder schließt die Türen in Ihrem Ka gleichzeitig. An jedem Türschloss sind dazu kleine Stellmotoren installiert. Ihre Signale gehen jeweils von beiden Vordertüren »auf die Reise« – von außen passiert das per Schlüssel und von innen mit dem Türöffnungshebel. Der Gepäckraum lässt sich von innen oder mit dem Zündschlüssel von außen öffnen. Die Motorhaube reagiert auf einen Seilzug, dessen Betätigungsmechanismus unterhalb der Lenksäule »hängt«.

Türgriff demontieren

Einerlei ob Sie den rechten oder linken Türgriff demontieren – die Arbeitsschritte sind identisch. Bei Versionen mit elektrischen Fensterhebern klemmen Sie vorher besser die Batterie ab.

Arbeits-schritte

① Demontieren Sie, wie beschrieben, die Türverkleidung. Trennen Sie vorab den Folienklebestreifen mit einem Kunststoffmesser (Einwegbesteck). Vermeiden Sie, die Klebefläche unnötig zu berühren – darunter leidet die Klebewirkung.

② Trennen Sie nun mit einem Teppichmesser die Abdeckung am Türblech. Beachten Sie: Fensterführung und Abdeckung sind einteilig.

③ Jetzt bohren Sie zwei Popnieten (Pfeile) in der Fensterführung aus und...

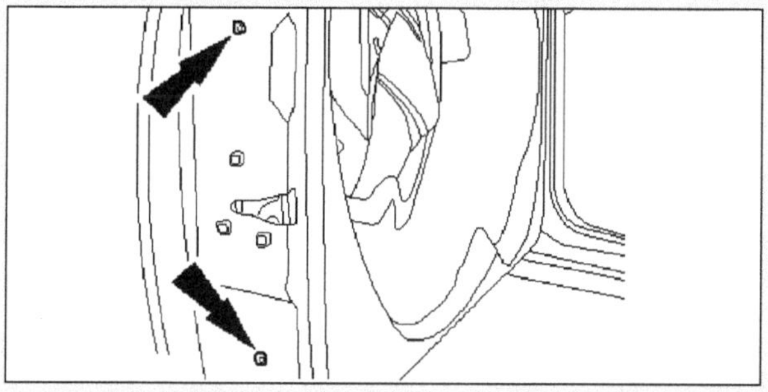

Popnieten (Pfeile) ausbohren.

④ ... nehmen die Fensterführung samt Abdeckung aus der Tür.

⑤ Lösen Sie jetzt den Clip an der Schlossbetätigungsstange und ziehen die Stange am Schloss ab.

⑥ Danach lösen Sie den Clip am Türgriff (Pfeil), hängen die Stange am Türgriff aus und nehmen sie aus der Tür.

⑦ Lösen Sie in der Tür beide Befestigungsschrauben (Pfeile) und ziehen den Türgriff nach außen von Tür ab.

⑧ Beenden Sie die Arbeit in umgekehrter Reihenfolge.

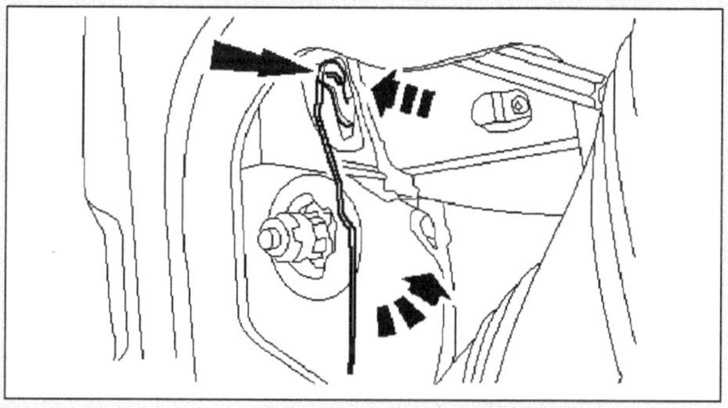

Aushängen der Schlossbetätigungsstange am Türgriff (Pfeil).

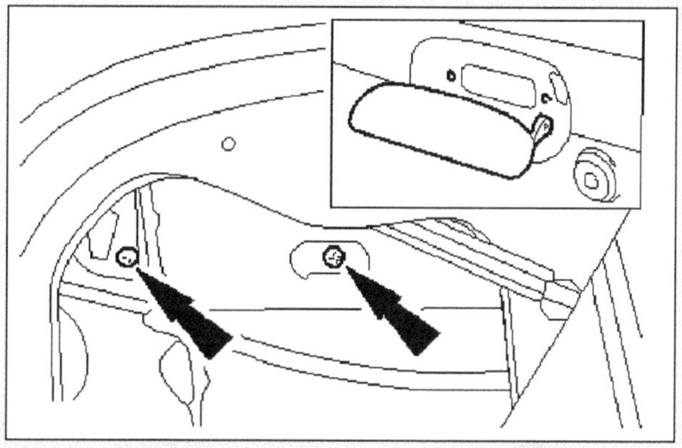

Befestigungsschrauben (Pfeile) des Türgriffs lösen.

Türschließzylinder demontieren

Arbeits-schritte

① Gehen Sie zunächst bis Arbeitsschritt 6 analog »Türgriff demontieren« vor.

② Ziehen Sie den Sicherungsring vom Schließzylinder ab. Ford-Werkstätten nutzen dazu ein Spezialwerkzeug – versuchen Sie den Ring mit einem Schraubendreher abzuknippen.

③ Ziehen Sie den Schießzylinder nach außen ab.

④ Zur Montage achten Sie darauf, dass der U-Ring wieder zwischen Türaußenhaut und Schließzylinder sitzt.

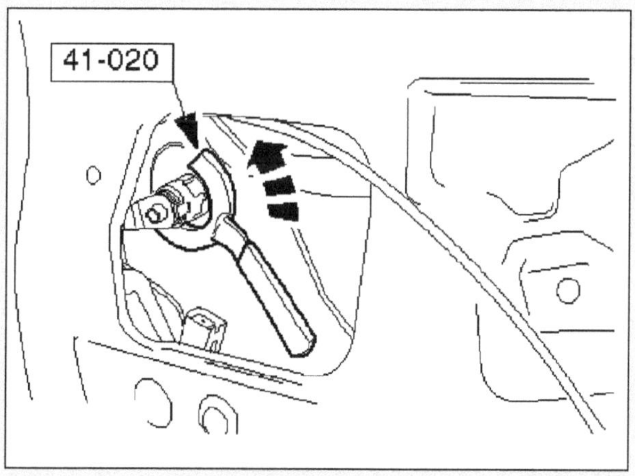

Abziehen des Sicherungsringes vom Schließzylinder. Werkstätten nutzen das Werkzeug 41-020.

Heckklappengriff demontieren

Arbeitsschritte

① Demontieren Sie die Heckklappenverkleidung an den Clips und ...

② ... schrauben beide Muttern (Pfeile) vom Türgriff ab.

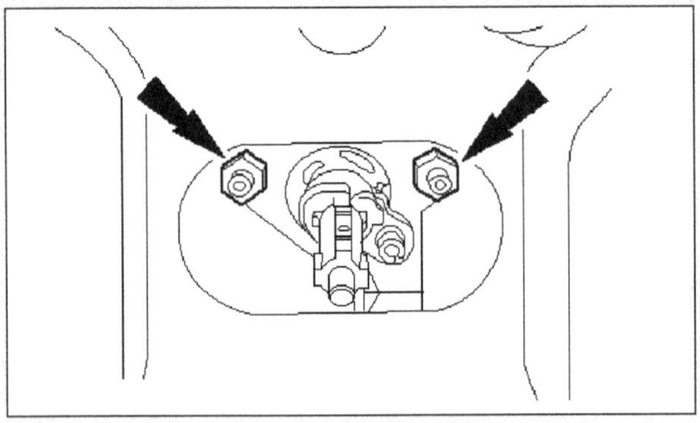

Muttern (Pfeile) vom Heckklappengriff abschrauben.

③ Ziehen Sie den Türgriff nach außen ab und...

④ ...beenden die Montage in umgekehrter Reihenfolge. Achten Sie darauf, das doppelseitige Klebepolster (Pfeil) zu erneuern.

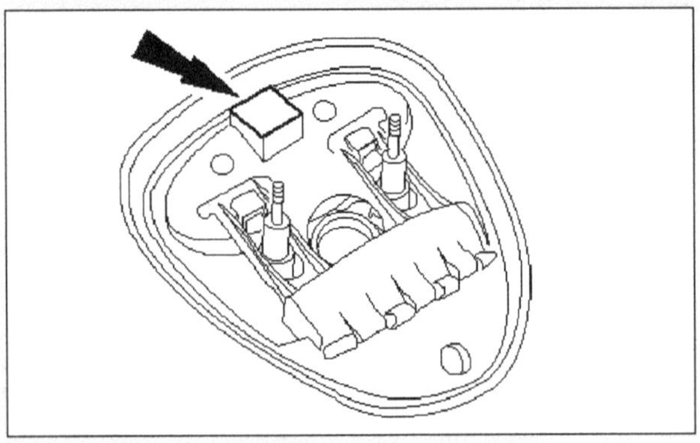

Doppelseitige Klebepolster (Pfeil) erneuern.

Heckklappenschließzylinder demontieren

Arbeitsschritte

① Demontieren Sie die Heckklappenverkleidung an den Clips und ...

② ... hängen den Schlossbetätigungszug aus. Ziehen Sie dazu den Außenzug ❶ aus dem Halter und schieben gleichzeitig den Innenzug ❷ nach vorne.

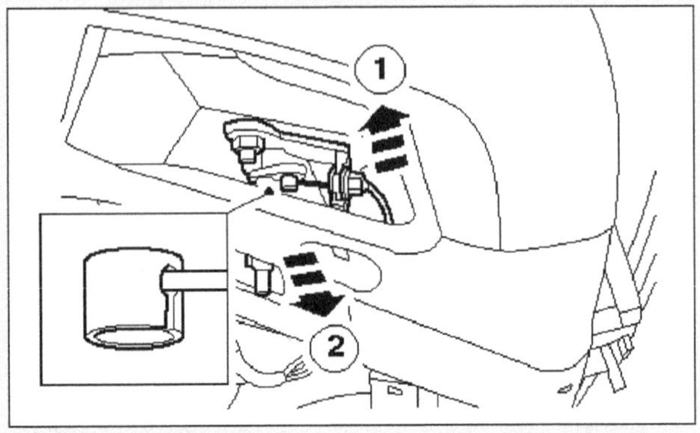

Schlossbetätigungszug aushängen, ❶ Außenzug, ❷ Innenzug.

③ Lösen Sie beide Muttern des Schließzylinders und ziehen ihn nach hinten aus der Heckklappe.

④ Beenden Sie die Montage in umgekehrter Reihenfolge.

Heckklappenschloss demontieren

Arbeitsschritte

① Gehen Sie zunächst bis Arbeitsschritt ② analog »Heckklappenschließzylinder demontieren« vor.

② Drehen Sie mit einem Kreuzschlitzschraubendreher die beiden Schrauben (Pfeile) aus dem Schloss und ziehen es dann nach oben ab.

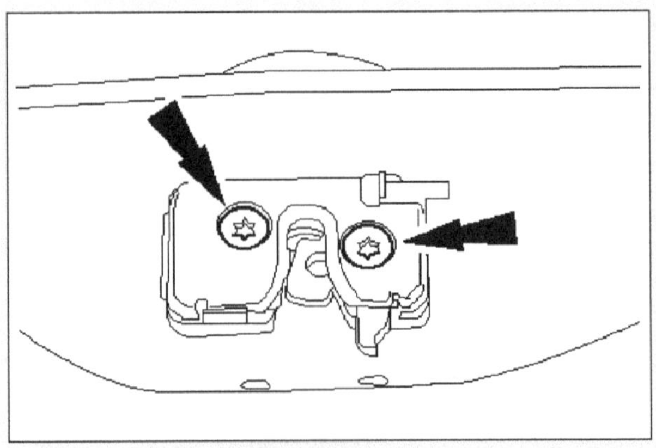

Schlossschrauben (Pfeile) lösen.

Elektrische Fensterheber*

Störungs-beistand

Störung	Ursache	Abhilfe
A Seitenscheibe »läuft« nur in eine Richtung.	Schalter defekt.	Schalter auswechseln.
B Seitenscheibe blockiert.	**1** Passungen zu eng – Sicherung durchgebrannt.	Seitenscheibe in den Führungen gängig machen – Sicherung erneuern.
	2 Motor läuft nicht an – Sicherung o. k.	Provisorisch Spannung an Motor legen. Falls der Motor »läuft«, ist die Zuleitung defekt. Andernfalls Motor auswechseln.
C Seitenscheibe verstellt insgesamt zu langsam.	**1** Seitenscheibe in den Führungen verklemmt.	Spiel der Scheibe prüfen und ggf. korrigieren.
	2 Zu starke Reibung in der gesamten Mechanik.	Mechanik ohne Seitenscheibe auf Reibungsverluste überprüfen, ggf. erneuern
	3 Kabelverbindungen defekt oder oxidiert.	Überprüfen, reinigen, ggf. auswechseln.
	4 Schalter defekt oder oxidiert.	Überprüfen, ggf. auswechseln.
D Seitenscheibe verstellt im oberen Bereichs zu langsam.	Siehe C1.	

*Die Fensterheber arbeiten nur bei eingeschalteter Zündung.

Zentralverriegelung

Störungs-beistand

Störung	Ursache	Abhilfe
A Verriegelung funktioniert nicht.	**1** Sicherung durchgebrannt.	Erneuern.
	2 Servomotor(en) defekt.	Funktion überprüfen, ggf. auswechseln.
	3 Verkabelung unterbrochen.	Überprüfen, ggf. erneuern (lassen).
B Schlösser werden entriegelt, aber nicht verriegelt.	**1** Siehe A2.	
	2 Mehrfachstecker an Motor oder Türkasten locker oder oxidiert.	Festen Sitz kontrollieren, ggf. reinigen.
	3 Schalter im Servomotor defekt.	Durchgangsprüfung an den entsprechenden Motorklemmen durchführen.
C Schlösser werden verriegelt, aber nicht entriegelt.	**1** Siehe A2.	
	2 Siehe B2 und 3.	
D Eines der Schlösser funktioniert nicht.	**1** Siehe B2.	
	2 Kabel- bzw. Steckverbindung am Servomotor oder in der Tür fehlerhaft.	Überprüfen, ggf. instand setzen.
	3 Mechanische Übertragungsteile klemmen.	Teile auf Funktion überprüfen und festen Sitz kontrollieren. Ggf. Teile etwas fetten, verschlissene Teile auswechseln.

DIE KAROSS

ERIE

Reparatur

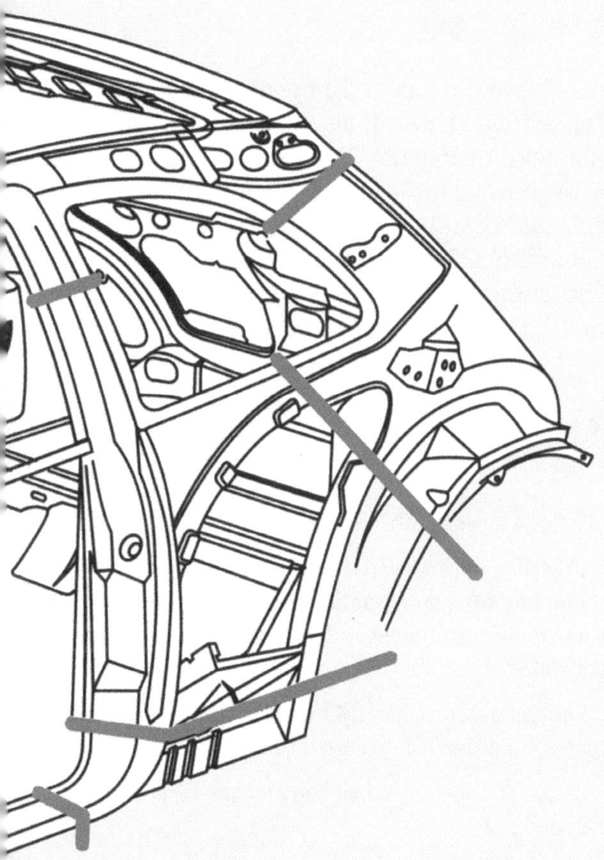

Reparaturfreundlich: *Die Rohkarosserie des Ka ist in diverse Abschnittszonen unterteilt. Die meisten unfallrelevanten Bleche und Holme sind als Einzelteil und »Schnittmuster« zu bekommen.*

Die Grundkonzeption des Ford Ka steht seit gut 20 Jahren auf den Rädern. Unmöglich? Als Concept Car wurde der Ka erst anno '94 auf dem Genfer Automobilsalon und zwei Jahre später dann im Serientrimm präsentiert. Dennoch kein Widerspruch – der Ka basiert auf der verkürzten Bodengruppe des Ford Fiesta, von dem er auch so manches »Schräubchen« mit auf die Straße nimmt.

Das spricht durchaus für den kleinen Buckel-Ford und nicht unbedingt gegen die Kreativität seiner Macher: Denn eine neue Felge stellt beispielsweise auch nicht die bewährte Grundform des Rads in Frage, sondern modernisiert allenfalls das Konzept. Und exakt diesen Anspruch stellt der Ka seit '94 – der Ka, ein moderner Sub-Compact mit dem Platz- und Sicherheitsangebot größerer »Brüder«.

Up to date – das Sicherheitskonzept

Die markantesten Merkmale des Ford Ka sind zweifellos optischer Natur. Seinen Auftritt prägen runde, geschwungene Flächen in Kombination mit betonten Kanten und Winkeln. Ford's Designer kreierten am und im Ka ihr neues New-Edge-Design (wörtlich: neues Kanten-Design). Doch auch hinter der New-Edge-Fassade kann sich der Ka durchaus mit anderen Vertretern seiner Spezies messen: Der Ka erfüllt die europäische Crash-Norm ECE 98. Er bewältigt bei 56 km/h sowohl den Frontalaufprall mit 40prozentiger Überdeckung gegen eine deformierbare Barriere als auch den Seitenaufpralltest, bei dem sein Aufbau einer mit 50 km/h heran rasenden Barriere trotzen muss. Die »berufsbedingt« anwesenden Dummies hätten im Ka überlebt – »beruhigend« für den hoffentlich nie stattfindenden Ernstfall auf der Straße.

Die Sicherheitsreserven des kleinsten Ford sind also nicht von »Pappe«. Sie bestehen aus einer speziellen Karosseriestruktur mit Seitenaufprallschutz, Anti-Dive-Sicherheitssitzen sowie einem Sicherheitsschalter, der in Crashsituationen automatisch die Kraftstoffpumpe stoppt. Front- und Seitenairbags sind mittlerweile Standard in allen Ka, nicht so ein Antiblockierbremssystem (ABS), dafür müssen Käufer immer noch tiefer in die Tasche greifen.

Seine vorbildliche Reparaturfreundlichkeit nach Kollisionen unterstreicht der Ka mit vielen Abschnittsblechen: Um den Teileaufwand möglichst gering zu halten, sind allein die beiden Seitenteile in vier unterschiedlichen »Schnittmustern« zu bekommen. Karosseriebauer wie Do it yourselfer wissen das gleichermaßen zu schätzen – spätestens dann, wenn nach einer »Rempelei« ein neuer Stoßfänger, eine Tür, ein Kotflügel, die Motorhaube oder eine Heckklappe »fällig« wird.

Konstruktive Karosserieelemente – geklebte Front- und Heckscheibe

Auf den folgenden Seiten beschreiben wir, wie Sie in Eigenregie kleinere Karosseriearbeiten durchführen können. An die Front- und Heckscheibe sollten Sie freilich nur den Fachmann Hand anlegen lassen: Als konstruktive Karosserieelemente sind sie ein typischer Fall für die Werkstatt.

Praxistipp

Arbeiten an der Karosserie

Die meisten in diesem Kapitel beschriebenen Reparaturen »schaffen« Sie mit einer Werkzeug-Grundausstattung. Motorhaube, Heckklappe und Türen sind jedoch ziemlich sperrig, lassen Sie zu Arbeiten an diesen Komponenten darum besser einen Helfer assistieren. Ein Tipp für Arbeiten an Motorhaube und Heckklappe: Sie erleichtern sich den Wiedereinbau, wenn Sie vorher die Lage der Scharniere mit einem wasserfesten Filzschreiber anzeichnen.

Tür demontieren und montieren

Da die Arbeit für beide Türen nahezu identisch ist, greifen wir die Fahrertür als Beispiel auf. Zum schnellen Ein- und Ausbau der Türen sind lediglich – wie bei einer Wohnzimmertür – die Scharniere zu trennen. Nach Unfallreparaturen oder bei Ersatzteilen werden die Scharnierhälften an der A-Säule mit Richtwerkzeugen so angepasst, dass die Tür mit der Karosserie fluchtet und die Spaltmaße stimmen.

Arbeitsschritte

① Batterie abklemmen.

② »Türfangband« ❶ von der A-Säule schrauben. Mehrfachstecker für Lautsprecher, Zentralverriegelung und elektrischen Fensterheber im Türschacht nach links drehen und lösen.

③ Sicherungsschrauben ❷ (Detailvergrößerung) an den A-Säulenscharnierhälften lösen.

④ Tür leicht anheben, vorsichtig aus der Türöffnung bugsieren und …

⑤ … auf geeigneter Unterlage sicher abstellen.

⑥ Vor der Montage fetten Sie die Scharnierbolzen und das Fangband leicht ein.

⑦ Hängen Sie dann die Tür in die Scharniere ein und ziehen die Sicherungsschraube an.

⑧ Türfangband und Zentralstecker montieren – Batterie anklemmen.

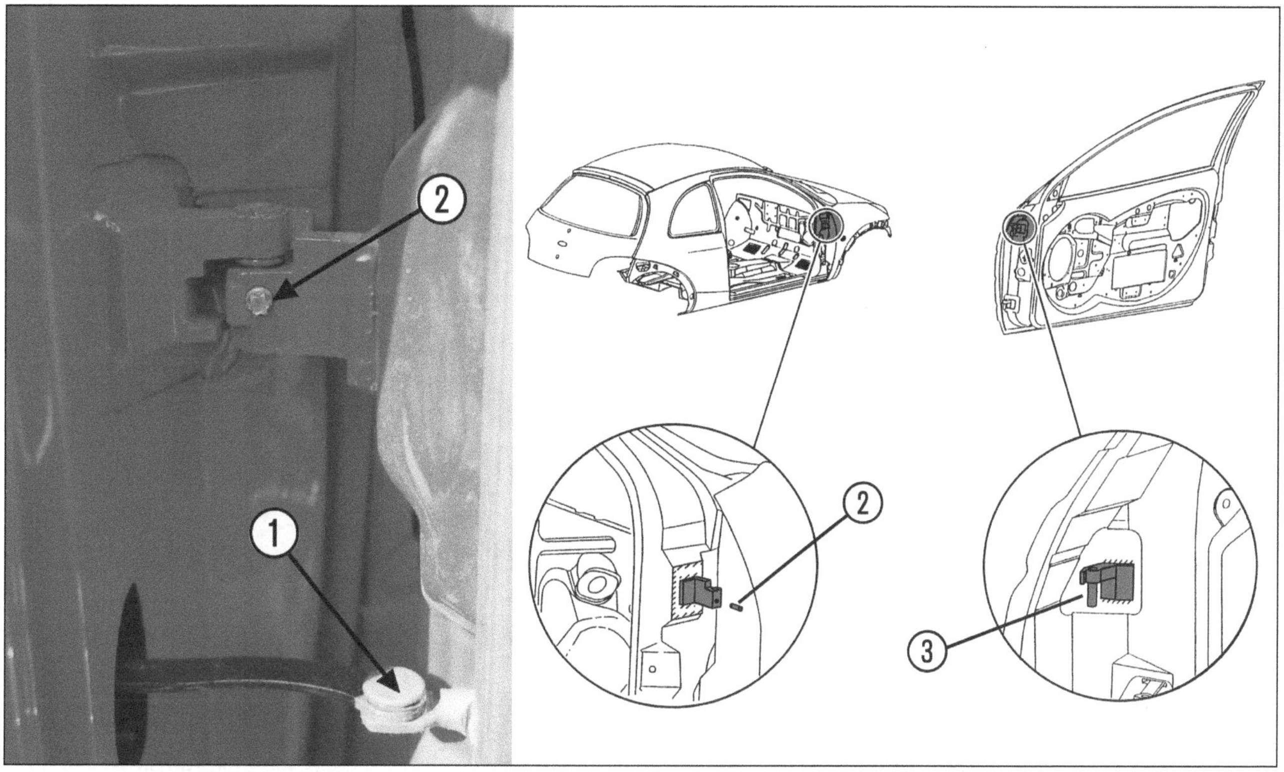

Unkompliziert und haltbar: Die Türscharniere des Ka funktionieren fast so »genial« einfach wie an einer Wohnungstür.
❶ Türfangband, ❷ Sicherungsschrauben an den Scharnierunterteilen oben und unten, ❸ Scharnierstifte oben und unten.

Außenspiegel demontieren und montieren

Arbeits-schritte

① Demontieren Sie zuerst die Abdeckung des Spiegeleinstellgriffs. Dazu lösen Sie die Mutter (Pfeil) und ziehen die Abdeckung vorsichtig ab.

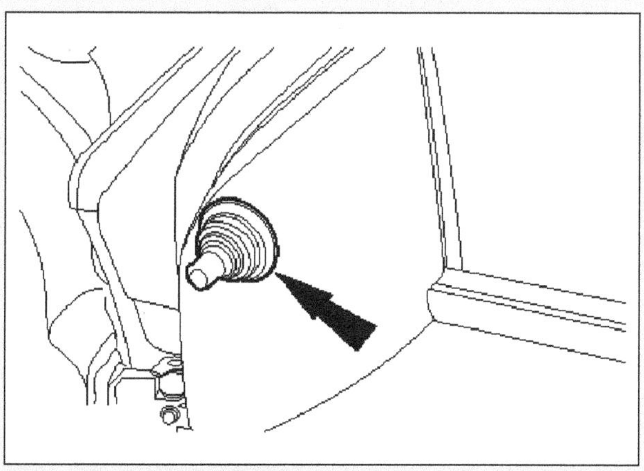

Demontage der Abdeckung des Spiegeleinstellgriffs: dazu die Mutter (Pfeil) lösen.

② Lösen Sie dann die Mutter des Spiegelhalters (Pfeil) und ziehen den Spiegel nach außen aus der Tür.

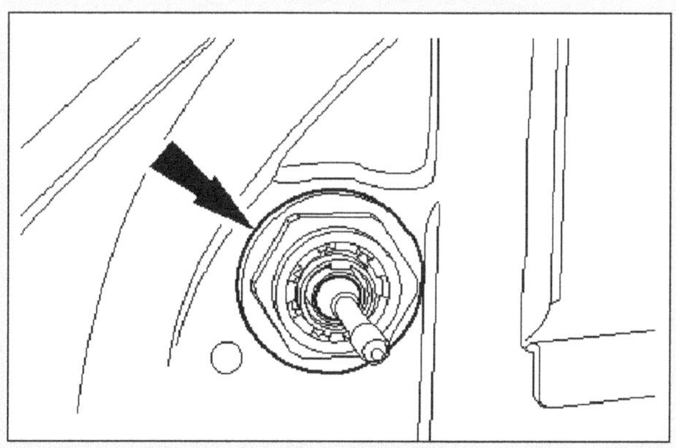

Mutter des Spiegelhalters (Pfeil) lösen.

③ Falls erforderlich, ziehen Sie vorsichtig die geklemmte Spiegelfußverkleidung außen an der Tür ab.

④ Beenden Sie die Arbeit in umgekehrter Reihenfolge.

Windlaufblech demontieren und montieren

Arbeitsschritte

① Zeichnen Sie mit einem Filzstift die Lage der Wischerblätter auf der Scheibe an und ...

② ... klappen danach die Scharnierabdeckungen der Wischerarme hoch.

③ Um die Muttern abschrauben zu können, klappen Sie die Wischerarme hoch und drücken sie gleichzeitig etwas zur Seite.

④ Jetzt können Sie das Windlaufblech nach oben abziehen. Nehmen Sie dazu das Dichtgummi ab und lösen die Schrauben (Pfeile).

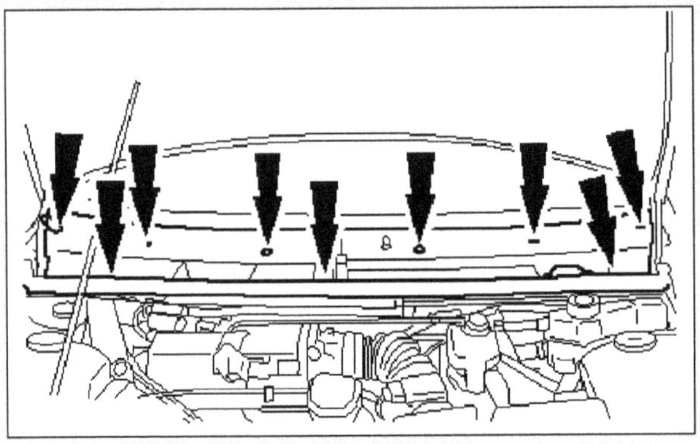

Windlaufblech abziehen; dazu die Schrauben (Pfeile) lösen.

⑤ Legen Sie den Windlauf auf einer geeigneten Unterlage ab.

⑥ Zur Montage legen Sie den Windlauf zunächst nur auf und richten das Blech dann aus. Drehen Sie die Schrauben von der Mitte aus wechselseitig nach außen ein und ziehen sie an.

⑦ Um die Arbeit zu beenden, montieren Sie sämtliche Bauteile in umgekehrter Reihenfolge.

Motorhaube demontieren und montieren

Beide Motorhaubenscharniere sind geschraubt (Motorhaube, Radlauf).

Arbeitsschritte

① Motorhaube öffnen und abstützen.

② Scharnierposition an der Motorhaube markieren.

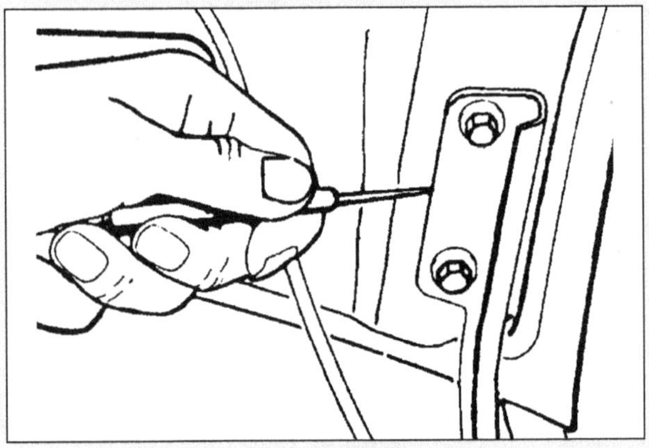

Motorhaubenscharniere markieren.

③ Lösen Sie jetzt die Schläuche der Scheibenwaschanlage aus den Halterungen der Motorhaube und ziehen sie vorsichtig von den Scheibenwaschdüsen ab (verhärtete Schläuche wärmen Sie zur Demontage leicht mit einem Feuerzeug an).

④ Lösen Sie die Scharnierschrauben an der Haube und nehmen dann die Motorhaube ab. Lassen Sie sich dabei von einem Helfer assistieren.

⑤ Zur Montage ziehen Sie die Scharnierschrauben zunächst nur leicht an, schließen die Haube und richten sie aus. Über die Motorhaubenscharniere können Sie die Haube lediglich verschieben, nicht aber in der Höhe ausrichten.

⑥ Öffnen Sie danach vorsichtig die Haube und ziehen die Scharniere fest. Schließen Sie erneut die Haube, checken ihren Sitz und korrigieren sie erneut.

Motorhaube einstellen

Komplettieren Sie vor der Montage die neue Motorhaube mit den Anbauteilen der alten Haube.

Arbeitsschritte

① Lösen Sie die Haubenschlossschrauben.

② Richten Sie dann mit leicht vorgezogenen Scharnierschrauben die Haube so aus, dass sie mit dem Kühlergrill fluchtet und die Spaltmaße zu beiden Kotflügeln gleich sind.

③ Drehen Sie nun beide vorderen Anschlagpuffer der Haubenauflage ein.

④ Schließen Sie die Haube und stellen sie mit dem Haubenschloss zu beiden Kotflügeln bündig ein. Danach drehen Sie die Gummipuffer soweit heraus, dass die Haube in geschlossenem Zustand noch eine minimale Vorspannung hat.

⑤ Ziehen Sie das Haubenschloss und die Scharniere fest. Schließen Sie dann die Haube und überprüfen Ihre Arbeit.

⑥ Zum Abschluss lassen Sie die Motorhaube aus ca. 20 cm Höhe ins Schloss fallen – sie muss sich dabei durch ihr Eigengewicht verriegeln. Aus geringerer Höhe muss zumindest der Sicherungshaken einrasten. Falls nicht, verschieben Sie das Haubenschloss leicht nach oben.

Haubenzug auswechseln

Im Ka entriegelt ein Seilzug die Motorhaube, der vom Haubenschloss über den linken Radlauf durch die Stirnwand ins Wageninnere führt. Dort ist der Zug unterhalb der Lenksäule verankert.

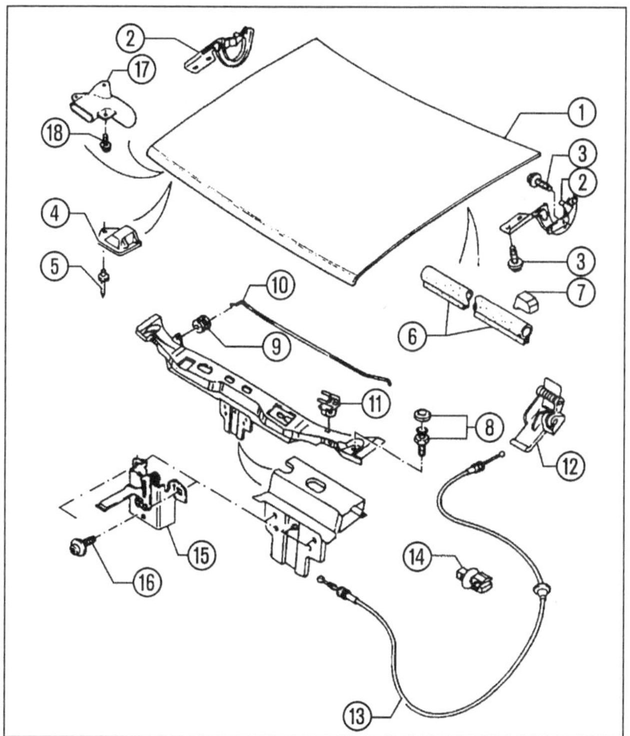

❶ Motorhaube, ❷ Haubenscharnier, ❸ Schraube mit U-Scheibe, ❹ Haubenstützhalter, ❺ Blindniet, ❻ Dichtung, ❼ Dichtung, ❽ Anschlagpuffer, ❾ Gummitülle, ❿ Haubenstütze, ⓫ Halteclip, ⓬ Entriegelungsgriff, ⓭ Haubenzug, ⓮ Haubenzughalter, ⓯ Motorhaubenschloss, ⓰ Schraube mit U-Scheibe, ⓱ Luftführung, ⓲ Schraube mit U-Scheibe.

Arbeitsschritte

① Motorhaubenschloss ausbauen. Markieren Sie vorher die Einbaulage mit einem Filzstift.

② Hängen Sie am Schloss im oberen Querträger den Seilzug und …

③ … den Haubenzug am Öffnungshebel unterhalb der Lenksäule aus.

④ »Verkuppeln« Sie den neuen Haubenzug mit Bindedraht an den alten und ziehen den alten nach innen aus der Ummantelung heraus.

⑤ Den neuen Zug montieren Sie zunächst am Öffnungshebel, …

⑥ … bringen ihn am Haubenschloss im Motorraum auf »Länge« und ziehen ihn dann fest.

⑦ Eventuell müssen Sie die Motorhaube nach der Montage des Haubenschlosses neu einstellen.

Praxistipp

Haubenzug gerissen

Sollte der Zug am inneren Öffnungshebel gerissen sein, versuchen Sie das Zugende mit einer Flachzange (Wasserpumpenzange, Kombizange) zu erreichen und daran zu ziehen. Falls der Zug am Haubenschloss gerissen ist, »fangen« Sie den Betätigungshebel des Haubenschlosses zwischen Motorhaube und Grill mit einem stabilen Drahthaken ein und ziehen den Haken nach rechts. Der Sperrhaken lässt sich leichter ziehen, wenn Sie die Haube dabei etwas ins Schloss drücken (siehe Motorhaube im Detail).

Stoßfänger vorn demontieren und montieren

Arbeitsschritte

① Bocken Sie den Vorderwagen rüttelsicher auf.

② Drehen Sie in den Radläufen jeweils beide Schrauben (Pfeil) heraus.

③ Schrauben Sie das vordere Kennzeichen ab, …

④ … darunter befinden sich eine und unterhalb zwei Schrauben (Pfeile). Lösen Sie die Schrauben.

⑤ Unterhalb der Motorhaube drehen Sie jetzt die drei Schrauben (Pfeile) heraus.

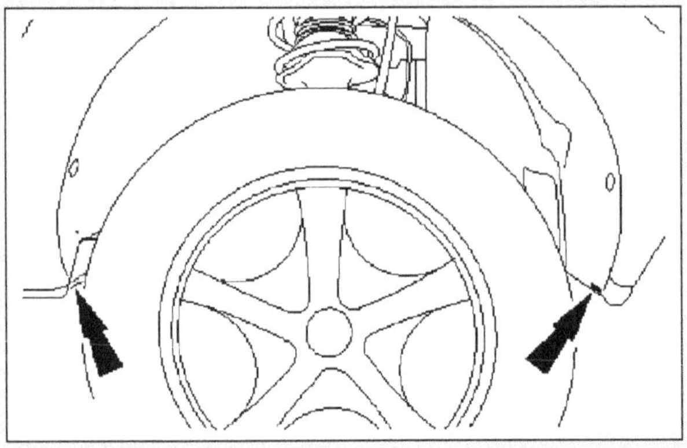

Schrauben (Pfeil) in den Radläufen ausdrehen.

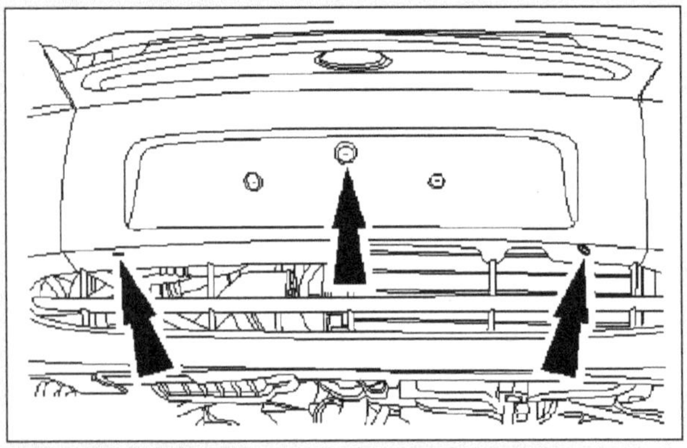

Schrauben (Pfeile) unter dem abgeschraubten Kennzeichen lösen.

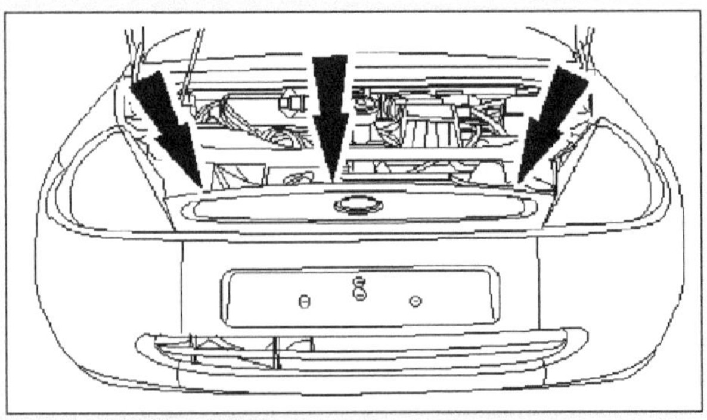

Schrauben (Pfeile) unterhalb der Motorhaube ausdrehen.

⑥ Lösen Sie jeweils vier Clips (Pfeile) in beiden Radläufen und ziehen den Stoßfänger unter dem Wagen vor.

⑦ Beenden Sie die Arbeit in umgekehrter Reihenfolge. Setzen Sie zunächst den Stoßfänger nur an, ziehen die Schrauben »locker« vor und richten ihn zur Karosserie aus. Beginnen Sie die Montage mit den Schrauben unterhalb der Motorhaube und dann mit der Schraube unterhalb des Kennzeichens und den beiden darunterliegenden Schrauben. Checken Sie während der Montage regelmäßig den richtigen Sitz des Stoßfängers.

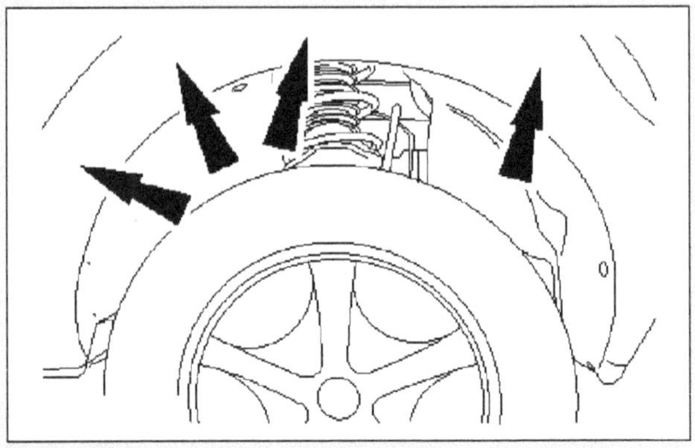

Clips (Pfeile) in den Radläufen lösen.

Stoßfänger hinten demontieren und montieren

Arbeitsschritte

① Radzierblenden der Hinterräder demontieren und alle Radmuttern lösen.

② Hinterwagen rüttelsicher aufbocken und Unterlegkeil vor die Vorderräder legen.

③ Hinterräder demontieren.

④ Lösen Sie die Schrauben ❶ und Niete ❷ in den hinteren Radläufen.

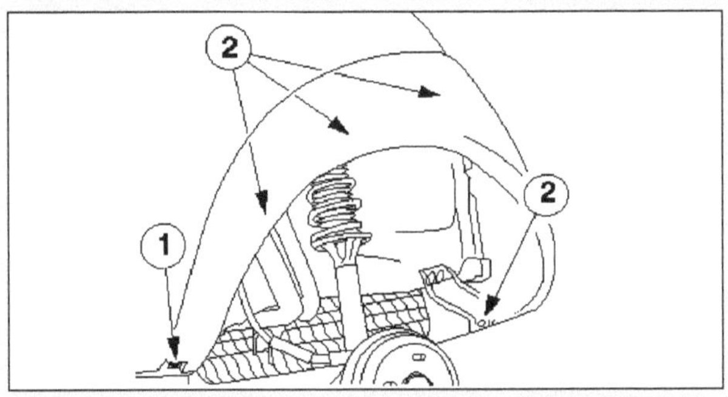

❶ Schrauben und ❷ Niete in den hinteren Radläufen lösen.

⑤ Bohren Sie beide Popniete (Pfeil) an der Stoßfängerunterseite aus und ...

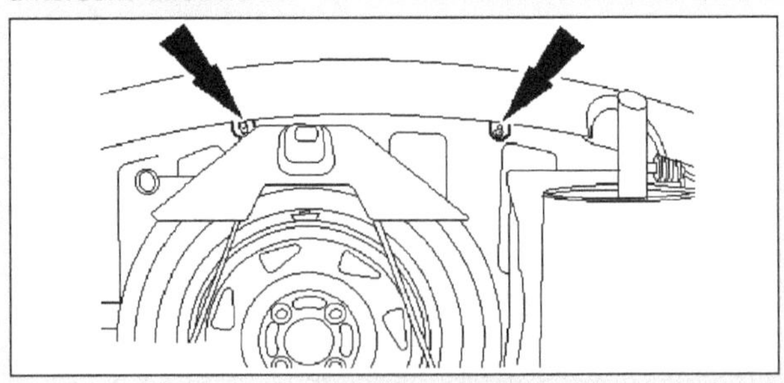

Popniete (Pfeil) an der Stoßfängerunterseite ausbohren.

⑥ ... danach die drei Niete (Pfeil) an der Oberseite.

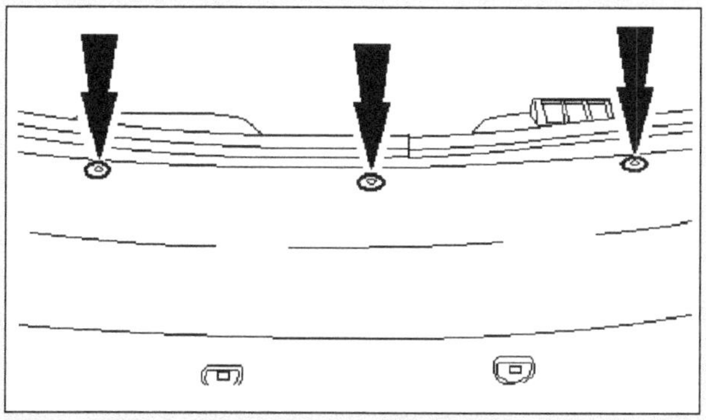

Niete (Pfeil) an der Stoßfängeroberseite ausbohren.

⑦ Demontieren Sie – wie beschrieben – die Rückleuchteneinheit und lösen die seitlichen Clips am Halter seitlich der Rückleuchten.

⑧ Lösen Sie hinten am Stoßfänger die Radlaufclips und ...

⑨ ... demontieren – wie beschrieben – die Kennzeichenleuchte.

⑩ Sie können den Stoßfänger jetzt unter dem Wagen hervorziehen.

⑪ Montieren Sie die Bauteile in umgekehrter Reihenfolge.

⑫ Hängen Sie den neuen Stoßfänger zunächst nur in die Karosserie ein und passen ihn grob dem Karosserieverlauf an. Während der Endmontage gleichen Sie dann regelmäßig die Flucht und Spaltmaße aus.

Heckklappe demontieren und montieren

Arbeitsschritte

① Batterie abklemmen.

② Laderaumabdeckung komplett mit Fangbändern demontieren.

③ Kabelstecker zur beheizbaren Heckscheibe und zum Heckscheibenwischer abziehen. Wasserschlauch von der Waschdüse abziehen.

④ Heckklappe abstützen.

⑤ Gasdruckaufstellheber vom Kugelkopf des Halters abhebeln. Heben Sie dazu die Halteklammer (siehe Bild) etwas an, der Aufsteller lässt sich dann leichter vom Kugelkopf ziehen.

⑥ Kennzeichnen Sie – wie unter »Motorhaube demontieren« gezeigt – die Heckklappen-Scharniere und ...

⑦ ...lösen danach die vier Befestigungsschrauben. Lassen Sie sich von einem Helfer assistieren – die Klappe ist schwer.

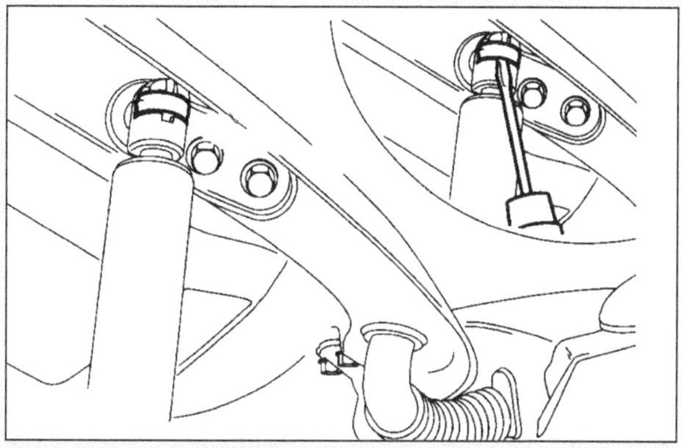

Halteklammer anheben.

⑧ Zur Montage ziehen Sie die Schrauben zunächst nur leicht vor. Sie können dann die Klappe besser ausrichten und die Spaltmaße egalisieren.

⑨ Die Endmontage schließen Sie in umgekehrter Reihenfolge ab. Ziehen Sie die Schrauben mit 12 Nm fest.

Praxistipp

Heckklappe demontieren

Um neue »Innereien« der Heckklappe bequemer installieren zu können, »verlängern« Sie bereits während der Demontage alle gelösten Anschlüsse mit einem Bindfaden. Die Zuleitungen ziehen Sie dann am anderen Ende zusammen mit dem angebundenen Faden aus der Klappe. Lassen Sie die Fäden auf beiden Seiten genügend lang aus der Klappe »baumeln«, denn daran befestigen Sie Neuteile zur Installation. Die Montage »passiert« in umgekehrter Reihenfolge – die Fäden fungieren dabei als »Pfadfinder« für Kabel und Schläuche.

Gummidichtung ersetzen

Wenn Sie sich schon die Heckklappe »vorgenommen« haben, prüfen Sie gleich auch die Heckklappendichtung: Undichte Stellen »verraten« Staub- oder Wasserlaufspuren auf beiden Seiten der Dichtfläche. Ist die Dichtung spröde oder rissig, spendieren Sie Ihrem Ka ein neues Formteil. Ziehen Sie dazu die alte Dichtung vollständig ab und säubern den Falz von alten Dichtmittelresten und Schmutz.

Neues Dichtmittel (z. B. Fugendichtmittel, Silikon) sparsam in die Dichtungsnut pressen. Dichtung in Schlossmitte ansetzen und rundum andrücken. Das überstehende Ende schneiden Sie mit einem Seitenschneider passend. Wichtig: Die Stoßverbindung sollte etwas unter Vorspannung stehen. Schlagen Sie die vormontierte Dichtung vorsichtig mit einem Gummihammer auf.

Technische Daten

Motor

Bauart	Reihen-Vierzylinder (OHV)
Motortyp	Endura-E (J4K)
Bohrung (mm)	73,96
Hub (mm)	75,48
Hubraum (cm³)	1299
Kurbelwellenlager	5
Verdichtungsverhältnis	9,5 : 1
Höchstleistung (kW/PS)	44 (60)
bei (1/min)	5000
max. Drehmoment (Nm)	105
bei (1/min)	2500
Höchstdrehzahl (1/min)	5675
Dauerdrehzahl (1/min)	5450
Leerlaufdrehzahl (1/min)	875 +/- 50
Ventilspiel:	
Einlass (kalt/mm)	0,20
Auslass (kalt/mm)	0,30 (Motoren bis 11.96)
ab 12.96	0,50
Öldruck:	
Leerlauf (bar)	0,6 (80° C Öltemperatur)
bei ca. 2000/min (bar)	1,5 (80° C Öltemperatur)
Überdruckventil öffnet (bar)	2,41 – 2,96

Ventilsteuerung

OHV	Nockenwellenantrieb über Simplex-Rollenkette (46 Glieder) Stößel, Stößelstangen und Kipphebel; eine seitlich im Motorblock liegende Nockenwelle; zwei Ventile pro Zylinder; Ventilspielausgleich alle 35.000 Kilometer.

Schmiersystem

Endura-E (OHV)	Druckumlaufschmierung, Ölfilter im Hauptstrom.

Kühlsystem

Endura-E (OHV)	Wasserumlauf mit Pumpe und Ausgleichsbehälter.	
Ventilator	thermostatisch geregelter E-Lüfter.	
Wasserpumpenantrieb	Keilriemen, in Verbindung mit AC Mehrrippen-Keilriemen.	
Thermostat:	beginnt zu öffnen (° C)	ca. 82
	maximal geöffnet (° C)	ca. 96
Öffnungsdruck des Kühlsystem-Verschlussdeckels (bar)	ca. 1,4 – 1,6	

Kraftstoffanlage

Motortyp	Endura-E (J4K).
Gemischaufbereitung	elektronisch geregelte Multi-Point Einspritzanlage (SEFI).
Katalysator	geregelter Drei-Wege-Katalysator.
Kraftstoff	Super bleifrei (95 ROZ).
Abgasnorm	96 EEC II/D4.

Kraftübertragung

Antriebskonzept:	Vorderradantrieb.
Kupplung:	hydraulisch betätigte, selbst nachstellende Einscheiben-Trockenkupplung mit Tellerfeder-Druckplatte, asbestfreier Belag.
Kupplungsscheibe (∅)	180 mm
Pedalweg (einstellbar)	125 ±3 mm
Schaltgetriebe:	manuelles 5-Gang Schaltgetriebe (Ford iB5); Mittelschaltung über Gestänge; Differenzial mit Getriebe verblockt; Antriebswellen mit doppelten Gleichlaufgelenken.
Übersetzungsverhältnisse:	1. Gang 3,15 : 1
	2. Gang 1,93 : 1
	3. Gang 1,28 : 1
	4. Gang 0,95 : 1
	5. Gang 0,76 : 1
	R.-Gang 3,62 : 1
Achsübersetzung *:	3,61 : 1

* Fahrzeuge mit Klimaanlage: 4,06 : 1

Fahrwerk

Vorderachse:	Einzelradaufhängung an McPherson-Federbeinen mit Schraubenfedern und unterem Querlenker, Querstabilisator (20 mm).
Spurweite* (mm)	1395
Hinterachse:	Verbundlenkerachse mit Schraubenfedern und spurkorrigierenden Lagerbuchsen, Schraubenfedern, Gasdruckstoßdämpfer.
Spurweite* (mm)	1411
Radstand (mm)	2448

* je nach Rad-/Reifenkombination

Räder & Reifen

	Serienmäßig	**auf Wunsch****
Räder:	5 J x 13 Stahl	5 J x 13 Leichtmetall
Reifen:	165/65 R 13	165/65 R 13

* Standardbereifung mit vollwertigem Reserverad;
** Style-Paket zusätzlich mit 5 J x 14" Leichtmetallfelgen und 165/60 R 14 Bereifung möglich.

Füllmengen

Motoröl mit Filter	3,25
Kühlsystem inkl. Heizung	5,25
Kraftstofftank	ca. 40
Schaltgetriebe* (iB5)	ca. 2,8 (SAE 75W90 bzw. Ford WSD-M2C200-C)
Servolenkung*	ca. 0,5 (Ford ESPM-2C166-H*)

* Dauerbefüllung

Gewichte (kg)*

	Leergewicht	**Zuladung**	**zulässiges Gesamtgewicht**	**zulässige Achslast vorne**	**hinten**
1,3 l Endura-E (44 kW), Servolenkung	965-1020	245-300	1265	710	600
Zulässige Dachlast:	75 kg				

* Leergewicht inkl. Fahrer (75 kg), einer Tankfüllung (90 %) sowie aller Betriebsflüssigkeiten und anteiliger Sonderausstattung;
** je nach Ausstattung.

Elektrische Anlage

***Batterie* (V/Ah):**	12/43
***Drehstromgenerator* (V/A):**	14/70/90*
Zündsystem:	Kontaktlose elektronisch geregelte 3D-Kennfeldzündung.
Zündfolge:	1 – 2 – 4 – 3

* mit AC

Lenkung

	Servolenkung mit variabler Kennung; 2,84 Lenkradumdrehungen von Anschlag zu Anschlag.	
***Wendekreis* (m):**	10,35	

Bremsanlage

Bremssystem	Hydraulisches Zweikreis-Bremssystem (diagonal geteilt) mit Bremskraftverstärker und Bremsdruckregelventil (ABS gegen Aufpreis), Handbremse mechanisch auf die Hinterräder wirkend, vorn Scheibenbremsen, hinten selbstnachstellende Trommelbremsen, asbestfreie Bremsbeläge.	
Vorderräder:	Scheibendurchmesser (mm)	240
	Scheibenstärke (mm)	12
	Mindeststärke (mm)	10
	max. Scheibenschlag (mm)	0,05
	max. Stärkenabweichung (mm)	0,025
	Bremskolbendurchmesser (mm)	48
	min. Bremssegmentstärke (mm)	1,5
Hinterräder:	Trommeldurchmesser (mm)	180
	Verschleißgrenze (mm)	181
	Bremsbackenbreite (mm)	29
	Mindeststärke (mm)	1,0
	Neuzustand auflaufend (mm)	6
	Neuzustand ablaufend (mm)	4

Karosserie

Selbsttragende Ganzstahlkarosserie mit Fahrgastsicherheitszelle und integriertem Seitenaufprallschutz.

Aerodynamik:	c_w	= 0,36
	A	= 1,88 m
	c_w * A	= 0,677

Abmessungen (mm)

Radstand:	2448		
Spurweite:	vorn 1395	hinten 1411	
maximale Länge:	3620		
maximale Breite:	1639	inkl. Außenspiegel	1827
maximale Höhe:	1413		
Schulterfreiheit:	vorn 1307	hinten 1279	
Kopffreiheit:	vorn 991	hinten 923	
Beinfreiheit:	vorn 1036		
Gepäckraum n. VDA-Norm** (l):	186/205	mit umgelegter Bank	451
		bis Sitzlehne	451
		Unterkante Dachhimmel	724

* je nach Rückbankstellung.

Fahrleistungen (1,3 l Endura-E, 44 kW/60 PS, Servolenkung)*

Reifen	V-max.	0 –100 km/h	Verbrauch gemäß 93/116/EG Liter/100 km Stadt	Landstraße	gesamt	CO_2-Emission g/km
165/65/R13	155	15,4	8,3	5,2	6,3	154
165/60/R14	155	15,4	8,4	5,3	6,4	157
165/65/R13	155**	15,4**	8,8**	5,5**	6,7**	163**
165/60/R14	155**	15,4**	8,9**	5,6**	6,8**	165**

*Fahrleistungen und Verbrauchswerte sind in der Praxis gewichtsabhängig zu sehen. Die hier genannten Werte wurden nach einheitlichen Prüfvorschriften ermittelt;
** mit Klimaanlage (AC).

Diebstahlschutz

Serienmäßige Wegfahrsperre PATS II; Phase II; Sicherheitsschließsystem; Zentralverriegelung für Fahrer- und Beifahrertür sowie Gepäckraumfernentriegelung auf Wunsch.

Sicherheit

Fahrer- und Beifahrerairbag; dritte Bremsleuchte; Seitenaufprallschutz; vorne höhenverstellbare Sicherheitsgurte, Sicherheitsgurtstraffer und –stopper; Sicherheitsschalter zur automatischen Unterbrechung der Benzinzufuhr z. B. bei Unfällen; vierkanal ABS gegen Aufpreis.

Wartung

Sicherheitskontrolle und Ölwechsel alle	15 000 km
Inspektion alle	45 000 km

Garantieleistungen

Zwölf Monate allgemeine Fahrzeuggarantie ohne Kilometerbegrenzung; sechsjährige Garantie gegen Durchrosten.

Garantieverpflichtung

Bei Fehlern an erstzugelassenen Neuwagen von Privatkunden 30-Tage-Umtausch-Garantie. Die Verpflichtung gilt für maximal 1.500 Kilometer; Ford hält pro angefangene 1.000 Kilometer 0,67 % des Kaufpreises ein; kostenlose Ford Euro-Service Mobilitätsgarantie inklusive Kunden-Hotline, Abschlepp-, Hotel- und Mietwagenservice für zwölf Monate.

Mobilitätsversprechen

Sollte die zugesagte Reparatur- oder Inspektionsdauer überschritten werden, helfen Ford-Vertragshändler ihren Kunden mit einem Leihwagen, einem Vorführwagen oder per Transportservice aus.

Garantieschutzbrief

Beinhaltet alle wichtigen Aggregate – wahlweise für das zweite Jahr bis 50.000 Kilometer, für das zweite und dritte Jahr bis zu 50.000 Kilometer, respektive bis zu maximal 100.000 Kilometer Gesamtfahrleistung für das zweite bis vierte Jahr.

Stichwortverzeichnis

FSC
www.fsc.org
MIX
Papier | Fördert
gute Waldnutzung
FSC® C083411

Kolibri 360 GmbH
Ferdinand-Jühlke-Straße 7
99095 Erfurt, Deutschland
produktsicherheit@kolibri360.de

Druck:
CPI Druckdienstleistungen GmbH
im Auftrag der
Kolibri 360 GmbH
Ferdinand-Jühlke-Str. 7
99095 Erfurt